ADAPTATION

アダプテーション［適応］

100 Strategies for Surviving the Climate Crisis

気候危機を
サバイバルするための
１００の戦略

肱岡靖明 編著
Yasuaki Hijioka

根本緑 著
Midori Nemoto

目次　Contents

霧島火山の麓は広大なシイやカシの森に覆われていたが、そ
の後スギやヒノキの植林に変わっていった。現在はノカイド
ウ、ミヤマキリシマ、オオヤマレンゲなど貴重な植物が生育
している

はじめに　Foreword

肱岡靖明　Yasuaki HIJIOKA

　社会やメディアで当たり前のように使われるようになった「地球温暖化」や「気候変動」という言葉は、1985年にオーストリアで開催されたフィラハ会議がきっかけと言われています。人為的な活動により排出された二酸化炭素（CO_2）が地球を温め、さまざまな悪影響を及ぼすかもしれないと声を上げたのは、科学の進歩に伴い地球の大気の仕組みについて理解を深めてきた科学者たちでした。1988年カナダのトロントで科学者と政策決定者の間に議論が持たれ、「いまや行動の時である」と合意し、「2005年までにCO_2排出量を1988年水準から20％削減」と最初の目標も立てられました。しかし、35年経った現状を見てみると、世界のCO_2含む温室効果ガス排出量は減るどころか未だに増加の一途をたどっています。悪影響が起きるかもしれないという当時の警告が今では現実のものとなり、異常気象が世界各地で頻発し、多くの人々の命や生活が奪われ、地域社会や経済に深刻な被害を与えています。

　暗く悲観的になりがちな気候変動の話題は、今では小学校の教科書にも掲載されているほど身近な問題になりました。では、なぜ私たちはこの破滅的な気候変動の影響を止めることが出来ないのでしょうか。もちろん世界各国の政策決定者や科学者を含め、私たちがこの35年の間に何もしなかったわけではあり

ません。国際的な条約や枠組を作り、削減目標を定め、行動計画を発表し、温室効果ガスの削減は人類共通の目標になりました。センサーやシミュレーション機器の性能も格段に進化を遂げ、気象の予測精度は目を見張る進歩を遂げています。脱炭素社会に向けて、太陽光発電や風力発電など再生可能エネルギーの導入は年々増加し、工場やオフィスなどのエネルギー効率は改善が進み、自動車や家電など省エネ効果を高めた製品は身の回りにたくさん見られるようになりました。クール・ビズは広く浸透し、夏場にネクタイやスーツ姿を見かけることが今では珍しくなりました。

　2015年の国連サミットで採択された持続可能な開発目標SDGs（Sustainable Development Goals）の取り組みは、今では7割弱の人が認識しています。マイバックやマイボトルを多くの人が持ち歩くようになり、フードロスや海洋プラスチックなどの社会課題解決をビジネスチャンスと捉えたスタートアップ企業も次々と誕生しています。世界・国・地域・産業界・企業・NPO・個人といった多種多様なステークホルダーが地球環境保全のためにさまざまな取り組みを行っています。しかし、ここまで温室効果ガスの排出を抑え、地球温暖化を防止するための「緩和」の取り組みが広がっているにも関わらず、気候変動による脅威は日に日に私たちに迫っています。世界経済フォーラムが毎

年公表する『グローバルリスク報告書2022年版』において、今後10年間で最も深刻な世界規模のリスクとして、「気候変動への適応（あるいは対応）の失敗」、「異常気象」、「生物多様性の喪失」が上位3件に挙げられました。気候変動は人類にとって最も深刻な脅威だと認識されている一方で、新型コロナウィルスのパンデミックを起因とする経済危機により、気候危機よりも短期的な経済成長の回復を優先する国が現れ、気候変動に関する取組を減退させる可能性も指摘されています。

　問題意識や取り組みは年々広がっているにも関わらず、パリ協定で定められた目標達成には程遠い気候変動問題について、私たちはこれからどう向き合えば良いのでしょうか。その問いに対するひとつの答えとして、アメリカの環境活動家であるポール・ホーケンたちは、『ドローダウン　地球温暖化を逆転させる100の方法』と『リジェネレーション［再生］　気候危機を今の世代で終わらせる』を出版し、有効な地球温暖化対策が世界には豊富にある事や、「再生（Regeneration）」という考えに基づき気候危機を終わらせるための行動やつながりについて幅広く情報提供を行いました。これらの本は、気候変動をめぐる恐怖、混乱、無関心を克服し、個人としても、国や地域、企業や非営利団体といった集団としても行動を起こせるようなアイディア

を私たちに教えてくれました。しかし、間近に迫りつつある気候変動による影響から、わが身や家族を守るために、もうひとつ皆さんに知ってもらいたい知見があります。それは「適応（アダプテーション）」という考えです。適応とは、気候変動による被害を回避・軽減するための対策をいいます。温室効果ガス排出量削減の努力は継続的に続くなか、私たちは気候変動のリスクから命や財産を守り、経済や社会の持続的な発展を図る必要があります。本書では、国・地方自治体・事業者・研究機関など国内外のさまざまな適応策の取組を紹介し、気候変動を他人事ではなく自分事として捉え、さまざまな影響や将来のリスクを科学的に分析し、悪影響を抑制・回避するアイディアを、幅広いステークホルダーの方々に理解していただくことを目的としています。なかには気候変動の影響をリスクではなく、好機として捉え、有効に活用する事例もあります。今ある適応策の取組を知っていただき、これなら自分もできると行動につなげていただくことは、気候変動に適応した社会の構築に欠かすことができません。私たちと一緒に行動を起こし、しなやかに気候変動のリスクに備えましょう。●

気候危機
Climate Crisis

　記録的な猛暑、50年に一度の降水量、観測史上初の積雪深という表現は、もう聞き慣れてしまったでしょうか？　たとえば2022年の夏、群馬県伊勢崎市では6月というのに最高気温40℃を超え、東京都心でも過去最長である、9日間連続の猛暑日を更新しました。気候変動による影響は国内のみならず海外でも枚挙にいとまがありません。ヨーロッパ一帯が猛烈な熱波に襲われ、大規模な干ばつや山火事が頻発しました。パキスタンではモンスーンや氷河の融解により、国土の3分の1が記録的豪雨により冠水し、約3,300万もの人が家を失うなど深刻な被害を及ぼしました。中国内陸部では猛烈な熱波により電力需給がひっ迫し、計画停電により日系企業の工場生産を停止せざるを得ない事態が発生しました。アルプスの氷河は記録的な融解を起こし、海面水位は過去最高を記録しています。気候変動による影響は人間の生命、経済、社会を脅かす新たなフェーズに突入しており、人類だけでなく全ての生物の生存基盤を揺るがす「気候危機」に世界各地が直面しているのです。

　世界の科学者による最新の知見を取りまとめる気候変動に関する政府間パネル（IPCC: Intergovernmental Panel on Climate

港区役所本庁舎の緑のカーテン。区では節電等の省エネルギー化とヒートアイランド現象への対策を目的に、普及啓発プロジェクトを実施している

Change）は、2021年から2022年にかけて第6次評価報告書（AR6）を8年ぶりに公表しました。本報告書の第1作業部会では、1850〜1900年と2010〜2019年の世界平均気温を比較し、気温上昇は1.07℃（0.8〜1.3℃）であり、「人間の影響が大気、海洋及び陸域を温暖化させてきたことには疑う余地がない」と述べています。また、第2作業部会では、「人為起源による気候変動は、極端現象の頻度と強度の増加を伴い、自然と人間に対して、広範囲にわたる悪影響と、それに関連した損失と損害を、自然の気候変動の範囲を超えて引き起こしている」と警告しています。気候や生態系、社会システムの複雑な相関関係を考慮した「気候にレジリエントな開発（Climate Resilient Development：CRD）」の重要性を指摘し、各国・地域社会のCRDへの意思決定によって、2100年以降の世界が大きく変わってくると述べています。第3作業部会では、「人為的な温室効果ガス排出は2010年から2019年の間の10年間にも増加し続けており、温暖化を1.5℃に抑制する経路上にない。一方で排出が削減に向かっている国もあり、再生可能エネルギーのコストは大幅に下がっている。1.5℃目標達成のためには、社会の変容も含め、類を見ないシステムの変化による大規模な排出削減が必要」とし、緩和策を早期に展開する重要性や、緩和だけでなくSDGsや適応との組み合わせにより削減効果が増える事、野心的な気候行動なくして持続可能な発展はないことなどを報告しています。

石油や石炭、天然ガスなどの化石燃料、森林伐採、セメント製造から、大気中に熱を閉じ込めるCO_2が大量に放出されています。家畜や水田、埋立地や天然ガスからは、CO_2の28倍の温室効果があるメタンが絶え間なく発生し、農地や工業施設、冷蔵施設や都市部から一酸化二窒素やフロンが漏れ出して、さらに温暖化を加速させています。何十年も前から科学者たちは、これら人為起源の温室効果ガスが排出されることで地球に悪影響を与えることを予測し、地球の変わりゆく気候について警告を出してきました。警告は現実のものとなり、温室効果ガスは熱を大気中に封じ込め続け、地球の平均気温は年々上昇し、水循環が狂い始めています。●

気候変動適応の必要性
Necessity of Climate Change Adaptation

適応の考え方

　気候変動を抑えるための対策には大きく分けて、「緩和」と「適応」のふたつがあります。省エネや資源を有効に活用し、CO_2をはじめとする温室効果ガスの排出を抑制する取り組みを「緩和」と言います。温室効果ガスの排出量と吸収量を同等に均衡させるカーボンニュートラルや、脱炭素と呼ばれる取組全般は緩和に含まれます。一方「適応」とは、発生しうる気候変動による影響を科学的知見により予測し、被害を回避・軽減するために、人や自然、社会や経済の仕組みを調整することを示します。適応には、気温上昇による栽培適地の移動など、地域によっては気候変動を有効に活用する取り組みも含まれます。気候変動対策には、緩和と適応を並行して取り組むことが何よりも重要です。緩和だけを進めても、海水温の上昇により誘発された暴風雨から命を守ることはできません。気候変動はすでに私たちの生活を揺るがす脅威となっており、異常気象から生命や社会を守るためには、国や地方自治体、大学研究機関だけでなく、農林水産から健康・福祉、産業経済活動まであらゆる分野の事業者や、食生活やライフスタイルを選択できる個人も含め、全てのステークホルダーがそれぞれの立場に応じた適応策に取り組むことが不可欠です。

時間軸で見る国内の適応の歴史

　国が適応の取り組みを始めた時期は、地球温暖化影響・適応研究委員会が環境省によって設置された2007年ごろかもしれませ

ん。当時、地球温暖化の影響は北極や途上国で発生すると考えられていましたが、先進国においても影響が顕在化し、今後日本でも社会や経済に甚大な影響を及ぼす可能性が高いことに懸念が示されました。2008年になると環境省は「気候変動への賢い適応」を発表し、気候変動は気候だけでなく、自然環境や社会システムに多大な影響を与える可能性が高く、長期と短期の両方の視点から影響を評価し、社会システムの脆弱性の低減を進めながら柔軟に対応できるシステム構築を目指す「賢い適応」の重要性が示されました。2010年には「気候変動適応の方向性」が公表され、国および地方自治体に対して最新の科学的知見を踏まえた適応の必要性を踏まえ、具体的な適応策の検討・計画・実施の支援を目的に、分野共通的な適応策を具体化するための基本事項が提示されました。

　政府は2013年の地球温暖化対策推進本部において、「今後避ける事の出来ない地球温暖化の影響への適切な対処（適応）を計画的に進める」という方針を示し、政府全体の適応計画の策定にむけて、気候変動予測や環境評価等を整理し、気候変動が国に与える影響やリスクの評価を行うことが決定しました。研究者を中心としたワーキンググループが作られ、将来影響やリスク評価に関する取組が本格化し、2015年3月に「日本における気候変動による影響の評価に関する報告と今後の課題について」として環境大臣に意見具申がなされました。これを受けて、同年9月に気候変動影響への適応に関する関係府省庁連

面積約670km²の日本で一番大きな湖、琵琶湖。大小約450本の河川が流れ込み、60種を超える固有種を誇る豊かな生態系を育み、人間活動に欠かせない生活・工業・農業用水に活用される。湖魚と農産物を組み合わせた独自の食文化である「鮒ずし」は日本の寿司の原型とされる

絡会議が設置され、各省における適応策の検討をふまえた全体調整が行われ、同年11月に「気候変動の影響への適応計画」が閣議決定されました。

気候変動適応法とは

気候変動下において持続可能な社会を構築していくためには、多様な関係者が一丸となって気候変動適応に取り組むことが重要であるという流れを受け、2018年6月に、初めて法的な枠組みとして適応策を推進するための措置を講じた「気候変動適応法」が制定されました。気候変動適応法は、①適応の総合的推進、②情報基盤の整備、③地域での適応の強化、④適応の国際展開等、⑤熱中症対策の推進、の5つの柱で成り立っています。国は、気候変動影響やその適応を、農林水産業、水環境・水資源、自然生態系、自然災害・沿岸域、健康、産業・経済活動、国民生活・都市生活の7つの分野に整理して、適応策を推進するとしています。

適応の総合的推進では、気候変動適応に対する国と地方公共団体の責務、事業者と国民の努力について、担うべき役割が明確化され、それぞれの考え方や進め方が明記されました。これは、国だけが適応に取り組むだけでは気候変動影響に立ち向かうことが難しく、地方公共団体、事業者、市民が一丸となって対策を講じることが重要であるという問題意識の表れともいえます。また、地域の地形、気象条件、土地利用をはじめとする暮らしや経済活動に応じて異なるため、必要となる適応策も地域特性を考慮して備える必要があります。そのため、適応に取り組む主役は地方公共団体であり、気候変動適応法の中でも役割の強化については、特に配慮されています。2024年1月現在、都道府県47件、政令市20件、市区町村174件の合計241件の地域気候変動適応計画が公開され、全国62箇所に地域気候変動適応センター（LCCAC）が設置されています。地域特性を考慮しながら、将来に渡って住みやすい街づくりの一環として、適応推進の機運がさらに高まっているのです。

適応に関する世界の動き

気候変動への適応を巡っては、日本だけでなく世界においてもさまざまな取り組みが行われています。2006年初めてサハラ以南のアフリカ、ケニアで開催された第12回気候変動枠組条約締約国会議（COP12）では、途上国における気候変動の脆弱性および適応、そして国際社会の支援のあり方について議論が持たれ、「適応五ケ年作業計画」が合意されました。2010年にメキシコのカンクンで開催されたCOP16では、「カンクン適応枠組み」という中長期的な適応計画プロセスの開始と、適応委員会の設立について合意がなされました。また、途上国の緩和策と適応策への金銭的な支援として、緑の気候基金（Green Climate Fund）が設立されました。

2015年のCOP21で採択された「パリ協定」は、温室効果ガス排出削減について世界全体の平均気温上昇を2℃以内に抑える目標の法的合意文書として有名ですが、適応に関

する目標として、世界全体で気候変動の悪影響に適応する能力を拡充し、しなやかに対応する強靱性（レジリエンス）を強化することも規定されています。さらに、締約国に対し、気候変動の悪影響や適応に関する情報の提出を促しています。パリ協定では、2023年以降、5年ごとに世界全体の緩和策と適応策がどのくらい進んでいるか評価することが合意されました。途上国の適応策に関する情報を整理し、適応策実施のために提供された支援の妥当性や有効性を評価し、世界全体の適応に関する進捗状況を検討することが示されています。枠組みの設置や条約の締結などの動きを受けて、多くの先進国において適応に関する法整備が進められ、適応計画に基づいた取組が広がっています。

一方、気候変動対策の進捗に関しては、各国が計画している緩和策はパリ協定で合意された1.5℃目標の達成に不十分であるという指摘や、適応策も多種多様な取り組みが進められてはいますが、地域による施策の偏りや、想定を超える気候変動影響を前に、適応の限界を指摘する声も出ています。そのため、近年ではもうひとつの気候変動対策の柱として、損失と被害（ロス＆ダメージ）対策が少しずつ注目を浴びるようになりました。ロス＆ダメージ対策は、適応しきれない気候変動影響により発生した損失や損害に対する取り組みを意味しています。法的責任や賠償を負いたくない先進国は適応策の範囲内として捉えてきたのに対し、途上国は適応とは別に、追加的な資金支援を求める動きがあり、長らく停滞していたテーマでした。しかし2022年のCOP27において、途上国の強い要求により、ロス＆ダメージに関わる基金が設立されることになりました。これは、世界全体のわずか0.3％しか温室効果ガスを排出していないパキスタンが洪水により国土の約3分の1が浸水被害を受けたことなどを受けて、気候変動や異常気象による被害の多くが排出責任の少ない途上国で発生している不正義について、先進国が対応せざるを得ない状況まで気候危機が進行していることを意味しています。

2023年アラブ首長国連邦で開かれたCOP28では、パリ協定7条で定められた適応に関する世界全体の目標に関する「グラスゴー・シャルム・エル・シェイク作業計画」のもとでの議論の成果として、世界の気候レジリエンスを高めるためのフレームワークが採択されました。これは自主的に各国が主導するもので、2030年までの達成を目指し、特に水、食料、健康、生物多様性、インフラ、貧困、文化遺産の7つの分野で目標が設定されました。また、適応サイクルの影響・脆弱性・リスク評価、計画、実行、モニタリング・評価・学習の4段階ににおける目標も定められました。さらに、これらの目標達成状況を図るための指標を検討する2年間の作業計画も立ち上げられています。

私たちは今、先進国と途上国という垣根を超えて、世界全体で気候変動対策を強化しなければ、未来の子孫たちが持続可能に暮らすことのできる地球環境を残すことは難しいという瀬戸際に立たされているのです。●

屋久島の山岳部は年間8000mmを超える降水量の特殊な多雨環境であり、それらに適応した渓流植物や着生植物を含む生態系がある。樹齢千年を超えるヤクスギの原生的な天然林が作り出す景観も見事だ

A-PLAT（気候変動適応情報プラットフォーム）
Climate Change Adaptation Information Platform

「気候変動適応情報プラットフォーム（A-PLAT）」は、気候変動による悪影響をできるだけ抑制・回避し、よりよい社会を構築することを目指す気候変動適応策（以下「適応策」）を進めるために、国内外の事例を含め、参考となる情報を広く収集し、一般の方にも理解しやすいように分かりやすく整理した情報基盤です。

A-PLATは国、地方公共団体、事業者そして市民の各ステークホルダーが、気候変動による悪影響を軽減するために適応策を検討する活動の支援を目的として、2016年8月に国立環境研究所が立ち上げました。A-PLATでは気候変動と適応、国、地域、事業者、個人、その他データ・資料、情報アーカイブ、リンク集という主に8つの構成から情報発信を行っています。

気候変動と適応　Climate Change and Adaptation

気候変動と適応に関する科学的知見を分かりやすく伝えるため、基本的な考え方や言葉の定義を示しています。国内の主要7分野——①農業・林業・水産業、②水環境・水資源、③自然生態系、④自然災害・沿岸域、⑤健康、⑥産業・経済活動、⑦国民生活・都市生活——ごとに影響や適応を整理したページや、気候変動の観測・将来予測に関する各種データのとりまとめ、気候変動適応の用語集や適応策に関する読み物を紹介しています。

国の取組　Adaptation Efforts by National Government

気候変動に対して総合的かつ計画的な適応を推進するため、国内の政府や関係省庁および研究機関による施策や取組を紹介しています。また、気候変動の影響・適応に関する研究分野は多岐にわたります。科学的知見を充実・強化し、適応に関する施策や活動の支援推進に貢献するため、大学や試験研究機関など多種多様な関係機関と連携した取組も進めており、最新動向を随時発信しています。

地域の適応　Adaptation for Local Governments

気候変動の影響は、地形や気象条件、土地利用や地場産業など、さまざまな状況によって異なります。地域の適応は、それぞれの地域特性を考慮した取り組みが重要であるため、地方公共団体が主体的に取り組むことが期待されています。地域の担当者向けに、地域気候変動適応計画の策定マニュアルや地域気候変動適応センターの役割を整理し、さまざまな活動支援ツールを提供しています。また、適応策を影響の要因から体系的に整理したインフォグラフィックや、現場で適応に取り組む人々の努力や工夫を取材したインタビュー記事と動画、地域特性を考慮した幅広い科学的知見も掲載しています。

事業者の適応　Adaptation for Private Sectors

気温上昇による農作物への影響、従業員の

熱中症リスクの増加、ゲリラ豪雨と呼ばれる短時間強雨による浸水被害や、台風の大型化による自然災害リスクの増加など、気候変動の影響はビジネス面にも広範囲に及んでいます。事業の継続性や強靭性を高めるためには、現在から将来に渡り懸念される気候変動影響を把握し、それらに対するリスク回避・軽減に取り組むことが求められます。民間企業がすぐに取り組める気候変動への適応ガイドや、国内の影響評価情報、適応ファイナンスや自治体による事業者支援事例、事業者向けのイベント情報などを公開しています。また、気候変動をチャンスと捉え、適応を促進する製品やサービス展開などのビジネス事例、TCFDに関する事例も幅広く掲載しています。

個人の適応　Adaptation for Individual

　真夏日、猛暑日における熱中症搬送者の増加、台風や暴風雪による公共交通機関の計画運休など、個人にも気候変動の影響は広がっています。誰もが安心して暮らせる社会を作るためには、個人に対する気候変動影響と、わが身を守る適応策について、子どもから大人まで幅広く普及啓発し、行動につなげていく必要があります。ここでは、子ども向けに作成したデジタル紙芝居や環境学習のワークシート、小中高生向けのe-ラーニング教材をはじめさまざまな支援ツールを紹介しています。また、日々の生活のなかで身のまわりの自然や動植物の変化に関心を持ち、気候変動への意識を促す市民参加型のプログラムとして、生物季節モニタリングの調査や、みんなでつくるサンゴマップも紹介しています。

データ・資料　Datasets and Documents

　これまでに公表されてきた気候変動影響や適応に関するデータ・資料を網羅的に整理しています。環境省が2020年に公表した「気候変動影響評価報告書」に掲載されている引用文献の一覧や、さまざまな機関が公表している事業者の適応に関するレポート、全国および都道府県別の気象庁観測データや分野別影響評価と気候に関する将来予測結果、国内および海外における適応策の事例データベース、緑の気候基金、全球および日本域における気候シナリオの概要（時空間解像度、気候モデル等）を一覧で紹介しています。

　2018年12月に施行された気候変動適応法（平成30年法律第50号）では、国立環境研究所は気候変動影響及び気候変動適応に関する情報の収集・整理・分析・提供や、地方公共団体や地域気候変動適応センターにおける気候変動適応に関する取組への技術的助言などを行う役割を担うことが定められました。気候変動適応法の施行により、地方公共団体、事業者、個人など、主体に応じてさまざまな適応策が幅広く進められています。今後もステークホルダーがそれぞれの立場や状況にあった適応策に取り組めるよう、関係省庁や各種機関と連携してA-PLATの充実・強化を図り、私たちの暮らしを気候変動に適応させていくために役立つ情報を発信していきます。●

本書の使い方　How to Use This Book

　本書『アダプテーション 適応』の目的は、気候変動による負の影響をなるべく減らすことです。現在進行形で温室効果ガスは増え続けており、日を重ねるごとに気候変動の影響は大きくなっているのです。現代を生きる私たちは、気候変動と共存していかなければならず、次の世代のためにも気候変動影響を受けにくい社会を創っていく責任があります。気候変動によるリスクから命や財産を守り、経済や社会の持続的な発展を図るため、私たちは気候変動に「適応」していく必要があるのです。

　適応とは、外部の環境に応じて形態や習性、行動や意識などを主体的に変えていくことをいいます。予測される気候変動による影響に対し、社会経済や自然環境の在り方を調整し、被害を最小限に抑えること、または気候の変化を好機と捉えて活用する取り組みを適応策と言います。気候変動問題に関して一番に聞かれることは、「私は何をするべきか？」という問いかけです。気候変動は、問題自体の認識は高いにも関わらず、問題の規模が大きすぎるため、自分事として捉えることが難しいと思われがちです。多くの人は、何をすればいいのかわからないと答え、自分にできる事なんてたかが知れていると諦めてしまっているかもしれません。しかし、適応策とは気候変動から我が身を守る事が大前提なのです。真夏の暑さから熱中症にかからないためには、炎天下の外出を避け、水分を補給し、日陰で休むなど、簡単に思いつくことも実は適応策

です。台風の大型化に伴い暴風雨の被害や洪水の頻度が高まる場合には、個人では天気予報を見て危険な時間帯は屋内に避難すること、事業者ではハザードマップを確認し、顧客と従業員の安全を守るため、店舗を閉めるという選択を取ることもできます。国や自治体は詳細な気象情報をなるべく多くの人に伝わる形で伝達し、気候予測のデータをもとに、被害を抑えるための水量管理や防潮堤の整備など、さまざまな対策を講じています。適応策は個人・事業者・地域・国など、すべてのステークホルダーが取り組むことができるのです。

　本書では、農業、林業、水産業、水環境・水資源、自然生態系、自然災害、健康、産業・経済活動、国民生活・都市生活の7つの分野について、100項目の適応策を紹介しています。主な構成は、気候変動による影響から適応の概要を説明し、先進的な国内外の適応事例について幅広く紹介しています。適応策は世界中で日々進化しており、最新情報は「気候変動適応情報プラットフォーム（A-PLAT）」で随時更新されています。本書は、厳選された有効な適応策を100項目紹介していますが、より詳しい内容を知りたい方は是非A-PLATのサイトを参照して下さい。

　本書で取り上げている適応策は、国、自治体、研究機関、企業、農林業従事者などさまざまなステークホルダーが、気候変動の悪影響を抑制・回避するために取り組んでいる知恵と努力の賜物です。日本だけでなく、世界中で熱意ある人々が気候変動に適応するため

相川町馬乗川平休耕田のミゾソバとキムネクマバチ。人と自然とが触れ合える、長崎市内でも貴重なビオトープ（生物生息環境）となっている

に、並外れた取り組みをしています。本書はそんな人々の物語を紹介する役割も担っています。

　台風の激甚化やゲリラ豪雨、酷暑など、気候変動の影響は私たちの身近に迫っています。一人ひとりの行動が次の世代に自信を持って受け継ぐ、安心安全な社会を創る礎となります。気候変動を他人事ではなく自分事として捉え、幅広いステークホルダーの理解を深め、自分と地球の未来を守る行動につなげていただきたいという思いがこの本には込められています。●

読者のための参考情報
Reader's Reference Guide

本当に温暖化していますか？

2021年に発表されたIPCC WG I第6次評価報告書（AR6）では、「人間の影響が大気、海洋及び陸域を温暖化させてきたことには疑う余地がない」と記載され、産業革命前の平均気温と比べて2011〜2020年の世界平均気温は1.09℃上昇していると報告されています。世界平均気温は、1970年以降少なくとも過去2000年間にわたり、他のどの50年間にも経験したことのない速度で上昇しています。

将来は本当に温暖化しますか？

IPCC WGI AR6では、人口や経済発展などの社会経済的な仮定、土地利用の変化、温室効果ガス排出削減に向けた気候変動緩和策の取り組み、エアロゾルやオゾン前駆物質における大気汚染対策の進捗を考慮して作成された排出シナリオを元に、世界各国の科学者によりさまざまな気候の将来予測が行われています。AR6ではこのまま何も対策をせず、温室効果ガス排出量が非常に増えるシナリオ（SSP5-8.5）から、温室効果ガス排出量が2050年ごろ、またはそれ以降に正味ゼロになり、その後はその排出量が正味マイナスになるシナリオ（SSP1-1.9）まで、5パターンのシナリオが作成されました。考慮された全ての排出シナリオを使って各研究機関が将来予測を行った結果、少なくとも今世紀半ばまで世界平均気温は上昇し続け、今後数十年間のうちに温室効果ガスの排出が大幅に減少しない限り、現在世界の目標としている1.5℃または2℃の気温上昇を超えることが示されました。

カーボンニュートラルとは何ですか？

CO_2を含む温室効果ガスの排出量から、森林管理や植林などによる吸収量を差し引いた合計をゼロにすること、つまり、温室効果ガスの排出量と吸収量を同等に均衡させることを、カーボンニュートラルと言います。2020年度における吸収量の温室効果ガス総排出量に対する割合は4.5％に過ぎません。政府が2020年に宣言した「2050年までに温室効果ガスの排出を全体としてゼロにする、カーボンニュートラルを目指す」という野心的な目標は、温室効果ガスの大幅な排出削減と植林などによる吸収量の大幅な増加を実現できなければ、達成は難しいと言わざるを得ません。私たちの日常生活や経済活動に伴い、温室効果ガスは日々排出されており、移動や衣食住などライフスタイルに起因する温室効果ガスの排出量が全体の約6割にのぼるという分析もあります。カーボンニュートラル、脱炭素社会の実現に向けて、あらゆるステークホルダーが主体的に行動を起こす必要に迫られています。

適応すれば緩和しなくてもよいですか？

「緩和」とは温室効果ガスの排出を削減・抑制することで、気候変動問題では最優先に取り組む必要があります。しかし、「緩和」を実施しても気候変動による影響が避けられない事態が現実に発生しているため、発生しう

る影響を科学的知見より予測し、被害を回避・軽減するために、人や自然、社会や経済の仕組みを調整することが「適応」です。適応には、気温上昇による栽培適地の移動など、地域によっては気候変動による影響を有効に活用するポジティブな取り組みも含まれます。適応と緩和は車の両輪であり、並行して取り組む必要があるのです。

適応は万能ですか？

残念ながら適応策は万能とは言えません。気候変動はあらゆる分野に影響を及ぼすため、個別に施策を検討するだけでなく、分野横断的に相互で好循環をもたらすシナジー（相乗効果）やコベネフィット（両得）を検討することは、適応策の効果や効率性を高めることにつながります。一方で、気候変動による影響回避の対策が意図せぬ結果を生んでしまい、施策間で効果を打ち消し合うマルアダプテーション（悪適応）という事態が発生してしまう場合もあります。世界各地で取り組みが始まっている適応策ですが、その長期的な波及効果は不透明なことも多く、現時点での評価・判断が将来に渡って継続的に有効とも限りません。また、資金・技術・人材の不足や異常気象の進行などにより適応策が機能していないケースの報告も増えています。そのため適応策は、計画、実施、評価、行動を繰り返しながら順応的管理（Adaptive Management）を進めていくことが重要となります。

適応の失敗事例はありますか？

2022年に公表されたIPCC WGII AR6によると、多くの部門及び地域にわたり、適応の失敗の証拠が増えているという報告があります。たとえば気候変動による海面上昇や高潮から人々を守るための適応策として建設された防潮堤が、陸地から海への排水機能を低下させ、防潮堤近くに住んでいる人々の浸水被害のリスクを高めてしまったり、水不足解消のために家庭で水の貯蔵を進めた結果、感染性の病気を媒介する蚊の繁殖場所が増えてしまい、健康リスクを高めてしまったことなど、さまざまな分野において失敗事例は報告されています。

世界は本当に適応していますか？

2015年のCOP21において採択されたパリ協定では、適応策に関する具体的な規定が大幅に決められ、世界各国で適応策の取組は進められてきています。しかし、IPCC WGII AR6によると、適応は、世界すべての部門及び地域にわたって計画または実施されていることが認められ、さまざまな効果を生んではいますが、すべての適応策が機能しているわけではなく、適応ギャップの存在も指摘されています。気候変動の影響を受けやすい途上国の人々には、適応策を講じる資金力や技術力の不足が懸念されており、先進国からの資金援助や技術提供は欠かせません。世界経済フォーラムが毎年公表する『グローバルリスク報告書2022年版』において、今後10年間で最も深刻な世界規模のリスクとして、「気

候変動への適応（あるいは対応）の失敗」が
1位に挙げられており、適応の取り組みはま
だまだ足りないと認識されています。

ドローダウンとは？

「ドローダウン」とは、「温室効果ガスがピー
クに達し、年々減少し始める時点」のこと。
米国の環境活動家で起業家、作家のポール・
ホーケン氏は、30年後にドローダウンを起
こすために、すぐにでも実行に移せる最も
効果的な地球温暖化の解決策と普及した際
のインパクト、実行に必要な費用を整理す
るため、「地球温暖化を逆転させる100の方
法」について、世界中のさまざまな分野の科
学者や専門家たちと一緒に分析を行いまし
た。100の解決策は文献調査をもとに選定さ
れ、2050年までに削減可能な温室効果ガス
の総量、30年間運用するための正味コスト、
正味節減額をそれぞれモデルで評価し、削減
可能な温室効果ガスの総量に基づいて解決策
のランキングが示されています。エネルギー、
食、女性と女児、建物と都市、交通、資材の
分野ごとに解決策を提示し、20の実現の日
が近い期待の解決策も紹介しています。科学
的に示された100の解決策の活用は、気候危
機からの脱却の鍵となるはずです。

リジェネレーションとは？

「リジェネレーション」とは、「再生」「繰り
返し生み出す」といった意味を持つ言葉で
す。SDGsの広まりにより普及した「持続可
能性」だけでは、気候変動や生物多様性など
の地球規模の社会課題解決が難しくなってい
るため、地球環境を再生し、生態系全体を繁
栄させていくことを目指す「リジェネレー
ション」が注目されています。ホーケン氏は、
世界中で広まりつつある「リジェネレーショ
ン」の取組みを解説し、気候危機を防ぐため
に個人や団体が取り組むことが出来る重要な
アイディアを、書籍『リジェネレーション［再
生］　気候危機を今の世代で終わらせる』の
中で報告しました。海洋保護区の設置は海岸
線の保護・魚や海藻類をはじめとする生物多
様性の回復・炭素の固定に繋がり、地産地消
の取組みは運搬にかかる温室効果ガスの排出
削減だけでなく、地域のコミュニティを成長
させ、環境・水・土壌・文化を再生させる効
果があります。すべての行動と決定の中心に
生命をおくことが気候危機を終わらせるため
には大変重要なのです。●

ホタテ漁業の一大産地オホーツク海での水揚げ。あらゆる業
種において、持続可能な経済活動を続けるためにも、気候リ
スクに備えるだけでなく、気候変動によるプラスの影響を新
たな機会と捉え、活用する適応ビジネスにも注目が集まって
いる

読者のための基礎用語解説
Reader's Basic Terminology

●**気候変動適応情報プラットフォーム**（A-PL AT）：気候変動適応に参考となる情報をわかりやすく発信するための情報基盤。

●**IPCC**（Intergovernmental Panel on Climate Change）：気候変動に関する政府間パネル。世界気象機関（WMO）および国連環境計画（UNEP）により1988年に設立された政府間組織で、195の国・地域が参加。

◆**WGI**（Working Group I）：第1作業部会。気候システムおよび気候変動の自然科学的根拠についての評価を行う。

◆**WGII**（Working Group II）：第2作業部会。気候変動に対する社会経済および自然システムの脆弱性、気候変動がもたらす好影響・悪影響、並びに気候変動への適応のオプションについての評価を行う。

◆**WGIII**（Working Group III）：第3作業部会。温室効果ガスの排出削減など気候変動の緩和のオプションについての評価を行う。

●**COP**（Conference of the Parties）：締約国会議。本書で記すCOPは国連気候変動枠組条約のもの。

●**パリ協定**：フランスのパリで開催された国連気候変動枠組条約締約国会議（COP21）において採択され、2016年に発効。世界共通の長期目標として世界の平均気温上昇を産業革命以前に比べて2℃より十分低く保つ（2℃目標）とともに、1.5℃に抑える（1.5℃目標）努力を追求している。目的を達するため、今世紀後半に温室効果ガスの人為的な排出と吸収のバランスを達成できるよう、排出ピークをできるだけ早期に迎え、最新の科学

に従って急激な削減を目指す。各国は、約束（削減目標）を作成・提出・維持する。削減目標の目的を達成するための国内対策をとる。削減目標は、5年ごとに提出・更新し、従来より前進を示す。

●**UNEP**（United Nations Environment Programme）：国連環境計画。1972年に設立され、各国の政府と国民が将来の世代の生活の質を損なうことなく自らの生活の質を改善できるように、環境の保全に指導的役割を果たし、かつパートナーシップを奨励する。環境分野における国連の主要な機関として、地球規模の環境課題を設定し、政策立案者を支援し、国連のなかで環境に関連した活動を進め、グローバルな環境保全の権威ある唱道者としての役割を果たす。

●**RCP**（Representative Concentration Pathways）**シナリオ**：代表的濃度経路シナリオ。将来の温室効果ガスが安定化する濃度レベルと、そこに至るまでの経路のうち代表的なものを選び作成。RCPに続く数値が大きいほど2100年における放射強制力（地球温暖化を引き起こす効果）が大きいことを意味する。本書では、RCP2.6シナリオを「産業革命以前と比べて全球平均気温上昇を2℃未満に抑える場合」、RCP8.5シナリオを「最も温暖化が進む場合」と記載。

●**WRI**（World Resources Institute）：世界資源研究所。地球の環境と開発の問題に関する政策研究と技術的支援を行う独立した機関。国連環境計画（UNEP）、国連開発計画（UNDP）、世界銀行などの共編によ

り、2年に一度『世界の資源と環境（World Resources）』を出版。

●**WHO**（World Health Organization）：世界保健機関。保健医療分野の国連専門機関。

●**温室効果ガス**（GHG）：大気を構成する成分のうち、温室効果をもたらすもの。主に二酸化炭素、メタン、一酸化二窒素、フロン類がある。温室効果ガスは、その種類ごとに温暖化への影響の大きさが異なるため、地球温暖化係数（GWP）を用いて換算する際に用いる単位が「CO_2eq」で、CO_2相当量として換算した数値を指す。

●**BCP**（Business Continuity Plan）：事業継続計画。企業が自然災害、大火災、テロ攻撃などの緊急事態に遭遇した場合において、事業資産の損害を最小限にとどめつつ、中核となる事業の継続あるいは早期復旧を可能とするために、平常時に行うべき活動や緊急時における事業継続のための方法、手段などを取り決めておく計画。

●**ICT**（Information and Communication Technology）：情報や通信に関する技術の総称。

●**IoT**（Internet of Things）：現実世界のさまざまなモノ（道具）が、インターネットとつながること。

●**JICA**（Japan International Cooperation Agency）：独立行政法人国際協力機構。日本の政府開発援助（ODA）を一元的に行う実施機関として、開発途上国への国際協力を担当。

●**六次産業化**：農林業漁業者などが一次産業としての農林水産業と、二次産業としての製造業、三次産業としての小売業などの事業との総合的かつ一体的な推進を図り、地域資源を活用した新たな付加価値を生み出す取り組み。

●**遺伝子資源**：さまざまな生物が持つ遺伝子を、人間にとって有用となる資源としてとらえたもの。

●**フードサプライチェーン**：食品が生産されてから食卓に届くまでのすべての過程のことで、農家、加工業者、卸売業者、運送業者、小売業者などが携わる。食料システムの一部であり、その規模が農村や孤立した地域のように小さければフードサプライチェーンは短く、大都市のように大きければ長く複雑になる。

●**インド洋ダイポールモード現象**（IOD：Indian Ocean Dipole mode）：インド洋熱帯域の海面水温が、平年と比べてスマトラ島沖（南東部）で低くなり、西部で高くなる現象を「正のIOD現象」と呼ぶ。また平年と比べて、スマトラ島沖で高くなり、西部で低くなる場合を「負のIOD現象」と呼ぶ。気候変動メカニズムとの関連が注目されている。

●**農研機構**：国立研究開発法人 農業・食品産業技術総合研究機構。我が国の農業・食料・環境にかかわる課題について研究開発から成果の社会還元までを一体的に推進するために、基礎から応用まで幅広い分野で研究開発を行う機関。

●**食料安全保障**：どのような時にもすべての人が健康的で活動的な生活を送るために必要な食料を合理的な価格で入手できるようにすること。

●**湿害**：土壌中の水分が過剰になることで土壌中の空気が不足し、その結果作物の生育に障害が生じること。

●**COD**（Chemical Oxygen Demand, 化学的酸素要求量）：湖沼や河川、海域の有機汚濁物質等による汚れの度合いを示す数値。この数値が大きいほど汚れの度合いが大きいことを示す。●

Agriculture
農業

気候変動が農作物に及ぼす要因はさまざまです。異常な高温、干ばつ、極端な降雨、大型化する台風、降水量の減少、さらに病害虫の増加や生息域拡大などです。これらは発育阻害はもちろん、収量や品質の低下を招くため、農業生産者の営みに大きな影響を与えています。このような気候変動の影響は、栽培品種や産地の環境などにより大きく異なるため、適応策も各産地の生産者が主体的に考える必要があります。

　普段、何気なく店舗で手にしている野菜や果物、肉や卵なども生産者が試行錯誤を繰り返しながら、品質を保って出荷した努力の賜物です。

このセクションでは、これらの気候変動の影響に対し、国内外の農業生産者がどのように将来予測を踏まえ、戦略的な計画を立て、農業経営を適応させているのか、さまざまな取り組みについて紹介しています。

　農作物は適応策の効果が出るまでに一定期間を必要とするものや、消費者ニーズによる需給バランスの崩れから価格が変動しやすい作物もあるため、長期的視野で対策を講じることが欠かせません。また、別の作物への改植は、すでに地域ブランドが確立している場合もあるため、最後の手段と捉える地域が多いでしょう。さらに、苗木の生産体制の整備、植え付け、収穫までの期間を合わせるとかなりの時間がかかることも忘れてはいけません。

　情報共有や行動計画の検討が的確に行われるよう、自治体や研究機関などとネットワーク体制を整備し、国の農業生産基盤を守り、発展させる必要があるのです。●

標高1200〜1300mの高原に広がる長野県南牧村のレタス畑。レタスは夏場でも冷涼な地域で生産が盛んだが、気温の上昇によっては栽培が難しくなる品種や期間が出てくることが懸念されている

水稲
Rice

水稲ではすでに品質や収量に気候変動の影響が生じています。特に気温上昇により、登熟*期のでんぷんの蓄積が不十分となり白く濁って見える「白未熟粒（しろみじゅくりゅう）」や、米の内部に亀裂が走る「胴割粒（どうわれりゅう）」などが発生し、食味だけではなく一等米の比率が低下する被害も報告されています。温室効果ガス排出量が低いシナリオにおいても、2010年代と比較した2040年代には白未熟粒の発生割合が増加し、一等米の生産面積の減少により経済損失が442億円／年に達すると予測されています。また、気候変動の影響によって病害虫の発生時期の早期化、発生量の増加、発生地域の拡大もみられており、適切な防除対策の必要性が説かれています。

適応策　安定した米生産のためにとられる適応策は、栽培時期の変更、管理方法の改善、品種改良・他品種導入、および病害虫の防止の4つに大別されます。

栽培時期の変更　高温や日照不足による高温登熟や白未熟粒の発生を避けるため、田植え時期の晩期化が検討されるケースが増えています。その際は、田植えの際に苗を植えるのではなく、直接水田に種もみを播く「直播」という方法をとることでも収穫時期を遅らせます。一方で、日射量不足による登熟不良などのリスクもあることから、西日本のような暖地では逆に早期化も有効とされています。

　胴割れの対策として、登熟初期に高温に当たることがその原因のため、出穂後10日間の気温が高温にならないよう作期を調整し、適期刈り取りに留意することが大切です。

管理方法の改善　管理方法の改善が適応策につながるケースもあり、主に施肥管理と水管理の2つの観点から見直しが行われています。施肥管理については、根の活性化を図るため、出穂前30〜50日にケイ酸カリなどの中間追肥を実施します。また、登熟期の窒素不足は高温障害を助長するため、葉色や幼穂等の状況に応じて穂肥を適切に実施し、被害の軽減を図ります。水管理では、生育ステージに応じて間断かん水、中干し、湛水管理などを実施し、根の活力維持を図ります。登熟前期に高温・乾燥・強風条件が重なった時は、風がやむまで湛水を保ちます。収穫に備えて水を抜く落水は出穂後30日以降とし、圃場の乾燥状態に応じて走水を行います。なお、高温時の掛け流しかん水は用水不足となるためなるべく控え、節水を心掛けなくてはなりません。

品種改良・他品種導入　代表的な適応策のひとつとして品種の開発・導入があります。たとえば、近年、気候変動の影響とみられる玄米品質の低下が全国的に問題となっていますが、広島県では特に標高100m以下で栽培される品種「ヒノヒカリ」で顕在化していました。そこで、高温で登熟しても劣化の少ない新品種「恋の予感」が奨励品種として採用されました。この品種は最上位の葉が長く直立するため光合成に有利で、丈が低く倒れにく

　*種子が次第に発育・成熟していくこと

いという特徴を持っています。高温下で登熟しても白未熟粒の発生が少なく、食味も良好であるため、従来品種のヒノヒカリに替えて段階的な普及が図られています。その他にも、高温耐性や収量性も高い「にこまる」という品種は、西日本の暖地を中心に15府県で産地品種銘柄として作付けされています。

富山県にて約15年の開発期間を経て登場したのが、2018年秋に作付けを始めた新品種「富富富」です。DNAマーカーによる遺伝子診断技術を用い、高温に強い形質を発揮するための遺伝領域を突き止めた世界初の例となりました。穂が出てから高温（試験では30℃以上）に当たっても白濁が少なく、背丈も従来のコシヒカリと比べて15cmほど短いため雨風に強く倒れにくいという特徴があります。また病害のなかでも被害面積がトップの「いもち病」に強いのもメリットです。背丈が低いため、肥料の量もコシヒカリと比べて2割削減でき、農薬も3割削減されました。新品種のため、マニュアルのもと普及員が登録された生産者に栽培方法を指導しています。「富富富」の作付面積は2023年度で1620ha程度ですが、さらに増やしていく方針であり、今後も生産者登録制を通じて品質を管理し、マイナーチェンジを繰り返してさらなる「理想の品種」の開発に取り組まれています。

作物は品種によって栽培期間が異なり、早く成長するものが早生、遅いものが晩生、その中間のものが中生と呼ばれます。水稲の場合は、高温耐性の高い品種への転換のほか、晩生品種を導入して秋に涼しくなってから実らせる作り方も進められています。富山県では2003年に早生品種である「てんたかく」、2007年に晩生品種である「てんこもり」を開発しました。早生、中生、晩生と、栽培期間の違う品種を作付けすることで、作期分散や無理のない適期収穫が可能になっています。

病害虫の防止　地域の特性に応じて、高温に強いだけでなく、耐病性を持つ品種の開発が進められています。たとえば北関東などでは登熟期の高温耐性に加えて、縞葉枯病*の抵抗性を持つ品種「にじのきらめき」、そして九州などでは水稲に枯死被害をもたらす害虫・トビイロウンカに抵抗性を持つ「秋はるか」などの品種が開発され、導入が期待されているところです。また、こうした害虫の越冬場所となる畦畔などの周囲の除草作業や、発生密度を下げたり紋枯病菌を殺菌したりする薬剤による防除も重要です。

展望　水稲の適応策には、栽培時期の変更や管理方法の改善のように個別の生産者が低コストで短期的に取り組めるものから、他品種の開発・導入といった費用も時間も必要とするものまで、さまざまな対策があります。消費者人気の高いブランド米もあることから、品種の変更が困難な地域は少なくありません。このような場合、自治体や農協、農業共済組合、地域の関係者が協働し、産地全体としての中長期的な計画に基づいて対策を進める必要があります。一方で、消費者のニーズが品種転換の妨げとならないよう、食味だけではなく、今後の気候変動の進行や環境負荷の軽減等を考慮した商品の価値向上や、選択を促すことで、消費者が貢献できる点も大いにあると考えられます。●

つくば市谷田部の水田圃場。複数の生産圃場を対象として、地温や水温、水位などを計測するとともに、生産者との対話を通じて、それぞれの圃場環境や栽培管理の違いによって白未熟粒の発生に影響があるか調査された

栽培・管理技術
Cultivation Technology

高温や日焼け、降雨量の増減など、作物によって悩まされる気候変動の影響はさまざまです。適応策も多岐にわたりますが、生産者が中心となり短期的に取り組めるものとして、既存の作物の栽培・管理技術の見直しが挙げられます。ここではマメ科、茶、花卉（かき）の適応策を紹介します。

マメ科　マメ科の植物は、根につく根粒菌のおかげで窒素肥料があまり必要とされない代わりに、水に弱いものが多くあります。なかでも水田を畑にした転換畑は排水性が悪く、出芽が悪い、根が腐りやすいなどの問題が発生するため、降雨量や降雨時期の対策が重要です。アズキは、特に開花期に雨が多いと受精ができず、実がつきません。また、さやが肥大する時期に日射量が少ないと光合成が十分にできず、実りが悪い場合もあります。同様にダイズも湿害を受けやすく、特に発芽時にダメージが大きいことが知られています。こうした被害を防ぐため、排水良好な圃場を選ぶことが推奨されています。

　隣接する田や用水路からの浸透による湿害を防ぎ、排水溝の整備を行うことも大切です。一方で、開花期に土壌が著しく乾燥していると花の数が減り、さらに開花期から粒肥大期にかけてはさやの数が減るなど、トラブルの原因にもなります。したがって、開花期以降に降水量が少ないなど土壌の乾燥の恐れがある場合、灌水を行うなどして水ストレスを軽減させます。簡単な質問に答えるだけで、リスクが高い要因とその対策がわかるサイトも

あるので参考になるでしょう。

　龍谷大学農学部の牧農場では、アズキやダイズ、ラッカセイを育てています。例年7月15日ごろにアズキを播きますが、その時期は梅雨の終わりで、雨でぬかるんで播種用のトラクターが使えません。梅雨を避けて8月上旬に播いても、日が長く気温が高いため8月下旬から9月上旬には花が咲き、栄養成長量が少ないせいで収量が落ちてしまいます。逆に梅雨のはしりに早播きをすると、今度はツルが伸び過ぎて、下のほうの葉に光が当たりづらくなり、収量減の原因となります。そこで、まず早播きをし、開花前に一度上のほうの葉を刈り取ると、「頂芽優勢（ちょうがゆうせい）」という性質により傍からまた芽が出ます。この分枝を生かして受光態勢をよくすることで、収量のアップにつながります。また、水はけをよくするために水路を掘り、排水性をよくします。雨が降ったら、竹ぼうきなどで明渠の水をはき出すといった工夫も有効です。

茶　降水量が少ないときに起こる茶葉の生育抑制を防止するため、スプリンクラーなどで潅水を行うことが効果的です。近年の研究で、三番茶芽生育期の干ばつが、翌年の一番茶の新芽数と収量の減少を招くことが明らかにされており、7月ごろの三番茶の茶芽生育期は

滋賀県大津市の龍谷大学農学部付属牧農場で栽培されるラッカセイ。農薬や肥料を通常の半分程度に減らし、気候変動による降雨パターンの変化に適応した栽培技術を開発し、地域活性化を目指した農業に取り組んでいる

重点的に灌水する必要があります。また土壌水分の蒸発抑止として、茶園にプラスチック資材や敷草などを敷くのも有効です。改植や新植したばかりの幼木園や、大がかりな剪定を行ったあとは少雨でも影響を受けやすいことから、優先的に対策を実施する必要があります。さらに、気温上昇に伴う耐凍性確保の遅れや、萌芽期・摘採期の早期化に対応するため、従来より長期に凍霜害対策を行うことも重要です。上空の暖かい空気を下方に吹き下ろすことで空気を撹拌し、樹冠面の気温を高める「防霜ファン」が広く普及していますが、近年では節電型（気温差制御）のファンも開発されています。一番茶の霜害は、茶業経営上最も大きいダメージを被るため、万全の回避対策が行われています。

花卉 露地、施設栽培ともに高温が続くと乾燥しやすいため、十分に灌水しなければなりません。施設栽培の場合、換気を行うことで日中の気温上昇を抑えることが可能です。天窓換気のほうが、サイド開放より効率的です。ただし外気温も高い場合は、冷房の導入も検討する必要があります。対策として挙げられるのが、加温用に導入が進んでいるヒートポンプエアコンの冷房機能を使った夜間冷房や、昼間のミスト散水などです。夜間冷房は日の入り後から4時間、または日の出前の4時間という短時間でも実施することで、終夜冷房と同じくらい高温障害を回避する効果が期待できます。ミスト散水については、バラやユリなどを対象に、ドライミスト（超微粒ミスト）の効率的な利用が進められています。遮光する場合は、資材が光合成に有効な波長の光も遮ってしまうため、過度な遮光は避ける必要があります。目の粗さや色によって遮光率は異なりますが、寒冷紗の適切な利用や石

灰乳をガラス面に塗布する方法もあります。

　兵庫県のカーネーション栽培では、夏季の高温が秋季の品質低下につながり問題となっていました。そこでヒートポンプ空調機を利用して、夏季の夜間冷房で日没後の4時間を21℃設定にしたところ、品質向上や到花日数（摘心から開花までの日数）の短縮に成功しました。秋季の秀品率は18%向上し、年末までに約17%の売上増加が試算でき、ブランド力維持に大きく貢献できそうです。

展望 今後は換気や遮光といった環境制御、散水の自動化など、スマート農業の導入によりさらなる生産体制・品質向上を進めることが考えられます。新たな資材や設備を取り入れるときは、導入コストやランニングコスト、労働力の確保、取り入れるタイミングなどを加味して、圃場面積に応じて検討することが必要です。また、同じ問題を抱える自治体や生産者同士が連携して情報共有を積極的に行っていくことも求められるでしょう。日本の主食は水稲で農地においても水田の割合が多い一方、高齢化や担い手不足などによる課題も顕在化しています。遊休農地や荒廃農地もあり、このような土地でいかに畑の作物を栽培していくかもカギになります。研究が進めば日本の農耕地は維持され、ひいては同様の条件を持つ東アジアの農耕地の維持にもつながるかもしれません。この先の気候変動の予測を立てつつ、植物が本来持っている力を発揮させるような栽培技術の確立も期待されます。●

品種
Breeds

高温や病害虫の影響が多数報告されています。たとえばダイズでは、一部の地域で夏季の高温による一粒当たりのダイズの重さが減り、高温乾燥条件が継続することによるさや数の減少や品質低下が報告されています。また、ダイズ黒根腐病やミナミアオカメムシといった病害虫の分布域の拡大や、外来雑草の侵入被害も報告されています。将来的に東北・北海道地域では気温上昇がプラスに働き、収量が増える予測もされていますが、東日本では子実の肥大期間と高温期が重なることによる減収も示されています。

冬季に小麦もダメージを受けています。穂の形成時期や茎が伸びる時期は低温に弱く、気候変動でそれらの時期が早まることで、霜害リスクが高まっています。

野菜も全国的に影響が表れています。キャベツなどの葉菜類、ダイコンなどの根菜類、スイカなどの果菜類といった露地野菜の多くに見られる収穫期の早期化です。高温や多雨あるいは少雨は、これらの生育不良や生理障害、品質低下を引き起こしていると考えられています。

夏季の高温と少雨により二番茶・三番茶の生育が抑制されるほか、暖冬の影響による冬芽の再萌芽、一番茶の萌芽の早まりなど、さまざまな障害が報告されています。今後は静岡県を含む関東地域で一番茶の摘採期が早まることに伴い、凍霜害の発生リスクが高まる恐れもあります。南西諸島全域では、秋冬季に必要な低温期間（10℃以下に6週間以上）が短くなることで、2060年代には一番茶の

減収の恐れがあり、すでに顕在化している地域もあります。加えて害虫の越冬可能地域や病害分布域の北上・拡大、年間世代数（1年間に卵から親までを繰り返す回数）の増加により、被害増大も懸念されます。

花卉では、生育不良に加えて花の奇形・発色不良による品質が低下したり、開花期の前進または遅延により出荷できないという被害が発生しています。スイートピーの気候変動影響予測を例にとると、21世紀末には最高・最低気温の上昇などにより蕾が落ちる、花形の波打ち発生率が低下する、あるいは気温上昇などによる花梗長（花をつける茎）が減少するといった被害が示されています。また、気温上昇が進むと害虫の発生世代数が増加するため、オオタバコガなどによる食害も懸念されています。

品種改良　品種改良とは、偶然起きた突然変異により得られた性質の選抜や交配により遺伝子を変化させ、目的の性質を持つ品種を育成する手法です。近年では狙った遺伝子のみをピンポイントで切断するゲノム編集技術が開発されていますが、まだ知見を蓄積している段階であり、新品種の開発には長い期間が必要という課題もあります。

ダイズを例にとると、湿害や青立ちの軽減に有効なストレス耐性、茎疫病や葉焼け病などの病虫害抵抗性を備えた品種・系統の育成にゲノム編集技術が導入されています。栽培特性などは従来のものと同じなため、品種を変えるだけで収量増加を見込めるといった利

茨城県の主力花卉グラジオラス。出荷時期の高温や強い日差しにより花の周辺部が枯れる穂やけ症に強い「常陸きらめき」が新品種として2023年に公表された

点があります。

　花卉は、高温栽培適性を有する品種の導入と、生産技術の開発の両面から適応策が進められています。全国的に生産されており、露地栽培も多いキクですが、気候変動の影響により開花期の変動が大きくなったために、盆や秋彼岸の大需要期に計画的に出荷できないことが課題となっています。そこで開発されたのが、日が一定の長さよりも短いと開花が促進される特性（短日性）を生かして開発されたのが、夜間に照射することで開花を抑制する「露地電照栽培」です。消灯後に一斉に花芽分化・発達が進むため、到花日数*に基づき電照を終了することで目標の日に開花させることができます。この際、露地電照栽培による開花調整に適した日長反応性を持つ夏

秋小ギクを選抜することが重要であり、需要に対応した計画的な切り花生産が実現されています。同様に、リンドウも盆や彼岸に需要が集中する花です。山口県では、この最重要期に安定的に出荷できるよう、耐暑性品種を導入するための品種選定が行われ、現場への普及が進められています。そのほかにも、愛知県では、暑さに強く開花遅れや生育障害が少ないスプレーギクの新品種「スプレー愛知夏3号」、長崎県でも同じく、暑さに強いカーネーションの研究開発を2018年より継続するなど、耐病性や高温耐性に加えて、日持ち性など、これまでの品種にない優れた性質を持った新品種の育成が進められています。

品種転換・導入　品種改良により新たに開発した高温や病害虫に耐性のある品種を含め、産地に適した品種へ転換することが重要です。多様な品種・品目を栽培することは、気候変

　＊植物が開花に至るまでの日数

動や環境変化による農産物への被害を減らし、経営リスクを下げるという点で適応策となりえます。たとえばダイズでは、寒冷地において早生品種「ユキホマレ」より、中生品種「リュウホウ」や「エンレイ」のほうが子実の数を増やせることがわかっており、品種転換の可能性が示されています。一方、暖地において「エンレイ」は温度上昇で収量が低下することが報告されており、産地によって適した品種が異なることに留意する必要があります。

煎茶の代名詞ともいえる「やぶきた」は、1908年に静岡県で発見され、現在は最も広く栽培されている品種です。しかし、「やぶきた」は高温耐性が高くないため、それ以外の品種導入が検討され始めています。すでに減収が顕在化している地域では、高温耐性が中程度の「さえみどり」「あさつゆ」「ゆたかみどり」「べにふうき」「べにほまれ」、より高温耐性の高い「静一印雑131」「そうふう」「くりたわせ」などの品種に転換することで、高温の影響が軽減できると考えられています。また、「なんめい」という品種は、病害虫対策を兼ねることも知られています。ただし茶樹は、苗を植えて葉を摘むまでに6〜8年もの時間を要するため、計画的に導入する必要があります。段階的に植え替えを行うことで、茶摘みの時期が分散され、高温耐性品種による収量増加も見込まれます。また、高温耐性が中〜高である茶樹から紅茶を生産・販売している地域もあり、特に沖縄県などでは技術開発や技術指導も行われています。

海外事例　フランスの研究では、気温が2℃上昇した場合、トマトの収量は増加するが品質は低下するという報告があります。そこでEUの助成を受けて立ち上げられたのが「TomGEM」というプロジェクトです。これはトマトを代表作物として、高温下における着果や収量の安定性、果実品質の優れた遺伝子型の選択など、品種改良と管理手法の確立を目的にしたものです。それらの成果を生かした、トマト生産の収量向上と品質改善に注目が集まっています。

同じくEUの助成で立ち上げられたのが「GoodBerry」プロジェクトです。これは気候変動の影響で苗木が弱くなり、生産性が低下するイチゴやラズベリー、カシスなどの新品種開発に関する知識を提供するための事業です。本来の旬の時期以外での需要が高まり、ベリー類の消費量は増加しています。生産量を保つために、このプロジェクトが最新の品種改良や、ヨーロッパのベリー種生産力向上に寄与することが期待されています。

国内事例　品種改良は全国各地の農業研究所や試験場などで日々進められています。ここで紹介できるのはほんの一部ですが、気候変動に対応する品種の開発を行い、普及を推進している例を見てみましょう。

イチゴでは、1990年ごろから全国的に炭疽病の被害が相次いでいます。炭疽病とは、初夏から秋にかけてイチゴ苗に発生する感染力の強い病気で、雨滴を介して感染し、また気温が高いときに発病しやすいことから、気候変動による感染拡大が懸念されています。1960年ごろよりイチゴ栽培を続けてきた三重県では、当時生産されていた品種が炭疽病に弱いうえに、炭疽病に抵抗性を持つ実用品種がなかったことから大きな被害を受けていました。そのため、県の農業研究所が抵抗性品種の開発に着手し、炭疽病に強いとされていた品種「宝交早生」と、品質に優れた「女峰」「とよのか」を交配したのです。炭疽病に強く、高品質な品種をつくることから始め、10年

ほどして「サンチーゴ」という抵抗性品種の開発に成功しました。しかし、収穫時期が遅い、栽培方法が生産者に適さないなどの理由から現場に普及するには至りませんでした。最も高値となるクリスマスシーズンを逃さないなど、収穫時期や収量という生産者ニーズも満たした品種が必要ということもあり、さらに複雑な交配を繰り返してできあがったのが「かおり野」です。爽やかで品のある香り、酸味が少なくやさしい甘さなどの特徴があります。現在は県の普及センターを中心に、生産者団体や苗の販売業者など、さまざまな組織・機関と連携を図り、導入を推進しています。炭疽病に強くても、栽培方法や環境条件が悪ければ感染する恐れもあるため、長らく栽培指針の改良も続けられてきました。「かおり野」は比較的低温にも強いことから、現在は日本海側や東北地方でも生産され始めています。今後は、地域に適した栽培方法や付加価値を生産者に伝えていくことも課題となります。

　気候変動により発生する病気については、果樹から野菜まで枚挙にいとまがありません。長野県のレタス産地では、毎年同じ畑で作り続けることにより「レタス根腐病（株の萎凋枯死）」が多発しています。そこでこの病気に強く、なおかつ気候変動の影響で増えている葉の緑の褐変「チップバーン」の発生が少ない「長・野50号」という新品種の開発が行われました。これはレタス根腐病の2種類の病原菌への耐性を持っており、高温になる7〜8月中旬に出荷するものでありながら、チップバーンの発生も少ないという品種です。現在は標高1000m以上の産地で盛夏期に収穫する作型の導入を進めており、品質向上と生産の安定化に向けて期待が高まっています。

　茨城県の主要花卉の小ギクやバラ、グラジオラスも、気候変動の影響を受けています。小ギクは生育後半の花芽分化以降が高温になると開花刺激が抑制されて開花が遅延します。需要が増える7月から9月に安定した出荷が望まれるにもかかわらず、近年は出荷ピークが前後することが増えているといいます。小ギクの場合は一般的にとられる資材での遮光や、畝間の灌水などの対策は現実的ではないため、高温でも開花遅延しにくい品種の選定を行い、2014年に6品種を選定し、2019年にも新たに6品種を追加しました。グラジオラスについても、出荷期間のピークである6月から8月にかけて、高温や強日射に当たることで花穂周縁部が枯死する「穂やけ症」が発生してしまいます。そこで茨城県農業総合センター生物工学研究所では、穂やけ症が少ない品種の育成に着手しました。もともと穂やけ症に強いといわれていた品種「プリンセスサマーイエロー」から生じた、花色突然変異体である「常陸きらめき」を2023年に公表しています。

展望　品種育成の目標は時代とともに変わるものであり、近年の気候変動によりさらに求められる形質も変化すると考えられます。品種開発には時間がかかることからも、生産者と密に対話すると同時に、消費者のニーズも読みながら取り組むことが望まれます。また、開発した品種を広く普及させるため、たとえばイチゴの新品種「かおり野」のように生産を県内に限定せず、栽培品種について同様の問題を抱えているほかの自治体にも浸透させることで生産量を増やし、消費者への浸透を進めるというやり方も考えられるでしょう。地域を超えて研究者や生産者、組合といったさまざまな組織・機関と連携を図り推進していくことも重要です。●

果樹
Fruits

気候変動の影響を受けやすいといわれる農業生産において、特に適応性の低さが懸念されるのが果樹です。一度植栽すると同じ樹で30〜40年栽培することになるため、1990年代以降の気温上昇に適応できない場合が多いと考えられています。たとえば、ウンシュウミカンなどの柑橘類では、果皮と果肉が著しく分離する「浮皮」という現象が起きており、品質低下が問題となっています。また、ブドウでも平均気温の上昇により着色不良や着色遅延、日焼け果などの影響がすでに表れています。このまま気候変動が進んだ場合、巨峰やピオーネのような生食用黒色品種においては着色不良が発生する地域の拡大が懸念されています。リンゴも同様に着色不良や着色遅延、日焼け果が報告されています。将来的に2060年には現在のリンゴの主力産地のほとんどが暖地リンゴの産地と同じくらいの気温になると予測されており、何も対策をとらない場合、東北中部の平野部までリンゴ栽培に適する温度域である6〜14℃を超えて栽培が困難になる可能性があります。さらに北部の青森県弘前市でも、21世紀末には開花の遅延、不ぞろい、開花率の低下、さらには花が咲かないなど、開花に異常が出る可能性を指摘する研究もあります。一方で、現在の寒地においては温帯の、暖地においては熱帯・亜熱帯の果樹の適地が北部に拡大してくることは新たな機会とも捉えられています。

適応策　果樹は永年性作物で、植えてから実をつけるまでに数年かかることや、需給バランスなどにより価格変動が起きやすいことから、ほかの作物にも増して長期的視野に立って対策を講じていくことが不可欠です。果樹に関する適応策には、段階別な栽培技術による対応、高温耐性品種への改植、樹種転換や産地拡大が考えられます。

栽培技術による対応　日焼け果対策として、たとえばリンゴでは、遮光資材を樹上や果実に被覆する、樹冠上部に設置したノズルから細霧を散布し樹体周辺の気温と果実の表面温度の上昇を抑える、といった現場での対応が行われています。ブドウは、紙で覆ったり、光を反射するシートを敷いて着色不良を防いだり、樹皮を環状に剥ぎ取ることで葉で作られた糖を枝葉にとどめる方法などが用いられています。また、季節を前倒しして、酷暑の時期を避ける施設栽培も有効です。

　ナシは施肥時期の変更や剪定の工夫をして、気温上昇に伴う開花期を前倒しし、春の遅い霜被害の対策を行っています。日焼けや果肉障害の対策に適期灌水や袋かけをすること、落葉後に発芽不良が少ない枝を多く残すよう剪定を工夫するなど、さまざまな対応がとられています。

高温耐性品種への改植　温度が高くても高品質の果実をつける品種の育成は各果樹で進められており、今後気候変動が進むなか、新たな品種への改植が必要となります。果樹の育種は、望む性質を持つ品種を交配し、植えて

から開花するまでに数年、そして果実を食べ比べて食味のよいものを選定してまた交配、という作業を繰り返すため、非常に長い期間がかかります。近年は望む形質を決定するDNAを早期に選別するDNAマーカーの開発も進んでおり、育種の過程が効率化されつつあります。

樹種転換・産地拡大　より長期的・広域的な適応策として挙げられるのが、別の樹種へ改植する樹種転換です。地域ブランドが確立している場合が多く、既存の果樹園にとっては最後の手段といえます。一方で、果樹の栽培適地が広がることは新たな機会となり得ます。温暖な地域では、高付加価値化が望めて新たなブランドとなり得るマンゴーやライチなどの熱帯・亜熱帯果樹の導入、寒地ではブドウ、タンカン、ユズ、モモなどの温帯果樹の産地づくりが考えられます。樹種によりますが、早いものでも目標収量を達成するまで3〜4年以上要することが多いため、園地の一部を樹種転換するなど、収入を継続しながら計画的に対応する必要があります。また、流通・加工といった周辺産業への影響も大きいことから、段階的・計画的な検討が不可欠であり、少なくとも10年以上前から対策の検討を開始する必要があると考えられています。

海外事例　ヨーロッパでは、気候変動に対応できるリンゴの品種開発が進んでいます。スペインのなかでも特にカタルーニャ地方では、リンゴが色づきにくい、日焼けする、果肉が軟らかくなる、貯蔵障害の発生率が高いなどの問題が生じていました。そこで2002年に設立されたのが、国際的な育種計画「Hot Climate Programme」です。このプログラムは高温適応性の高いリンゴやナシの品種開発を目的としています。スペインでは気温が40℃に達することがあるにもかかわらず、日焼けしにくく食味のよい果実の収穫に成功しています。

イタリアのシチリア島では、それまで特産品として有名だったオレンジやレモンに交じり、マンゴーやパッションフルーツ、パパイヤまでもが生産されるようになっています。温暖化によりさまざまな熱帯果樹が栽培可能となり、樹種転換が進む一方で、年々降水量が減少しているシチリアにおいて、いかに熱帯果樹の栽培に必要な水資源を確保するかが安定した産地化の課題となっています。

国内事例　日本国内でも、さまざまな果樹で気候変動に適応する動きがあります。ここでは、ブドウ、リンゴ、ミカン、ナシ、モモ、そして新品種の導入を紹介します。

ブドウは、夏季の気温が高い西南暖地を中心に、黒色品種の着色不良に悩まされてきました。そこで農研機構で育成したのが「グロースクローネ」という品種です。巨峰やピオーネと同時期に収穫でき、気温の高い地区でも着色良好で種無し栽培も可能です。また福岡県の「涼香」や長野県の「ナガノパープル」、山梨県の「サニードルチェ」なども同様で、地域で適応種の品種改良・導入が進められています。もうひとつの対策としては、農研機構による「シャインマスカット」や山梨県の「ジュエルマスカット」など、着色の問題がない黄緑系品種の開発も進められ、徐々に普及しています。また醸造用ブドウについても、秋の長雨や台風の影響を受けるリスクが少ない早生の「コリーヌヴェルト」という白ワイン用ブドウ品種や、耐病性の高い「モンドブリエ」など、開発されている品種も多数です。

シャインマスカットの普及に大きく貢献し

たのが山梨県のJAフルーツ山梨です。2014年の大雪により農業用ハウスが倒壊しハウスブドウの売り上げは大きな打撃を受けましたが、その後IoTを活用したスマート農業を積極的に導入して栽培を拡大しました。ハウス内へのセンサー設置による複合環境制御、リモコン式草刈機による除草、ドローンによる農薬散布などで作業が省力化・効率化するとともに、データ化された情報の活用で安定栽培が可能となり、平均販売単価の上昇や新規就農者の獲得に貢献しています。

　リンゴでは、良好な食味になるまで樹の上に置いておいても果肉が軟化しにくい「紅みのり」や、糖度が高く優れた肉質の「錦秋」など、高温環境下でも着色しやすく消費者ニーズに合った食味の新品種が生まれています。2009年に品種登録された「もりのかがやき」も、黄色で着色の問題がないことから導入が進められています。国内生産量の6割

を占めるリンゴの一大産地である青森県では、青森県産業技術センターりんご研究所を中心に、暑さに強く色づきのよい新品種「紅はつみ」など、今後の気候変動を加味した早生品種の開発を実施しています。

　ウンシュウミカンにも浮皮に加え、果実の着色遅れや貯蔵性の低下などの問題が生じています。近年は出荷時期が早くなり、通常の12月に一部出荷が見られるものの、貯蔵性の問題で3月の出荷量が不足するという問題を抱えていました。それらを解決するために、静岡県農林技術研究所では新品種「S1200」を選抜しました。新品種「S1200」は着色や収穫時期が従来の「青島温州」より約1カ月遅く、浮皮が少ないという特徴があります。収穫時期が12月後半で、4月まで貯蔵可能な

ことが試験でも明らかになっており、3月の出荷量の確保も期待できます。生産者と農協、外食・中食産業や加工業などの実需者、県などの関係機関が一体となり、普及を進めています。

ナシも、温暖な地域において暖冬による開花不良の影響が生じています。ナシを含む落葉植物は、「自発休眠」といって冬の間は眠ります。この時期に一定期間寒さを体験させないと春に芽が出ないというメカニズムがあり、これを「低温要求」といいます。鳥取大学農学部では、30年以上も前に各品種の低温要求量の調査を開始し、自発休眠に関するメカニズムを解明しました。それから比較的低温要求量の少ない「あきづき」「豊水」「新甘泉」など、100種類以上もの品種を交配し、気候変動下でも栽培可能な品種改良に取り組んでいます。なかでも台湾に自生するタイワンナシには、低温要求性の非常に低いものがあることが判明し、これをニホンナシの食味に近い品種にするべく育成を進めています。

モモは、気温上昇や降雨量の増加によって果肉障害を発生し、果肉が水浸し状になって変色する「水浸状果肉褐変症（褐変症）」や、本来着色しない果肉が赤く着色する「赤肉症」と呼ばれる、見た目にはわからない影響があります。岡山大学を代表研究機関とするモモ果肉障害対策技術開発共同研究機関は、褐変症および赤肉症の対策として「機能性果実袋」を開発しました。赤外線を大幅にカットできるチタンが塗布されており、果実の温度上昇を抑えます。また、樹体が吸水することにより発生する障害を防ぐため「吸湿性マルチシート」の開発もされました。超薄型プラスチック素材で、降雨を通さず、マルチシートの微細口から土壌の水分を大気中に蒸発させる仕組みです。この両方の資材を併用する

ことで、高い障害軽減効果を得ることができます。

気候変動を機に、輸入に頼っていた熱帯農作物の栽培が進められています。岐阜県では、将来的に現在の鹿児島県と同じくらいの気温になることが予想されていることから、アボカドの産地化に向けて取り組んでいます。アボカドは、着色不良が顕在化するカキからの転換品目として、今後の予想適地マップを作成する研究も行われています。

宮崎県新富町では、2005年から国産ライチの生産・研究に取り組んでいます。水の管理、温度調整、害虫被害などへの対策・改良をしながら、マンゴーの栽培技術を応用した養分や水分の吸収量・農薬・温度などの調整を行い、10年かけて甘味と酸味のバランスがとれた「新富ライチ」が誕生しました。2017年には新富町役場とともに地域商社を立ち上げ、ブランド化を実現しました。東京のスイーツ店などで人気を博しており、現在は加工品開発にも力を入れています。

展望　これまで気温が低すぎて作れなかった品種が栽培できるようになり、既存のものに加えて高温や乾燥に対応した品目の導入が可能になったことは、生産者にとっての大きな機会となります。

新品種の栽培に挑戦できるというメリットはあっても、それが売れなければ農家にとっては大きな打撃となります。これまで国内生産の事例がなかった果樹の栽培に一から取り組むことは、決して容易ではありません。国内でも認知度が高くすでに市場が形成されている作物は、導入に際して大きな優位性があるといえます。加えて、日本人の嗜好に合う果樹を選ぶことも大切です。●

加工品
Processed Foods

新品種や新商品は、農業者にとって生産や販売、経営について一から計画を練り直してノウハウを蓄積するという高いハードルがあります。ブランド認知やブランド連想が消費者の購買行動につながるとの研究もあります。行政や農協、研究機関などそれぞれの分野の専門的知見を持つ人材のサポートを充実させ、周辺の食品企業との連携や自前の加工施設の統合化によってブランド化を目指し、高い品質を保証することで差別化を図っていくことが重要です。品質管理の向上は新たな技術革新を誘発し、さらに地域イメージの向上は外部の食品企業の参入を促進する可能性があり、地域活性化につながる経路の形成も期待されます。

海外事例　近年、豆乳やアーモンドミルク、オーツミルクなどさまざまな種類の植物性ミルクを見かけるようになりましたが、スウェーデンで開発された新しい食材によるミルクが話題となっています。それは、ジャガイモから作るポテトミルクです。

ジャガイモは、通常の乳製品や植物性ミルクの原料となるダイズ、アーモンド、大麦と比較して、持続可能性の高い作物です。ジャガイモの普及を目指し開催されている国際ジャガイモ会議でも、FAOがその気候耐性、成長速度の速さ、栄養価の高さ、および雇用と収入の創出という点から、気候変動や変わりゆく市場環境においてもジャガイモが貧困層などの脆弱な人々の生活を支える面でも重要視しています。さらに気候変動下の水不足

や干ばつに耐え、水資源を保全する作物としても重要です。

ポテトミルクは、単にジャガイモを絞って作られるわけではなく、ジャガイモと菜種油を乳化する特許技術で生まれた製品です。皮だけは取り除きますが、ほぼ100％が利用されています。通常の牛乳や植物性ミルクと遜色なく使えることを重視し普及を図っています。ヴィーガン商品を扱うヨーロッパを中心に販売が好調で、アイスクリームなどの新商品開発を含めた今後の展開が期待されています。

チョコレートの原料となるカカオは、カカオベルトと呼ばれる赤道の上下20度の間の地域で生産されており、熱帯雨林が栽培適地とされています。もともと暑さには強いカカオですが、気候変動による気温上昇で蒸発散量が増えると生育に十分な水分が得られなくなり、現在の主な産地であるコートジボワールやガーナ、インドネシアなどでは栽培が難しくなると予測されています。そんななか、近年カカオの栽培からチョコレートの加工まで力を入れているのが、台湾・屏東です。カカオベルトからは外れているものの、気温が高めで変動の幅も少なく、雨も比較的多いという気候が特徴です。もともと、屏東では種子を噛みタバコのように扱う檳榔の生産が盛んでしたが、2000年ごろより健康被害の恐れを理由に政府からほかの作物の栽培が推奨されました。そのひとつに挙げられたカカオでしたが、カカオは栽培から収穫まで最低でも5年はかかるうえ、当時の台湾ではチョコ

レート製造の技術を持つ企業もなく、作物転換は難航していました。この問題に気づいたのが、フーワンチョコレートの創業者であるウォーレン・シー氏であり、2014年からカカオの研究に取り組みました。わずか2年で世界的にも高品質と認められる国際アワードを受賞し、これを機にカカオは檳榔の代替作物の主流となりました。

　フーワンチョコレートの功績は、持続可能性を重視し、カカオ果樹からチョコレート製品までの全製造過程を40km圏内で完結させる「Tree-To-Bar」を実現した点です。フーワンは、除草剤や化学肥料、殺虫剤を一切使わない農法を導入した農家と契約し、良質なカカオを確保する一方で、契約農家には長期的な収入予測と農地管理のサポートを提供しています。また、ローカルフードブームを取り入れたブランドチョコレートを考案するため、地元農家と協力し、玉蘭花（ギンコウボク）、月桃の葉、ライチ、マンゴー、シナモンの葉、各種台湾茶、桜海老などの地域食材を生かした製品が開発されています。これは文化に対するアイデンティティの芽生えと定着につながり、産

地旅行や食農教育の行動が起き、農村や辺境の活性化にもなります。

　現在、屏東では30社を超えるチョコレートブランドが立ち上がっています。このように、台湾のチョコレート製造の起源は健康問題への配慮でしたが、気候を生かした作物転換や持続可能なビジネスモデルの構築といった点で、適応ビジネスとしても重要な示唆に富んでいます。

国内事例　愛媛県宇和島では、2005年よりイタリアのブラッドオレンジ「タロッコ」の栽培に乗り出しました。ブラッドオレンジは高温に強く、イタリア料理のブームに乗じて都市部のホテルやレストランなどで需要が高まっている高級品種です。そのなかでもタロッコは、濃厚な甘みとほどよい酸味を併せ持ち、ジュースとして絞ったときの味のよさで世界的な人気を誇っています。その特徴的な赤みの強いオレンジ色は機能性成分アントシアニン由来で、健康志向が強い消費者に対して訴求できるというメリットもあります。宇和島はどうしてブラッドオレンジに目

をつけ、どのように栽培を拡大していったのでしょうか。

　宇和島の位置する愛媛県南予地域は、日本でウンシュウミカン生産量第2位を誇っていました。栽培には四季と梅雨が必要で年平均気温は15〜17℃、冬期は温暖で年間日照時間が長く、夏秋期に乾燥する気候が適しています。また、排水性がよく、かつ乾燥期の保水性もよい土性で礫と粘土を適度に含む土壌が望ましいとされています。そのため、近年の気候変動による高温、干ばつ、多雨は、高温障害や浮皮といった品質の低下を及ぼし、生産者の高齢化や消費者の嗜好変化などの社会的影響と相まって、ウンシュウミカンの販売額は右下がりになりました。一方で、宇和島市の平均気温はこの30年で約1℃上昇し17℃を超え、イタリア・シチリア地方と同じ程度の気温となりました。また冬期に－3℃を下回る日も減り、寒害が発生しにくくブラッドオレンジの生産が望める環境へと変化しており、宇和島ではこれをチャンスと捉えたのです。

　しかし、栽培を始めた当初は、赤みの少な

い果実が見られるなど、安定した栽培への道はまだ遠い状況でした。そこで愛媛県は「全国初のブラッドオレンジの産地化」を目標に掲げ、農協、生産者、食品会社などと協力し、栽培・貯蔵・加工技術の確立や消費者へのPRなどに取り組みました。

　まずは栽培技術を生産者間で共有する「ブラッドオレンジ栽培研究会」を2008年に立ち上げました。情報交換する場を設けることで知識の集約が期待でき、より効率よく栽培技術の確立が望めます。栽培の大きな課題である果実の赤み（アントシアニンの発現）のムラについては国内では研究事例がなかったため、柑橘類に関する栽培技術の開発を担当する「みかん研究所」と連携しました。土壌の乾燥処理、結実管理、剪定方法などについて実地試験を重ねた結果、ようやく毎年安定した生産のめどが立ちました。さらに、ブラッ

ドオレンジは出荷前の熟成により貯蔵中に赤くなる素質があり、4℃で3カ月鮮度保持が可能であることも突き止めました。2009年には、栽培したブラッドオレンジの販路を拡大させ、生産者の所得向上を目的に「加工研究協議会」を立ち上げました。農家、県の関係機関、宇和島市内の菓子舗、食品業者が参加し、ブラッドオレンジの加工品は30品目を超え、県外の有名百貨店などに出荷する業者もいました。2014年度からは、「宇和島・ブラッドオレンジ生産加工推進コンソーシアム」を設立し、栽培部会、自治体、地元・県内の菓子舗・食品業者など14社が一体となって、生産の拡大と加工品も含む販売促進活動を推進しています。関係組織が一体となって産地化を進めた結果、栽培面積は2.1ha（2005年）から約32ha（2016年）、生産量も1.8ｔから340tへと拡大し、現在では全国の約90％のシェアを誇り、宇和島ブラッドオレンジとして人気を博しています。

　さらなる認知と収入の安定のため、見た目の整った生果だけでなく規格外品を加工した商品の活路も探求し、その結果、鮮度が保持されアントシアニンが退色しにくい条件（温度・pHなど）も見いだしています。ブラッドオレンジの出荷は3〜4月と、秋が中心のウンシュウミカンとは収穫時期がずれているため、生産者の収入増大にもつながりました。

　缶チューハイのパイオニアとして35年以上の歴史のある宝酒造株式会社は、1本で250〜289円の価格帯で、産地に限った果実のチューハイ販売をすることで、そのブランド化や収穫増、後継者育成に貢献しています。愛媛県産ブラッドオレンジもその例のひとつです。みかん研究所からの相談を受けた宝酒造は、2012年に「直搾り〈愛媛県産ブ

ラッドオレンジ〉」を限定商品として開発し、全国販売しました。また、貴重な果実を有効活用するため、果汁を使用するだけなく、搾汁後の果皮からオイルを取り出し香料化するなど、新しい取り組みにも挑戦しました。

　小笠原との協働で生まれたのは、パッションフルーツのチューハイです。亜熱帯果樹であるパッションフルーツは、もともと自生はしていませんが、現在は小笠原諸島の基幹作物です。収穫時期は通常4〜7月で、観光客が多数訪れる7〜8月とギャップがあることが課題でした。そこで、パッションフルーツのチューハイを生産者と共同で開発して通年での販売を行ったところ、観光ピーク時期を含め、いつでも島の果実が味わえる商品として紹介できるようになりました。認知度アップにより、収穫時期に青果の通販などの販売増を目指しています。

　京都では、他産地に負けない京都発の唯一無二のレモンを目指す「京檸檬プロジェクト」が2018年から立ち上がっています。これは、本来は温暖な気候を必要とするレモンを、寒暖差のある京都で作ろうという試みです。耕作放棄地の有効活用や新規就農などの支援を目的に、生産者・加工者・販売者が一丸となって「京檸檬」の栽培やブランディングに取り組んでいます。収穫したレモンは1次加工をされた後、オンラインショップにて数量限定で販売しています。「京檸檬」の収穫の安定と拡大を応援するため、売り上げの一部をレモンの苗木の購入費用として寄付する動きもあります。

　2015年、滋賀県に創設された龍谷大学農学部では、気候変動影響の深刻化により食糧の安定供給が厳しくなっていることを受け、環境負荷を抑え、化石エネルギー量を減らした持続的な作物生産体系の確立を目指してい

ます。農学部附属の牧農場は、もとは水田だったものを、半分は実習用に畑に転換したもので、アズキやダイズ、ラッカセイなどを育てています。近年、農学部では、持続可能な食の循環と地域に貢献できる研究・教育を目指す「持続的な食循環プロジェクト」を進めています。このプロジェクトで、学生は農場で栽培・収穫した作物をどのように付加価値のある商品として販売するのかという一連の流れを学ぶとともに、地域資源の創出と6次産業化*へつなげ、地域の活性化を目指しています。

2020年には、「持続的な食循環プロジェクト」の第一弾として、学生が農業実習を行っている牧農場および農事組合法人ふぁーむ牧で収穫した近江米とダイズを使ったオリジナル白味噌を、創業240年の京都の老舗味噌屋である株式会社石野味噌と共同で開発し、販売しました。また、2021年からは、牧農場で栽培したラッカセイからチョコレートを日仏商事株式会社と共同開発する試みもスタートしました。排水性が劣り、乾土効果が高い水田転換畑は土壌が不安定であり、土地の改良に時間とコストがかかってしまうことから、換金性が高く（単価の高い）新たな価値を付加した農作物として育てられていたラッカセイ「おおまさり」を、プラリネにしてミルクチョコレートに混ぜ込んで販売することにしました。有志の学生がリーフレット制作やチョコレートの箱詰め、販売戦略を考案しました。2022年1月から学内や商業施設で販売したところ、大好評を得て完売しており、担い手不足の課題を持つ水田を転換畑として活用する好例にもなりました。

スーパーなどでよく見かけるキウイフルーツですが、高温・乾燥や土壌の過湿に弱く、気候変動による猛暑や多雨の増加により、うまく育たず枯れてしまうといった事態が世界各地で問題になりつつあります。そこで、キウイフルーツの環境ストレスへの耐性を高めるため、香川大学と香川県は共同で、ゴールド系のキウイフルーツと温暖地自生のシマサルナシの交雑により「さぬきキウイっこ」を開発し、キウイフルーツを専門に育てる会社が育成に携わりました。夏の高温や強日射、強風への耐性に加え、通常のキウイフルーツの約半分と小粒であること、糖度が高く甘酸のバランスがよく、キウイフルーツ特有のイガイガ感がないことが特徴です。また、買ったその日に食べられ、柔らかくなったら手で割って絞り出して食べられる手軽さも強みです。しかし、傷がついたり、樹上で軟化したり、品質的な規格外品が出るという課題もありました。この有効活用に一役買ったのが、高松市の洋菓子店です。手作業で皮をむかずに、手で押し出すと果皮がむけるので作業効率がよく、完成したダックワーズはグルテンフリーで、ブランド力のある商品開発となりました。現在は贈答用としても販路を広げています。

展望 新品種への取り組みは一朝一夕で達成できるものではありません。品目の選定から安定した生産、ブランドの確立、そして品質の維持に関するデータの蓄積と分析が必要です。今後は、IoT、AIなども活用し、気候変動の状況把握や機器管理などもデジタル化することで、より一層取り組みを推進できると期待されます。農業者だけではなく、地域全体で危機意識を持って計画的に進め、先行して対策を実施することで、地域を生まれ変わらせることができるのです。●

＊p25参照

病害虫
Harmful Insects and Diseases

気温上昇は、害虫の分布域や数にも影響を与えています。年間世代数（1年間に卵から親までを繰り返す回数）、発生量、発生時期、海外から飛来する種類や数などにも気候変動の影響が観察され、これまで見られなかった害虫が越冬する可能性も報告されています。また、その被害は世界的に分布域が北上・拡大しています。

　2020年に全国の病害虫防除所に実施したアンケートでは、46都道府県で気候変動に伴い、カメムシやウンカなど病害虫の発生や被害に変化を感じているという結果が出ました。農作物の安定生産のため、適切な病害虫対策は急務なのです。

適応策　2021年農林水産省は、食料・農林水産業の生産力向上と持続性の両立を実現させるため「みどりの食料システム戦略」を策定しました。気候変動などを背景とした国内外での病害虫の分布域・発生域の拡大や発生量の増加、病害虫の発生パターンの変化、さらに薬剤抵抗性の発達などを受けて、防除だけでなく予防や予察にも重点を置いています。

予防的措置　まず重要なのは病害虫を「入れない」ことです。たとえば、現在輸入時に行われている植物検疫に加え、土や植物が付着しているリスクのある中古農業機械など、植物以外の物品を介した病害虫の侵入や訪日外国人の携帯品についても検疫を強化するほか、海外での病害虫侵入リスクに対する情報収集にも力を入れることが大切です。同時に、病害虫が発生しにくい生産条件を整えることも重要です。太陽熱による土壌の消毒、排水環境の整備、作物残渣や雑草など病害虫の発生源の除去が行われています。さらに、国内では病害虫に強い品種の開発も進められています。遺伝子解析技術の進歩により、新品種開発のスピードアップも期待されるところです。

発生予察　病害虫の発生は気象の影響を大きく受け、作物の生育状況を左右します。そのため、これらの詳細な調査から病害虫の発生予測をし、農業関係者に情報提供する事業が行われています。これを「発生予察」と呼び

富山県農業研究所でいもち病を強制的に発病させた試験。中央棒より左が「富富富」、右がコシヒカリ。コシヒカリは、穂いもちが発病して実が詰まらず、穂の傾きが少なく、全体的に白くなっているが、「富富富」は全く発病しなかった

ます。調査は各都道府県の病害虫防除所により実施され、毎月のように注意報や警報として発表されます。

イネを食べるコブノメイガやイチゴにつくハダニ類などの病害虫については、病害虫発生情報の収集や集計・発信を効率化するアプリケーションを作成し、生産者による病害虫発生情報を活用することで、早めに防除できるシステム開発も進められています。今後、病害虫が急激にまん延した場合にどう情報を伝達するか、防除を誰が担当するか、防除組織の育成など、地域体制を整える必要もあるでしょう。

防除　過度な農薬使用は、人の健康や自然環境を著しく害する恐れがあり、同時に薬剤抵抗性害虫が増加しつつあり、その対応が求められています。これらの状況を踏まえ、総合的病害虫・雑草管理（Integrated Pest Management: IPM）の導入が進められています。IPMでは、主に生物的防除、物理的防除、化学的防除が用いられます。生物的防除は、害虫の天敵を用いる手法で、柑橘類には

カブリダニ類やヒラタアブ類・カゲロウ類の幼虫、ナシにはクモ類、テントウムシ類、ヒメハナカメムシ類といった例が知られています。圃場内の生物多様性を維持することが防除となるため、農薬を散布する際にはこうした天敵への影響の少ないものを選ぶことが重要です。茶などの露地栽培においても、クワシロカイガラムシなどの害虫を捕食する寄生蜂やケナガカブリダニなどの天敵の活用技術が進められています。

物理的防除は、機械や器具を利用して病気や害虫を制御する手法です。太陽熱や熱水を用いた土壌の消毒により病害虫が生きられない条件をつくって殺滅させたり、防虫ネットなどで作物を覆ったり、色や光で害虫の行動をコントロールしたり、さまざまな方法がとられています。化学的防除は化学薬剤を用いる手法ですが、AIやドローンを使った「スマート防除」で薬剤の使用量を低減する技術や拡散しにくい散布ノズルで飛散を低減させる技術などが普及しています。また、害虫の薬剤抵抗性に応じた薬剤使用基準のガイドラインも作成されています。

今後すべての生産者にIPMを普及するためには、病害虫が発生しにくい生産条件の整備といった基本的な方向性やメリットを示し、地域や作物に適した支援体制が求められます。

国内事例 三重県内で1980年代から見られるミナミアオカメムシは、熱帯から亜熱帯域に生息し、主に穀類の子実に被害を与える害虫です。はじめは東紀州地域にのみ分布していましたが、2006年ごろから伊勢平野にまで越冬できる地域が拡大しました。越冬世代は小麦、第2世代は8月に収穫される早期水稲、第3世代はダイズというように、世代に応じて寄主する植物が異なります。三重県農業研究所はこの習性を踏まえて調査を実施しました。日平均気温が2.5℃未満の日数と10月のダイズでの発生量から、越冬できる地域を予測しました。さらに、農業気象データを利用して1kmメッシュで越冬できる確率を計算するなど、発生予察情報としての活用も期待されています。

果樹生産に力を入れている岩手県では、気候変動によるリンゴの「黒星病」が2015年ごろから再流行を始めています。薬剤散布により2000年以降はほぼ見られなくなっていました。春の気温上昇により、病原体がリンゴに感染するようになったことが明らかになりました。そこで開花直前に加え、開花の7〜10日前にも薬剤を散布したところ、徐々に成果が見られています。

展望 病害虫の防除は、環境要因はもちろん、開花や病害虫の生物季節との兼ね合い、薬剤耐性などを考慮する必要があるため複雑です。まずはしっかりとした原因調査を行ったうえで、生産者が取り組みやすい対策を立て、現場に伝える人材が大事です。農林水産省では『より持続性の高い農法への転換に向けて』という冊子を作り、病害虫防除についても主要な作物ごとの適応策を掲載しています。また、現行農法や栽培暦について点検する方法や新しい技術をカタログ化し、導入を促す取り組みを行っています。気候変動により病害虫の発生状況が変化しているなか、農の営み全体を見直し、持続性の高い農業に転換していくことが求められています。●

なにも無駄にしない
Nothing is wasted

スーパーマーケットの生鮮コーナーへ足を運べば、ハウスや工場で通年栽培されている農産物、アボカドやマンゴーといった異国で生産されたカラフルな農産物などを気軽に手に入れることができます。惣菜コーナーには当日の夜に賞味期限を迎えるバラエティ豊かなお弁当がずらりと並び、常により取り見取りです。特に先進国の都市ではそんな光景が当たり前になっていますが、その背景には大量の廃棄があるという事実があり、それが気候変動にも悪影響を与えていることが世界的な問題になっています。

　本来食べられるのに捨てられてしまう食品を、日本では「食品ロス」と呼んでいます。フードサプライチェーン＊には、農林水産物の生産、加工、流通、販売、消費といった流れがあり、規格外品や売れ残り、返品、外食での食べ残しといった販売までの段階における食品ロスを「事業系食品ロス」、各家庭での消費に係る食品ロスを「家庭系食品ロス」と分類しています。日本の年間の食品ロスは約522万tで、これは毎日10tトラック約1430台分の食品を廃棄している計算になります。その内訳は、事業系食品ロスが53％を占め、47％の家庭系食品ロスをやや上回っています。一方、FAOやUNEPでは、流通までの段階での損失を「フードロス（food loss）」、小売や外食といった販売と消費者による廃棄を「フードウェイスト（food waste）」、そしてこれらを合わせた一連の流れを通して発生する食品廃棄物全体を「food loss and waste (FLW)」と定義し、その量

の増加と生産物の質の低下への懸念を示しています。2011年に公開された報告書では、世界の年間FLWは食料生産量の3分の1に相当する13億tと推定されています。また最近では、UNEPの調査により世界的な年間のフードウェイストが9億3100万tであり、そのうち5億7000万tが家庭からの廃棄物であることが明らかになりました。

緩和と適応　大量に廃棄される食品を減らすことは、将来にその悪化が懸念される食糧不足、いまこの瞬間に起こっている途上国の飢餓、限られた資源への圧迫などに対して効果的な適応策となります。UNEPは、生産された食品の17％がフードウェイストとして失われていると報告していますが、その処理方法のひとつは焼却です。また、農作物の栽培から加工、輸送、販売、マーケティング、そして消費から成る食料システムからの温室効果ガス排出には、稲作によるメタンや牛のゲップなどの農業由来と、食品加工や輸送などによるエネルギー消費からの排出などが挙げられます。つまり、食べ物を生産し、店頭に並べるまでの間、さらに私たちが無駄にした食料を可燃ごみとして処分する際も、温室効果ガスは大量に排出されているのです。

　2010〜2016年の間に、世界のFLWは人為起源の温室効果ガス総排出量の8〜10％に寄与してきたともいわれています。アメリカでは、その食料システムの複雑さからFLWの総量について見解の一致する推定値は出されておらず、代わりにいくつかの文献

＊食品が生産されてから食卓に届くまでの全行程

1919年創業の五十嵐製紙では、食品ロスとして廃棄される野菜や果物を代替の原料として使用する紙文具ブランド「Food Paper」を手漉きで作っている

を統合してFLWの規模や分布について把握する試みがなされています。これによると、生産から消費までの全サプライチェーンからの年間FLWは、国内の食料供給の35％にあたる約7300万〜1億5200万tと予測されており、これによる温室効果ガス排出量は約1億7000万t（CO$_2$相当量）と試算されています。これは石炭を燃料とする火力発電所42基分の年間CO$_2$排出量にも相当すると推定されています。つまり、FLW削減に取り組むことが気候変動の緩和策にもなるのです。

2015年の国連サミットでは食料の損失・廃棄の削減なども目標とした「持続可能な開発のための2030年アジェンダ」が採択されました。SDGsのターゲットのひとつとして「2030年までに小売・消費レベルにおける世界全体の1人当たりの食料の廃棄を半減させ、収穫後損失などの生産・サプライチェーンにおける食料の損失を減少させる」という項目が盛り込まれました。

国際的取組 FLWを削減しようとする試みは、気候変動に関して緩和策だけでなく、適応策としてもメリットを生み出します。

気候変動による気温上昇は、農産物の収量の減少や、品質劣化につながる高温障害などをもたらす恐れがあります。こうした状況に対して、出荷から食卓までのロスを極力減らし、B級品として廃棄される見込みのある農産物をアップサイクルすることで、生産者を守ることができます。つまり、気候変動影響による生産地の損失に対して、FLW削減へのアプローチが適応策としても機能しうるということなのです。緩和策および適応策の両輪として、世界全体で早急に取り組むべきタスクであるFLW削減を具体的に進めるために、2022年に行われた第27回気候変動枠組条約締約国会議（COP27）では、収穫技術・収穫後の保存・物流の向上による発展途上国でのフードロスの削減と、処理技術・市民啓

発・ラベリングの活用、そして堆肥化施設の普及を通じた先進国でのフードウェイスト削減に焦点が当てられました。

海外事例　気候変動による降水量の減少などが不十分な穀物の保存方法と相まって農家を圧迫しているタンザニアでは、適応戦略として貯蔵・保存技術の向上に重点を置き、農村家庭の穀物貯蔵技術と保存技術の間のトレードオフについて研究が行われています。FAOが開発した「FAO-Thiaroye Processing Technique」と呼ばれる燻製・干し魚を作る技術は、気候条件に関わらず活用でき、適用できる魚種も豊富です。コートジボワールにおいてこの技術が活用され、魚の燻製ロスが年間170万米ドル削減されたと試算されています。そのほかにも米国のフードテック企業Apeelによる、腐敗を防ぐための食用植物素材のコーティング技術の開発、EU諸国における食料品経営者による余剰食料の寄付への支援など、食品の保存に関するさまざまな取り組みが行われています。

　運搬においても、フードロス削減に向けてできることはたくさんあります。酪農が重要な産業であるケニアでは、遠隔地から牛乳収集センターへのアクセスや衛生管理状態の悪さからくる牛乳の腐敗・ロスが問題です。そこでケニア国内の牛乳製造会社が、冷蔵を用いた牛乳収集へ協力した農家に割り増し料金を支払うなど、ロス削減のための手法で農家を支援しています。

　ナイジェリアはトマトの一大生産地ですが、季節的な問題により輸出も多く、また北部の山地から1225kmの回廊を通じて市場へ出るまでにロスが多く発生することが課題です。そこで運搬時につぶれが生じないよう、ヤシの繊維で作ったカゴからプラスチック製の箱に転換を図れば、ロスを41％から5％にできると試算されています。

国内事例　世界のこのような動きのなかで、日本国内では、事業系食品ロス、家庭系食品ロスのいずれにおいても、2030年度までに2000年度比で半減させるという目標が設定されました。こうした流れを受けて、消費者庁・農林水産省・環境省および全国おいしい食べきり運動ネットワーク協議会の連携による「おいしい食べきり」全国共同キャンペーンなどの横断的な啓蒙活動が行われ、各自治体においても子どもへの教育や災害用備蓄食品の有効活用、フードバンク活動との連携、飲食店での啓発促進といった多様な対策が取られています。

　アップサイクルと伝統を掛け合わせたユニークな事例としては、福井県の越前和紙の老舗工房、五十嵐製紙が手がける「Food Paper」があります。和紙の原料である楮〈こうぞ〉の生産・流通が激減した状況のなかで、洋紙でも和紙でもない独特の風合いを持つ自然紙を生み出し、ノートやメッセージカード、小物入れなどの商品として販売しています。

展望　食品ロスの削減を目標値まで達成するためには、食のサプライチェーンのすべての段階において、各ステークホルダーが知恵とアイデアを絞り、適切に実行する必要があります。環境省は飲食店などにおける食べ残しの持ち帰りを「mottECO（モッテコ）」と名付け、食べ残しの持ち帰りを促進し、食品ロスを削減する取り組みを行っています。身近な適応策としては、「商品は陳列された列の手前から取る」「過剰な注文や購入をやめて、残さず食べきる」「食べ残しは持ち帰る」などが有効です。●

デジタル技術
Digital Technology

デジタルトランスフォーメーション（DX）が農業分野でも進んでいます。農業DXがカバーする範囲は広く、行政手続きのオンライン化や農産物の直販サイト、流通や農業経営の効率化など、デジタル技術で生産者による持続的な農業経営を手助けします。なかでも、田畑や果樹園などの生産現場の課題解決にデジタル技術を導入する「スマート農業」に注目が集まっています。たとえば、高齢化や担い手の減少による労働力不足の解消、危険な作業や緻密な作業の負担軽減に、ロボットやAI、IoTなどが活用されています。また、衛星やドローンによるセンシングデータや気象データのAI解析による農作物の生育や病虫害予測、データを活かした高度な農業経営も進んでいます。

気候変動は農業生産への悪影響のリスクを高め、農産物の安定供給の障壁となります。影響の将来予測や適応技術の効果などの情報を活用し、各産地で持続的に生産活動が行えるよう、将来の気候変動リスクを回避・軽減するリスクマネジメントが重要です。

適応策　近年、気候変動の影響により、シカやクマ、イノシシなど野生鳥獣の越冬可能地域が広がり、個体数も増加してきています。農作物の食害や踏み荒らしなどの被害も起きているなか、ICTシステムを活用して囲いわなの稼働を判断する例が三重県伊賀市、福島県浪江町、長崎県五島市・対馬市などにあります。そのほか、センシング技術を活用した鳥獣の出没検知や追い払いなどの実装が進ん

でいるほか、センシングデータに基づいた生息数の推計や農地への出没状況のマッピングなど、個体群動態を把握することを通じてさらなる被害防止対策も検討されています。

気候変動影響で大きな問題は、大規模な自然災害の頻発による農地や農業用施設の被害です。ドローンやスマートフォンを活用して被害状況をスムーズかつ高精度に把握し、速やかな復旧作業へつなぐデジタル技術の研究・検討が求められています。自治体職員の減少により、大規模な自然災害時の被害把握や対応に時間を要することがあるため、デジタル技術を活用した仕組みで、これらの課題の解消が実現するでしょう。

海外事例　フィリピンのココナッツ農家は、異常気象や病害虫の発生などによる生産性の低下に悩まされてきました。2015年から17年にかけてJICAの農業普及員がとった対策は、SMSを使って、農民の携帯電話に病害虫の管理方法などに関する情報を隔週で配信することです。衛星データやGPS座標、農家の基礎情報を活用し、異常気象や病害虫の影響が懸念される農家に対してもSMSで警告を送信した結果、被害の軽減につながりました。

ジンバブエで2015年に行われたのが、モバイルプラットフォーム「Eco Farmer Combo」の開発です。これまで小規模農家は、信頼性が高くタイムリーな農業普及サービスを受けることができませんでした。しかし携帯電話を使うことで、干ばつや大雨の情

報のほか、異常気象による被害の際に支払われる天候指数保険に関しても広く周知することに成功しています。しかし農村部でのスマートフォン利用率は低く、小規模農家向けに開発できるサービスが限られるという課題は残っています。

山岳の砂漠地帯に位置するアメリカのユタ州モーガン郡では、近隣に渓流がなく灌漑用貯水池にためる水がありません。気候変動により雪が減り、雨が増えると自然の貯水ダムとして機能していた残雪量が減るため、季節によって生産者が利用できる水量がより大きく変動してしまいます。そのようなリスクを回避するため、アメリカの農務省自然資源保全局は、モーガン郡のある農家と協力し、農場に土壌分析施設を設置しました。地表面から5〜102cm下の土壌水分量と土壌温度を1時間ごとに計測し、気温や日射量、湿度や風速、風向き、降水量データを活用することで、生産者たちは最適な水利用の時間を決めることができるようになりました。これらのデータは、過去の経験と推測で行われてきた水利用を最適化する大きな役割を担っています。

国内事例 デジタル技術を使った気候変動適応策を推進している企業があります。ある企業では、気候変動の影響により知識や経験だけでは収穫量の維持が難しいことに着目しました。大型の農業用ドローンを用いて病害虫や雑草の発生をチェックし、該当地点にのみ農薬散布を行い、画像解析で生育ムラを検知して堆肥の追肥をするなど、ピンポイントに効率よく均一な生育を可能にする環境整備サービスを提供しています。現在は生育・栽培歴・病害虫・気象・水位データをデジタル化・分析し、環境や生育状況に応じた栽培手法を提供するシステムや、AIを用いて病害を予察する技術など、気候変動に対応できる栽培技術体系をつくり、持続可能な農業の実現を目指しています。

人工衛星画像や航空写真、無人航空機などを活かして上空から圃場全体を把握し、農作物の生育状況を効率的に観測し、異常気象のリスクを戦略的に判断できるよう支援するサービスもあります。

地方公共団体 その土地に受け継がれる伝統的な作物や特産品を気候変動の影響から守るため、各地でさまざまな工夫や対策が行われています。京都府では、京野菜をはじめとする農産物のなかで特に品質が優れたものを「ブランド京野菜」として認証しています。万願寺とうがらしはそのひとつで、近年高温による花粉の発芽率低下により、種子ができなかった部分が変形するケースが増加したため、夏季に出荷できないという課題を抱えています。そこで京都府農林センターは、万願寺とうがらしを生産する12棟のハウスにICT機器を設置しました。気温、土壌の水分、日射量、定植時期を測り、それらの情報を栽培技術に反映させています。2017年までの調査では、ハウス内の温度が15〜35℃の範囲で安定多収になること、また4月の17時台の温度が高いと出荷量が増えることがわかりました。さらに日中35℃を超えると変形果が増加することも判明しました。そこで生産者はスマートフォンでハウス内の温度を確認し、適温に保つようハウスの換気作業に取り組んでいます。生産者からは「温度の確認のためだけにハウスに行かなくてもいい」といった好意的な評価が得られているようです。

800年以上の歴史を誇る宇治茶ブランドでは、主に4つのスマート技術を導入し、生産

宇治茶ブランド拡大協議会は2015年からICTを用いた気象観測機を京都府内茶園に設置。2020年から50mメッシュ気温マップから気温予測も行い、各茶園の積算温度を推計し、生育や摘採時期の予測を行っている

作業の効率化、経営事務の自動化について実証を行いました。2020年からはスマートフォンを使った50mメッシュ気温マップを試験導入し、降霜予測、摘採適期予測、害虫防除適期予測、気温の推移など、より生産に役立つ情報を割り出しました。2022年より公開したシステムは、7日先までの気温予測（日最高・日最低・日平均）、降霜予測、摘採適期予測（一芯四葉期）、クワシロカイガラムシの防除適期予測の4つの機能があります。この機能は、アラートメールによる通知、前年との比較がしやすいデータ表示、過去データへのさかのぼりも可能で、気象条件に左右されない宇治茶生産の安定的な経営判断に役立ちます。同時に、高品質なお茶を作り続けるために、経験値の低い新規就農者や雇用従事者にも活用してもらえます。伝統的な宇治茶を後世に残すために、ICTを使った適応策は今後必須といえるでしょう。

展望　農業現場では、高齢化や担い手不足がますます深刻化しています。持続性と生産力向上を両立し、若者にとっても魅力のある産業としていくために、農林水産省はデジタル技術を活用したスマート農業の社会実装を推進しており、今後の展開に期待したいところです。●

農業生産基盤
Agricultural Production Infrastructure

世界各地で頻発する異常気象は、農作物だけでなくその生産基盤である農地や農業用水にも影響を与えています。集中豪雨による灌水（かんすい）や地すべりなどの被害が増え、降雨量減少による水源の枯渇で灌漑（かんがい）用水の取水制限が求められる例も見られます。雪解け水を主な水資源として利用する地域では、気候変動により融雪時期が早まるほか、融雪流出量が減ることで農業用水の需要が高まる4月から5月にかけて将来影響が懸念されています。そのほか、将来的に東北・北陸地域では

[上] 新潟県見附市の田んぼダム横の用水路。収益性を高めるには、水管理の省力化や排水性の効率化を実現する基盤が欠かせない

[下] 長野県のレタス出荷量は全国一位。その生産性の高さを支えるのは、農地開発事業や土地改良事業で整備された土地や施設の農業生産基盤だ。高原野菜として人気の高い長野県産レタスの生育適温は20℃前後だ

代かき期（稲を田んぼにうつす準備期間）に利用できる水量が減り、あるいは全国的に梅雨や台風の時期である6月から10月にかけて洪水リスクが増える恐れもあります。

水温上昇によるダムやため池の水質悪化や、豪雨や干ばつなど降雨パターンの変化によるダムの機能が低下する問題も顕在化しています。さらに平均海面水位の上昇や台風による高潮の発生で、干拓堤防の安全性が脅かされるほか、排水機場の排水能力の低下も指摘されます。

適応策　このような課題に対し、基盤整備に関わる技術開発や、水資源の利用方法を見直すことが適応策となり得ます。気温上昇や融雪流出量の減少については、用水管理の自動化や用水路のパイプライン化による用水量の節減や、農業用水の確保とICT利活用が推進されています。また、集中豪雨増加への対策としては、湛水対策のための排水機場や排水路などの整備から水がたまりやすい施設や地域の把握、ハザードマップ策定やリスク評価の実施、施設管理者による業務継続計画の策定など数多くのことを実施しなくてはなりません。さらに、大雨時に水門を閉鎖した際、堤内地側の水を川に排出するためのポンプ管理を行う排水機場は、洪水が迫るなか、管理者が現場に駆けつける必要があるため、ICTを活用した遠隔操作の導入は人的被害を軽減する有効な適応策となります。

ICTを活用して水の管理状況をモニタリングし、灌漑や排水を遠隔で自動制御する「ほ場配水・用水管理システム」への研究や実証実験も進められています。このシステムを活用することで、用水の供給量が最小限に抑えられ、渇水による用水不足の影響を軽減できるかもしれません。これまで排水のみに用い

られていた暗渠管を灌漑に使う「地下かんがいシステム」の活用も注目されています。排水性の向上により、短時間強雨の際も湿害※発生を減らせる可能性があるほか、ICTと組み合わせることでさらにきめ細かく水管理を行うことができ、用水を有効に利用できる可能性があります。また水田の場合は、冷たい用水をパイプラインで供給できることから根圏（植物の根とその周辺の環境が互いに影響し合う空間）の温度を下げることができ、高温障害の回避も可能になります。海面水位の上昇により塩害の恐れがある地域では、根圏に直接淡水を供給することで塩分を効率よく排除できるかもしれません。

海外事例　乾燥地帯であるアメリカ・カリフォルニア州では、気候変動により降雨パターンの変化や干ばつリスクが懸念されており、適切な灌漑方法が議論されています。そこで州が提供しているのが、CIMIS（California Irrigation Management Information System）という灌漑予測システムです。各地に設置された気象観測所で集めた気象データが中央コンピュータに集約され、データベースサーバで分析・保管される仕組みです。利用者はインターネットを通じてそのデータを入手し、栽培する作物に適した灌漑のタイミングや程度を判断することができます。

国内事例　農研機構では、ICTを活用して土地改良区が管理するポンプ場と圃場の自動給水栓を連携させて、水の利用に応じて効率的に配水を行う水管理制御システムを開発しました。パソコンやタブレット端末、スマートフォンなどで操作するもので、従来は土地改良区が管理する水利施設は主に手動で管理さ

（あんきょ）

　※土壌中の過剰水分に基づく土壌の空気不足に起因して作物が生育障害を起こす現象

れていますが、このシステムが採用されることで、施設管理者の省力化とポンプの節電・節水効果を実現しました。また、他の自動給水栓などと連携することで、生産者が水配分状況を把握でき、計画的な灌漑も可能になります。本システムを導入した実証実験では、ポンプ場の消費電力を40%削減し、現在も条件の異なる複数地域で実証実験を行っています。

　米どころである秋田県では、米に偏重した生産構造を見直し、米以外の作物も安定生産するべく、圃場の排水性を高める対策を進めてきました。そこで推進されているのが「地下かんがいシステム」です。梅雨前後にしばしば干ばつに見舞われることから、排水と灌漑、両方の効果を持つ仕組みを実現させたもので、これにより水田転換畑での排水が良好になるほか、地下から灌漑することも可能です。

　北海道では、降雨後に土壌中の余剰水を排除する「暗渠排水システム」に用水路を接続し、灌漑用水を地中に送水する「集中管理孔」を採用しています。地下水位を制御し、下層から作物に水分供給も可能で、地下灌漑システムとしても活用されています。

　農業用水資源の確保を課題としてきたのが沖縄県です。島嶼部の水資源は特に気候変動に弱く、安定的に供給できる地下水の持続的な利用と開発が大きな課題です。そこで宮古島では、世界初の本格的な地下ダムを建設し、水を通さない止水壁で地下水を堰き止め、底の粘土層と地表の琉球石灰岩の隙間に計1880万tもの水をためるものです。これにより、農業用水の確保と安定供給が可能となり、野菜やマンゴー、たばこなど、新しい農作物の生産が可能になりました。

展望　ICTを用いた圃場排水・用水管理システムは、水管理方法を設定したうえでシステム管理技術の習得などが求められます。地下灌漑システムは、圃場の透水係数（水が土壌を通過する際の通りやすさの度合い）が適切な範囲にあること、ダム貯水池などの選択取水設備の活用は下流河川への影響も含めて留意点がいくつか挙げられます。ICT導入には、情報通信基盤の整備が必要となるため、地域の行政や情報通信事業者、農業協同組合や土地改良区など、地域の関係者との連携を図ることも重要です。一方で、漏水しやすかったり、湿害がすでに生じていたりと、地下灌漑システムが適さない圃場も存在します。集約集積された圃場の基盤整備によって、ICTによる効果はより大きくなると期待されており、圃場の基盤整備と自動給水栓の導入がセットで進められている地域もあります。まずは圃場環境を調査し、長期的な地域の農業計画を地域で議論してから具体的な導入を検討するべきでしょう。●

雑草
Weeds

雑草とは、田畑などに生える農業生産の妨げとなる目的作物以外の植物を指します。近年、国境を越えた人や作物の移動が増えるにつれ、外来雑草の侵入リスクも増えています。そこで2023年4月1日に植物検疫法が改正され、雑草が検疫や公的な防除の対象に加わりました。熱帯アメリカ原産のマルバルコウ（帰化アサガオの一種）は大型なつる性の外来雑草で、作物の生育や収穫作業を阻害する代表例です。気温上昇によって、一部の雑草の生育域がより北上する可能性があり、国内での分布拡大が懸念されています。さらに、成長が早まり有効に防除できる期間が短くなることで、まん延するリスクが高まり、農作物に著しい減収をもたらすといった指摘もあります。ほかにも、気温やCO2濃度の上昇により競争力の高まった雑草が自生種や野草の衰退を招き、土壌微生物・昆虫相などを変化させると同時に、土着の植食動物の食草を奪い、採餌行動や繁殖行動に影響を及ぼすといった自然環境への影響も示唆されています。

トゲ、イガ、針状の付属器官を茎や葉、種子などに持つ雑草による人的被害の増加や、そのほかにも、気温上昇によりスギなどの花粉が増えたり、雑草木から放出されるテルペン類由来の刺激性物質が増えてアレルギー疾患や湿疹・アトピー性皮膚炎といった被害が増加する懸念もあります。

社会インフラでは、鉄道沿いでセイタカアワダチソウやクズ、大型化したヨモギなどが見通しを遮り、列車の安全運行を妨げること

が問題となっています。また、太陽光パネルを雑草が覆うのも問題です。雑草が放出する揮発性物質が光化学スモッグを引き起こす一因となり、感染症を媒介するげっ歯類の増加の一因が雑草の増加であることなど、間接的な影響も明らかになってきており、気候変動と雑草管理の重要性が再認識されています。

適応策 雑草管理の適応策には、予防的措置と侵入防止、防除の3つが挙げられます。一度侵入を許せば防除が難しく大きな被害をもたらすため、予防的措置と侵入防止がまずは重要です。予防的措置には、海外からの持ち込みをコントロールする輸入検疫時の検査と、外国産飼料に含まれる雑草種子を不活化する完熟堆肥化があります。完熟堆肥化とは、堆肥を発酵させその発酵熱で有害生物（外来雑草種子や有害微生物）を死滅させる方法です。堆肥全体が60℃以上となるように切り返しを行いながら数日高温を維持するなど、定められた項目を評価した合計点数で完熟度を確認します。また、一度の施用で長期的に雑草植生を抑えることのできる防草シートによるマルチは効果的な手段です。遮光および物理的障壁による種子の発芽や光合成の阻害、貫通の阻止といった機能を持ち、今日では道路や鉄道沿線、農耕地など多種多様な場面で活用されています。そのほか、土系舗装は植樹帯を枯らさないために透水性がある対策のため、防草対策後も都市の美観を損ないません。土や砂などの天然材料に固化剤を混合し、固化させた層で構成されているため、天然の土

壌が持つ弾力性や保水性があり、路面温度を安定化させ衝撃を吸収します。防草シートと組み合わせれば、景観へも配慮した防草対策として効果があります。

　外来雑草は主に、濃厚飼料用の穀物や乾草などの輸入飼料に生産国の種子が混入し、それが輸送・運搬経路上にこぼれ落ちて各地に広がっていることがわかっています。飼料畑で外来雑草が広がった場合、飼料作物と共に収穫された外来雑草の種子が畑に残り、家畜に食べられて糞とともに畑に播かれたりします。種子の散布は、水や風で長距離を運ばれるケースもあります。堆肥の流通を通じた拡散や、機械に付着した土から別の圃場に雑草種子が運ばれることもわかっています。

　そこで、早期に警戒を呼びかける情報提供も重要です。雑草イネやアレチウリ、オオブタクサなど、水田や大豆畑に影響のある雑草や、ナルトサワギクのような人や家畜に毒性を持つ危険雑草の生態や防除方法が農研機構などにより紹介されています。

雑草が繁茂すると、作物は十分な太陽の光や水、栄養を得ることができなくなり、生育が妨げられ品質が低下してしまう。雑草の定着可能域は気候変動と共に拡大・北上の恐れがある

　防除とは、侵入した雑草をできるだけ早期に田畑から取り除くことです。種子が地面に落ちると、その種子を減少させるのは非常に困難なため、種子を作るまでに防除することが重要です。防除には草刈り機などによる機械的防除、雑草が生えにくい環境を整える耕種的防除、除草剤を用いる化学的防除の3つがあり、雑草の種類によって組み合わせています。「未熟な堆肥の持ち込み禁止」「用排水路の溝上げ残土への注意」「雑草の少ない圃場から作業を行う」といった方針を地域内で共有することが大切です。

野良イモ対策　冬の寒さが厳しい北海道十勝地方やオホーツク地方は、日本のジャガイモ生産量の30％以上を占める一大ジャガイモ産地です。十勝やオホーツク地方は冬寒く、ときに−20～30℃になるような気象状況で、

雪があまり積もらないため地面が凍る地域として知られていました。しかし、断熱作用のある厚さ20cm以上の雪が早い時期から積もることで、土壌凍結の深さが減少してきています。そのため「野良イモ」が大きな問題となっています。野良イモとは、機械で収穫した後に畑に残った小イモのことで、これまで冬の土壌凍結により枯死していましたが、土壌凍結深が浅くなり、越冬して後作の畑で雑草化するようになったのです。そのため人力で野良イモを取り除いたり、農薬を散布する必要があり、思わぬ負担増につながっていました。

　土壌凍結深の減少に伴い、融雪水が土壌に早く浸透するようになり、結果として土壌中の窒素が水に溶けて作物の窒素利用効率の低下や、地下水による汚染も懸念されました。そこで気象データに基づいて土壌凍結深を計算し、除雪、圧雪作業を行うことで凍結を促進させる手法が開発されました。土壌凍結深を最適な深さ30cmまで凍結させる手法が開発されました。これは、生産者自らウェブサイトを利用して作業計画を立案できるシステムとして実用化させることで、どのタイミングで除雪・圧雪を行えば、適切な土壌凍結深を保てるかといった備えにつながります。この手法により、今までは忙しい夏の時期にかなりの時間をかけていた労働負担が、時間に余裕のある冬に機械作業できるようになり、大幅な省力化と無農薬防除が実現しました。野良イモ防除はもちろん、土壌中の窒素の溶脱を防ぎ、温室効果ガス排出を低減する効果も期待できます。

草生栽培　樹園地の雑草管理の方法として、園地全体や樹冠の下にカバークロップ*を植栽する草生栽培があります。ナギナタガヤは明治時代にヨーロッパやアフリカ北部、西アジアから渡来した外来種ですが、1990年代から果樹園の雑草抑制に利用されています。草高が60cm程度の一年生イネ科牧草で、茎は細く、春から初夏にかけて開花・結実しながら自然に倒れて土壌表面を覆います。これにより春の草刈りが省かれ、その後の雑草も抑制されて作業軽減に繋がります。ウメ、ナシ、カキ、柑橘類などの果樹ほか、クワなど適合する樹種が多いことも報告されています。また、土壌流出防止や施肥量の削減、地温の安定化、病害発現の抑制まで多様な効果が認められ、環境保全型の果樹栽培技術として普及しつつあります。

展望　近年、飼料作物などに混入した外来雑草の分布が拡がる傾向があるため、改正植物検疫法による侵入防止が強化されました。気候変動による気温やCO_2濃度の上昇は外来雑草の生育が進むという報告があります。一方で、農業の担い手不足による集積化や圃場の大規模化が進んでいるため、広い土地で外来雑草の初期侵入を見逃してしまい、被害が急速に広がるリスクや、防除の適切な時期を逃すなどの問題も生じています。イギリス南ウェールズのマエステッグでは、鉄道の切通し上にあるバンガローの保有者たちが、切通しから侵食してきたイタドリという日本原産の雑草の管理と駆除を求めて鉄道会社を訴える裁判も起きています。

　今後は予防原則に基づいてエリア全体で早期に発見・防除にあたりながら、雑草管理の専門家を育成し、さまざまな分野のエキスパートと連携した総合的雑草管理が求められています。一部の地域ではラジコン草刈り機やドローン撮影した画像から雑草を検出するなど、新しい技術の開発も期待されています。●

　＊土壌浸食を防ぎ土壌中に有機物を加えて土壌改良に役立つ作物のこと。被覆植物

凍霜害
Frost Damage

農作物は、葉が凍結や低温で被害を受けることがあります。麦類や野菜、茶のほか、特に大きな被害があるのは果樹です。近年では2021年4月に深刻な降霜が起こり、その被害量は45,400tにのぼりました。これは同年の収穫量のうち約2％に相当し、降雪による被害は5,370t、台風・大雨の被害は1,860tであったのと比べ、まさにけた違いの影響でした。また、過去の凍霜害では2010年、2013年に記録がありますが、それぞれの被害は16,600t、24,400tであり、2021年の被害の大きさがうかがえます。

霜害は、春先に起こる晩霜害と秋の早霜で起こる初霜害に分けられます。初霜害は収穫期が遅いリンゴやカキなどで発生する場合がありますが、栽培上特に問題となるのは晩霜害です。2010年、2013年、2021年の深刻な凍霜害はいずれも晩霜害でした。本来、落葉果樹の芽は寒さに強いのですが、発芽から展葉、開花の段階ではマイナス数度の低温でも被害が発生します。気候変動により晩霜害は少なくなると思われるかもしれません。しかし、ことはそれほど単純ではありません。春先の気温上昇が高く発育が進み、そのまま最低気温がそれほど下がらなかった2009年には凍霜害は発生していません。しかし、近年は、多くの地域で春に気温上昇が顕著となり、その気温変動も激しい傾向にあるため、発芽や開花時期が早まり耐凍性が弱まった時期に急激な冷え込みがある年は被害が大きくなるのです。

気象情報　気象庁では、気温が平年に比べてかなり低い確率が30％以上と予想されるときには「低温に関する早期天候情報」を、数日先（2〜7日先）に顕著な低温が数日間にわたると予想されるときには「低温に関する気象情報」を発表して注意を呼びかけます。「霜注意報」や「低温注意報」は、翌日の顕著な低温が予想される場合や晩霜により被害発生の恐れがある場合に発表し、直前の対策に活用できるようにしています。そのほか、低温被害やその影響がすでに生じていて今後も続く可能性があり、社会的に大きな影響が生じる懸念がある場合は「長期間の低温に関する気象情報」、天候不順による長期的な日照不足に発展した場合は「日照不足と低温に関する気象情報」を発表し、さらに注意を促します。また、気象に起因する農業災害を防止・軽減し、農業の生産性の向上を図るため、「農業に役立つ気象情報の利用の手引き」を作成しています。

凍霜害予測　気候変動の進行に伴い、晩霜害の危険度を評価しながら、防霜対策を考えることが重要です。農研機構は、2016年に発芽から落花までの発育ステージと耐凍性の変化を予測するモデルを開発しました。さらに、2023年には複雑な地形の日最低気温をピンポイントに推定する手法を開発しました。中山間地や傾斜地など地形が複雑な場合、日最低気温が全国1kmメッシュの気象データの値より10℃近く低くなることもありますが、5mメッシュで冷気流の動きを推定していま

お茶の樹から霜の害を防ぐ送風機「防霜ファン」。新芽が
霜で被害を受けないように、地表付近の冷え込む空気を
高いところから風を当てて動かし、凍霜害を避ける

す。さらに現地検証を行い、任意の場所と日
最低気温データを提供できるシステム構築を
進め、作物の凍霜害対策への貢献が期待され
ています。

防霜対策　　防霜対策には、主に燃焼法や送
風法、散水氷結法、被覆法の4つがあります。
燃焼法はヒーターや固形燃料を燃やして直接
果樹などを保温する方法です。経費や設備投
資は少ないため、防霜対策としては比較的簡
単に実施できますが、低温が長時間続く場合

はコストも労力も多くかかります。送風法（防霜ファン法）は、小型扇風機のような防霜ファンによって高さ数〜十数mの高度から上層の逆転層（地表面付近よりも高温）の暖かい空気を吹き当て、被害を軽減する方法です。風で作物が震動することで、作物からの放射冷却を軽減する効果もあります。防霜ファンはサーモスタットによる自動制御で労働力が省けますが、−3℃以下では燃焼法を併用します。散水法（散水氷結法）は、作物が氷点下にならないようスプリンクラーで散水し続けます。まんべんなく散水できれば、かなりの低温でも被害を回避でき、自動運転も可能ですが、相応の水量を確保する必要があります。被覆法は、ポリエチレン製のラッセルネットや寒冷紗、不織布ビニール等で間接的・直接的に作物体を被覆して保護する方法です。被覆資材によるトンネル、マルチ、べたがけ等も簡易な方法ですが効果的な対策です。

　こうした降霜時の対応に加え、平時から適切な栽培管理を行うことも重要な適応策になります。たとえば、一般に栄養条件がよい樹は同じ低温を受けても被害が少ないので、日常の栽培管理をよくして健康な樹づくりに努めることが肝要です。草生栽培や敷わらは、日中の地温の上昇を妨げ、夜間は園内の冷却を助長するため、草をまったく生やさない栽培法に比べて晩霜の被害を受けやすくなります。このため、下草はこまめに刈り取りし、敷わらは晩霜の心配がなくなってから行う必要があります。さらに、空気や土壌が乾燥していると気温低下を助長するので、乾燥が続いている場合は適宜灌水を実施し、土壌水分を保持することも欠かせません。

　寒さに強い品種開発も凍霜害の防止に有効です。たとえばブドウでは、野生ブドウを交配親として育種する取り組みが導入され、中国では−40℃に耐える種が選抜され、新たな品種が作出されています。

　果樹の苗木は、苗木として増やしたい樹の枝や芽などを切り取って別の根のついた個体に接ぎ木して育てますが、接がれるほうである「台木」の品種が、接ぐほうの「穂木」の生育や生理作用にはたらくことが知られています。リンゴやブドウでは、耐寒性についても同様であることが報告されており、寒さに強い品種を育てるためには台木の選択も重要です。

国内事例　茶樹は低温に遭遇することで耐凍性が高まりますが、果樹と同様、春先の萌芽期や新芽の成長期に急激な低温に遭うと、新芽の枯死や成長阻害などの被害が出ます。茶の産地である静岡県は、夏季の異常な高温や少雨により干ばつが起きた翌年、一番茶の減収を報告しています。一番茶に及ぼす影響は干ばつ以外の要因もあり得ますが、気温上昇に伴い、茶芽の生育や一番茶の萌芽期・摘採期の早まりが予想されています。少しでも栽培への影響を低減するべく、夏季の異常高温や干ばつ対策としてスプリンクラーによる灌水技術の普及を進める一方で、気候変動により萌芽期・摘採期が早まった場合の凍霜害対策として防霜ファンを導入し、春季の遅霜に備えています。

　岐阜県飛騨地方のモモ産地では、幼木の枯死障害が発生して問題となりました。その原因は凍害であるとされ、主幹にわらを巻き白塗材の塗布をしてきましたが、十分な効果は得られず、新たな対策技術が求められていました。そこで、耐凍性のある台木に着目しました。在来の観賞用ハナモモの自然交雑実生のなかから有望系統を選び、台木として使用した場合、若木の凍害による枯死や主幹部障

害の発生が大幅に軽減されることが明らかになりました。2008年3月には「ひだ国府紅しだれ」として品種登録され、国内のモモ産地でも普及しつつあります。

リンゴの産地である岩手県では、2021年3月の記録的高温により、平年と比べて10日以上もリンゴの生育が早まりました。そして例年より早い4月早々には低温に弱い展葉期に達してしまい、4月11日、15日の朝に降霜に遭い多くの被害が発生し、総被害額は10億円を超えました。その後県では凍霜害リスク軽減のため、その年のリンゴの生育予想と、気温が下がる日の予測を発表し、生産者に注意を促しながら、防霜対策について積極的に啓蒙しています。燃焼法や防霜ファン、散水氷結法のほか、傾斜地の場合は園地下方にある障害物を取り除いて、冷気の流れをせき止める「霜溜まり」を解消するなど、さまざまな方法を発信しています。

新技術　近年、南九州など暖地の茶産地では秋の気温が高く、耐凍性を獲得できないまま急に冬季の低温にさらされた越冬前の茶の芽が霜害を受ける被害が発生しています。これにより晩秋から初冬期の防霜対策も必要となり、防霜ファンの稼働期間が長くなるので電気代が増えています。そこで考案されたのが節電型防霜ファンを用いた制御技術です。従来の制御法では茶樹の樹冠面（茶の葉が茂っている表面）に温度センサーが設置され、樹冠面の温度が設定温度より低くなるとファンが稼働していました。つまり、風により空気が攪拌され、上と下で気温差がなくてもファンが稼働していたのです。そこで、防霜ファンを設置している高さにも温度センサーを設置して樹冠面との気温差を測定し、この差が大きい場合のみファンを稼働しました。結果、

気温差の設定値は1.5〜2.0℃、樹冠面の気温を3.0℃以下にすると適切な防霜効果を維持しつつ電気代も削減できることが判明しました。なお、強い冷気が流入すると、気温差がなくても風による防霜効果が認められたため、そのような場合は気温差によらず送風するという設定も組み込まれています。さらに、茶樹の耐凍性情報を加えて制御することで、より節電効果を高めることも確認されています。

アサヒグループHDと関西大学によるベンチャー企業KUREiは、コーヒー粕の天然抽出物である防霜資材「フロストバスター」を開発しました。使用方法は簡単で、低温予報の前日に、希釈したフロストバスターを散布します。植物体の上に存在する、氷の核となる目に見えない異物が本剤に含まれるポリフェノールと付着することで氷結しにくくなり、氷による細胞へのダメージが抑えられるのです。リンゴやナシ、モモなどの果樹、茶など花芽が凍霜害を受けやすい農作物のいずれの栽培ステージでも使用できます。リンゴで行った実験では、−1.5℃と−3℃の2回の霜害後、無処理区域では多くの花が褐変、落下し秋の結実量が少なかったのに対し、フロストバスターを利用した区域ではそれぞれの霜害時に障害発生率が6％、16％減少した結果、収穫直前には多くの結実が確認されました。

展望　近年の気候変動の進行に伴い、従来の防霜対策は見直されてきています。しかしながらそれぞれに課題があり、新たな活用方法や横断的な研究が検討されています。●

畜産
Livestock Industry

気候変動による気温上昇は、私たち人間だけではなく家畜にも影響を及ぼしています。恒温動物である鳥類や哺乳類などの家畜は、ある程度の気温変化内では体温を維持できますが、臨界温度を超えた場合は体温維持ができず急激に体温が上昇します。臨界温度は乳用牛では25℃以上、それ以外の家畜でも30℃と考えられ、それぞれの飼料の摂取量も低下します。それにより家畜重量や

乳用牛のホルスタイン種は特に暑さに弱いため、気温が上昇することで乳量や乳質が低下したり繁殖への影響が生じるなど、さまざまな問題が懸念されている

繁殖成績、生産量や品質低下といった影響が懸念されています。産卵鶏でも産卵率や卵の質の低下、病気の増加が見られています。記録的猛暑であった2010年は、暑さによる家畜の死亡数が、地域や家畜の種類を問わず多かったことが報告されています。これらは畜産農家の収益悪化にもつながる深刻な問題です。

　気温上昇が続くことにより、将来的には、肉用豚や鶏ともに体重が増えづらくなると予測されています。実際に肥育豚を用いて温度と飼養成績との関係を求める実験を行ったところ、気温が上昇するにつれて体重増加量*は減ることが確認されました。具体的には、気温23℃の場合の体重増加量に対して24.5℃で5%、27.3℃で15%、30.4℃では30%も低下しています。飼料の摂取量も気温の上昇とともに低下し、このデータを基に解析すると、2060年には標高の高い山間部や北海道の一部を除く大半の地域で、体重増加量の低下が予測されています。特に関東以西では15～30%の低下とかなり大幅です。

適応策　主にとられている対策は、送風や散水などにより畜舎や畜体の温度上昇を抑える取り組みや、飼料摂取量と家畜品質の低下を防ぐため、飼料の中身や給与方法を工夫するといった飼養管理の取り組みです。さらに将来的には、暑さに強い個体を選別するなどの育種アプローチも期待されています。

暑熱・湿度対策　畜産業では鶏や豚、牛といった畜種に応じた暑熱・湿度対策が重要です。豚や牛などは高湿度の影響を受けやすく、畜舎や飼養の管理を見直すことが求められます。畜舎管理は、換気扇や扇風機での送風、散水や細霧装置、飼育密度の調整などが挙げられ

ます。畜体への送風は体温上昇を防ぎ、散水や散霧は畜舎内の気温上昇を抑えるのに有効です。そのほか、ヘチマやアサガオなど緑のカーテン設置や、屋根裏や壁への断熱材の設置、屋根への散水などにより外部からの熱の侵入を防ぐことも考えられるでしょう。

　飼料改善や給与方法の工夫といった飼養管理は、家畜や家禽の栄養状態を維持するために行います。牛には、良質な牧草の使用や給与回数の増加により繊維源を確保するとともに、トウモロコシなどの濃厚飼料の割合を増やすことで餌料の栄養価を高め、摂取量を低下させないことが大切です。肉用鶏には飲水に重曹を0.5%添加することで熱射病を防ぎ、産卵鶏には飼料に重曹を添加して暑さによる卵殻質悪化を防ぎます。肉用牛は夜間の給餌や、暑さ対策として24時間ダクトファンを稼働させるなどの対策をとることで、飼料の摂取量が多くなるようです。

　さらに、今後は、暑さに強い個体を選別する育種へのアプローチも期待されています。従来は、産肉性や産卵性など生産能力の高い個体を選抜することが主流でした。家畜には暑さに弱いとされている種のなかでも体温上昇や生産性の低下が見られない個体も存在し、遺伝的な要因が強いと考えられています。

国内事例　和歌山県では、鶏の暑熱対策として副産物を活用した飼料が開発されました。和歌山県の特産品である梅干しは、副産物として梅酢が発生します。梅酢はクエン酸などの有効成分を含んでいるため、ここから塩分を除いたものを飼料に混ぜ、給与試験が行われました。その結果、採卵鶏では産卵率や卵の質、免疫機能の向上が見られました。そして肉用鶏では飼料消費量や出荷時体重の増加、代謝性や食味性の向上などさまざまな効果が

得られたのです。現在は副産物を使用した方法が確立され、鶏肉は「紀州うめどり」、鶏卵は「紀州うめたまご」としてブランド化し、農家の収益向上にもつながっています。

　四国地域に多い開放型の牛舎では、細霧で舎内温度を下げてもすぐに外気が入ってしまい、十分に冷却できていませんでした。そこで愛媛県は四国の各県と連携し、牛の暑熱対策としてダクト細霧法を開発しました。これは、ダクト送風と細霧散水を併用する方法で、牛の体表に付いた細霧に直接気化冷却した風が当たることで熱を下げる仕組みです。舎内温度が約30℃の開放型牛舎で調査したところ、牛の体付近の温度を約5℃下げることが出来ました。また別の実験では、乳牛の呼吸数や体温、乳量、飼料摂取量などが改善されたのです。具体的には、ダクト細霧法を導入した年は、過去3年の8月と比較して乳量が10～30％増加しました。従来の細霧システムと変わらない金額で設置でき、効果が高い対策として導入が進んでいます。

　全国有数の日照時間、快晴日数を誇る宮崎県では、農業産出額のうち63％を畜産分野が占めています。地頭鶏や宮崎牛といったブランドを抱える宮崎において、気温上昇による影響が懸念されているのです。なかでも乳用牛は夏場の乳量低下が顕著で、一年で乳量が最大となる4月と比べ、8月は約10％低下しています。生乳は夏季の需要が最も高く、この時期に良質の生乳を多く生産することが農家にとっては重要です。そのためには前年の7～9月の受胎が必要ですが、暑熱の影響で受胎率の低下も懸念されています。そこで県の畜産試験場では牛の暑熱対策として、ヒートストレスメーターの開発に加え、牛体への自動散水システムや牛舎屋根への遮熱性塗料の塗布、牛用冷却ジャケットの導入など

による対策を行っています。ヒートストレスメーターは温湿度変化とそれによる牛のストレスを「見える化」するためのもので、県内316戸の酪農家に配布しましたが、当初は十分な効果を発揮できなかったといいます。そのため、現場の実態を把握してマニュアルを作り、普及啓発にも取り組みました。牛舎屋根の遮熱性塗料の効果については、塗料を塗ることで屋根裏では20℃もの放射熱抑制の効果があるといいます。

展望　暑熱ストレスの影響は家畜種によって多岐にわたり、家畜ごとに適した温度管理や飼養管理の技術開発が進み、家畜のストレス軽減から畜産の生産性向上につながることが期待されています。また、家畜が感じるストレスは気候以外にもさまざまな要素が関連しているため、必要なデータを集めて影響の要因を見極めることも今後の課題です。ヒートストレスメーターのように、現場で実際に活用できる技術や施策にするためには、農家とともに取り組むことも重要です。畜舎や畜種によって必要な対策が異なることも考慮しながら、現場に即した形で家畜のストレスを軽減・回避するための取り組みが求められています。●

食料安全保障
Food Security

食料は生きるために欠かせないものであり、人間らしい健康で充実した生活の基盤となります。しかし、国内外の気候変動をはじめとするさまざまな要因によって、食料の安定供給に影響が及んでいます。干ばつや洪水、暴風雨や山火事、害虫被害などの発生は、主要穀物であるコムギやダイズ、トウモロコシ、コメなど国際的に取り引きされる作物の収量減少や不安定化を引き起こしているのです。

主要作物は、特にアフリカや中南米など温暖な地域で、将来的にマイナスの影響があると予測されています。収穫減少や不安定化が起きれば、食料の6割以上を輸入に頼る日本の食卓にも当然影響が及びます。

国の取り組み 気候変動による農作物の収量減少や不安定化に備えて、平常時におけるリスク分析・評価を含む、総合的な食料安全保障の取り組みが進められています。国内では、食料安全保障に関わる状況の把握、平時からの安定供給の確保と向上、不足時などの対応、海外では生産国における生育状況などの把握が挙げられます。

状況把握については、2015年から4度にわたり、国は「食料の安定供給に関するリスク検証」を公表しています。2022年の検証では、温暖化や高温化のリスクは飼料作物・飼料穀物、サトウキビを除くすべての品目において顕在化していると認められました。これらの品目においては栽培の工夫や品種改良・品種転換、適応技術の活用などが行われ

ていることから「影響度」は下がり、「注意すべきリスク」として評価されましたが、海水温の影響を受けやすい水産物は「起こりやすさ」と「影響度」がともに高く「重要なリスク」と位置付けられました。国内では台風や豪雨、長雨、雪害、干ばつなどの異常気象によって、果実と野菜では「重要なリスク」、茶や飼料作物、水産物などにおいては「注意すべきリスク」と評価されています。

平時からの安定供給の確保と向上については、国内の農業生産の増大に加え、安定的な輸入と備蓄の活用を組み合わせることが基本です。国が2020年に策定した「食料・農業・農村基本計画」では、日本の食料自給率（カロリーベース）を2018年の37％から2030年度までに45％に引き上げる目標を掲げており、多層的に施策が実施されています。たとえば、農業生産増大の取り組みとして担い手確保や農地の集積・集約化が挙げられています。これを推進するのが「農地バンク」とも呼ばれる農地中間管理機構であり、農地を貸したい人から土地を借り受け、規模を拡大したい農家や新規就農を希望する人へまとまりのある形で貸し出す事業が推進されています。ほかにも、スマート農業への転換による生産性の向上や、輸出を見据えた畜産物や果実類の増産、食育や地産地消の推進なども農業生産増大の切り口となります。

穀物を安定的に輸入するためには、輸入相手国との良好な関係の維持・強化や、関係情報の収集、船舶の大型化に対応した港湾施設や貯蔵庫、道路など流通基盤の強化など、輸

入の安定化や多角化を図ることが求められます。また、気候変動に対応できる品種開発に役立つ遺伝資源＊を継続的に導入するため、国際的なルール作りへ日本も積極的に関わることを含め、有用な遺伝資源の保全と円滑な利活用のための環境整備を進めることも重要です。

　国の備蓄については、国内外における緊急事態による食料供給不足に備えて、米は100万t、食糧用小麦は2〜3カ月分（外国産食糧用小麦の需要量）、トウモロコシなどの飼料穀物100万t程度の民間備蓄が定められています。

　自然災害や感染症の流行など、食料供給に影響が及ぶ不測の事態に備えて、政府は「緊急事態食料安全保障指針」を策定しています。食料供給に影響を及ぼす要因を国内と海外それぞれに分けて整理し、事態の深刻度に応じて、情報収集から緊急の増産、食料の割り当てまでレベルに応じた対策を示しています。

　激甚化する台風や集中豪雨など、全国各地で頻発する大規模災害に対し、リスクへの備えとして農業保険（収入保険および農業共済）への加入を促進することも、国内農業生産に対する重要な施策です。2020年には「災害等のリスクに強い農業プロジェクト」が設置され、米・畑作物の収入減に応じた交付金や野菜価格の安定制度など、農業保険以外の制度も含め、収入減を補塡する関連施策全体の検証が始まっています。また、農業者自らが取り組む「備え」という観点で施策が検討されています。そのひとつが事業継続計画（BCP：Business Continuity Plan）です。農林水産省は自然災害のリスクに備えるためのチェックリストを作り、耕種、園芸、畜産という3つのパターンで展開しています。この項目ごとに内容を記入するだけで簡単に農業版BCPを作成することができます。

　世界の作物生育状況については、専門家らが衛星観測や現地調査のデータを基に総合的な分析を行い、それらの結果を5段階評価で地図化した「GEOGLAM Crop Monitor」によって作物種別に情報提供されています。また、農林水産省は、海外の主要穀物生産地

＊現在あるいは潜在的に利用価値のある遺伝素材

帯の気象情報などを提供する「農業気象情報衛星モニタリングシステム」を運用しています。衛星観測から得られる土壌水分量、降水量、植生指標などの気象・植生データが国・区域ごとに地図上やグラフ形式で可視化されており、食料安全保障の確立に活かされています。

海外事例　気候変動に適応するため、生産方法を工夫し新たなエネルギー源を模索する取り組みも始まっています。レバノン共和国ベッカー県の小規模農家を対象とした調査では、著しい気温上昇や降水量減少、雨季の短期化といった要因を認識し、生産者すべてが対策を行っています。具体的には、混作や土壌保全、輪作、間作、侵食の防止や養分の維持を可能にする水保全技術などです。

気候変動による食料危機を緩和する手段として近年考えられているのが昆虫食です。日本でも、コオロギの粉末を使用したお菓子が販売されていますが、課題もあります。スペインでは、スーパーで大々的な広告とともに食用昆虫を用いた食品の陳列を開始したものの、売り上げは低迷しました。昆虫食が広く受け入れられるようになるには、SNSの活用や対話的キャンペーンを通じて消費者の知識向上に注力する必要性が指摘されています。

シンガポールでは2030年までに栄養ベースでの自給率を30％にするため、「30 by 30」という目標が定められています。シンガポールの農用地は国土の1％しかなく、これからの農業食品業者は生産性を著しく高め、気候に強い持続可能な農業へ転換する必要があります。すでにいくつかの農家は、LEDライトを用いた多層階式の植物工場や再循環養殖システムなど、伝統的農法よりも10〜15倍の生産が可能な革新的技術を用いており、

今後の発展が期待されています。シンガポール食品庁は「30 by 30」推進のため、食品生産と養殖を最適化するためのリン・チュー・カン地区の総合計画策定、農業食品業界の転換のための基金設立、革新的研究事業への3億ドル強の資金提供、国民へ向けた地場農産物のブランド化や販売促進、農業従事者の技術向上のための高等教育機関との連携などを戦略に挙げています。同時に、90％以上の食料を輸入している現状を考慮して、輸入先を多様化する政策もとられています。

ロシアのウクライナ侵攻や物価高騰、コロナウイルス感染症の流行は、国際的な食料安全保障上の危機をもたらしています。EUは現段階で危機にさらされているわけではありませんが、世界の食料供給・食料安全への潜在的な危機に備える策をとっています。官民の協力体制を強化し、リスク評価を行うため、EUの食品サプライチェーンで重要な役割を担う組織や関連国を招き、2021年にEFSCM*が設立され、2023年7月には、緊急時のコミュニケーションと供給源の多様化について、それぞれ勧告を発表しました。なかでも、農作物や家畜生産、農作業手法や土地利用といった生産ステージにおける多様化は気候変動適応としても重要であり、貿易やサプライチェーンの多様化と併せて推進していくことを提言しています。

国内事例　日本では食料難や環境汚染などの問題を抱える途上国への支援を視野に入れ、さまざまな技術開発が行われています。なかには化学肥料や生活排水、し尿により地下水が汚染され、池沼がしばしば富栄養化を起こしているケースがあります。富栄養化を起こすと水中の生物相が変わり、水域に悪影響を及ぼしますが、その原因となる窒素やリン酸

　　　　　　　　　　　＊欧州食料安全保障危機対応メカニズム

は、作物の肥料となり得ます。そこで青森県立名久井農業高等学校の環境研究班は、「生物の力で水質浄化と食糧生産を同時に行うハイブリッドシステム」を考案しました。トウモロコシやインゲンマメなどの作物を使用し、食糧生産を行いつつ水質浄化もできる技術を確立しました。さらにもうひとつの技術開発が「三和土を使った機能性集水システム」です。三和土とは、土に砂や消石灰、にがり（塩化マグネシウム）、水を混ぜこねることで土壌を糊化させる日本の土木技術です。乾季には斜面上方から流れてくる雨水を作物栽培に利用できるほか、雨季には簡易堤防としての役割も果たします。前述のシステムは、三和土の材料に家畜の堆肥を加えることで緩効性肥料*としての機能を持ち、雨季に降った雨水の保持、やせた土壌への栄養分供給、降雨による土壌流出や栄養分の流亡、土壌侵食による耕地喪失などを同時に抑え、食料の増産に貢献します。安価な材料で簡単に導入でき、食料増産だけでなく環境問題の解決手段としても有効です。

　国内の農業生産を増やすため、北海道では子実用トウモロコシの生産が進んでいます。畑で完熟させ、乾燥子実だけを収穫する子実用トウモロコシは、主に飼料用として販売されていますが、輸入飼料との競合で価格が低いという課題もあります。そこで、子実を粉砕した食品向けのとうもろこし粉を製造し、お菓子やパン、スナック菓子などの加工品にも展開しています。さらに、パンや中華麺用の小麦も各地で品種開発や普及が進んでいます。九州ではラーメン用の品種「ちくしW2号（ラー麦）」が新たに開発されました。福岡県内の製粉業者、ラーメン店、生産者が連携し、福岡県がロゴマークを商標登録するなど、地域一体となった作物のブランド化に注

目が集まります。

　2023年8月から農林水産省が推進する「米・米粉消費拡大推進プロジェクト」では、近年の国際的な人口増加や気候変動による生産減少、原材料価格の高騰を受けて、国内で自給可能な米・米粉の魅力を発信し、消費拡大を図っています。独自に米粉の普及を推進しているのが新潟県です。同県発の「R10（アールテン）プロジェクト」では、小麦粉消費量の10％以上を米粉に置き換えることを目指し、全国的なプロジェクトとして展開しています。「大口需要者の開拓」「幅広い需要開拓」「家庭での普及」を3つの柱として、米粉の販路を開くとともに、生産者の安定的・効率的な農業経営の確保にも重きを置いています。

展望　気候変動が食料安全保障に与える影響はすでに顕在化しており、世界中で多くの人々の命が脅かされています。近年、デジタル技術を活用した農業や、新たな食材を開発するフードテックなど、テクノロジーの力で食料問題に立ち向かう取り組みも目立ちます。食品業界や消費者が、食品ロスの削減に取り組む動きも加速中です。将来にわたって安定的な食料供給を確保するためには、官民と消費者が知恵を出し合って行動することが不可欠です。

　安定的な食料供給には、国内の農業生産の増大が基本となり、加えて安定的な輸入、備蓄の活用を適切に組み合わせることで実現します。平時から食料の安定供給に関わるリスク分析と評価を行うとともに、マイナスの影響を軽減するための予防的対応を見直しながら、リスク発生後に迅速な対応をすることが総合的な食料安全保障の要です。●

*養分がゆっくり溶け出し効果が持続する肥料

Forestry
林業

　日本の国土のうち約66％が森林で構成されており、過去40年間にわたり大きな面積の増減はありません。森林はCO_2の吸収源としての機能のほか、多種多様な生物の命を支える生物多様性の保全、土壌流出や斜面崩壊を抑制する土砂災害防止、水資源を貯留し洪水を防ぐ水源涵養、木材や医薬品の材料となる物質生産などがあります。レクリエーションや文化的な面も含め、数えきれないほどの多面的な機能を有しており、私たちの生活に密接に関わっているのです。しかしながら、この豊かな森林も気候変動による影響が深刻化しています。たとえば、異常な豪雨によってもたらされた多量の雨水が、木の根よりも深い部分まで浸透することにより引き起こされる土砂災害や、立木と土砂が次々と流される流木災害が頻繁に報告されています。気温上昇はマツ枯れを引き起こすマツノマダラカミキリの生息域を拡大させ、夏場の高温がヒポクレア菌によるシイタケ栽培の被害を助長しています。

　このセクションでは、これらの気候変動による森林への影響に対し、林業サイドからの適応策を紹介しています。森林の変化は生態系にも大きな影響を与え、絶滅の引き金になる可能性もあります。気候変動に備える適応力の高い森林管理や整備の広がりが期待されます。●

気温上昇や降雨パターンの変化よって引き起こされる乾燥化は、森林の成長に負の影響を与えることが懸念されている

マツ枯れ
Pine Wilt Disease

夏は青々とした葉が茂るアカマツやクロマツのマツ林ですが、その一画がまるで冬を迎えたように、葉を落とした枯れ木だらけになっている光景を見かけたことはないでしょうか。これは「マツ枯れ」と呼ばれる現象で、主に松くい虫の仕業だといわれています。とはいえ、松くい虫という虫が存在するわけではありません。正式には「マツ材線虫病」と呼ばれ、マツ枯れの真犯人は「マツノマダラカミキリ」というカミキリムシが媒介する体長1mm以下の線虫「マツノザイセンチュウ」です。つまりマツ枯れはこのふたつの生物の共同作業によって引き起こされる病気のことをいいます。

マツノザイセンチュウはもともと北アメリカから侵入してきた外来生物です。1905年に長崎市で初めて松くい虫によるアカマツやクロマツの集団が枯れているのが発見され、昭和初期には西日本全体へ広がり、第二次世界大戦や高度経済成長期における里山の荒廃の影響を受けて、その被害は北へと徐々に拡大していきました。1970年代後半には、東北地方にまでマツ枯れが確認されるようになったのです。

一方で、寒冷な環境下では、マツノマダラカミキリは寒さに弱いため、高緯度のエリアや標高の高いエリアではセンチュウとの共同作業が機能しません。実際、マツ枯れ被害の最北端は青森県で、北海道ではまだ被害が確認されていません。しかし、近年の温暖化によってカミキリムシが生息できる地域が増えており、将来的に気温が約3℃上昇すると、北海道でもマツ枯れの危険性が高まると予測されています。

マツ枯れの被害は日本にとどまりません。韓国や中国などの東アジア諸国、ポルトガルやスペインなどの南ヨーロッパ諸国にもすでに被害が拡大しており、今後の気候変動の進み具合によっては、その範囲がさらに拡大することが懸念されています。

適応策　マツ枯れを放置すると、その被害は拡大するばかりです。被害を食い止めるためには、積極的に人の手を加えて保全していくほかありません。松くい虫の防除策として有効だと考えられる適応策は4つあります。カミキリムシまたはマツノザイセンチュウの絶滅、マツの抵抗性の強い品種への転換、増殖の抑制、農薬の予防散布・樹幹注入や伐倒駆除を継続して被害を軽減させることです。マツ枯れを根絶するために、島嶼など周囲から隔離された地域で対策が講じられています。実際、1970年代に被害が甚大だった鹿児島県沖永良部島では、この方法で松くい虫の防除に成功しています。樹種転換は、被害を激しく受けたマツ林のなかで生き残ったクロマツやアカマツのうち、抵抗性の系統を選抜し、その苗木を植栽していくというものです。効果が出るまでに長い時間はかかりますが、中長期的に重要とされる防除策のひとつです。カミキリムシの増殖率を抑える方法としては、カミキリムシの天敵が必要ですが、いまのところ見つかっていません。以上を踏まえ、現在、主な適応策として取り入れられているの

が、4つ目の被害を低い状態で維持する防除策となります。

　島嶼地域など、周囲から隔離されている地域を除き、マツ枯れに最も有効とされるのが、マツに殺虫剤を予防散布・樹幹注入し、同時に枯れたマツを積極的に伐倒駆除することです。ただ、予算切れで対策を止めれば、ふたたびマツ枯れが進行します。そこで、保全するマツ林の範囲を決めて、枯死率を1％以下にするなど、作業に優先順位をつけて保全すべきマツ林への感染予防を重点的に行うことが重要です。保全するマツ林を区分けしたら、その周辺に生息するマツ林を被害の有無にかかわらず伐倒します。その後、抵抗性の系統のマツの苗を植えて、樹種転換を実施します。保全するマツ林では、被害に遭った枯損木を徹底的に洗い出し、そのすべてを伐倒・駆除します。枯損木に潜むカミキリムシも一匹残らず殺虫しなければなりません。伐倒した木々の処理も重要です。燻蒸や粉砕を施したり、木質バイオマスに利活用するなど、カミキリムシの駆除漏れがないよう細心の注意を払って後処理します。この作業と併せて、保全するマツ林に殺虫剤の予防散布と樹幹注入を行います。この方法は一定の効果があるものの、予算や労力が膨大にかかること、農薬の使用には安全面の配慮が必要なことなどの課題があり、薬剤散布に変わる手法の検討も進められています。

国内事例　宮城県のマツ枯れ被害は、1970年に石巻市で初めて確認されて以来、県内全域に広がりました。被害面積のピークは1996年度の28,986㎡で、その後は減少し、2021年度には9,305㎡となっています。宮城県が行ってきた適応策は「予防」「駆除」「再生」の3段階です。予防はヘリコプターによる空中散布とスパウター（大型の送風噴霧器）やホースによる地上散布をカミキリムシが羽化する前（6～7月）までに行い、樹幹注入も行っています。駆除は伐採後のマツにビニールをかぶせて薬剤で燻蒸処理する方法と搬出してチップ処理や炭化処理する方法の3つを採用しました。漏れなく駆除を行うために、市町村や森林組合、森林所有者間で被害木調査も実施しています。再生とは、マツ枯れ跡地に抵抗性マツを植栽することです。宮城県では、1992年度からこの抵抗性品種の開発が始まりました。マツ枯れ激害地で生き残ったマツから候補木を選抜し、その穂木を接ぎ木により3年間育て、マツノザイセンチュウを人工的に接取し、生存率90％以上でかつ一定の基準を満たした苗木をさらに選抜します。最後に2次試験を行って合格したものを、抵抗性品種として認定しています。宮城県では「松くい虫被害対策事業推進計画」を策定し、実施方針などを関係各所で共有できるようにしている点も参考になるでしょう。

展望　マツ林として保全する場合は、適正に薬剤を使った駆除と予防が不可欠ですが、ほかの樹種に転換しつつある場合は、望ましい方向に誘導することも大切です。マツ枯れのあとにマツが生えても、放置すればまたマツ材線虫病で枯れてしまいます。場所により状況が異なるため、きめ細かい対応策が不可欠です。まだ被害を受けていない地域は、他地域の事例や気候変動の動向に着目しながら、できるかぎり早期に対策を打っていくことが効果的です。●

マツ枯れとはマツの木が赤くなり枯れてしまう現象で、
マツノザイセンチュウが引き起こすマツの伝染病だ。マ
ツが生い茂る風光明媚な景色は各地に見られ、海辺では
海岸の景勝を守り、防風林・防災林としての役割を担っ
てきたが、その被害は年々北上している

人工林
Planted Forests

大型台風が日本列島を襲ったとき、森林への直接的な被害として真っ先に思い浮かぶのは、降水量の増加により引き起こされる大規模な土砂崩れではないでしょうか。台風による影響はそれだけでなく、強風による風倒被害も大きな課題となっています。気候変動の進行により台風の強度が増しているのです。水も恐ろしいですが、風が森林に与える影響も凄まじいものがあります。風速20m/s以上で細い樹の幹が折れたり、根の張っていない木が倒れたりし始め、風速35m/s以上でほとんどの樹木は倒木するといわれています。1990年1～3月に西ヨーロッパで未曾有の強風が発生した際に最も被害を受けたドイツでは、ミュンヘンの南60km地点で最大風速52m/sを観測し、ドイツ全土での材木被害は6500万㎥にも及びました。ドイツの年間木材生産量の2倍に相当する恐ろしい数字です。

国内の気象災害のうち、森林保険に加入している林業事業者の風害による被害面積は、令和3年度は117ha、支払保険金額は約1億470万円となっており、8月の台風上陸が多かった平成28年度には被害面積は483ha、保険支払額は約4億6000万円となっています。

森林は大きく分けて天然林と人工林の2種類があり、国内は天然林5割、人工林4割、竹林などその他が1割程度です。人工林のほとんどが生育の早い針葉樹で構成され、台風への耐性が低いことも明らかになっています。国土の66％を占める森林全体の4割にあたる人工林が、今後予測される台風の強力化や頻発化によって、さらなる風倒被害に遭うことを考えなければなりません。人工林はすでに約半数が伐採に適した時期である50年生です。さらに、50年生前後の人工林が集まるエリアを中心に、被害に遭いやすい傾向があるという指摘もあります。

適応策　これらのリスクに対して、経済的および環境的な側面のふたつを考慮します。主として木材生産機能の発揮を重視する森林を「経済林」とし、水源涵養（すいげんかんよう）などの公益的機能の発揮を重視する森林を「非経済林（環境林）」と区別し、森林整備を進める必要があります。

経済林の被害規模を最小限に抑えるためには、適度に間伐を行い、適切な植栽密度を維持することが重要です。特に、南東～南～南西向きの開けた斜面や、暴風が来る方向に開いた谷地形など、風の影響を受けやすい立地にある人工林には、耐風性を高める作業が求められます。具体的には「形状比」を小さくすること、つまり樹高に対する胸高直径が大きいほど耐風性が高まるのです。形状比は、「樹高（m）÷胸高直径（cm）×100」で求められる数値で、形状比を70～80以下にすることが必要です。また樹冠長率（じゅかん）は、「樹冠（樹木の枝と葉の集まりの部分）の垂直方向の長さ÷樹高×100」で求められる数値で、樹冠長率が大きいほど幹が太く根をしっかりと張る健全な木に生育するため、耐風性も向上します。そのため、樹冠長率を50％以上にすること、林縁木（りんえんぼく）の枝打ちは避けることが対策

として挙げられます。森林と草地・裸地との境界に生える林縁木の枝打ちをやめることで、林内への強風を防ぐバリケードになるのです。

一方、非経済林の風倒被害の防止に有効な手段は、針葉樹の中に風の影響を受けにくい広葉樹を導入する「針広混交林化」、そして一帯を広葉樹に転換する「広葉樹林化」のふたつです。特に風倒被害のリスクが高いのは、泥炭地などの地下水位が高く根腐れしやすい場所、あるいは基盤岩があり土壌深度が浅いため根が深く張れない場所、そして風の影響を受けやすい斜面にある非経済林で、これらは優先的に対策を行う必要があります。

針葉樹を抜き伐り、植栽するか自然に広葉樹が育つのを待ち、さらに広葉樹の成長を促すために植栽木を伐採するのです。針広混交林と広葉樹林化はこうしたプロセスで行われ、耐風性の高い森林づくりが進められています。

国内事例　2018年台風21号の直撃により、京都市内では最大瞬間風速39.4mを観測しました。これにより、スギ・ヒノキの人工林を中心に、252haもの風倒木被害が発生したのです。被害地の早期復旧は、林業の再開と二次災害を防ぐためにも重要です。国や府の制度を利用した京都市独自の補助制度が設けられ、地権者の負担を軽減しながら速やかに処理が行われました。

千葉県山武市は人工造林の対象樹種を定めて適切に植栽するよう促すほか、間伐を実施すべき標準的な樹齢を決めるなど、森林整備の現状と課題を洗い出し、基本事項を定めています。何人かの森林所有者が森林施業を共同化することで、施業を効率よく継続的に続けていくよう推進しています。

北海道十勝郡では14〜21年間隔で風による倒木被害が発生しています。被害が起きや

すい地形について調べ、さらにカラマツ・トドマツの人工林を対象に、森林の耐風性を評価することで限界風速（森林が耐えうる上限の風速）を求めました。その結果をもとに、耐風性を高めるために低密度植栽（1500本/ha）を目指したり、風倒被害が起きやすい地形では、耐風性が高い若齢時から耐風性を高めるため林の密度調整を施すなど、あらゆる対策が取られています。

展望　台風被害を受けた林地の再生には、真っ先に倒れた木の処理が求められます。民有林の場合は、その土地の所有者が責任を持って行うものですが、経済的なポテンシャルや観光資源的価値、景観、生物多様性など、林地が市民にもたらす影響は数多くあります。倒木を放置し続けることで地域の印象を下げてしまうことも考えられます。被害木や土砂流出など、社会への二次被害が起こる可能性も考慮しながら健全な社会を保つために、公的原資を補助的に用いることも有効です。小規模な林地の地権者によっては、林業を継続するマンパワーが不足しているケースも多いのが現状です。そのため、市町村が経営管理を委託される森林経営管理法などの積極的な活用も求められています。●

強風によるスギの風倒被害は深刻であり、北海道では
2002年から2004 年にかけた台風上陸による被害総額は
300億円に及んでいる。今後も強い台風の増加等に伴い、
山地災害の規模拡大の可能性が指摘されている

シイタケ
Shiitake Mushroom

スーパーマーケットで一年中手に入れることができる山の幸、シイタケは日本では特になじみ深い食材のひとつです。一方で、栽培方法を具体的にイメージできる人はどれほどいるでしょうか。シイタケには、主に2種類の栽培方法があります。ひとつが、クヌギやコナラなど広葉樹の原木に穴を開けてシイタケの種菌を植える原木栽培です。もうひとつが、製材所から出るおが粉（おがくず）に米ぬかなどの栄養源を加えて固めたも

のに種菌を接種し、3カ月ほど空調のある施設内で育てる菌床栽培です。原木栽培では乾燥シイタケが多く生産され、菌床栽培では生シイタケが多く生産されています。ふたつのうち気候変動による影響を特に受けやすいのが、野外やビニールハウス内で作られる原木栽培のシイタケです。

原木栽培は、1年目の早春に原木へ植菌し、その原木を林間などに置いて菌を蔓延させて（伏せ込み）、2年目の春に菌が蔓延した原木

シイタケの原木栽培は林業経営のなかで重要な現金収入源となっている。気温上昇に伴い、害になる菌の発生が助長され害虫活動が長期化するなど、被害悪化が懸念される

（ほだ木）に生えたシイタケを収穫する、長期的なサイクルで行われています。しかし昨今の気温上昇により、害虫の発生やヒポクレア属菌といった病原体の侵害、シイタケの子実体そのものの発生量減少などが起こり、一部の生産地では激害化＊するほどの影響が起きています。

　森林総合研究所の報告によると、気温が30℃を超えるとシイタケの抵抗力が下がり始め、害菌による侵害が助長されると、ほだ木内の害菌が増加する、害虫の一種であるナカモンナミキコバエの成虫の出現時期が早まることなどがわかっています。加えて、九州で被害が拡大しているヒポクレア属菌が、これまで被害のなかった千葉、茨城、静岡、愛知にまで被害地域が拡大しています。夏場の高温がヒポクレア属菌による被害を助長することも懸念されています。

短中期的な適応策　近年、シイタケの影響評価や適応策に関する研究も進められています。短中期的な適応策として挙げられているのは、栽培方法の見直しと早期の病害虫対策、品種転換の３つです。栽培方法の見直しには、気温上昇がシイタケ菌の抵抗力を下げるので、仮伏せの際に内部温度が25℃を超えないようにする、直射日光が入るほだ場では遮光効果のある寒冷紗（かんれいしゃ）を利用するといった方法が効果的だと考えられています。害菌や害虫の発生を最小限に食い止めるには、感染したほだ木を早期に発見して除去することが重要です。また、感染経路を調査するために開発された簡易同定DNAマーカーをはじめ、感染確認方法の効率化を図る研究も進められています。しかし、人工的に林内環境を再現した人工ほだ場では「空気感染」が避けられません。感染したほだ木の抜き取りだけでは対応しきれ

ない場合、きのこ用の農薬や重曹・食酢・次亜塩素酸水などを一時的に使用することも認められています。

　品種転換とは、たとえばこれまで栽培していたものが低温発生品種であれば、気温の上昇とともに中温発生品種のシイタケに栽培品種を移行するといった方法です。そもそもシイタケは、高温発生品種や中温発生品種、低温発生品種という具合に、子実体の発生する温度帯が品種によって異なります。そのため気温上昇に応じて柔軟に品種転換をすることが有効な手段として考えられるのです。

長期的な適応策　長期的には、シイタケの品種開発も進められています。耐病性に優れる品種を選抜し、さらに耐病性に優れた品種同士を交配させるなど、交配菌種の作出と検定が行われています。加えて、高温下でも発生可能なシイタケ開発にも注目が集まっています。シイタケの発生温度に関わる遺伝子座の検出と、高温発生に関わる遺伝子配列を特定するのです。その検出マーカーが開発されたことで、高温菌株の育種スピードが加速しています。こうした改良品種の導入に伴い、これまでシイタケ栽培に不適切だとされていた寒冷地域において、新たに生産を行えるようになる可能性があることも、今後注目すべきポイントです。

菌床栽培　原木栽培だけでなく、菌床栽培シイタケにおいても気候変動の影響が及んでいます。顕著なのは「自然栽培」と呼ばれる空調設備を使用しない菌床栽培で、気候変動により収量の低下や形質の劣化、不発生時期の長期化が発生しています。空調設備を使用する菌床栽培なら問題ないかもしれませんが、空調費がかさみ、光熱費によって生産者を圧

　＊被害率が50％を超えること

迫することにもつながります。いずれにせよ、高温発生品種の開発が望まれていることは確かです。

近年、シイタケのゲノム解析も進み、子実体の発生温度に係わる遺伝子領域を特定し、高温発生遺伝子型を持つ菌株を選抜するマーカーを用いることで、高温発生型の交配菌株を選抜することにも成功しています。品種登録を目指して現在も研究が進められています。

シイタケ以外のきのこ　シイタケ以外のきのこ栽培においても、気候変動の影響は無視できません。きのこの生産量が林業関連の算出額*のうち3分の1以上を占める三重県では、夏場の気温上昇により、空調施設の冷房経費がかさみ、さらに夏場は市場価格が低いことから、夏季生産を休止する生産者が見られました。そこで比較的高温条件下でも発生が可能で、他のきのことの差別化が容易な新しいきのこを、安定的に生産できる技術開発に取り組んでいます。ウスヒラタケやササクレヒトヨタケ、タモギタケの3種については、高温条件下での生産方法を確立したという事例もあります。冬場はナメコなど低温下で栽培可能な品目を作り、夏場は高温でも栽培可能な品目を作ることで、電気の消費量も削減しながら、一年を通じてきのこの空調栽培を実現できるのです。

展望　東京大学の調査によると、広葉樹林を活用した原木シイタケ栽培が盛んな大分県国東半島の宇佐地域では、生産する山の斜面が険しく大規模な農家ほど、低温で育つ高級品の低温シイタケから、育てやすい中温シイタケに栽培品種を変えていることがわかりました。低温シイタケは気候変動により栽培に失敗するリスクが高まっていることや、台風・

降雨の極端化で管理の手間が増えたことが背景に挙げられており、将来影響を考慮した中長期的な適応策の推進が不可欠です。●

*生産量に出荷時の価格を掛けた金額

Fisheries
水産業

海の恵みを水産物として食してきた日本の歴史は長く、縄文時代の貝塚にもその形跡が残されています。江戸時代には漁業を専業とする者や漁村への定住化が進み、沿岸域の人手中心の水産業が確立しました。その後、技術革新の礎を築く明治時代を迎えると、政府主導で石油発動機の漁船への導入・実用化、綿網・機械製網の開発が行われました。加えて、各県に水産試験場や水産講習所を設置したことで、地域特性を活かした水産業の発展に貢献したとされています。第二次世界大戦後は、食糧難脱却のための遠洋漁業の復興と輸出拡大、高度経済成長期以降は養殖業の人工採苗や種苗生産技術をはじめ、水産資源そのものにアプローチする技術開発も進んでいます。気候変動の進行により、海水温や海面水位の上昇、海洋の酸性化、台風や豪雨などによる災害激甚化など、さらなる深刻な影響が懸念されます。海水温の上昇は、魚介類の分布域、漁期や資源量、藻場の構成を変化させ、磯焼けの拡大によりアワビやサザエ、イセエビが減っています。

このセクションでは、回遊性魚介類、海面養殖業、内水面漁業、海藻養殖、藻場と海域環境を分けて、適応策について紹介します。日本近海の海水温はこの100年で約1℃上昇しており、特に冬期の上昇幅が大きくなっています。水産資源量の把握や分布域予測の精度向上や、高水温耐性を持つ養殖品種の開発など、海域の環境変化に柔軟に適応している力強い取り組みを見ていきましょう。●

海水温上昇による磯焼け拡大は磯根資源の減少を引き起こし、ホタテ貝やカキの大量へい死など多くの課題に直面している

回遊性魚介類
Migratory Fish Species

卵からかえった場所から成長に伴い別の場所へ移動し、再び元の場所に帰ってくる魚介類を回遊性魚介類と呼びます。回遊性魚介類には、適水温域において分布・回遊する特徴があるため、近年の気温上昇による海洋の昇温が分布域や回遊範囲の変化を引き起こすことが問題となっています。たとえば、日本周辺海域ではブリやサワラなどの暖水性魚種が増え、シロザケやサンマ、スルメイカなどの冷水性魚種が減るなどの影響が出ている地域があります。また、太平洋のマサバ、マイワシ、サンマについて、産卵に好適な水温が出現する海域を予測した研究から、2090年代には、マサバは房総半島周辺、マイワシは常磐沖周辺、サンマはより沖合で産卵場に好適な水温になることがわかりました。これは、産卵場の移動により、水揚げ市場が変わる可能性があることを意味します。

　サケ（シロザケ）は、気候変動により夏季から秋季にかけて現在よりも分布域が縮小されること、また回帰ルートが現在と異なる可能性があることが指摘されています。なかでも、回帰率（母川に帰ってくる割合）の低下は著しく、この一因とされているのが、湾内の高水温による放流稚魚の大量死です。今後、気候変動に伴う沿岸域の水温上昇により、放流種苗の生産から放流までの工程に影響が出て、適切な放流稚魚のサイズや放流時期を維持できなくなる可能性もあります。たとえば、放流されたシロザケの稚魚は海水温が13℃以上になると北上するといわれており、それまでに十分な成長を終え、オホーツク海から

ベーリング海峡に達する長大な北上回遊に耐えるだけの体力を蓄えておく必要があります。そのため、宮城県では、稚魚を5cm以上で放流すること、そして海水温が13℃以上になる前に、幼稚魚が湾内で12cm以上に成長するために必要な期間を逆算して放流することを考慮して放流適期を設定しています。しかし、将来の放流適期について予測した結果、最も厳しい予測である最も温暖化が進む場合では21世紀末には世界の平均気温が工業化以前と比べて3.2〜5.4℃上昇する可能性が高いため、宮城県沿岸は常に13℃以上となり、放流に適した時期が消える可能性が示唆されました。つまり、このまま気候変動が進めば宮城県沿岸ではサケの放流と捕獲ができなくなるかもしれないのです。

　水温上昇が漁獲物の小型化を招くリスクを指摘する研究もあります。スルメイカの資源量は産卵海域の水温環境の影響を受けやすく、気候変動によってもたらされる中長期的な水温環境の変化によって大きく増減することが知られています。さらに、資源量の増減に伴って魚体サイズが変化するという報告もあります。近年、魚体が小型化しているという報告を受けて調査が行われた結果、秋生まれのイカは、水温上昇により産卵や孵化といった生活史全体が季節的に遅れ、成長途上の個体をより多く漁獲することになったため漁獲個体の体サイズの平均値が小さくなっていることが推察されました。

適応策　これらの課題に対して、増殖技術の

改善や野生魚の保全、漁業経営の変革などが適応策として挙げられます。漁業や加工・流通・販売などの各現場において、水産業振興策や支援策などを活用しながら、魚種ごとの変化に合わせた工夫・改善を進めることが大切です。また、地域との連携や新しい情報ネットワークや研究成果を活用し、より効果的な対応に結びつけていく事も必要です。

漁業の現場で実践されているのが、増殖技術の改善、野生魚の保全および河川整備、そして漁業経営の見直しです。増殖技術については、種苗飼育管理の改善が挙げられます。人工授精により孵化した稚魚に与える飼料や飼育環境を改善し、成長が早く健康で遊泳力があり、飢餓耐性のある稚魚を成育する方法が研究されています。また、こうして育てた種苗を放流する手法の改善も重要です。この好例となるのが愛知県のトラフグです。トラフグは「あいちの四季の魚」として冬の魚にも選定されており、全国でも有数の漁獲量を誇っていますが、漁獲量の年変動が大きいのが課題でした。そこで、種苗生産について最適な餌料系列や収容密度を検討し、2005年度から栽培漁業センターにおける生産に活用しました。種苗放流については、最適な放流場所と放流サイズを明らかにするため、愛知・三重・静岡県および水産総合研究センターと共同で人工種苗の追跡調査を実施しました。この結果、放流適地は伊勢湾では野間〜常滑沖、三河湾では矢作川河口域であり、最適放流サイズは体長約45mmであることがわかり、近年は全長35〜45mmの種苗を10万尾以上、野間沿岸域、矢作川河口域に放流しています。

種苗飼育管理、放流方法の改善を図る一方で、野生魚の保全も欠かせません。野生魚は放流魚に比べて環境変化に対する適応力が高いとされているため、一定レベルの野生魚を保全しておく必要があります。サケのような遡上する魚種の場合は、降河時に稚魚を海中放流し、野生魚よりも放流魚が沿岸漁獲されやすいようにすることが対策となります。遡上時には、回帰した親魚を捕獲しない非捕獲河川の設定や捕獲数の抑制に加え、遡上・産卵しやすい河川および周囲の環境整備が求められます。サケの漁獲が盛んな北海道の日高地方では、川をふさいでサケを捕獲する装置「ウライ」を撤去して、サケが自由に上ってこられる環境を整える試験的な取り組みが始まっています。捕獲装置を撤去した川のひとつでは、自然産卵するサケが多く見られるようになり、降海時期の調査では自然産卵由来の稚魚が多くを占めることが明らかになりました。

漁業経営については、ひとつではなく複数の魚種を対象とし、さまざまな漁法を組み合わせるなど、資源状況に応じた漁業が検討されています。たとえば山形県では、クロマグロの増加による漁獲技術の開発です。福岡県糸島市ではサワラの高鮮度出荷、岩手県や宮城県ではサンマの代替として特別採捕許可によるイワシの漁獲などが行われています。また漁業経営者の共同経営化や、養殖との兼業、6次産業化など、事業の多角化による資源変動への対応も有効とされています。

加工・流通・販売の現場での適応策には、魚種の変化への対応、および販売の工夫が挙げられます。水産庁は、漁獲量が減った魚種から豊富な魚種などへ加工原料を転換する取り組みへの経費を一部支援する「魚種転換プロジェクト」を展開しています。このひとつに、北海道漁業協同組合連合会が取り組むイワシやニシンの加工品製造があります。近年、水揚げが大幅に減少するサンマに代わり、同

連合会では増加傾向にあるイワシ、ニシンを
原料とした加工品製造に着手しましたが、他
魚種に比べて骨が多く脂質が少ないなどの特
性を踏まえた商品開発が求められました。そ
こで開発されたのが骨まで食べられる常温品
のレトルト商品で、国内外のマーケットで販
売を開始しました。製造工程を機械化するた
め計量機を導入し、人員や生産ロットの問題
から対応が難しかった少量パックの生産にも
本格的に着手しています。「骨ごと食べられ

る商品」は販売先から高評価を得ており、今
後は洋風仕立てや他魚種への展開なども視野
に入れています。

地域との連携　海水温の上昇に伴う回遊パ
ターンの変化はマイナス面だけではありませ
ん。気候変動の影響を好機と捉え、地域活動
を通じて有益に活用している適応策がありま
す。回遊魚であるサワラの漁獲量が急増した
京都では、「京鰆」と名づけた高鮮度のサワ

急増した北海道では、シャーベット状の海水「海水氷」を用いてブリを急速に冷却して仮死状態にする方法で鮮度を保持する方法を開発しました。富山沖の寒ブリより前に出荷でき、ブリの安定供給にもつながるほか、付加価値を高めるブランド育成にも力を入れています。

研究成果の活用　適切な適応策を選択するためには精度の高い予測情報が求められますが、気候変動による100年後の予測は不確定要素も多く、すぐに現場で有効な適応策へ結びつくわけではありません。しかし、将来的にどのような影響がいつごろから起こるかを予測情報として示すことで、現在行っている高水温などへの対応が将来の気候変動適応に結びつくかどうか検討することが可能になります。生息する水深や水温などを記録するバイオロギングや人工衛星情報などの技術も活用した、回遊性魚介類の生息環境の解明と影響の事前予測などの積み重ねも、適応策を検討するための有効な情報となると期待されています。

展望　気候変動による海水温の上昇とそれに伴う回遊性魚種の捕獲場所の変化が、全国的に懸念されています。各地域がこれまで行ってきた漁業・水産加工業の取り組みを変えることは容易ではありませんが、国や自治体などの補助金や支援事業の活用は大きな助けになります。官民が連携を図り、地域の産業を守るために一体となって取り組んでいくことが大切です。●

ラを京都の新たな名物とするべく販売を開始しました。サワラは鮮度低下が早いのが難点ですが、京鰆は漁獲後すぐに氷水につけ、身割れしないように丁寧に扱うことで鮮度を保ち、高品質のブランド化に成功しています。近年、京都府では、「京鰆」の新たな楽しみ方を府民に広く知ってもらい、さらなる需要拡大を促すため、オンライン料理イベントを実施しています。また、海洋熱波の頻発により、暖かい海に生息するブリの水揚げ量が

沿岸域の海面漁業
Coastal Fisheries

日本近海の海面漁業にも気候変動の影響が表れ始めています。2022年12月に公開されたIUCNレッドリストにおいて、日本近海に生息するアワビ3種が絶滅危惧種に選定され、衝撃が走りました。いずれも生息数は著しい減少傾向にあり、その原因のひとつが気候変動による水温上昇だと評価されたのです。国の適応策をとりまとめた報告書でも、主要漁獲物が在来種から暖海性小型アワビに遷移する事例が報告されました。また、各地で南方系魚種数の増加や北方系魚種数の減少が起こっていること、水温や地温の上昇がアサリの資源量や夏季の生残に影響している事例があること、藻場の減少に伴いイセエビなどの漁獲量も減少していること、瀬戸内海では、水温上昇によるイカナゴなどの瀬戸内海に生息する生態系に影響が出ているほか、南方系の生物の増加による藻場や二枚貝などの食害が発生していることも報告されています。

適応策 沿岸域における環境変化に対応した漁業生産の安定化を図るため、モニタリング体制の強化が求められます。また、魚種の分布域の変化等に対応した基盤整備や資源管理と連携しつつ、水産生物の生活史を踏まえた漁場整備が推進されています。

海洋環境のモニタリング 2017年12月に打ち上げられた衛星「しきさい」(GCOM-C)では高解像度の観測が可能となり、NASAのTerra/Aquaの16倍(縦横各4倍)の情報量を用いて、これまではっきりわからなかった沿岸の詳細な流れなども把握できるようになりました。「しきさい」の観測データは、現在さまざまな都道府県の水産研究所などで活用されています。たとえば青森県産業技術センターは、このデータを用いて海面水温の合成画像を作成しています。ブイなどの自動観測機器による観測地や気象庁の気象情報、独自に手法を開発した予測水温と合わせてデータ収集・処理を全自動で行い、観測情報や気象情報、水温予測などをWebサイト「海ナビ@あおもり」からリアルタイムに提供し、漁業者のニーズに応えています。

沖縄県でも、沿岸海域観測網の構築が進められています。人工衛星による表面水温のデータは重要な情報ですが、曇りの多い沖縄では、十分な解像度の画像が得られないこともあります。そのため、沖縄科学技術大学院大学(OIST)が共同研究機関のひとつとして実施しているリアルタイム水温調査では、ブイに設置する海上タイプと陸上タイプの水温計を用いています。この機器で測定された海水温は送信機能を通じてOISTに集約され、データを基に水温の情報が作成されます。こうした情報は海水温異常の早期発見や、その影響評価に活用されることが期待されています。

ICTを用い、漁業で欠かせない水域情報や赤潮情報などの環境情報を、いつでもどこからでも確認できるシステムを構築した例が愛媛県愛南町の「水域情報可視化システム」です。このシステムを導入したことで情報の共

有化が得られ、データの管理一元化や解析が容易に行えるようになりました。また魚病による被害軽減を図るための魚版電子カルテシステムと、漁業後継者育成などの人材育成や町が推進しているぎょしょく教育*のためのホームページも統合したシステムを、町、漁業協同組合、大学、漁業者が連携して運用しており、ICTを有効に活用しながら愛南町の基幹産業である水産業の振興を図っています。

栽培漁業と資源管理　栽培漁業の促進も適応策となります。栽培漁業は「つくり育てる漁業」ともいわれます。卵から稚魚になるまでのいちばん脆弱な成育期間に、人の手によって育成・保護します。そして、外敵から身を守ることができるようになってから自然の海へ放すことにより、水産資源を維持・拡大させる漁業です。稚魚を放流する点が養殖業との大きな違いです。たとえば2015年、静岡県は放流対象をマダイ、ヒラメ、トラフグ、アワビ類の4魚種とし、このほかにクルマエビ、ノコギリガザミ、ガザミ、クエの放流、キンメダイの種苗生産も試験的に行っています。1970年代後半には34tにまで減少していた静岡県のマダイ漁獲量は、栽培漁業の推進により、近年は100t前後まで回復しました。さらに、遊漁船の実態調査から、近年の遊漁を含めた漁獲量は400t以上と推定され、その約3割を放流魚が占めていることも判明しています。神奈川県水産技術センターは、気候変動による海水温の上昇に適応した新たな栽培漁業対象種の候補として、2016年度からクマエビの種苗生産の技術開発に取り組んできました。種苗生産は栽培漁業や養殖のために人工的に卵を孵化させて育成する取り組みで、2020年度は全長約1cmの稚エビまで育てることに成功しました。採卵方法や初期の飼育方法を全面的に見直したところ、2021年度は全長3〜4cmの稚エビを約5000尾生産することができ、東京湾産クマエビの種苗生産に東日本で初めて成功したことを報告しています。

資源を守る取り組みとして、資源管理と組み合わせることも重要です。資源管理型漁業の取り組みには、小さい魚を獲らないようにする全長規制や、産卵期の親を守る漁獲禁止期間などがあります。たとえば、宮城県では高級魚として知られるホシガレイの種苗放流が行われていますが、全県を通じて全長30cm未満魚の漁獲は禁止されています。そのほかにも北部地区のマコガレイやアイナメの全長規制、中部地区のマコガレイの刺網の網の目の大きさを指定する「目合い規制」、仙台湾の保護区域の設定など、漁業者が地域独自に行っているものもあります。

漁場整備　海洋生物の分布域の変化に対応した漁場整備を推進するため、2022年6月、水産庁はガイドラインを策定しました。そこでは、沿岸域において新たな漁礁を新設する場合、海水温上昇によって利用する魚種の変化を想定し、生物多様性に配慮した材質や構造形式の選定などを整備計画に反映する重要性に言及しています。たとえば、水温上昇により生息条件が好転した魚種のひとつが、暖海性魚種のキジハタです。山口県においてキジハタの種苗放流や漁場整備事業が展開されており、近年、漁獲量が増加傾向にあります。キジハタは水温12℃以下で摂餌を停止することが知られており、気候変動による冬季水温の上昇がキジハタの栄養補給を活発にし、成長や生残面の向上が期待されています。山口県油谷湾を対象とした研究では、水深・水温・餌料生物などの生息環境とキジハタ幼稚

魚の分布を調べたところ、水深15m以浅の転石帯は餌料環境が良好で、幼稚魚の育成場であるとともに、冬季には越冬場となっていることがわかりました。今後、気候変動に伴って水温が上昇した場合、冬季の摂餌減退期間が短くなり、将来的には餌料要求が高くなることが予想されました。そのため、これまで隠れ場や餌場を提供してきた構造物による漁場整備に、餌料を培養する機能を強化することが提案されています。

　気候変動によって水温が上昇すれば、海水に溶ける酸素量が減る「貧酸素化」が進みます。また、海面付近の海水温が上昇することで、深い場所にある低い温度（高密度）の海水と混じりにくくなることで海洋密度成層が強化されますが、これも貧酸素化の主な要因と考えられています。この対策として注目されているのが、大阪湾に設置された攪拌ブロック礁です。湧昇・攪拌流を発生させるブロック礁を計200基設置したところ、設置海域周辺で底質の汚濁を示すCODや硫化物の濃度が減少し、同時に溶存酸素量の増加が確認されました。また、キジハタ、カサゴ、イサキなどの生息も確認され、生物の生息域が作り出されたのです。

展望　海水温の上昇など、海洋環境の変化による漁場の変動や魚種の変化に適応するため、海域の環境変化などを的確に把握するモニタリングや収集した情報の共有が必要です。また、豊かな生態系を育む場であり、CO_2吸収源として期待される藻場や干潟などにおいて、実効性のある保全・回復対策が急務なのです。●

海面養殖業
Marine Culture

国際連合食糧農業機関（FAO）の「世界漁業・養殖業白書2022」によると、2020年の魚介類総生産量は1億7800万tで、このうち養殖は49％であることが報告されました。この内訳は1950年代の4％から1990年代の20％、2010年代の44％と年々伸びており、養殖の重要性が高まっていることがわかります。しかし、近年の気候変動が養殖業にも大きく影響することが懸念されています。一般的に養殖されている85の魚種とエビとか貝などの無脊椎動物への影響を調べた研究では、熱帯から亜熱帯地域の養殖に適している可能性のある種数が平均で10〜40％減少するという予測結果が得られました。一方、より高緯度の地域では逆に、最も温暖化が進む場合では21世紀半ばまでに約40％魚種が増加すると予測しており、養殖種と養殖適地の検討など、養殖業が気候変動適応を検討するための機会と課題が示されています。

日本近海では、2022年までのおよそ100年間で海面水温が1.24℃上がっており、これは世界平均の2倍を超えています。こうした高水温が養殖業へ深刻な被害を与えた例のひとつが、2010年に陸奥湾で発生したホタテガイの大量へい死です。その後の研究で、稚貝は25℃以上でへい死の危険が高まること、1〜2年貝は20℃で成長が停止し、23℃以上へい死の危険が高まることがわかってきました。さらに、「海洋酸性化」が貝類に与える影響も懸念されています。CO_2は海洋中に溶けると炭酸となり、水素イオンが乖離した炭酸水素イオンや炭酸イオンの状態で化学平衡を保ちます。海洋酸性化は、溶け込むCO_2の量が増えることにより海洋中に消費されずに残る水素イオンが発生し、炭酸イオンが減少する現象です。貝類はカルシウムイオンと炭酸イオンを結合させた炭酸カルシウムで自らの殻を作るため、海の酸性化が進むと成長に支障をきたすのです。

マダイのように当面の海水温上昇により成長が促される魚種もあります。そのマダイでも、海水温が29℃を超えると成長速度が下がることや、24℃を境に餌料が体重増加につながる効率も低下すること、高水温ほど体全体に占める脂肪の割合が下がることもわかっています。また、水温が高くなるほどマダイの行動が活発化するため、養殖のように高密度で飼育される環境下で高水温化が起きるとマダイ同士の闘争が激しくなり、体側部の擦れが増えて死亡数が増えることや、産卵期の高水温環境では産卵を止める現象も確認されています。

高水温化による魚病発生のリスク増加や長期化も懸念されています。マダイの病原であるマダイイリドウイルスは、1990年の夏から秋にかけて四国の養殖場で最初に発生し、マダイの大量死を引き起こしました。この年の流行は水温が20℃程度まで低下した11月になると自然に終息しましたが、翌年以降も毎年夏の高水温期に西日本各地の養殖場で流行を繰り返し、マダイに限らず、ブリ、カンパチ、スズキ、シマアジ、イシダイといった養殖魚へも感染が拡大しています。

適応策　日本で養殖される種は、ブリ類やマダイを中心に市場性のあるさまざまな魚類や貝類など多岐にわたります。養殖品目による違いはありますが、養殖業における適応策には、大きく分けて養殖技術の改善、魚病対策、養殖品種の開発、漁場モニタリングが考えられます。

養殖技術の改善　高水温による生理状態の変化に対して、養殖管理手法で対応する方法があります。たとえば、水温が上がると痩せてしまうマダイでは、高水温期に入る前の春から初夏にかけて、エネルギー蓄積器官となる体内の脂肪蓄積が多くなるように餌料の脂肪含量を増加させる手法があります。また、魚類では絶食（餌止め）後に再給餌すると成長速度が急激に早くなる「補償成長」という現象が知られていますが、高水温の影響を回避する方法としてこの補償成長を利用することも検討されています。高水温期中は給餌量を減少させて代謝を抑制し、水温低下後に給餌を通常に戻すことで成長量を回復させるのです。

　ホタテのような二枚貝では、貝をロープや籠（かご）に入れて海中に吊るして成長させる垂下式養殖が多いですが、この際、稚貝採取、中間育成、出荷、本養殖の各ステージで水温変化への対応がとられています。たとえば、稚貝採取の作業中は水温が上がらないように直射日光を防ぎながら、海水のかけ流しや頻繁な交換を行い、へい死の可能性が高まる水温26℃以上になると作業を中止します。また、稚貝採取後は養殖籠を水温の低い下層へ沈める対策もとられます。夏から秋にかけての中間育成時も、高水温時は作業をせず、23℃以下になったら稚貝分散を行い、翌年初夏の出荷も高水温になりやすい浅い漁場では被害

軽減のために早期に出荷します。本養殖の期間中も、高水温時は親貝向け1年貝を下層へ沈めておき、水温20℃以下で貝の成長が見られたら、掃除や入れ替えを始めます。岩手県水産技術センターは、漁業情報サービスセンターが発表した表面水温分布図をもとに、沿岸の表面水温を分析し、20℃を超えると新貝や成貝の施設を水温の低い下層へ移動することや、水温が25℃を超える場合は稚貝の採取を行わないようウェブサイトで注意喚起しています。

魚病対策　高水温になるとリスクが高まるマダイイリドウイルスによる感染症に対して、1999年にその感染症不活化ワクチンが実用化されました。死亡だけでなく、疾病による体重減少を防ぐ効果もあると考えられています。現在ではマダイに加えてシマアジ、ブリ属、ヤイトハタ、チャイロマルハタ、クエ、マハタにもワクチンの使用対象が拡大されており、本病の防除に大きな効果を挙げています。今後、気候変動に伴って国内ではまだ発症例がない新たな感染症の発症も懸念されているため、さらなる病原体の研究やワクチン開発が望まれます。

　愛媛大学は、海水から有害・有毒プランクトンや病原体の遺伝子を検出し、発生前や極初期の段階で魚病を発見する研究を進めています。また、有害赤潮プランクトンの遺伝子の挙動と海洋環境の変動を合わせた赤潮発生予測や、病原体遺伝子と魚類の生理状態の変化から魚病の発生を早期に発見する研究、化学的手法や生物学的手法を用いて有害プランクトンを特異的に除去する赤潮防除法の開発も進めており、被害を最小限に食い止めることが期待されています。

養殖品種の開発　高産肉性（肉が多く取れる性質）・高成長・抗病性など、養殖するうえで有利な形質を示す魚を作出する「育種」は有効な適応策です。近年、酵素を用いて発生させたい形質を担うDNAにピンポイントで刺激を与え、形質変化を促す「ゲノム編集技術」が注目されています。この手法を水産物にも適用すれば、従来は30年かかっていた品種改良の時間を、わずか2～3年に短縮できるといわれています。安全性が確認されて販売されているのが、京都大学と近畿大学が共同で開発した肉厚マダイ「22世紀鯛」です。こうした技術を用いた高温耐性系統の育種を視野に入れた新品種の作出が、長期的な高温化対策になると期待されています。

漁場モニタリング　ICTなどを活用し、海水温や溶存酸素、有害赤潮プランクトンなどのモニタリングデータを海洋環境情報として発信・共有し、養殖管理に役立てる取り組みが進められています。先に紹介した愛媛大学の赤潮や魚病の早期発見の研究が行われている宇和海では、早期検出情報をあらかじめ登録された生産者の携帯電話などへ緊急メールとして送っています。赤潮が発生したら、生産者は餌止めや生簀の移動などの対策をすぐにとれるようになり、赤潮被害の軽減につながっています。

　食品ではありませんが真珠養殖の歴史は、赤潮との戦いの歴史でもあります。過去に大きな被害を経験したことから、「海の異変は貝に聞けばよい」という発想が生まれ、それが世界初の生物センサーによる水質環境観測システム「貝リンガル」の開発につながりました。2004年に九州大学、東京測器研究所と真珠養殖のミキモトが共同開発した技術です。赤潮発生時に殻の開閉運動が頻繁になるという二枚貝の生体反応を利用して海の環境を監視し、赤潮プランクトンや酸素状態などの異常をリアルタイムで把握することで、アコヤガイをはじめとする魚介類への被害の回避に役立てられています。

　さらに近年では、海洋生物の行動・生態を遠隔モニタリングする超音波テレメトリー技術を応用し、ホタテガイ養殖施設の深度と水温を音響信号と携帯電話の通信網を用いてリモート監視するシステムが開発されています。ホタテガイ養殖では、夏季の高水温発生時に養殖籠を沈める対策がとられていますが、その深度調整は、各施設を漁船で巡回し、海面上の目印としている浮子（目印玉）の沈み具合を目視で確認しているため、多大な労力とコストがかかります。このシステムは養殖施設の深度変化から漁具の状況をリモートで把握できるうえ、養殖施設ごとの水温変化も計測できることから、養殖作業の大幅な効率化と生産性の向上が期待されています。

海外事例　スリランカ北西部では、1970年代後半から多国籍企業によるエビ養殖が行われてきましたが、近年の気候変動によるエビの病害発生の多発からいずれも廃業しており、徐々にそこで養殖技術を学んだ人々が小規模なエビ養殖を展開するようになりました。しかし、予想せぬ気温や降水パターンの変動の影響は、小規模養殖業者にも及んでいます。養殖の水源となっているラグーンは、3つのラグーンが相互につながっており、業者の排水が汚染されているとラグーン内に病気が蔓延してしまうため、管理が困難でした。そこで、スリランカ政府の養殖開発庁および餌料や孵化場など関係業者の支援のもと、区画を設定して共同で取水・排水を管理する「zonal crop calendar system（ZCCS）」が実施さ

れました。これは、養殖業者を5つの地区と
より細かい小地区に分け、どの地区や小地区
が水源を利用できるかスケジュールを設定す
るものです。これにより、依然として病害の
発生はあるものの最小限に抑えられており、
加えて養殖業者が漁業や野菜栽培、餌料販売、
ココナッツ生産などを通じて収入の多角化を
図られたこともあり、ZCCSの導入は適応の
成功事例とされています。

　スーパーでも見かけるチリ産のサケの養殖
現場でも、高水温とそれに伴う病害など、養
殖環境の悪化が懸念されています。そこで、
遺伝的改良を今後の事業継続の鍵と位置付け、
高速でDNA解読を行える次世代シーケンシ
ングなどの最先端技術を用いて、これから予
測される環境での養殖に適した性質を持つサ

ケの選択的育種が行われています。

国内事例　東日本大震災で大きな被害を受け
た岩手県では、漁業の再開とともに秋鮭をは
じめとする主要魚種が徐々に回復しました
が、近年は海洋環境の変化などの影響を受け
てふたたび漁獲量が落ち込んでいます。この
状況を打開し水産物の安定供給を目指すひと
つの策として、県東部に位置する宮古市で、
2019年度に市が宮古漁協に委託するかたち
でトラウトサーモンの海面養殖に関する実証
実験が開始されました。現在は順調に水揚げ
量が増え、消費者の評判もよく、高単価を維
持しています。一方、海洋環境の変化は海面
養殖に影響を与え、海水温が20℃以上にな
るとトラウトサーモンのへい死が増え、表面

水温が高くなると浮遊性餌料を食べにくくなり個体が痩せるなどの影響が出るとされています。海洋環境は逐一変化するため、漁協では状況をこまめに確認しながら、海水温が高まる恐れがある場合は早めに水揚げを終えるよう調整しています。

「真珠のふるさと」といわれる三重県の英虞湾では、2019年と2020年の夏を中心に、真珠養殖漁場でアコヤガイの大量へい死が発生しました。死因の研究を行った三重県水産研究所は、気候変動に対応した新たな「真珠適正養殖管理マニュアル」を2020年12月に発行しました。本マニュアルでは、水温が高く餌となる植物プランクトンが少ない漁場環境は、アコヤガイを衰弱させる可能性があるとし、水温が低い層までの深吊りや籠内の収容密度の抑制、よりプランクトンを取りやすいとされる丸籠への切り替えなどの適応策が提案されています。また同研究所は、2020年5月から「アコヤ養殖環境情報」を毎週1回発行し、プランクトン情報に加えて、今後1週間程度の水温動向予測やアコヤガイ定期モニタリングの情報、避寒情報などを発信し、デリケートなアコヤガイに適切な環境を維持できるよう配慮しています。

三重県の真珠養殖連絡協議会は、漁場の水温モニタリングシステムを構築してホームページで公開しています。ICTブイを活用したモニタリングシステムにより、1時間ごとに自動測定された水温と塩分濃度をスマートフォンなどで手軽に確認できるようになりました。リアルタイムに得られる情報を活用し、漁場環境に応じた適切な養殖管理を行うことで、へい死率の軽減につながることが期待されています。

展望 水温の変化は魚介類の生育や病害に直接影響を及ぼすものです。各地での観測や研究を通じ、その影響が少しずつ定量的に明らかになりつつあります。今後も海面水温の長期傾向と併せて各漁場でのモニタリングを充実させ、将来予測を含めたその解析結果を安定した養殖生産に役立てていくことが重要です。
●

海藻養殖
Seaweed Cultivation

私たちの食卓に欠かせないノリやワカメといった海藻類。かつて年間100億枚を超えていた国内のノリ生産量は近年減少傾向にあり、80億枚を切る年も多くなっています。ワカメも2000年代以降、生産量が激減するなど深刻な状況です。この背景には、海水温上昇による養殖期間の短縮や成長不良、食害など、気候変動の影響があると考えられています。

ノリもワカメも育苗開始の目安となる海水温は23℃です。夏季の間に水槽などで管理した種苗をこの水温以下になる秋季に海域で採苗し、冬から春先にかけて収穫します。しかし、近年では10月になっても海水温が23℃以下にならない場合も多く、養殖の開始時期が遅れています。さらに、漁期終了時期の早期化と相まって、全体として収穫期間が短縮しています。また、アイゴなどの暖海性魚類の侵入や越冬による海藻への食害の増加や、種苗の消失や欠損による成長の大幅な遅れなどが発生しています。そのほか、養殖後1週間程度で藻体が枯死する「芽落ち」や、葉にしわがよったり色が悪くなるなど収穫盛期の成長や品質への影響も報告されています。

今後、高水温化がさらに進むと、アイゴがへい死する海水温とされる10℃を下回らない年が増え、ノリやワカメの食害がさらに増加するという研究報告があります。また、瀬戸内海のノリ養殖では、気候変動が著しく進んだ場合は瀬戸内海の主要な養殖域のすべてで、30〜100%の確率で収穫が困難な年が発生すると予測されています。

適応策　海藻養殖はこのような気候変動の影響に備えながら、産業としての収益性や継続性を確保しなければなりません。養殖現場では生産管理の工夫と食害対策を同時に進めながら、新品種の開発など研究機関の成果も積極的に導入し、多面的な適応策が進められています。

生産管理の工夫　各地で養殖工程における生産性の向上、種苗生産の安定化、ICTの活用が進められています。たとえば岩手県のワカメ養殖現場では、ワカメの自動間引き装置や刈り取り装置を開発し、これまで手作業に頼っていた工程を機械に置き換えることで作業負担を大幅に改善し、限られた養殖期間内での生産性が向上しました。種苗生産の安定化では、気象に左右されない育苗生産手法の開発と普及が行われています。従来の種苗生産は屋外の水槽で粗放的に行われていましたが、徳島県では恒温培養庫においてフラスコなどの容器で育成・管理された「フリー配偶体*」を用いた生産方法が開発され、普及が進められています。

ICTの活用では、漁場付近に設置された自動観測機器からデータを取得し、その情報を漁業者に活用してもらう取り組みが実施されています。データには、水温や塩分、潮位、植物プランクトンの指標となるクロロフィル量などのリアルタイム情報や、水温予報などが含まれます。育苗などの作業は作業時の漁場環境が収穫量や品質に影響することから、何度も漁場に出ることなく必要な情報が必要

---

*ワカメの一般的な種苗生産は種糸を用いて採苗する方法が用いられているが、フラスコなどで培養液に浮遊させた状態で保存した配偶体のこと

なときに把握できる技術は、適切な作業時期の見極めに役立ち、作業の効率化にもつながります。

食害対策　海藻を食害から守るため、養殖期間に養殖場を囲むように防除ネットを設置する対策がとられています。しかし、網などの施設の維持管理や、保護した海藻の健全な生育条件の確保にかかる労力や維持費の負担が大きく、防除ネットの改良や威嚇による追い払いなどの代替方法の開発も進められています。また、年間を通してアイゴやクロダイなどの食害魚類を捕獲することも有効です。捕獲した魚類を活用する新たな加工食品の開発も行われています。

新品種開発・他種導入　気候変動下でも生育可能なノリやワカメの新品種開発が、日本各地で進んでいます。すでに実用化されているノリの品種に、三重県の「みえのあかり」があります。三重県の重要な漁業である黒ノリ養殖業は、近年養殖が開始される10月の海水温の低下に遅れが出ており、成長不良などの影響が確認されています。そこで県や水産研究所では2005年から高水温耐性品種の開発に着手し、「選抜育種」という高水温に強いノリの細胞を選抜する手法を取り入れました。漁場から集めた1000枚程度のノリ葉体を、25℃以上の高水温ストレス下で培養し、そこで生き残った細胞を選抜するのです。さらに高水温下での培養試験を繰り返し、成長性のよい葉体を選抜することで「みえのあかり」を作出しました。製品の平均単価や味は従来品種と比べても遜色がなく、繰り返し試験でも高水温耐性の特性が確認されたことから、2010年には三重県の水産植物として初めて国に品種登録されました。

兵庫県では、漁業者自らが「フリー配偶体」を用いて、新品種の開発に取り組んでいる事例があります。大規模なワカメ養殖地である兵庫県の南あわじ漁協では、養殖に使う種苗を徳島県の業者から購入していますが、近年は高水温化によって生産が不安定となり種苗不足が深刻化していました。そこで、これまで養殖現場には普及していなかった種苗生産に挑戦し、兵庫県農林水産技術総合センターの助力を得ながら簡便にできる方法を取り入れることで、自らの種苗生産に成功したのです。フリー配偶体による種苗生産は品種改良も容易に行えるため、雌雄の配偶体の交配を重ねた結果、肉厚で成長が早いオリジナル品種「二羽種」の開発に成功しています。

ヒジキやトサカノリなど、新たな暖海性の海藻種の養殖実験も行われています。実験を重ねることで、ヒジキは冬季に温暖な宇和海において成長が大きい一方、激しい食害を受けることや、トサカノリは現在の瀬戸内海では低水温のため育たないものの、カゴに入れて養殖することから食害は受けず、気候変動進行後の有望な養殖対象種となり得ることなど、知見の蓄積が進められています。

展望　海藻養殖の適地は今後減少すると予想されています。高水温下でも養殖漁業を継続するために、最新技術を用いた生産管理や食害対策とともに、高水温耐性品種の選抜や作出が積極的に進められており、暖海性品種の導入も検討されています。また、収益改善を図るため、より付加価値の高い高価格品種を導入することも有効な対策です。一方、これまでと異なる養殖種の導入には、養殖を行う海域の環境条件に合わせた養殖方法の開発が必要なのはもちろんのこと、養殖経営の安定化を考えると、養殖方法だけでなく販売方法

［上］熊本県玉名市有明海のノリ養殖。玉名は有明海苔の
発祥の地である
［下］シーベジタブルのテストキッチン。全国で磯焼けに
より減少しつつある海藻を採取して研究し、環境負荷の
少ない陸上栽培と海面栽培によってよみがえらせ、海藻
の新しい食べ方の提案を行っている

まで考慮する必要があります。加工法や用途
の開発、ブランド化戦略など、生産から販売
までの取り組みを一体的に進めることが重要
です。●

藻場
Seaweed Forests

藻場とは、文字どおり、海の中で海藻が茂る場所のことです。しばしば海の生物の産卵場所となり、孵化した幼稚魚がほかの生き物に襲われないように隠れる場所でもあります。また、海藻そのものはもちろん、海藻上や根の間などにすむ小型生物は海の生物の大切な餌にもなります。それだけでなく、藻場は水中の有機物の分解、栄養塩類の吸収、酸素の供給など、水質の浄化にも貢献しています。さらに、近年ではCO₂の固定先としてブルーカーボン（海洋生物によって隔離・貯留される炭素）が注目を集めており、藻場にもその役割が期待されています。

一方、藻場が衰退したまま回復せず不毛な状態が続く「磯焼け」が各地で深刻化しています。藻場の衰退は前述の藻場の機能が失われるだけでなく、有用な魚介類が減ったりその成長や身入りが悪くなるため沿岸漁業にも大きな被害を及ぼします。実は日本では100年以上も前から磯焼けに気づき、投石や磯掃除などの対策が行われてきたのですが、地球規模で気候変動の影響が顕在化し、海水温上昇が続いたため藻場の衰退域が拡大してしまったと考えられています。それだけでなく、水温上昇により藻類を食べるウニや魚などの摂食活動が活発になることも、藻場面積の減少に拍車をかけるため問題視されています。また、暴風雨の激化などにより海藻が流されてしまったり、その対策として進められた護岸や消波施設の整備、河川流域の管理が沿岸の環境を大きく変えてしまったり、暖かい地域に生息していた南方系の海藻が侵入し

て藻場の構成種が変わるなど、問題は多岐にわたっています。

将来的にはさらなる藻場の減少が懸念されています。日本沿岸の水温情報を用いて、藻場の構成種のひとつであるカジメの分布域を予測すると、産業革命以前と比べて全球平均気温上昇を2℃未満に抑える場合では食害の影響のみ見られましたが、最も温暖化が進む場合では、2090年代にはこれまで分布適域であった海域で海藻が生息できなくなると推定されています。

適応策　藻場の衰退にはさまざまな要因がありますが、ここでは主に植食動物の影響と水温上昇に対する適応策を紹介します。早くから植食性魚類の食害が顕在化し、藻場回復の対策を実施してきた南西海域の知見を広く共有し、今後も予想される海水温上昇に対して長期的な視点で適応策を講じる必要があります。具体的には、植食動物の食害対策、海藻の増殖、目標藻場の変更の3つの観点から取り組むことが考えられます。

植食動物の食害対策　植食動物の代表であるウニの対応としては、素潜りやスキューバ潜水をしてハンマーや鉤でひとつずつ潰すのが一般的です。また、藻場にフェンスで囲いをしてウニが入らないようにする方法もあります。

植食性魚類への対応は、それぞれの魚種の生態に応じた漁獲が行われています。群れが集まる場所や時期をあらかじめ把握しておく

こと、漁場環境に応じた漁具を設置していることが成功の鍵です。刺網が一般的ですが、雑魚籠や魚類養殖生簀（いけす）を改良した漁具なども用いられています。魚対策用フェンスは植食性魚類から藻場を守るための確実な方法で、大きく分けて仕切網、母藻防護ネット、カゴ付き藻場礁があります。ウニ対策用のフェンスと異なり、海底から水面までの網または天井網（海面まで届かない場合）が必要となるため、広範囲の藻場を守るには費用がかかります。また、設置後もフェンスの機能を保つための定期的なメンテナンスが必要で、費用と手間が課題です。

　このような植食動物の除去は有効ですが、対策を続けないと元の磯焼け状態に戻ってしまう可能性もあります。そこで、近年研究が進んでいるのが、捕食者を利用した藻場回復手法です。たとえば、ウニの捕食者としてよく知られているのがイセエビです。高知県のイセエビ保護区では、周辺域がウニの優占する磯焼け状態になっているにもかかわらず、イセエビによるウニの捕食で大規模な藻場が維持されていることが明らかになりました。国内では、捕食の効果により大規模な藻場が維持されている事例はこれ以外にはまだ見いだされていませんが、海外ではラッコ、モンガラカワハギやベラなどの魚類、ロブスター、カニ、ヒトデが捕食者として挙げられています。定着性があり、植食動物に対する高い捕食能力が期待できる種が適しており、漁業者の動機付けになりやすい水産的価値の高い捕食者を選択することが望ましいとされています。

海藻の増殖　海況や海岸地形の変化により沿岸の流れが変わると、天然藻場からのタネ（胞子、遊走子、幼胚）の供給が途絶え、藻場が衰退や消滅してしまうことがあります。このような場合、人為的に海藻のタネを供給する必要があります。タネの供給方法には、成熟した母藻を移植する「母藻利用」と、母藻からタネを取って種糸を作り、発芽した種苗を海底に設置する「種苗利用」があります。この際、遺伝子撹乱を防ぐため、同じ種であっても遠隔地の母藻は使用せずに近傍の母藻を入手することが望ましいとされています。

　磯焼けの一因として窒素やリン、鉄など栄養塩不足が指摘され、食害や激浪、浮泥などの影響が少ない場合、その対策として施肥が検討されています。施肥は開発段階のものが多く、効果についても未解明なことが少なくありませんが、これまでの施肥実験をもとに水産庁がまとめた資料では、施肥を検討する手順が示されています。

目標藻場の変更　藻場は構成種によって区分され、一年を通して多年生海藻で形成されるものを四季藻場、春から初夏にかけて多年生海藻で形成されるものを春藻場、同じく春から初夏にかけて一年生海藻で形成されるものを一年藻場と呼びます。藻場回復に取り組む際、その最終目標を従来の四季藻場に定めるケースが多いのですが、それが困難な場合は春藻場を目標にするなど、回復しやすい目標に変えることもありえます。近年は、気候変動により南方系種の海藻が春藻場を造成している地域が多く見られます。春藻場はウニに弱いという特徴がありますが、魚や高水温には比較的強く、積極的に造成が進められている地域もあります。また食害や高水温により、大型海藻の再生が難しい場合、小型海藻藻場の造成を目標とした地域もあり、その機能などの研究も進められています。

磯焼け対策の体制づくり　磯焼けの原因はひとつではなく、多くの要因が複合的に絡み合っています。そのため、想定外の事態も念頭においた順応的管理手法が推奨されます。藻場を回復させるにはある程度の時間が必要で、螺旋（らせん）を描くようにPDCAサイクルを回し続けることが、水産資源の増大につながる磯焼け対策となります。

　磯焼け対策を効果的に実施するには、協議会を開いて、さまざまな立場の関係者と合意形成を図り、活動を持続的に実施することが必要です。藻場の保全活動においても、全国各地で地域住民の参加が目立つようになってきています。一方、これまで主体的な役割を果たしてきた漁業者は、高齢化や後継者不足などの課題を抱えているため、今後は漁業者と行政と専門家だけではなく、地域住民やNPOなどの参画を積極的に受け入れ、地域全体で取り組める体制づくりも重要です。さらに、藻場作りには、ブロックや藻場用のコンクリート礁を設置する場合もあります。このようなハード整備と、植食動物の除去などのソフト対策を連携するには、協力体制づくりと情報の共有化が重要で、両方の計画を調整する必要があります。

藻場の復活　長崎県の周辺海域は対馬暖流や黄海冷水、九州からの沿岸水などが流入しているため、分布する海藻種も豊富で県内各地に藻場が形成されていました。しかし1990年代以降、水温が海藻の生育上限を超えるようになり、植食性魚類の食害も増加して、藻場の減少に悩まされるようになりました。1989年の調査では、県全体で約1万3000haの藻場が存在していましたが、その25年後には4割も減少し、四季藻場を形成するアラメ・カジメ類はほぼ再生産不能な状況でした。

アラメとその近似種のクロメの生育上限水温はそれぞれ29℃と28℃であるため、2013年に九州・山口県周辺海域の海面温度が30℃前後を記録した際には、高水温の影響でアラメ・カジメ類が茎の末端から流出して大量に打ち上げられる被害が相次ぎました。さらに2016年にも高水温によるアラメ・カジメ類の流出があり、流出を免れた海藻も秋〜初冬に魚の食害を受け、アラメ・カジメ類の衰退・消失が加速しました。

　長崎県総合水産試験場は藻場の変化傾向を明らかにし、分布する海藻種のグループ分けを行いました。以前と比べて衰退・消失した種類（消失種）、以前と変わらない種（維持種）、分布域が拡大している種（新出種）の3タイプに分類したところ、アラメ・カジメ類が「消失種」であるのに対し、ホンダワラ類の種類のなかにはアラメ・カジメ類より残存しやすく、ホンダワラ類のなかでも南方系種により残存しやすい種があることがわかりました。そこで、増殖対象種を従来のアラメ・カジメ類からホンダワラ類（在来種）へ、さらにホンダワラ類のなかでも南方系種を増殖対象種に使う新たな藻場造成に取り組み、現在の環境下でも藻場造成できることを示しました。現在は、気候変動の影響により新たに形成されるようになった春藻場について、藻場造成の効率化と漁場としての有効利用に取り組んでいます。アイゴ、ブダイ、イスズミなどの魚、ガンガゼ、ウニ、小型の巻貝など、植食動物の駆除も並行して実施したことで春藻場が少しずつ戻り、藻場復活の期待が高まっています。

展望　藻場を守るために、「食べる」磯焼け対策もあります。植食性魚類は身が磯臭く、処理にコツがいるため、食用としてはあまり

長崎県時津町と壱岐市のホンダワラ。ホンダワラ類は温帯から熱帯域に広く分布する海藻だ。魚の食圧が強い晩夏から初冬には根のみで過ごし、魚の食圧が弱くなる冬から成長が始まるため食害に遭いにくい。さらに春から夏にかけて短期間で一気に成長し高水温にも強いため、現在の環境でも藻場を作りやすい

好まれず、水産物として価値が低いといわれています。しかし、植食性魚類は一部地域では昔から食べられており、臭みを軽減する調理法があります。また、ウニの殻には窒素やリン、マグネシウムなどの植物の成長に必要な栄養素が多く含まれており、昔から沿岸の畑や果樹園などで肥料や土壌改良材として利用されています。各地域で受け継がれた先人の知恵や新たなアイデアが、適応策として大きく役立つと期待されます。●

長崎県総合水産試験場では、藻場の変化の実態を把握し、減少した藻場を回復させるため、気候変動による環境変化に適応した新たな藻場造成に取り組んでいる

内水面漁業
Inland Fisheries

東京奥多摩のきれいな沢の水を利用して育てられている「奥多摩やまめ」

アユやウナギといえば、日本の夏を彩る淡水魚です。イワナやヤマメは、渓流釣りで非常に人気があります。琵琶湖のある滋賀県では、古来「なれずし」と呼ばれる塩漬けしたフナと米を発酵させた寿司が作られてきました。海で行う外水面漁業に対し、河川や湖沼、養殖池などで行われる漁業は内水面漁業と呼ばれ、日本の食文化とも深い関連があります。しかし、その水環境も気候変動の影響を受けていることが報告されています。2020年に環境省が公表した気候変動影響評価報告書では、全国の湖沼265観測点のうち、夏季は76%、冬季は94%で水温が上昇傾向にあるほか、すでに全国の公共用水域（湖沼・河川・海域）で水温上昇やそれに伴う水質の変化、一部の湧水起源の池の水温上昇などが生じていることが報告されています。一部の地域で見られるアユの漁獲高減少やワカサギのへい死は、この水温上昇の影響と推測されています。またイワナなどの渓流魚は特に冷水域を好むことから、生息域の縮小や絶滅の可能性も示唆されています。

内水面養殖でも、極端な気象現象による直接的な被害のほか、養殖に必要な自然資源（水質、土地、種苗、飼料、エネルギーなど）への影響が懸念されています。たとえば、降水量の変化で干ばつや洪水が起こると水利用への影響や水質低下、海面上昇によって養殖に利用する地下水が塩水化する恐れなどがあります。水温の上昇も溶存酸素の減少や魚の代謝率の増加を引き起こし、魚の死亡率の増加、生産性の低下、飼料の需要増加などをもたらし、疾病の危険性も高まります。

適応策　内水面は海に比べて資源量が少なく、枯渇を招きやすい環境です。オオクチバスなどの外来生物やカワウなどの鳥獣による食害に加え、漁業従事者の減少や高齢化も進み、漁獲量は1978年の13万8000tをピークに2012年には3万3000tまで減少し、内水面漁業の持続可能性が懸念される事態となりました。そのため、国は2014年に「内水面漁業の振興に関する法律」を定め、漁業従事者のみならず国や自治体も一体となって内水面資源の回復や漁場環境の再生に努めています。現段階では気候変動による内水面漁業への影響はまだ顕在化していないとの見方もありますが、将来的には気温上昇や渇水が水温上昇や水質悪化を引き起こすと予測されているほか、大規模な洪水の頻度増加が藻類や河床環境に影響を及ぼすことも懸念されています。そのため、生息環境の保全や改善、放流方法の改善、漁獲規制の強化、新技術の開発などの有効な適応策を講じる必要があります。内水面養殖においても、養殖池への日よけの設置や気候変動影響に適応しやすい魚種の採用などが適応策として考えられるほか、洪水対策用の排水システムの設置なども検討するとよいでしょう。

生息環境の保全・改善　渓流魚は特に低水温を好むため、水温上昇は生息域の縮小に直結します。水温上昇を防ぐためには、水量の維持や日光が差し込まない環境づくりが有効です。水量が減らないようにモニタリングを実施したり、日陰を作る河畔林を植林や保護したりすることが必要です。また、大雨による増水や河川工事によって産卵場所や魚が隠れる場所が減少しているため、人工産卵場や隠れ家を造成する取り組みも促進されています。特定外来生物などによる食害防止には、カワウや外来魚などの防除対策が進められています。

放流方法の改善　渓流魚であるイワナ・ヤマメにおいては、毎年、産卵期に天然魚の雄を生け捕りにして精液だけを採取し（その後、川に戻す）、養殖魚の卵と交配・孵化させた「半天然稚魚」を生産して放流する方法が採用されています。天然魚が残っていない場合、天然魚に近い野生魚（以前は放流が行われたが最近は放流されていない魚）を代用して生産した「半野生稚魚」を放流します。養殖され続けてきた継代養殖稚魚に比べて、半天然稚魚や半野生稚魚は天然魚に近い生命力を持っており、放流効果は2.5～3.5倍も高くなることが知られています。一方アユの場合は、養殖早期で種苗がまだ小型のうちに、浮石が多い小さな川で水温が8℃以上になるころに放流すると、生存率が高まって放流事業の費用対効果が高くなるといわれています。これは、小型なら多数放流できるうえに自然河川への適応力も高く、隠れ家になる浮石に付着する藻類がアユの餌にもなるためです。さらに、高水温耐性魚の開発も進められており、より高い水温でも生息して繁殖する特性を持つ魚を新しく作出して放流する方法も検討されています。

れています。

一方、放流の増殖効果は期待されていたよりも低いとする研究結果も出てきており、これを補うために漁獲規制の強化も進められています。産卵する親魚を守り自然繁殖を助けるため、持ち帰ることのできる魚の数や大きさへの制限、使用できる漁具や漁法、禁漁期などを定めた釣りのルールが設けられています。

新技術の開発　気候変動影響に対応する新技術として、種苗生産技術や病原体防除技術の向上に取り組むことも重要です。ワカサギの場合、給餌放流技術の確立を目標に、餌料プランクトンの効率的な生産技術の開発、種苗生産時の最適な飼育密度や餌料密度の解明、粗放的かつ大量生産可能な種苗生産技術の開発に取り組むことが推奨されています。

高水温に由来する疾病発生の懸念もあります。たとえば、アユのエドワジエラ・イクタルリ感染症は水温が20℃以上の時期に好発する疾病です。このような疾病の病原体の特性や発症要因に関する研究とその結果を利用した、防除対策技術の開発が求められています。

海外事例　ナイジェリアは、年間約320万tという世界有数の魚の消費国のひとつです。この消費量をできるかぎり自国の漁業で賄うための手段として養殖業が重要視されており、アフリカで最も水産養殖生産が盛んな国にもなっています。ナイジェリアの水産養殖は主に淡水魚が中心で、2015年の水産養殖生産量の64％がナマズ科の魚でした。ナイジェリアは、気候変動に起因した天候の激変や内陸水域の状態変化による養殖生産量の減少を防ぐため、気候変動への適応と緩和を目

指す「気候スマート養殖（CSA）」という戦略をとっており、生態系の回復力や適応能力の向上に役立てています。具体例として報告されているのが、ニジェールデルタ地域で採用されている戦略です。ここでは、多くの養殖業者が乾期にターポリン製のタンク池を利用したり、魚の放流時間を調整したり、より気候変動影響に適応しやすい魚種を養殖しています。そのほかの適応戦略には、池の上へのカバーやシェードの設置、乾期に水を供給するための井戸の掘削、洪水対策のための排水システムの設置などがあります。また、養殖業と農業を一体的に組み合わせた「統合養殖」という農業システムも重要な適応策として進められています。統合養殖は「漁業と稲作」などの異なる農業活動を相互に関連させることで、魚から排出される有機物を稲作に活用するなどの資源の有効活用や、富栄養化の防止につながるほか、植物の日陰によって夏の間も魚に適した水温を維持するなどの効果も期待されています。

国内事例　長野県は、気候変動による大雨や融雪が河川の増水を招いていることから、増水がイワナに与える影響を把握するための詳細な調査を実施しています。また、イワナは秋に産卵するため上流や支流へ遡上しますが、堰堤やダム造成により産卵場所までたどり着くのが難しくなっていることを考慮し、通り道となる簡易魚道を設けて遡上しやすくしています。

　鵜飼で有名な岐阜県長良川では、アユの孵化放流事業が行われています。アユは河川の中下流域で孵化したのち、餌となるプランクトンが豊富な汽水域まで川の流れに乗って移動します。近年、長良川下流域でアユの漁獲高が減少した理由を調査すると、河口堰によって河川の流速が低下し、孵化した稚魚が速やかに移動できず途中で栄養不足になり死滅していることが原因と推測されました。河口堰運用前は約600tあった下流での漁獲高は、河口堰運用後の2004年には約30tまで落ち込んでいます。そこで長良川漁業対策協議会と長良川漁業協同組合は、河口堰直上部でアユの人工受精卵を飼育し、孵化した稚魚を放流する事業を2005年より開始しました。これにより、最盛期には及ばないながらも、2009年から2015年までは約100tと、漁獲高の持ち直し傾向が見られています。隣接する揖斐川においても増加傾向が見られたことから、長良川から揖斐川へアユが移動していることも示されました。アユ資源の維持に孵化放流事業が必要であることが明らかとなり、年間1億粒の発眼卵（孵化直前の卵）放流を目標に事業が継続されています。同時に長良川源流域では広葉樹の植林事業なども行われており、美しい森と水源を守るための取り組みが進められています。

展望　内水面漁業は、内陸部に暮らす人々に良質なタンパク質を供給するだけでなく、河川流域の環境保全や釣りなどのレクリエーション、自然体験活動などの学習の場になるなど、多面的な機能を担っています。地域住民や釣りの愛好家に対しては、漁獲規制に加えて、体験学習や清掃活動を通した内水面生態系の保全意識を育むとともに、古くからの伝統漁法や伝統料理を継承する活動のサポートなども行われています。将来にわたって淡水魚が生まれ育つ豊かな環境を守るために適応策の取り組みを進めることが大切です。●

Water
Environment
and
Water
Resources
水環境・水資源

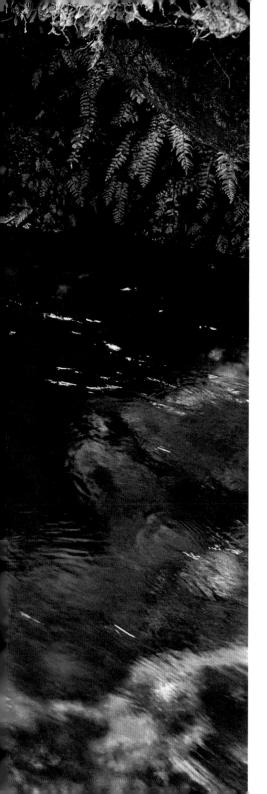

降水パターンの変化は、無降水日数の増加、積雪量の減少、河川流量の減少、地下水位の低下を引き起こすだけでなく、短時間降雨の頻発化や激甚化によりダム湖や河川へ土砂流入量を増加させます。気温上昇は、融雪の早期化や、湖沼やダム湖、河川や閉鎖性海域の水温上昇による水質悪化を引き起こす恐れがあります。海面水位の上昇は、河口部や地下水の塩水化を引き起こす懸念もあります。

　水環境を軸に気候変動の影響を見ると、農林水産業・自然災害・沿岸域・自然生態系・産業経済活動・健康・国民生活・都市生活と、あらゆる分野に影響が関連しています。適応策として、気候変動に伴う水質の変化を把握するためのモニタリングと将来予測を中心に科学的知見を集積し、地域やそれぞれの水環境に応じた水質保全策の検討を進めることになります。また、水資源に関しては渇水を主なリスクと捉えてそのリスク評価を行い、各主体で情報を共有することも肝要です。

　このセクションでは、水環境・水資源に対する適応の取り組みを取り上げ、その理解を深めていくことを目的としています。私たちの命と暮らしを支える水を守るためには、どのような適応策が施されているのか、一緒に見ていきましょう。●

鹿児島県霧島市大出水の湧水。毎分22tもの水が湧き出している。気候変動による気温上昇は、水温上昇や水質悪化を引き起こす恐れがある。また降水パターンの変化により、土砂流入量の増加や濁質の流入増加も懸念されている

湖沼・ダム湖
Lakes and Dams

人間社会に生活用水や農業・工業用水、電力を供給するインフラとして、また多様な生物たちの居場所として、湖沼やダム湖は大きな役割を果たしています。特に治水と利水の観点から、湖沼やダム湖が適切に機能することは私たちの暮らしに欠かせません。「三尺流れて水清し」ということわざのごとく、河川には自浄作用があるものの、戦後の高度経済成長を迎えて自浄作用を越える汚濁が流入し、多くの湖沼で水質は悪化の一途をたどりました。

　汚濁にはいくつかの種類があります。ひとつは、人の健康に直接被害を与える有害物質や病原菌などによるものです。もうひとつは、人間の生活によって生じる排泄物と生活及び生産活動によって排出される有機物などによる汚濁です。後者の汚濁のひとつであるリンや窒素などの栄養塩類が長期にわたって流入し続けることで、植物プランクトンが大量発生する「富栄養化」という現象も、飲料水や水産物に大きな影響を与えています。これらの汚濁から湖沼を守るため、水環境の保全活動が全国各地で行われてきました。その結果、有機塩素化合物や農薬類など、人の健康に直接影響のある物質による汚濁は、1995年度の時点で目標値を達成しています。しかし、数値が高いほど汚濁した状態であることを示す指標であるBOD（生物化学的酸素要求量）やCOD（化学的酸素要求量）における環境基準の達成率は、いまだに満足できる状況にありません。

　これに追い打ちをかけるように湖沼などの環境を脅かしているのが、気候変動による影響です。気候変動によって気温が上昇し、水温も上昇すると考えられていますが、この水温上昇によって水質が悪化することが調査によって明らかになっています。湖面積が国内第2位の霞ヶ浦では、水質が最悪だった昭和50年代前半と比べると改善されているものの、近年は目標が達成されない状況が続いています。また、国内最大の面積を誇る琵琶湖でも、水温上昇により酸素を多く含む表層水が湖底の水と混ざり合う全循環の遅れや、循環期の短期化による低酸素化の進行が懸念されています。

　最も温暖化が進む場合、国内37のダム湖のうち「富栄養湖」に分類されるダム湖が2100年代で増加し、特に東日本で多くなると予測されています。また、東北地方のダム湖を対象とした研究では、最も温暖化が進む場合、将来の流入量の増加に伴うSS（浮遊物質)の増加や、それによる濁水の放流が長期化するという予測も示されました。こうした予測の数々からも、湖沼やダム湖における適応策の実施が急務であることは明白です。

適応策　適応策は、湖内対策と流入河川・流域対策の2つに大別できます。湖内対策としては、湖岸の浅い水域に植生帯・湿地を整備することで水質改善を図る「植生利用」、貯水地に循環流を発生させることで表層から中層にかけて循環混合層を形成させ、植物プランクトンが異常増殖しにくい環境をつくる「循環曝気」、取水する層の深さを選択し、水

流とともに放流水の水質の制御を行う「選択的取水」があります。選択的取水では貯水池の一定の水質層を目的に応じて取水を行うもので、貯水地内の成層状態や水質状況を変化させることも可能です。

流入河川・流域対策には、流入する河川水の「直接浄化」や、流入負荷量を低減させる「点源負荷対策」と「面源負荷対策」があります。直接浄化として具体的に採用されているものは、吸着法、土壌処理法、植生浄化法などがあります。点源負荷対策とは汚濁物質の排出ポイントを特定して対策することで負荷を低減します。具体的には、生活排水対策としての下水道整備の推進、工場・事業場の排水対策としての水質汚濁防止法や各種条例などによる規制、畜産排水対策などがあります。これに対し、汚濁物質の排出源が特定しにくく、面的な広がりを持つ負荷を低減することを面源負荷対策といいます。たとえば、農地からの汚濁負荷を削減することを目的とした減農薬・減化学肥料栽培などの環境保全農業の推進、雨天時に道路や宅地などの市街地から公共用水域へ流入する汚濁負荷を削減するための路面排水処理施設の設置といった対策がこれにあたります。面源負荷対策を適切に実施するためには、排出メカニズムの解明や流域における住民の理解と協力が欠かせません。

適応策の推進には、未解明のメカニズムを明らかにするための水量や水質、植物プランクトンなどの生物に関する長期的かつ継続的なモニタリングを行うことも重要です。また、モニタリングから得た結果を基に、水質予測や生態系を予測するモデルなどを構築して将来予測を実施し、それらの結果を受けて影響を評価して適応策を検討していくことが求められます。

湖沼の流動や水質などの状態は、自然的・社会的変動や水理・水質管理などさまざまな要因によって変化します。そこでPDCAサイクルに基づき、施策の実施後に行うモニタリングの結果によってそれらの評価を行い、施策や管理方法の見直しを進めることが重要です。

国内事例　滋賀県の地域気候変動適応センターは、暖冬であった2006〜2007年において琵琶湖で全循環の遅れが発生したこと、2018〜2019年に観測以来初めて琵琶湖北部の一部水域で全循環が確認されなかったこと、2015年11月の晩秋にアオコが発生したことを報告しています。こうした状況に対し、琵琶湖や河川の水質における定期的なモニタリング調査、冬季の全循環に着目した低層DOのモニタリング調査、湖沼計画策定時に琵琶湖モデルによる将来水質予測などが施策として導入されています。

鹿児島県のカルデラ湖である池田湖では、透明度の低下や水質汚濁の進行を受けて、1983年に「池田湖水質環境管理計画」が策定されました。このガイドラインの特徴は、将来にわたって確保すべき池田湖の水質環境保全目標と許容汚濁負荷量が定められていることです。汚濁発生源対策、普及啓発、土地・水面利用対策など多岐にわたる対策を推進し、2018年度の調査ではCOD、全窒素、全リンのすべてにおいて許容汚濁負荷量を下回る成果も得られました。池田湖水質環境管理計画には、今後も水質汚濁への対策は継続しながら、気候変動が池田湖の水質環境に与える影響を含めて、さらなる科学的知見の集積や調査研究が必要であると記されています。

1977年に大規模な干拓事業が行われ淡水湖となった秋田県の八郎湖では、富栄養化が

進行しアオコが大量発生する水質汚濁の問題が顕在化しました。秋田県はこれを受けて、2007年より「湖沼水質保全計画」を策定しました。2018～2024年を計画期間とする第3期計画では、COD、全窒素、全リンの水質および汚濁負荷量の目標が定められ、水質保全の事業や規制に加えて、公共用水域の水質の監視が施策に挙げられています。そのほか定期的な水質の監視、測定を実施し、その効果として、八郎湖に流入するCODなどの汚濁負荷量はいずれも低減しています。

展望　環境省による全国の公共用水域（4477観測点）の過去30年間（1981～2007年度)の水温変化調査では、夏季は72％、冬季は82％もの水温上昇傾向が確認され、水温上昇に伴う水質変化が指摘されています。年平均気温が10℃を超えるとアオコの発生確率が高い傾向を示すという報告もあります。水質変化は気温上昇に伴うものだけでなく、ゲリラ豪雨などの短期集中降雨によるものもあります。そのため湖沼やダム湖の影響評価は、年間を通じた水温や水質変化とともに、激しい降雨や異常な高温などの極端現象による影響も踏まえる必要があります。未解明の部分が多い分野であるため、気候変動影響を踏まえたさらなる調査や研究が必要です。●

日本最大の淡水湖である琵琶湖では、小型の定置網を使ったエリ漁が行われ、アユ、フナ、ホンモロコなどが獲れる。気温上昇に伴い琵琶湖の表層水温も上昇傾向にある

長崎市の浦上水源地。市街地を流れる浦上川は過去に甚大な洪水被害をもたらし、その教訓から浦上ダムの再開発が行われている

て相互融通されることはほとんどありませんでした。しかし、災害に強いまちづくりが求められるいま、市民生活に最も重要な水を相互でバックアップするシステムの構築は優先度の高い課題です。特に人口や経済活動が高度に集積する首都圏において安定給水に支障が生じた場合、その影響は日本全体の社会経済に及ぶ可能性があります。そこで、首都圏の8都県市（当初は7都県市）は、2002年8月に相互融通の仕組みづくりについて、各水道事業体が共同で意見交換会を開催し、基本姿勢の確認や検討体制について協議を実施しました。基礎調査において双方の管路が近接している場所や融通水量がある程度確保できる場所を抽出し、最終的に融通水量の合計と概算工事費を加味して、朝霞（東京-埼玉）、登戸（東京-川崎）、町田（東京-川崎）の3カ所が選定されました。このうち、登戸と町田に関しては、東京都と川崎市の間で協議が行われ、非常時には水を相互に融通し、給水の安定性を確保する「登戸連絡管」「町田連絡管」が設置されたのです。2007年には運用マニュアルが制定され、連絡調整や連絡管の運用に精通するため、また各種施設の操作や機能性の確認を行うことにより適正に連絡管を維持管理するため、年1回以上（2カ所）合同で訓練することを規定しています。

展望　地表水は非常に希少であり、気候変動により渇水や水質悪化などの影響を受けやすいため、地域によっては水供給の安定性が下がる懸念があります。そこで、市民へ節水や再生水の利用を呼びかけると同時に、水を自治体間で融通するシステムや応援給水体制の整備などの適応策の推進も急務です。また、渇水が水質や生態系に与える影響を日頃からモニタリングして、渇水時の河川環境について知見を得ておくことが求められます。次の世代も安心して地表水を利用できるよう、今からできる適応策を進める必要があります。
●

地下水
Ground Water

地下水は地球上の水のうち0.76%とほんのわずかのように思えます。しかし、私たちの生活や生物多様性の保全に重要な役割を果たしています。地下水は降雨の影響を受け、雨が降らない日が続くと減少します。1955年ごろに全国で課題となっていた

地盤沈下は、地下水保全対策の実施で沈静化を見せているものの、一部、渇水時の過剰な採取で地盤沈下が進行している地域もありま

滋賀県新旭町針江地区では、生水と呼ばれる湧き水があり、集落の中を巡る水路を通じて生活用水に利用されている

す。また、海面水位が上がると地下水に海水が流入して塩水化するなど、気候変動は水循環にも大きな影響を与え、地下水の水質の変化や、涵養量・貯留量の減少などを引き起こす恐れがあります。帯水層（地下水で満たされた地層）において、比重の差で淡水が海水の上にレンズ状の形で浮いている状態を「淡水レンズ」と呼びます。小さな島の淡水レンズは海面水位の上昇や高潮、渇水により縮小する可能性があり、淡水アクセスへの影響も懸念されています。

適応策　市街地の拡大やコンクリートによる舗装面の増加により、森林や水田、畑地や草地など、降水や地表水を浸透させる涵養域が減少し、地下水位の長期的な低下の要因となっています。地下水の持続可能な利用を図るため、行政や協議会などが中心となって、地下水の適正利用と体制づくり、涵養対策、地下水障害の防止などの適応策が進められています。

地下水の適正利用と体制づくり　地下水の利用や挙動の実態把握、分析など、地域における合意や取り組みを総称して「地下水マネジメント」と呼びます。地下水に関わる現象は一般的に地域性が高いことから、地方公共団体などが地下水マネジメントへのリーダーシップを発揮し、保全や利用のためのルールの検討などに取り組むことが大切です。

　地下水位の実態を把握するには、観測ポイントとして観測井戸を設置し、地下水位や水圧の経時変化、季節変動、地下水の状態などを継続的に観測することが必要です。また、地下水が存在する地下の構造は複雑で多様性に富んでいるため、地下水の収支や挙動など未解明な部分も多く残っています。そのため、

地下水そのものの研究と、気候変動による地下水への影響の調査と研究が両輪となって進められることが重要です。

　地下水の過剰利用を防ぐための目標基準の設置と管理も行われています。基準井戸を設定し、過去の最低水位を基準としてこれを下回らないよう監視したり、適正揚水量を設定している自治体（富山県など）もあります。

　地下水の水位などの各種データは、地表水と比較して十分に整備されているとはいえず、行政ごとに調査や観測に取り組んでいるのが現状です。そこで国による共通ルールの導入が早急に求められています。得られたデータを基に、地下水の挙動、地下水採取量と地盤沈下や塩水化などの関係を把握し、状況に応じた取水制限の速やかな実施などへの活用が望まれます。

涵養　雨水などが土中に浸透し、帯水層に地下水として蓄えられることを涵養といいます。涵養手法には自然涵養と人工涵養の2種類があり、人工涵養はさらに浸透法と注入法に分けられます。

　自然涵養とは、上流の水源域となる森林を保全して降雨時の流出を抑え、流域の健全な水循環を確保する手法です。大雨が降っても雨水が川にすぐ流れ出さず洪水を防ぎ、反対に雨が少ない時期でも地下水が枯渇しないよう、健全な水循環を確保するために大切な仕組みです。行政は、森林の管理状態や立地条件だけでなく、地域のニーズを反映した多様な森づくりや森林保全を実施しています。

　人工涵養とは、都市化などにより減少している自然涵養を補うためにとられる手法です。浸透法は地中に蓄えられる涵養量の減少を補うために実施され、非灌漑期の水田に水をためておく水田法や、浸透池法などの技術があ

ります。もうひとつは注入法で、大都市など農地や涵養池に適した場所が少ない地域でも行える涵養方法です。しかしこの方法は、帯水層に井戸から直接注水するため井戸の目詰まりが課題となり、一部地域のみの導入にとどまっています。

地下水障害の防止　地盤沈下や塩水化は、一度起こると回復が困難です。そのため、発生しないよう予防対策が重要とされています。地盤沈下について2020年3月現在、27都道府県、324市町村で地下水採取規制に関する条例などを定めており、広域の地盤沈下を抑制しています。これらのルールを守った利用が大切であると同時に、地下水位および地盤収縮の測定と監視を引き続き行い、全国的な地盤沈下や地下水の傾向を把握していくことも重要です。

　塩水化対策には大きく2種類あります。ひとつは、地下水の塩化物イオン濃度の観測です。特に塩水化のリスクが高い地域では、水質の変動を感知できるように頻度を上げて観測を行います。もうひとつの対策として、地下水位が低下して海水が流入する前にダムから放流して涵養量を回復させると同時に、地下水の利用量を抑制する方法をとる自治体もあります。

国内事例　水道水源に地下水を利用している自治体は、地下水の保全のために協力金や寄付金を地下水利用者から募ったり、税を徴収するケースがあります。神奈川県では、納税者に対し1年当たり平均約880円を水源環境保全税として徴収し、年額約42億円の税収は、「神奈川県水源環境保全・再生基金」で管理し、水源環境の保全・再生のための特別対策事業に活用しています。

　熊本県の白川中流域はほかの地域と比べ、5〜10倍も水が地下に染み込みやすく、重要な涵養地域です。畑に作付けする前後1〜3カ月間に水を張る取り組みを行っています。また、ヤマメのつかみ取りなどを通して、おいしい地下水と農業の関わりなどについて、全世代が楽しく理解を深められるイベントを開催しています。

　富山県は、積もった雪を溶かすのに地下水を利用しているため、降雪時は地下水位が下がってしまいます。そこで2012年度から、地下水の節水や保全活動に積極的に取り組む住民を「地下水の守り人」として登録し、地域に根ざした地下水保全活動を推進しています。

展望　地下水は私たちの目に触れない複雑な地形を流れるため、これまであまり研究が進んできませんでした。また、その存在も当たり前のものとして保全されてこなかった結果、地盤沈下、地下水汚染、塩水化、枯渇といったさまざまな問題が表面化しています。健全な水循環を踏まえた地下水の保全と利用は、持続可能な社会の構築に不可欠です。かけがえのない貴重な淡水源として認識を深めるとともに、地下水自体と気候変動が与える影響について研究を進め、国のリーダーシップのもと、法整備や地下水マネジメントへの力強い取り組みが求められます。●

Natural
Ecosystems
自然生態系

気候変動による気温上昇や雪どけ時期が早くなることは、希少な植生の衰退や分布域の変化を引き起こし、野生鳥獣の生息域や生体数を拡大させ、採食による樹木の枯死や土壌流出など自然生態系に悪影響を及ぼしています。また、海水温の上昇はサンゴを白化させ、豊かなサンゴ礁に生息する多様な生物のすみかを奪うだけでなく、サンゴが蓄えていた炭素が放出され、温暖化を加速させる危険性も伴います。さらに、自然生態系の変化は、農林水産業をはじめとする一次産業だけでなく、登山やスキューバダイビングなど自然を活用した観光業などさまざまな場面で負の影響を与え、私たちの日々の暮らしを揺るがすリスクとなります。

　このような自然生態系の保全は急務ですが、資金や投資の面で後れをとっていました。しかし、近年は自然を活用して社会問題を解決する「自然を基盤とした解決策（Nature-based Solutions：NbS）」が注目を集めています。NbSのうち、気候変動適応に資するものは「生態系を活用した気候変動適応策（Ecosystem-based Adaptation：EbA）」と呼ばれ、別の目的で整備・管理してきた生態系や、伝統的な管理が継続されてきた生態系が、気候変動適応にも役立つケースが数多くあることがわかってきました。2022年12月に開催された生物多様性条約第15回締約国会議（CBD COP15）では、2030年までに生物多様性の損失を止め、反転させ、回復軌道に乗せる「ネイチャーポジティブ」という国際目標が掲げられ、この実現のために社会経済を変革させる機運が世界的に高まっています。●

■■■■■■■■
北海道弟子屈町にある屈斜路湖は日本最大のカルデラ湖であり、全面結氷する淡水湖としても知られている

高山生態系
Alpine Ecosystems

北海道では標高約1200m以上、本州では標高約2500mが森林限界（森林が形成できない境界線）ですが、それを超えてハイマツ、高層湿原、高山植物などが織りなす風景が広がります。富士山や日本アルプスなど、標高3000m以上の山々に登ったことがある人なら見たことがあるかもしれません。寒冷で日当たりや風当たりが強く、土壌の栄養分に乏しい気候的及び地形的な特徴によって形成される高山ならではの独特な植生です。この植生とともに、ライチョウをはじめとする希少な動物も生息しています。「高山帯」とは、このハイマツなどの低木林を含む一帯をいいます。

　気候の影響を顕著に受けやすい高山帯では、昨今の気候変動により生態系に変化が表れ始めています。気温の上昇、降水量や積雪の変化に伴って生物季節なども変化し、マルハナバチなど花粉媒介昆虫の活動時期と高山植物の開花時期のずれが発生（フェノロジカルミスマッチ）しています。これにより種分布に変化が起こっていることもその一例です。そのほか、高山湿性植物群落の衰退、チシマザサの分布拡大による高山植生の縮小、ニホンジカの食害による植生の衰退など、高山生態系で固有の生物相が絶滅の危機にさらされている事例が多くの山岳地域で報告されています。

　2019年11月、国内の研究グループが、「気候変動の速度（velocity of climate change: VoCC）」という指標を用いて、全国各地の気候変動の影響を国内で推計しました。こ

れは約1km四方ごとの年平均気温を現在（1981-2010年）と将来（2076-2100年）で比較することで、野生動植物の生息や生育、農作物の栽培に適する気候条件が、気候変動によってどのくらいの速度で移動するのかを示すものです。以前と同じ気温を求めて生物が移動する場合、水平移動よりも垂直移動のほうがより短い距離で移動することができます。たとえば+1℃気温上昇した環境下であれば、山腹に生息する動植物は1℃低い場所を求めて約150m上に登ればよいですが、水平方向であれば約145kmも移動しなければなりません。この研究は、気候変動が現在のペースで進行した場合、いずれ高山帯も動植物の移動先がなくなることを明らかにしました。つまり、動植物園などでの飼育や栽培で保全するか、種子などの遺伝子資源として保全するしかない生物種が出てくる可能性があるのです。

適応策　高山帯の生態系に対する適応策は、大きく3つに分けられます。保全対象種が将来も存続可能な環境である「退避地」となりうる場所の保全、気候変動以外の影響要因への対応、最終手段としての生息域外保全です。

　退避地の保全で重要な役割を果たすのが自然保護区です。ヨーロッパの研究では、自然保護区が調査対象種の生息適地を保護するうえで有効であることが示されています。これは、多くの保護区が山岳に位置しており、気候変動下で生物の退避地になりうるとされたためです。その後も、自然保護区を活用した

適応策について、保護区の拡張や既存保護区の保護管理方策の見直し、保護区間の「回廊（コリドー）」の確保を含む数多くの研究が進められました。この回廊は分断された生物の生息地をつなぎ、移動を可能にする機能があります。日本においても、自然保護区は種レベルおよび遺伝子レベルで生物多様性が豊富な「ホットスポット」を含む場合が多く、山岳をはじめとする複雑な地形や地質の恩恵を受けて退避地として機能してきた面があります。このような地域は、気候が変わっても引き続きその効果を発揮することが期待されています。

気候変動以外の影響要因には、登山者による過剰利用（オーバーユース）やニホンジカなどによる食害、ササの侵入などがあり、これらへの対策も適応策となります。特に観光客が多く訪れる高山帯において、生態系への影響を最小限にするためのルールを設定することは非常に重要です。富士山や南アルプスを有する静岡県のガイドライン「ふじのくに生物多様性地域戦略」では、登山道の入口に外来植物の種子を除去するマットを設置することなどが、外来種防除策として盛り込まれています。多くの高山帯が属する国立公園は、観光利用も重要な機能のひとつと位置付けられており、保全と観光利用のバランスを考慮した手法が求められています。

野生鳥獣対策として実施されているのは、ニホンジカの食害対策やライチョウへの捕食者対策です。積雪量の減少により高山帯へ生息域を拡大したニホンジカが、高山植物を採食することで被害をもたらし、生態系全体に影響を及ぼしています。この食害への対策として、防護柵の設置や捕獲が行われています。絶滅の危機に瀕しているライチョウの問題も深刻です。高山帯に上がってきたキツネやテンなどからヒナを守るために、ケージで保護する取り組みなどが各山域で対策されています。ライチョウを県の鳥に定めている長野県は、2020年より中央アルプスにおいて「ライチョウ保護スクラムプロジェクト」を設立しました。ライチョウの目撃情報を投稿できるアプリの開発や、目撃情報を蓄積するためのマップの作成など、県民も参加できるライチョウ保護の仕組みを確立するほか、ライチョウ保護における高度技術者養成事業の実施や、ライチョウに関する調査も行っています。高山植物の衰退を引き起こすのはニホンジカだけではありません。雪解けの早期化や小雪化により、南東向き斜面や窪地の乾燥化が進み、雪田草原にササが侵入して高山植物を脅かしているのです。チシマザサの分布拡大により、五色ヶ原周辺のエゾノハクサンイチゲが消失した北海道の大雪山国立公園では、2008年よりササ刈り取り実験を実施しました。1年に1回の刈り取りを行った結果、5年後にはチシマノキンバイソウやナガバキタアザミなど十数種類の高山植物を復活させることに成功しています。

こうした適応策をとっても気候変動影響により種の絶滅や遺伝的多様性の損失の恐れがある場合には、最終手段として種子やDNAの保存や個体の栽培などによる生息域外保全を検討することも必要です。暖地栽培の難しさが指摘されていますが、比較的標高が高い地域にある植物園では高山植物の栽培に成功した例があります。たとえば、白山高山植物園（標高800m付近）では、タカネマツムシソウなどの栽培が白山山系の自生種保全事業のなかで成功しています。また、白馬五竜高山植物園（標高1500m付近）では、園内に植栽したコマクサのこぼれダネが発芽して育っています。野生絶滅の防止から復帰まで、

さまざまな可能性を秘めている生息域外保全ですが、種ごとの対策が必須であり、同じ種であっても栽培する場所や由来の違う株では同じ栽培方法がうまくいかないこともあります。リスクの高い種の選定、種子や株の採集の許認可、すでに採集された種子・株の共有、資金確保といった課題を優先的に解決していく必要があり、現地保全が困難な場合の備えとして認識すべき適応策です。

モニタリング　これまで挙げてきたすべての適応策において基礎となるのが、高山帯におけるモニタリングです。一度失われてしまっ

た生態系は、二度と元に戻すことはできません。適応策が生態系に及ぼす影響が懸念される場合は、予防原則に基づき早期から対策を講じ、またモニタリングの結果を評価しその内容を管理計画へ反映していく、「順応的管理」が重要です。

環境省生物多様性センター「モニタリングサイト1000」には、2008年より高山帯調査が盛り込まれました。大雪山、北アルプス（立山）、北アルプス（蝶ヶ岳〜常念）、白山、南アルプス（北岳）、富士山の6カ所が調査サイトに設定され、各山域における気温や植生、ハイマツの年枝伸長量など、いくつかの項目

立山黒部アルペンルートの最高地点で標高約2450mに位置する室堂みくりが池から望む立山三山。斜面に生い茂るハイマツは温暖化の影響を受けていることが報告されている

全オプションとして「内部の避難地の確保」、利用管理オプションとして「従来の利用の維持」あるいは「利用の制限」が挙げられました。大雪山国立公園登山道関係者と議論を行い、優先度が高い対策を「現在の植生の維持」と定め、高山植物の内部避難地を維持するとともに、観光利用も考慮する必要性が指摘されています。また、効果的に対策を実施できる場所の優先順位付けを行い、対象地域のモニタリングを強化しながら対応の改善を循環させる順応的管理によって適応策が進められています。

展望　明確な被害が確認されてない場所においても、将来を見据えて、適応策を講じなければなりません。気候変動の速度を考慮した場合に、高山帯に生息する動植物の退避地となりうる空間を把握し、必要に応じて保全を図ることが重要です。また退避地が見つからない、退避地への移動が困難な絶滅危惧種の存在も予見されるため、生息域外保全の導入も必要となります。山岳生態系は、個体群が山域ごとに極度に分断化されているため、地域個体群固有の遺伝的多様性について検討したうえで行われるべきという指摘があるなど、まだ多くの課題が残っています。山域ごとに気象条件や生態系の特性が大きく異なるため、適切な適応策を計画し実行するためには、各地域での連携が鍵となります。そこで、地域における気候変動の影響を把握し、その情報を蓄積・提供するために、気候変動やその影響に関する情報を蓄積・提供するプラットフォームの構築が求められます。●

ごとに長期的かつ定量的なモニタリングが行われています。また全国29カ所の山岳域で、自動撮影カメラによる観測も継続的に行われていて、こちらも適応策を講じる際の重要な情報として活用されています。

　環境省が「国立公園等の保護区における気候変動への適応策検討の手引き」のなかで紹介している大雪山国立公園のモデルケースでは、高山植生を保全対象および観光資源として重要と評価し、適応策が検討されています。基盤情報を整備し、将来予測を行った結果、高山植生の分布域は大雪山国立公園の特別保護地区内で減少することが明らかとなり、保

国立公園
National Parks

「日本的な自然の風景」と聞いて、どのような風景を思い浮かべるでしょうか。古くから民衆に親しまれてきた富士山、原始性の高い山々やそこに生息する動植物、神秘的な海岸地形にサンゴや魚たちが織りなす海中景観など、南北に長く四季のある日本には素晴らしい自然が多数存在し、そのそれぞれがかけがえのない資源です。こうした日本の原風景を守ってきたのが国立公園です。1934年3月16日に瀬戸内海・雲仙・霧島の3カ所が日本初の国立公園に指定されてから2023年までに指定地は34カ所にのぼり、合計面積は約220万haに及びます。

日本の国立公園の特徴は、土地の所有にかかわらず区域を指定する「地域制自然公園制度」を採用していることです。これは、日本は狭い国土に多くの人々が住むため、オーストラリアやアメリカなどのように国立公園の土地すべてを公園専用にすることが難しいからです。国立公園内に居住する人も多く、農林業などが行われているところもあるなど利害関係者が多いことから、多様な主体の連携による「協働型管理運営」が重要となります。国立公園では豊かな自然景観だけでなく、野生の動植物や歴史文化、レジャーなどさまざまな魅力を味わうことができ、日本人だけでなく多くの外国人観光客からも人気を得ています。

ところが近年、国立公園の生態系および生態系サービスにおいて、気候変動による深刻な影響が観測されています。高山帯や亜高山帯は、気温の上昇や融雪時期の早期化などが

理由で、植物種の構成や分布が変化してきています。また、高山植物の開花時期が早まったり開花期間が短くなることで、花粉媒介昆虫の活動時期とのずれが生じている事例もあります。

熱帯・亜熱帯地域では、水温上昇などの環境ストレスによりサンゴの白化現象が起こる一方、九州西岸から北岸や太平洋房総半島以南においては南方性サンゴの分布が北へ拡大しているなど、広範囲に影響が出ています。

今後も気候変動による気温上昇や海水温上昇、高潮や沿岸域の氾濫、海面水位上昇、台風の激化などが予想され国立公園における適応策の計画と実行が急務です。

適応策 国立公園の生態系および生態系サービスへの気候変動影響を把握し、適応策を検討するには、不確実性を考慮する必要があります。環境省が発行している「国立公園等の保護区における気候変動への適応策検討の手引き」では、適応策の検討は「気候変動影響の自然環境保全施策への組み込み」「順応的アプローチ」「関係者間の合意形成・役割分担・連携・協力」「情報共有」「人材育成」の5つを考慮して進めるとしたうえで、適応策の検討手順を7ステップで示しています。

ステップ1：基盤情報の収集・整備です。対象とする保護区の現状を把握し、変化を予測するために、気象・海象・地形・植生・土地利用・水質といった情報を集めます。
ステップ2：評価対象のデータ収集です。論

文や報告書、ウェブサイトなどの文献からの情報収集や、現地関係者や有識者へのヒアリング調査などを行い、該当の保護区における評価対象を決定します。

ステップ3：ステップ1と2の情報を踏まえた、将来の分布・景観の予測です。不確実性を考慮に入れた評価が必要となるため、複数のシナリオ・気候モデル・分布推定モデルを用いた予測を行うことが重要とされています。

ステップ4：適応オプションの検討では、保全と利用の両面においてどのような適応の可能性があるかを検討します。

ステップ5：関係者の認識や意見の把握をしたうえでさらなる計画の検討を行います。

ステップ6：保全や利用に関する計画の策定を行います。

ステップ7：順応的管理です。気候変動の進行状況やそれに対する評価対象の応答には不確実性があることから、計画に基づく対策後もその効果を確認して適切な措置を講じることが欠かせません。

国内事例　環境省は、2016年度から大雪山国立公園や慶良間諸島国立公園などでモデル的に調査検討を実施し、「国立公園等の保護区における気候変動への適応策検討の手引き」として2018年度に取りまとめました。

　北海道の大雪山国立公園は、南北64km、東西62km、総面積22万6764haと、国内の国立公園で一番の広さを持ちます。この国立公園の山岳域である大雪山系は、旭岳を主峰とする5つの山域から形成され、厳しい冬季の季節風にさらされる「風衝地」や真夏でも雪が残る「雪田」などの高山帯特有の環境が特徴です。直近30年間で年平均気温が1年当たり0.033℃上がり、25年間で消雪時期が1年当たり0.41日早まっていて、ササやハイ

マツの分布拡大、エゾノハクサンイチゲ、チシマノキンバイソウといった高茎草本種の顕著な減少が確認されています。大雪山国立公園において、先ほどの7つの適応策検討のステップが実施されました。するとステップ3の将来の分布予測の段階で、産業革命以前と比べて2100年の全球平均気温上昇を2℃未満に抑えるシナリオ、最も温暖化が進むシナリオのいずれにおいても、大雪山国立公園の特別保護地区内で高山植生の分布域が減少することが明らかになりました。この結果を踏まえて関係者間の情報交換会を行ったところ、最も優先度が高い適応策は「現在の植生の維持」となり、地区内に高山植生の避難地を維持することが提案されました。一方、観光利用の考慮も必要であり、高山植生群落への競合種の侵入を防ぐためのササ刈り取り、将来の気候変動影響を加味した避難地への移植の実施、利用制限や盗掘防止を目的とした登山道の管理、紅葉時期や高山植物の開花時期の早期化に伴う利用シーズンやルートの見直しといった具体的な適応策が考えられました。

　慶良間諸島国立公園は、沖縄県那覇市の西方約40kmの地点に位置する、大小30ほどの島々と岩礁から構成される島嶼群です。サンゴ礁やザトウクジラなどの希少な生態系、多島海景観や白い砂浜など多様な景観を持ち、陸域3520ha、海域9万475haと、公園区域の大半が海域となっています。1998年と2016年の夏の高水温によって、大規模なサンゴの白化現象が起こったことを背景に、7つのステップを用いた適応策の検討が行われました。将来の水温が1.5℃と2.0℃上がった場合のサンゴの白化および死亡に関する予測が行われた結果、いずれの水温上昇においても、サンゴの分布域は慶良間諸島国立公園内で減少すると予測されました。この結果を

尾瀬は4県（福島県、新潟県、群馬県、栃木県）にまたがり2000m級の山々に囲まれた日本最大の山岳湿地だ。木道を歩きながら美しい湿原の景観が堪能できる

踏まえて関係者による情報交換会が行われ、サンゴ被度（海底面に占める生きたサンゴの割合）が高く保全努力が行われているダイビングポイントのうち、各水温上昇において比較的サンゴ死亡回数が少ない場所が優先的に保全すべき場所の候補に挙げられました。選ばれたのは、座間味島周囲で4カ所、阿嘉島周囲で1カ所、渡嘉敷島周囲で2カ所の計7カ所です。これらの場所でサンゴを捕食するオニヒトデなどの駆除活動を行うことや、ダイビングの過剰な利用を避けることなどが、具体的な適応策として考えられました。現在は各島のダイビング協会などにより、自主的にオニヒトデの駆除やモニタリングなどの活動が行われています。

展望　2020年に発行された報告書*においても、国立公園は気候変動影響への適応策が必要であることについて言及されています。また、国内外で議論が進む生物多様性保全の観点からも、自然環境保護地域としての国立公園の重要性は依然として高い状況です。予測される将来の気候変動影響に備えて、全国各地の国立公園が順応性の高い健全な生態系の保全と回復を図るために、適応策の検討推進が引き続き求められています。●

*環境省「今後の自然公園制度のあり方に関する提言」

竹林
Bamboo Forests

竹は常緑性の多年生植物で、寿命は20年程度。毎年タケ
ノコが生え、数カ月で成長し新しい竹となる。国内で主
に利用されるのはマダケやモウソウダケ。九州や中国地
方など西日本に多く分布している

ザルやカゴ、ほうきに茶せんといった日用品、春の味覚として親しまれているタケノコなど、昔から暮らしのなかで利用されてきた竹は、私たち日本人にとって身近な存在です。その歴史は古く、縄文時代の遺跡から竹素材の製品が出土しています。しかし、1950年から1960年にかけてマダケの一斉開花が起きて大量枯死が発生したため、竹材輸入量の増加やプラスチック製品による代替が加速しました。また、1970年代半ばからはタケノコの輸入量の増加などもあり、1960年には1374万束あった年間の生産量が、2010年には96万束と激減しました。その後、製紙用としての竹材利用が一部地域で本格化したことで120万束程度まで回復していますが、いまだ需要と供給のバランスがとれず、荒廃した放置竹林やもともと竹林ではなかった場所が竹林化した拡大竹林、森林などに竹が侵入した木竹混交林が増えています。

竹林が拡大する背景には、人々の生活に密着して維持されてきた里山が、戦後の燃料革命とともに管理されなくなったことがあります。また、1980年代以降中国から安価なタケノコが輸入されるようになり、栽培農家の高齢化も相まって竹林を含めた里山が手入れされず放置されるようになり、各地で繁殖力の旺盛な竹が勢力を広げ、森林や農地などに侵入・拡大していることが原因です。管理されていない竹林の拡大によって想定される不利益としては、土砂災害の危険性、土地利用での農林業被害、生物多様性の低下、景観の劣化、温暖化防止吸収源としての機能低下など多岐にわたります。

この問題に拍車をかけるのが、気候変動です。気温の上昇が竹林の生息適地に変化を及ぼし、すでに竹の分布上限や北限付近において竹林の拡大が確認されています。こうした状況を踏まえ、2020年には、既存の竹林分布と基礎環境データを用いて日本全域の竹林分布可能域（潜在生育域）を推定し、竹林の分布に関係する環境要因を考察する研究が行われました。東北大学や長野県環境保全研究所らが行った研究によると4℃上昇した場合、竹の生育適地は現在の35％から約80％まで増加し、分布北限も稚内に達すると予測されています。

竹林管理　竹は常緑性の多年生植物で、毎年、地下茎の節から芽子、つまりタケノコが生えて、それが数カ月で成長し新しい竹となります。樹木のように毎年花を咲かせて種子を作るのではなくその周期は数十年に1回と長く、形成層がなく肥大成長*をしません。寿命は20年ほどで、タケノコは、3〜4年目の地下茎の生産力が最も高く、5年目を過ぎると生産力が減少します。国内で主に利用されているマダケやモウソウチクは、九州や中国地方に多く分布していますが、現在はマダケは北海道を除く全国各地に、モウソウチクはほぼ全国に分布しています。

マダケもモウソウチクも、地下茎で伸長するため、人間が植えないと定着しません。今後、新たな生育適地への拡大を防ぐには、まだ竹林でない地域における予防が有効です。一方、竹の侵入を許してしまった場所では、駆除や管理をして適切に対処する必要があります。

適切に管理されている大径のマダケ林の密度はおよそ6000本/ha、タケノコ生産に特化したモウソウチク林は2000〜3000本/haと示されています。しかしいずれも管理放棄されると、1万本/ha以上の高密度になる恐れがあります。管理されている竹林は、良質な竹材やタケノコが得られるよう伐採収穫が

　　　　　　　　＊植物の茎や根が横軸方向に大きくなり、肥大を引き起こす成長

行われるため適切な密度が保たれますが、担い手不足などで管理が行き届かない竹林はそれができません。未植栽地域や既存の管理地域では、管理ができなくなった場合は竹林をすべて駆除し、広葉樹林の再生など、別の土地利用に転換するという判断が求められます。

管理している竹林ではない拡大竹林や木竹混交林については、伐採駆除や薬剤駆除をすることが、具体的な適応策になります。伐採駆除を人力で行う場合は、竹用チェーンソーなどで竹の地上部の刈り払いを年2回行い、それを7年間継続する必要があります。一方、使える場所は限られてしまいますが、竹伐採専用のアタッチメントを装着した重機を利用すれば、地下茎ごと除去できる場合もあり、効率的な伐採が可能になります。切断・引き出し・小割・集積などの処理もまとめて行えるのでとても便利ですが、表土まではぎ取ってしまうため、その後の土地利用を考慮した使用が求められます。

薬剤駆除の際は、竹の枯殺を目的として農薬登録されているグリホサート系除草剤や塩素酸系除草剤を使用します。竹稈（竹の幹のこと）や切り株に1本ずつ注入する方法と、土壌に散布する方法があります。注入、散布ともに実施の半年後に効果が表れますが、1回で完全に枯殺することは難しく、状況に応じて複数回の施用を検討しなければなりません。

竹の活用　伐採駆除や薬剤駆除のデメリットはコストが大きくかかることです。たとえば伐採駆除の場合、4年間、放置竹林を毎年すべて人力で伐採した場合は230万円/ha、密度が1万本/haの竹林を竹稈注入で駆除した場合は109万円/ha、切株注入で133万円/ha、土壌散布で113万円/haといわれていま

す。駆除を継続して行うためには、コストを低減する工夫が必要で、さらに駆除した竹林の利用促進が欠かせません。

昨今、日本古来の手仕事文化が見直されているなかで、従来の竹材利用による日用品の価値も上がっています。しかしながら、代替資材や安価な海外製品の普及によって激減した需要を埋めるには至らず、そのほかの利用方法が求められています。日用品以外の用途としては、土壌改良や消臭剤として使われる竹炭や竹酢液などがあります。そしていま注目されているのが、パルプやバイオマス燃料など竹の工業的利用です。

これらの竹の新たな利用については、各地で取り組みが始まっています。鹿児島県薩摩川内市の企業は、1998年に竹パルプ10%を木材パルプに配合した紙の試験生産に着手し始め、2009年には竹100%の紙の生産技術を確立しました。また山口県山陽小野市の企業は、竹バイオマス専焼炉による発電事業を行うため、ドイツの会社と共同で竹専焼バイオマス発電所の建設を進めています。

工業分野では、竹パルプのセルロース部分を処理したレーヨン、竹繊維とポリプロピレン繊維を結合した樹脂、セルロースをナノサイズまで細かくした軽量・高強度な新素材「セルロースナノファイバー」、竹の抗菌・抗ウイルス性を活かした抽出液などがあり、実用化に向けて研究開発が進められています。

展望　伐採駆除した竹材を、今後どのように活用していくかが今後の課題です。気候変動の影響が懸念される未来の社会に向けて、竹の新しい需要を創り出す新技術の導入が期待されています。●

スギ人工林
Planted Cedar Forests

春になると、アレルギーを持つ人々を大いに悩ませているスギ林。花粉による人間への影響が目立つあまり、どこか厄介者のように見られることもありますが、水源涵養、土砂災害防止、生物多様性保全、地球環境保全、木材をはじめとする物質生産といった多面的機能を支える山林資源として、私たちの暮らしには欠かせない存在です。スギは日本固有の樹種で、本州から屋久島まで広く分布しています。そのほとんどが人工林で、国内の森林の約4割である人工林のなかで最も多い44％を占めています。建築や道具の原料として60〜70年前に植えられたスギ人工林の多くは、今まさに伐採期を迎えています。しかし、高齢化や担い手不足、海外産木材の輸入自由化により放置される山林は荒れ始め、生態系の衰退や災害リスクの高まりが懸念されています。

スギは水分要求度が高いため、気温の上昇や地域的な降水量の減少によって乾燥ストレスが増え、生理機能や成長が阻害される懸念があります。農林水産技術会議は、将来の気候変動がスギ人工林の純一次生産量に及ぼす影響を評価して、高解像度の全国地図を作成しました。その結果、東日本では年間の純一次生産量がおおむね増加すると予測される一方、すでに乾燥被害が報告されている西日本を中心に、年間の純一次生産量が低下する地域が出てくると予測されています。

適応策 スギ人工林を持続的に維持し続けるためにすぐに実行可能な適応策として、施業方法の見直しと適切な苗木の選定が挙げられます。施業方法の見直しは、森林を最適に配置することが大切です。将来的に年間の純一次生産量の増加が見込める立地（成長促進立地）と低下が予測される立地（成長低下立地）に区分けし、成長促進立地では伐採後にスギを再造林し、成長低下立地ではスギの成長低下の度合いに応じて適切なスギ系統を植栽したり、スギ以外の樹種を植栽して樹種転換を進めたりすることが必要です。伐期の変更も、施業方法の見直し方のひとつです。成長低下立地では、主伐期の収穫量を確保するために伐期を長くせざるを得ませんが、成長促進立地では、伐期を短くすることで風雪害や乾燥害などの気象害リスクを下げる効果があります。

地域によって、環境変化に対応できる適切な苗木を選ぶことも重要です。林業種苗法では、自然条件を考慮して種苗の配布区域を定めていますが、スギについては全国で7エリアが制定されています。種苗配布は同一区域内か特定の隣接区域のみ認められ、さらに区域間の移動についても一定の方向性が定められています。森林総合研究所の報告によると、冷涼地域で生産されたスギ種苗を温暖地域に植栽した場合、スギの成長速度はほぼ同等かそれ以上であることがわかりました。この傾

スギは本州から屋久島まで広く分布しているが、そのほとんどが人工林で、国内の森林の約4割を占める人工林のなかで最も多い。水源涵養、木材をはじめとする物質生産などの機能を持つが、花粉症の発生源でもある

向は林業種苗法で定められた種苗の移動方向と一致しており、現行の法の下でスギの成長の低下を防止できることを示唆しています。また、植栽されたばかりの幼齢木は乾燥ストレスに弱く、スギ植栽後の乾燥害を回避するために、裸苗よりも乾燥ストレスに強いとされるコンテナ苗の利用が有効です。そのほか、乾燥リスクの低い時期に植栽すること、健全な苗木の根が乾かないように運搬し深植えをすることなども、適応策として考慮すべき点です。

より長期的な視点から、高温や乾燥ストレスに耐性を持つスギの品種改良が進められています。育種の要となる品種を抽出するためには、スギの系統ごとに高温や乾燥への耐性を明らかにする必要があります。近年この形質評価に、赤外線サーモカメラによる蒸散量評価、乾燥ストレス耐性や雄花着花性の早期判定に役立つマーカーの開発など新たな技術が適用されています。2020年時点では、気候変動に適応した花粉発生源対策スギの育種素材として、19系統が見いだされました。将来的に、都道府県の採穂園や採種園への開発品種の導入が期待されています。

林木育種センターや各都道府県の林業試験場は、今から数十年前に全国の山で特に成長が優れた木を「精英樹」として選抜し、スギ、ヒノキ、カラマツなど約9,000個体を人工的に交配し、さらに優れた個体を選出して「エリートツリー」として開発しています。主な特長は、標準的な品種に比べ成長が1.5倍以上、CO_2吸収量が1.5倍以上、花粉量が半分以下、幹が通直などの優れた特性を持つことで、農林水産大臣により認定された品種です。民間では国内第2位の森林所有者である日本製紙は、国内に400カ所ある社有林での再造林に積極的にエリートツリーを植栽するとしています。

材の収穫までに50～100年を要する人工林は、将来の気候条件を考慮して育林樹種を選択しなければなりません。そこでいま求められるのが、人工林の成長と気候条件との関係を明らかにすることです。この関係が詳細にわかれば、スギを含めた各育林樹種において現在と将来の気候条件での「育林適地マップ」を作ることができ、各地域でより適切な樹種を選択できるようになるはずです。また市町村スケールで、尾根や谷などの地形条件も考慮に入れた、より解像度の高い影響予測を行うことも必要です。

展望　新型コロナウイルスの世界的な感染拡大に端を発し、木材需給がひっ迫したことから世界的に木材価格が上昇する「ウッドショック」と呼ばれる現象が、2020年より生じています。国内においても供給不足によって輸入材の価格が高騰し、それが国内需給の均衡を崩したことで国産材価格の上昇につながり、住宅および建設業界にさまざまな影響を及ぼしています。今回のウッドショックを受けて、日本では国産材に注目が集まり、持続可能な管理と活用に向けた動きが見られるようになりました。これまでさまざまな適応策が進められてきたスギ人工林が、私たちの生活を支えてくれる場面が今後増えていくかもしれません。●

ニホンジカ
Japanese Deer

古来、日本に生息しているニホンジカ。狩猟対象として日本人の食を支え、喰う喰われるという生態系の複雑な関係性のなかで大切な役割を担ってきました。文化遺産と自然が調和する観光地・奈良公園では、ニホンジカは国の天然記念物に指定され、数少ない優れた動物景観を生み出していることから大切に保護されています。

一方、ニホンジカは森林被害全体の約7割を引き起こしています。これまでは造林地に植えられた苗木や幼木の食害が主でしたが、近年は成林したヒノキなどの樹皮の食害も目立っています。林業生産コストの増大や森林所有者の経営意欲の低下を招くだけでなく、シカの生息密度が高い地域ではシカの届く高さの枝葉や下層の植生がほとんど食べ尽くされ、土壌流出など森林の多面的機能が損なわれています。また農業被害も深刻で、2021年にはシカによる農作物の被害額は約61億円にも及んでいます。

近年の気温上昇とそれに伴う積雪量の減少により、シカ分布域の北上や高標高での越冬地が広がり続けています。1978年から2003年の間で生息適地が約1.7倍に増え、国土の47.9%に及んだという推定もあります。このまま気候変動が続いた場合、さらなる積雪量の減少や耕作放棄地の増加によって、2103年には生息適地が国土の約9割に値する340×103km^{2}まで増えると推測されています。

ニホンジカが増え続ける理由のひとつは、繁殖力の高さです。高齢でも繁殖できることに加えて、食べ尽くした場所の植生が回復しなくても次善の餌に転換できる柔軟性を持つため、好条件下であれば増加率は年20%、つまり4〜5年で倍増するという驚異の繁殖力があります。人類が農耕を開始して以来、ニホンジカによる農作物の被害は一定数起こり続けてきました。1898年に発行された『吉野林業全書』にも「獣害のない所はない」という一文があり、ニホンジカをはじめとする野生動物から苗木をどう守るかという具体的な方法が明記されています。昔から農林業は、獣害を前提に営まれてきたのです。ところが明治から昭和初期までの乱獲により、ニホンジカの生息数が大幅に減少しました。その後、保護の歴史が長く続きましたが、現代になり今度はニホンジカが増えすぎるという状態に陥っています。気候変動によるニホンジカの生息適地の拡大を考慮すると、ニホンジカの個体数減に向けた取り組みの強化が急務です。

適応策　適応策には、守るべき場所からニホンジカを遠ざける「被害防除」と、ニホンジカに直接手をかける「捕獲・個体数管理」というふたつの考え方に基づく方法があります。

被害防除では、農地の場合、高さ2m以上の侵入防止柵の設置と、この防止柵の効果をより高めるためにエサ場・隠れ場の除去を行います。このエサ場や隠れ場とは、収穫しない野菜や果樹が放置された田畑、休耕地や耕作放棄地などをいいます。いずれもニホンジカに栄養や居場所を与えないよう、適切に処理をすることが求められます。森林域におい

ては、被害状況に応じた防除を行うことが効果的とされ、被害が小さいうちは忌避剤（きひざい）の塗布、被害が大きくなるにつれて樹皮剝ぎ（じゅひはぎ）を防ぐテープ巻き、防護柵（ぼうごさく）の設置といった対策を段階的に実施することが理想的です。防護柵は被害が大きい再造林地での保護に用いられていますが、森林は範囲が広くアクセスも悪いため、軽量で設置が簡易なネット柵が多く使用されています。

もうひとつの適応策である捕獲・個体数管理では、主に銃器やわなが用いられます。なかでも勢子（せこ）（野生動物を追い出す役）と射手（いて）（狙撃手）の二手に分かれる「巻き狩り」、身を隠しながらシカに接近する「忍び捕獲」、ニホンジカの通り道に深さ10〜15cmの穴を掘りわなを設置する「足くくりわな」は伝統的な捕獲技術で、肉や皮を入手するために古くから行われてきました。趣味としての狩猟でもわな猟が主流です。しかしこれらを実行するには、狩猟免許を取得し、猟期・猟場内で捕獲する場所やわなの設置場所を決め、ニホンジカの行動特性や周囲の地形などの環境特性を熟知することが必須です。こうした知識に加えて、豊富な経験を積み重ねて技術を習得する必要があるため、熟練した捕獲者になるまでにかなりの時間を要します。昨今、狩猟免許所持者数は年々減少し、高齢化が進んでいます。捕獲者の育成が求められる一方、より効率的な捕獲技術の開発が求められています。

新たに開発されたのが「誘引狙撃（ゆういんそげき）」や「囲いわな」です。誘引狙撃は餌などで誘引した個体をライフル銃で狙撃する方法で、囲いわなは餌をわなの中に置いて捕獲する方法です。特に森林内で労力やコストを削減できる利点があります。囲いわなは、一度に1〜5頭のニホンジカの捕獲が期待できますが、捕

らえた後の解体や移動に労力がかかるのがデメリットです。最近では、従来の獣道に仕掛ける手法と異なり、捕獲の熟達者でない者やシカが低密度の場所でも捕獲可能な、家畜や飼育動物に与えられる固形飼料「鉱塩（こうえん）」を用いてくくりわなを設置する手法が研究されています。この手法は捕獲効率が従来の約30倍と高く、獣道を避けて設置するためニホンジカのみを捕獲できることが確認されています。また、捕獲サイトが荒らされないように「くくりわな」を固定する元木との間を20m程度離すこと、獲りもらしのないくくりわなを選択することで、シカの警戒心を高めることなく長期間にわたり定点的に捕獲を行うことも可能で、大幅にコストを減らす手法として期待されています。

ノウハウ移転　これまでは被害に遭った地域での適応策を挙げてきましたが、将来、分布拡大が予測されている地域においても、影響を回避もしくは軽減するために早めの対策が求められています。たとえば積雪量が多い地域では、クマの捕獲経験があったとしてもニホンジカの個体数管理ノウハウは少ないかもしれません。これまで蓄積された知見を、侵入初期や被害が予測される地域へ事前に共有しておくことが重要です。

佐賀県の野生鳥獣捕獲技術センター「三生塾」のような民間の研修機関や、資格取得の過程で知識と技術を学べる鳥獣管理士などの民間資格もあるため、そうした機会を活用して侵入初期や未被害地域において捕獲技術を持った人材の育成を進めることも可能です。該当地域に知見を持つ人が不足している場合は、要請に応じて鳥獣保護管理の専門家を紹介する「鳥獣プロデータバンク」を利用するのもひとつの方法です。鳥獣の捕獲に関わる

安全管理体制や、従事者の技能・知識が一定の基準に適合していることを都道府県知事から認定を受けている「認定鳥獣捕獲等事業者」などの法人もあります。

　中国・四国地方では、県を越えた広域でアクションプランの策定に向けた検討会が行われてきました。このなかでは高標高域への適応策に重点を置き、植生被害度情報やニホンジカ生息情報をもとにした予測モデルの作成、地域別もしくは年代別に取り組む適応オプションを想定した対応表の作成、モニタリングと将来予測を照らし合わせた気候変動影響の進行状況の診断など、具体的な適応策の実施内容が盛り込まれています。

展望　ニホンジカへの適応策をより効果的に実行するためには、長期的な観点から戦略的に捕獲実施計画を立てられるよう、実施責任者を明確にしたうえで、そこを要とした指示系統ラインを徹底し、各自の役割を関係者全員で共有することが重要です。この際、都道府県や国（森林管理署）が実施責任者となり、認定事業者や公的機関職員などの専門的捕獲技術者が捕獲を担う体制が理想ですが、現状では捕獲者や適用できる捕獲方法は、奥山域・里山域・集落周辺といった対象地域の環境や人材に応じて異なります。地元住民が農地や

古来より日本に生息するニホンジカだが、森林被害全体の約7割や農作物の被害も引き起こしている。数が増えた理由はいくつかあるが、そのひとつに冬季積雪量の減少があるとされる

二次林周辺で囲いわなを中心に捕獲し、解体処理や販売を行う三重県の事例や、捕獲専門職員を配置して高標高地域でのシカ捕獲を県主体で実施する神奈川県の事例のように、対象地域の特性に応じた捕獲者の分業体制を確立し、それぞれに適した捕獲方法を実施しながらシカ管理を進めていくことが求められています。

　ニホンジカの採食圧や踏み付けにより自然植生が消え、裸地化して土壌侵食が起きている静岡県では、伊豆・富士地域で、管理捕獲の強化や狩猟期間の延長による個体数調整、狩猟規制の緩和などを実施しています。学識経験者、各被害地域の代表者、県猟友会などによる「鳥獣被害対策推進本部会議」では、ICTシステムを活用した囲いわな、幼齢木の食害や樹皮剥ぎを防ぐ防護柵の設置を支援するなど、効果的な被害防止対策を総合的に進めています。

　将来の気候変動影響に備えて、ニホンジカと人々との健全なふれあいや適切なバランスを保ち共存していくためには、戦略的な取り組みが必要不可欠なのです。●

イノシシ
Wild Boar

近年、全国でイノシシの生息域が拡大しています。その範囲はこれまで確認されていなかった東北地方や北陸地方など、雪の多い地域や島嶼部にまで及びます。1978年度と比べると、2018年度までの40年間で分布域は約1.9倍にまで増えています。イノシシの分布域拡大の原因としては、農業生産者の減少に伴う耕作放棄地の増加や狩猟者の減少などが挙げられますが、気候変動により積雪量の減少や積雪時期が短くなったことで、冬でも地面を掘ってエサを得ることが簡単になったことも大きな要因とされています。イノシシがもたらす被害には、人里に下りてきて水田や畑、果樹園でコメや野菜、果実を食べ荒らす農業被害、人身事故や交通事故などの生活環境被害、豚熱をはじめとする感染症拡大などがあります。なかでも特に大きな影響をもたらしているのは農業への被害です。イノシシによる農作物の国内被害総額は、2010年度の約68億円をピークに減少傾向にありますが、2021年度でも約39億円の被害が発生しています。

また、イノシシは土壌生物を餌とするため、土壌の掘り返しが土壌中に固定されていた炭素を放出させ、温暖化に寄与しているという研究もあり、気候変動対策の面からもイノシシの管理は必要となります。

順応的管理 野生鳥獣の個体数や分布などの生息動向は常に変化するため、その調査結果には観測誤差が含まれています。イノシシをはじめとする野生鳥獣管理では不確実性を考慮する必要があるため、「PDCAサイクル」など順応的管理が基本です。PDCAとは、計画（Plan）、実行（Do）、評価（Check）、改善（Action）の4つのプロセスから構成される目標達成や業務改善のためのフレームワークです。

Plan：個体数の増減や分布域の拡大等の生息動向及び被害状況といった現況把握と、これに基づく今期計画の管理の目的・目標設定及び特定計画の策定を行います。具体的には、まず、イノシシの生息状況や被害状況に応じて、「個体群の安定的な維持」、「農業被害の軽減」、「生活環境被害の軽減」等の管理の目的を定めます。これらの目的毎に目指す方向性を具体化するため、目的毎に達成すべき状態を「管理の目標」として定めます。「管理の目標」は、極力数値による評価が可能なものとし、達成状況を評価するための指標と目標値を設定します。目標の達成時期は5年間を基本としますが、目標の内容に応じて中長期的な目標期間を設けることもあります。

Do：Planで定めた特定計画に基づき、地形的まとまりや行政単位、山林、集落・農地、市街地等の土地の利用状況に応じた個体群管理、生息環境管理、被害防除対策といった施策を実施します。それぞれの施策の実施量や実績に関する目標を「施策の目標」として定め、そ

の実施結果を評価するための指標と目標値を設定します。

Check：モニタリングによって収集された科学的なデータをもとに、目標達成状況からの施策の評価を行います。目標達成時期に合わせて計画の評価をできるよう、モニタリングの実施時期や実施周期を設計する必要があります。

Act：Checkの評価結果に基づき、必要に応じて改善策を講じます。

このように不確実性をあらかじめ計画に含める順応的管理ですが、イノシシは自然増加率が高く、特定計画で前提とした数値や条件が現実と異なると、わずか5年間でも大きな誤差が生じる可能性があります。そのため、特定計画で定める目標の確実な達成のためには、特定計画とは別に、年度ごとに各施策に関する計画を作ることが推奨されています。各施策の実施結果を評価し、計画の見直しを行う順応的管理を短い周期で実施することが効果的です。さらに予算や体制に限りがあることから施策の優先度を検討したり、捕獲体制が整っていない地域については技術講習会などによる普及啓発や捕獲体制の整備を具体的に行うことも必要です。

海外事例　ヨーロッパでもイノシシは珍しくなく、高山帯から海辺まで広く生息しています。日本同様、狩猟により捕獲されているものの近年は増加傾向です。イタリアのように社会的・経済的な変化による森林の拡大（餌の増加）などが影響している地域や、ドイツのようにトウモロコシが集約的に栽培されているエリアで個体数が増加しているケースもありますが、気候変動も大きく影響しています。ヨーロッパ全土で行われた調査によると、1月の平均気温とイノシシの密度には大きな相関があることがわかりました。毎年の農業被害は約108億円にも及び、そのほか交通事故や感染症伝播の問題もあります。

イノシシの頭数管理で用いられる主な方法は狩猟と被害防除で、日本と大きく変わりません。特にヨーロッパではイノシシの死因の85%は狩猟によるものです。イタリアやフランスなどでは、イノシシ専属の狩猟チームがあります。このふたつの国ではイノシシだけを追いかけるように犬を訓練する方法が一般的で、一方ドイツでは餌でイノシシを誘い出して夜間に狩猟し、スペインなどでは犬を使った「巻き狩り（獲物を包囲する方法）」を多用しています。

しかし、ヨーロッパ全土で毎年170万頭のイノシシが捕獲されているにもかかわらず、ドイツでは1km²当たりに換算すると1〜1.5頭しか捕獲できていません。その理由のひとつが、各国の狩猟期間が大きく異なることです。一年を通して狩猟できる国もあれば、イタリアのように3カ月しか狩猟できない国もあり、ハンターはそれらの国を転々とします。また、イタリアでは1週間に3回しか狩猟できず、捕獲されたイノシシの頭数と農作物の被害額に相関関係がなかったという残念な結果を報告する研究もありました。そこで、よりよい狩猟方法を探すべく試行錯誤を重ね、良質な管理計画と狩猟計画の作成が実現しています。特にイタリアのトスカーナ州では、2016年に法改正があったことが大きく、狩猟期間を通年に拡張したほか、イノシシの個体数を維持する区域（SHRA：sustainable harvest rate areas）と駆除する区域（UHRA：unsustainable harvest rate areas）を明確に分け、UHRAにおける狩猟の手法、および得られた食肉の販売の規制を緩和すること

頭胴長140cm、体重110kg、推定4歳のオスのイノシシがわな猟にかかった。狩猟者の数は減っているが、駆除の効果は徐々に出ている

で狩猟圧を高めました。この結果、2016年から2019年にかけて、イノシシによる農作物の被害、および交通事故を半分以下に減少させることに成功しています。

　もうひとつの対応策である被害防除についても、フェンスや電気柵、餌付けによる他地域への誘導、装置を用いた撃退などが行われています。しかし、課題は少なくありません。たとえば、ワインの産地では畑がフェンスで囲まれており、高い防除効果が認められている一方で、景観問題を引き起こしています。また、慣習的に行われている餌付けは、モニタリングや狩猟を容易にすることや、耕作地からイノシシを遠ざけること、冬から春にかけては食料を探し求めて行動範囲を広げるのを防ぐ可能性もありますが、人馴れや繁殖促進による個体数の増加を指摘する研究もあり、最善といえる方法ではないケースが多いようです。

国内事例　各都道府県でも、それぞれの地域特性や被害状況に応じて、イノシシの管理計画を毎年見直しながら対策を講じています。

　石川県では、環境庁による自然環境保全基礎調査が行われた1978年から2015年までの37年間で、イノシシの分布域は約8倍にまで拡大しました。2020年の狩猟と捕獲地点を基にした分布状況は、10年前と比べると約1.7倍にもなり、暖冬による分布拡大のスピードが速まっていると考えられます。県では2010年度から、市職員を対象に被害対策の基礎的な知識や技術を習得するための研修を実施しています。さらに農作物被害が発生する前の7月から8月を「被害防止強化月間」とし、住民向けの各種研修会を設けて、対策の強化を図っています。具体的には、前年度から被害が大きくなった集落の点検活動、被害が多発する集落を対象にした専門家による防護対策・捕獲強化の研修、関係機関への被害防止月間の周知活動などです。また、2012年から狩猟期間を延長したことで捕獲数が増え、個体数管理にも一定の効果を見せました。2015年には狩猟免許試験の回数を年4回に拡大し、継続しています。以来、新規免許所持者も約500人増の2980人となり（2020年時点）、経験の浅い捕獲従事者を育成するべく、捕獲技術習得研修も実施するなど、フォローアップ体制も整えています。

　熊本県では、イノシシによる農作物の被

害は2015年以降減少傾向にあるものの、イネ、果樹、野菜など、収益性の高い作物の被害を受けています。被害防止策として「えづけSTOP！対策」を制定しました。野生鳥獣が生息しにくい環境整備・管理、農地への侵入・被害防止、有害鳥獣捕獲、ジビエ利活用の推進を柱に活動を展開しています。実施した集落では鳥獣被害の減少が見られましたが、このような取り組みを行う地域はまだ多くありません。これら対策を基本に技術の導入やデジタル化による被害の可視化などの効果的な事業を組み合わせ、専門家の意見を聞きながら総合的に実施し、さらなる被害防止を図っていくことが必要です。また、熊本県でも狩猟免許試験制度の見直しが行われています。狩猟免許所持者数が減少傾向にあることから、農林業者や市町村職員のわな免許取得を促すと同時に、試験の実施回数を年に3回から6回に増やし、県内の複数会場で展開しています。農林業者を対象にした専門家によるわな捕獲技術講習会の開催や、農林系高等学校で狩猟に関する出前講座を実施するなど、若手狩猟者の育成も行っています。

広島県で問題となっているのは列車とイノシシの衝突事故で、2020年度は139件にものぼっています。人身被害についても2018年度に8名で全国1位、2019年度は6人で4位、2020年度は8人で2位と高い数字です。そこで管理の目標として、個体群管理、生息環境管理、被害防除対策を組み合わせ、人身事故と農業被害の軽減に努めています。防除策としては集落を被害の出にくい環境に改善するほか、追い払い活動や防護柵、電気柵、防除網などの設置による侵入防止柵の整備が進められています。また、箱わな・囲いわななどの捕獲器材の整備や個体群管理も行われ、ほぼ全市町で被害対策実施隊の設置と、防除

対策のための計画が作られているのも特徴です。啓発活動にも取り組み、「イノシシ・ニホンジカ管理科学部会」を設けて科学的知見に基づく専門的な観点から計画の実行状況を分析・評価しています。さらに、狩猟者の確保と技術向上を目指して、免許試験や講習会を現場ニーズや実態に応じて適宜見直したり、ICTを活用した新たな捕獲技術の導入も検討されています。

展望　2019年度末における全国のイノシシの個体数は約80万頭とされ、2014年度の約132万頭をピークに減少傾向にあります。これは、イノシシ捕獲の強化による効果と考えられます。1975年度には約52万人いた狩猟者の数は、2017年度には約21万人にまで減少していますが、イノシシの捕獲数は近年増加傾向にあり、2019年度は64万頭を捕獲しています。その主な方法は狩猟ですが、捕獲したあとのイノシシの利活用についても目を向けなくてはなりません。

石川県内では獣肉処理施設が整備されていながら、捕獲したイノシシの大半が捕獲者の自己消費や焼却処分される現状がありました。感染症である豚熱の問題もあり、利活用については慎重に進めるべきですが、ジビエはまちおこしにもつながる可能性があります。また、近年ではペット向けイノシシ肉のジャーキーや骨のおしゃぶり、砕粉化して飼料・肥料に利用することも推進されています。佐賀県武雄市では、市の全額補助によりイノシシを乾燥処理して骨粉肥料にする施設を整備し、生産された肥料を農家に販売することで運営費を賄う取り組みを開始しています。目標達成に向けて計画を立てるとともに、その先の食肉利用についても視野に入れておくことが望まれます。●

湿地・湿原
Wetlands and Marshlands

1971年、イランのラムサールで開催された国際会議において「ラムサール条約」が採択されました。正式名称を「特に水鳥の生息地として国際的に重要な湿地に関する条約」とするこの条約は、環境の観点から本格的に作成された多国間環境条約のなかでも先駆的な存在として知られています。この条約制定をきっかけに、湿地が持つ「生物生息場の提供」という役割にスポットライトが当たりましたが、実は気候変動の側面でも湿地は重要な役割を担っているのです。

湿地とは具体的にどのような場所を指すのでしょうか。湿地とひと口にいっても幅広く、マングローブ林、泥炭地、沼沢地、河川、湖、デルタ、氾濫原、浸水した森林、さらには水田やサンゴ礁も含んでいます。湿原も湿地のひとつで、その定義は泥炭地に形成された草原であり、かつ草原内に点在する面積1ha以下の小規模な水面を持つことです。いずれも水と陸地が出合う場所に形成され、未分解の植物の化石が蓄積された泥炭があるのが特徴です。

多様な役割　土壌にはさまざまな微生物が存在し、その微生物が土壌有機物を分解してCO_2を排出しています。一方、泥炭を持つ湿地では、植物が光合成で固定した炭素が分解されず数千年から数万年に及び蓄積されるため、大気中のCO_2濃度を抑制する効果があります。泥炭地の面積は地球上の土地の約3％に過ぎませんが、すべての陸上の炭素の約30％を貯蔵することは世界中の森林の炭素の貯蔵量の2倍に相当するため、湿地が地球上で最も効果的な炭素吸収源であることがわかります。

湿地の価値はそれだけではありません。水質浄化と水量調整という重要な役割を果たしています。水質浄化において最も研究され注目されているのが富栄養化の原因となる窒素の除去です。水量調整は、特に私たち人間社会にとって必要不可欠な機能です。沿岸の湿地は波や高潮、津波の強さを軽減し、氾濫原をはじめとする内陸の湿地は、豪雨を浸透および貯留し、洪水を弱める働きを持ちます。湿地が存在していること、湿地を保全することが気候変動の適応策につながるのです。

湿地が持つ適応機能が発揮された例に、2016年夏、3つの台風が北海道道東地方を襲ったときのことがあります。三国山からオホーツク海へ流れる常呂川の下流域で過去最大の水位が観測され、北見市や置戸町で避難勧告や避難指示が発令されました。結果、氾濫面積は504haに及び、河川管理施設のほか沿川の農地に甚大な被害が発生しました。一方、屈斜路湖から太平洋へ流れる釧路川の下流域では、釧路湿原より上流の標茶水位観測所で避難判断水位を超え、標茶町で23戸の床下浸水が生じましたが、湿原よりも下流に位置する釧路市は被害に遭っていません。流域面積が常呂川は1930km^2、釧路川は2510km^{2}であるにもかかわらず、常呂川下流域のほうに大きな被害が生まれてしまった理由は、釧路川下流域にある日本最大の湿地、釧路湿原が大きな役割を担っていたから

です。常呂川で観測された水位の変動はピークが極めて高く観測されたのに対し、釧路川の釧路湿原より下流の水位変動は穏やかで、ピークも抑えられていたことが明らかになっています。

イギリスでは、湿地の持つ適応能力に着目し、氾濫原湿地と河川を隔てていた堤防や盛土などを撤去し、湿地と河川を連続させ、湿地の持つ貯水機能により洪水を防ぐことを目的とした氾濫原湿地再生の取り組みが行われています。

適応策　自然環境にとっても、人間社会にとっても湿地は重要な存在です。しかしその一部は農地や宅地の造成のために開発される対象となり、1970年以来、世界ではすでに35％が消失しているという事実もあります。今後さらに激甚化が予測される気候変動に備え、対応し、その被害から回復するために、価値ある湿地を守らなくてはならないという機運が高まっています。

2012年以降、世界銀行は4大陸60カ国において、100以上のプロジェクトに「自然を基盤とした解決策（NbS：Nature-based Solutions）」を組み込んできました。その一環として、スリランカの沿岸都市コロンボの湿地のネットワークを再生するプロジェクト「Metro Colombo Urban Development Project」へ支援が行われ、適応策が講じられています。沖縄県恩納村ではふるさと納税を活用し、サンゴや海藻類、マングローブ類などの自然環境調査を実施し、保護活動に取り組んでいます。また、国や企業、非営利団体などさまざまなステークホルダーが東南アジアにおけるマングローブの保全や植林活動に取り組んでおり、国内外で湿地の保全に対する適応策が進んでいます。

守るべき湿地に対して、気候変動そのものが及ぼす影響も見逃すことはできません。日本では珍しい低層湧水湿原である佐賀県北部の樫原湿原は、多様な動植物が生息・生育しています。近年の気候変動に伴う土砂や栄養塩類の供給量増加や、地下水位および湿地内の水位変化による植生変化や生物の生息および生育環境への影響が懸念され、2018年度から2019年度にかけて、気候変動による湿地環境への影響予測のための調査が行われました。その結果、いずれの気候モデル・排出シナリオ・予測期間（今世紀中）においても、地下水位は現在と将来とで大きな差異はなく、影響は小さいという予測になりました。土砂や栄養塩類の供給量も大きな差異はなく、こちらも影響は小さいと予測されました。一方で将来、地下水位が現在よりも高い状態（1.0m以上）が継続すると低茎湿生草本群落の潜在生息域が減ることが予想され、そこを生息基盤とするトンボなど昆虫の一部が消える可能性も示されました。そこで適応オプションとして、水位の手動または自動制御の維持管理、水源涵養能力の向上、モニタリング調査による湿原環境の順応的管理などが検討・実施されています。

新潟県の佐潟は日本海にほど近い新潟市の新潟砂丘内にある湖沼で、ラムサール条約にも登録され、水生植物のオニバスをはじめ豊かな生物多様性が保全されている場所です。近年ではアオコが発生するなど水質の悪化が問題となり、気候変動による気温上昇や降雨量の変化によって水収支に影響が生じたり、さらなる水質悪化や水生植物への影響が懸念されています。この状況を踏まえて、佐潟の水収支を明らかにし、気候変動による佐潟の水質、水生植物などの湿地環境への影響予測を実施しました。水収支に関する将来予測の

開拓などの影響で北海道舞鶴遊水地のタンチョウは一時見られなくなったが、地域住民の協力もあり、2020年、道央圏で100年以上ぶりにヒナ（右）が誕生した

結果では、現在と比べて大きく変化しないこと、将来の環境変化については水温上昇の影響が大きいことが明らかになりました。この結果を受けて、流入負荷を減らすこと、底泥の対策、水位管理の見直し、希少種の移殖などが、適応オプションとして提案されています。

展望　私たちにとってかけがえのない湿地。その立地は行政や国の境界を越えることも多く、適応策を推進するためには横断的な連携が欠かせません。湿地を保全し、湿地の持つ機能を最大限発揮することは非常に優れた気候変動の適応策となります。引き続きモニタリング調査などを行いながら、すべての生命にとって貴重な湿地を守ることが求められているのです。●

マングローブ林
Mangrove Forests

まるで今にも動きだしそうな根を持つ、海の森「マングローブ」。熱帯・亜熱帯の、川が海水と交わる汽水域の干潟に生息する植物の総称です。多くの植物は海水から水分を吸収できないため育たないのですが、マングローブは塩分に対するさまざまな耐性機構を持っているため力強く生きています。目を引く特徴的な根の形は、満潮時でも大気中から酸素を得るため、また不安定な泥の土壌でもしっかりと支えるために進化した結果なのです。

　世界中のマングローブ林は推定約15万km²で、これは世界の熱帯林（1700万km²以上）の1%にも満たない面積です。貴重なマングローブ林ですが、マングローブが分布する（亜）熱帯沿岸エリアは人口密度が高く、1980年代ごろよりマングローブ林を伐採して都市や農地へ猛スピードで開発されてきました。エビ養殖地やアブラヤシ農園への転換

を聞いたことがある人も多いでしょう。マングローブ林の減少割合はこの30年間で緩和されつつありますが、近年では気候変動による海面上昇の影響もあり、依然として消失の脅威にさらされています。

機能　生物多様性を基盤とする生態系から得られる恵みは「生態系サービス」と呼ばれ、その機能は「供給サービス」「調整サービス」「基盤サービス」「文化サービス」の4つに分類されます。マングローブ林は世界の熱帯・亜熱帯の国々ではとても身近な存在であり、さまざまな生態系サービスを提供しています。たとえば、マングローブ林の供給サービスには、近隣住民への森林資源や漁業資源の安定的な供給があります。一方で、日本のようにあまりマングローブ林がない地域の生活にお

沖縄県石垣島のマングローブ。漁業資源の安定化、物質循環や地形形成機能、防潮堤の機能などさまざまな役割があり、適応と緩和両面に効果を発揮する重要な生態系だ

いても、実はスーパーに並んでいる魚介類や、ホームセンターで購入できるバーベキュー用の炭などマングローブ林から得られたものがたくさんあります。調整サービスとは、沿岸保護や水質調整などのことを指しており、マングローブ林が海からの風や波から陸地を守り、陸からの土砂や汚水の流出を緩衝していることが知られています。基盤サービスとは、生態系が生物の生息地として機能することであり、マングローブ林の場合は、入り組んだ根の隙間が魚たちにとって安心して産卵できる場所となり、マングローブの落ち葉が分解された有機物は卵からかえった幼魚の餌になります。マングローブ林が「海の命のゆりかご」といわれるゆえんです。文化サービスとしては、芸術・デザインのインスピレーションとなるほか、独特の景観が観光やレクリエーション、教育の場となるなど、文化的価値を提供しています。

適応と緩和　気候変動への適応という観点で最も注目されているのは、マングローブの調整機能のひとつである沿岸保護機能です。近年の研究では、人為的な気候変動から海水面の温度が上昇し、より強力な熱帯低気圧が発生する可能性があることが明らかになってきており、沿岸域への被害拡大が懸念されています。しかし、暴風や高波などの発生時にマングローブ林が自然の堤防となり、それらの威力を減衰してくれるのです。

　これには、マングローブ植物が河口の干潟や沿岸部という環境でも生育できるように独特な形に発達した「根」が大きく関連します。ヤエヤマヒルギに見られるタコの足のような形の「支柱根」、オヒルギのように膝を曲げたような形の「膝根」、サキシマスオウで有名な「板根」など、マングローブ植物の

複雑な形をした根には、不安定な環境で木の体を支える機能があります。また、ヒルギダマシやマヤプシキなど、小さな竹の子のような「直立通気根」を持つ種もあります。通気根は冠水時に内部のスポンジ状の部分にためた空気を用いて酸素呼吸をしていることから「呼吸根」とも呼ばれています。

　このような複雑な根、そして樹冠や幹といったマングローブの形状は、密集した際に波や風の影響を減じる効果があることが知られています。1999年にインドの南東部にあるオリッサが大型台風に見舞われ約1万人の死者が出ましたが、マングローブ林後方の地域は被害が少なかったことが報告されています。2013年にフィリピンが台風ハイエンに襲われた際も、マングローブ林が波の深刻な影響から住民を守りました。また最近では、2020年に非常に強いサイクロン・アンファンがインドに上陸しましたが、2012年よりマングローブの植林が進められていたサッジュリアやラヒリプールの一部地域では、3000世帯が難を逃れました。マングローブ林が風を減速させただけでなく、湿地の土壌を安定させて洪水を防ぎ、防壁として活躍したのです。さらには、2004年12月のスマトラ沖地震で津波が発生した際、マングローブの木にしがみついて生き延びたという例もあります。伐採したエリアでは被害が大きかったことからも、マングローブ林は沿岸地域に住む人々の命を守るインフラ（社会基盤）の役割も担っているのです。

　自然生態系を活かしたインフラは「グリーンインフラ」と呼ばれ、防波堤などコンクリート製の人工物（グレーインフラ）だけでは災害を防ぎきれないいま、自然生態系の持つ多様な機能が再認識されています。

　さらに、マングローブ林は気候変動を緩和

する機能も持ち合わせています。光合成によって大気中のCO_2を吸収し炭素を隔離する植物のことを「グリーンカーボン」というのに対し、海の生物の作用で海中に取り込まれる炭素のことを「ブルーカーボン」と呼びます。CO_2は水に溶けやすい性質があり、新たなCO_2吸収源としての海の可能性が示されています。IPCC特別報告書によると、マングローブ林は「ブルーカーボンにより年間総排出量のおよそ0.5%を吸収・隔離できる」「温暖化を1.5℃に抑えるために必要な削減量の2.5%は、ブルーカーボン生態系による吸収源対策で達成可能」など、大きな役割が期待されています。

マングローブ林は、海草、海藻と並ぶブルーカーボン生態系のひとつです。成長とともに樹木として炭素を貯留します。また、海底の泥の中には枯れた枝や根を含む有機物が堆積し、炭素を貯留し続けています。マングローブ林は1ha当たり年に6〜8tのCO_2を隔離すると試算されており、これは熱帯雨林の隔離率の2〜4倍に相当するものです。マングローブ林が伐採されて都市や農地に変換されると、土壌が酸素にさらされ、長い時間をかけて蓄積した膨大な有機物（炭素）が急速に分解されてCO_2になります。マングローブ林の総面積は熱帯雨林の0.7%しかないにもかかわらず、その伐採による炭素排出量は世界の森林破壊による総排出量の10%に及ぶと試算されており、温暖化が加速するリスクが懸念されているのです。

展望　世界でもその生物多様性で名高いマレーシアのボルネオ島でも、沿岸開発やパーム農園への転換でマングローブ林が急速に失われています。そこで2011年から植林事業が開始され、これまでに約360haへ13種類のマングローブが植林されました。また、調査研究や技術の普及、生物多様性保全のための環境教育活動も行い、保全を担う人材育成にも力を入れています。沖縄県西表島の河口エリアに広がるマングローブ林は、ほとんど自然のままの状態で残されています。特に仲間川と与那田川のマングローブ林は、天然記念物にも指定されているほど貴重な森です。保護林として設定し、保護柵の設置やたき火の禁止など、適切な保全と管理を行いながら、カヌーやトレッキングなどエコツーリズムを取り入れています。

2022年11月にエジプトのシャルム・エル・シェイクで開催されたCOP27では、適応成果目標を伴うアジェンダが公開されました。このアジェンダのひとつに「海洋・沿岸」が掲げられており、マングローブ喪失の阻止、近年の喪失の半分の復元、世界的なマングローブ保護エリアの倍加、および現存するマングローブのための持続可能な長期融資などの協働を通じて、世界全体で1500万haのマングローブ林を確保するために40億米ドルを投じることが記されています。また、COP27ではアラブ首長国連邦とインドネシアの主導で国際イニシアティブ「気候のためのマングローブ・アライアンス」（MAC）が立ち上げられ、日本はこれに加盟を表明しました。MACはマングローブ生態系の気候変動緩和・適応における重要性を認め、マングローブ生態系の保全、復元の試みを拡張・推進することを目的としています。日本を含めた加盟国には、自国にてマングローブの植林、回復、復元に努めると同時に、他国のこうした活動を支援することが求められています。

マングローブ林を未来に継承し、気候変動を少しでも緩やかにするために、保全や復元に真剣に取り組まなくてはなりません。●

サンゴ礁
Coral Reefs

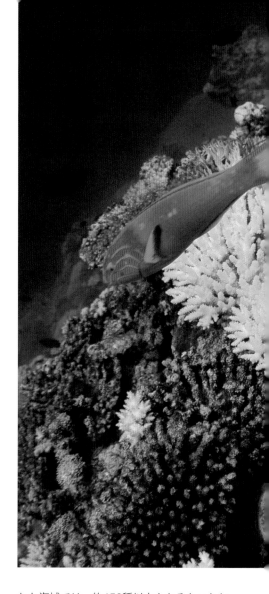

空に溶けるような青く透き通った海、その水中に広がるサンゴ礁と魚たちが彩るカラフルな光景は、熱帯・亜熱帯を象徴する景観のひとつで、多くの観光客やダイバーを魅了しています。しかし、1998年ごろから海水温の上昇のためサンゴの「白化」という現象が広がっています。世界中で水中の楽園から色が失われ、さらには生物多様性の宝庫であるサンゴ礁が消失するリスクにさらされています。

　サンゴの問題に触れる前に、その生態について紹介します。植物のようにも思われるサンゴですが、実はイソギンチャクやクラゲの仲間である刺胞動物です。大きく分けて、浅い海に生息する造礁サンゴと深い海に生息する宝石サンゴの2種類があり、私たちがマリンリゾートなどのレジャーでよく目にしているものが、ここで取り上げる造礁サンゴ（以下、サンゴ）になります。

　サンゴは個体が分裂し群体を作りながら成長する生き物で、成長とともに石灰質の骨格を形成していくのが特徴です。個体や群体そのものをサンゴと呼び、石灰質の骨格が積み重なってできた地形のことをサンゴ礁と呼びます。サンゴ礁の面積は地球表面の約0.1％しかありませんが、そこには約9万種の生物がいるといわれるほど生物多様性に富んでいます。この豊かなサンゴ礁の恩恵を受けて私たち人間が漁業を営んでいることも、忘れてはいけません。サンゴの生息に適した水温は25〜28℃で、最もサンゴの種類が多いインドネシアやフィリピン、ニューギニアに囲ま

れた海域では、約450種以上もあるといわれています。サンゴとサンゴ礁の分布の北限にあたる日本は、熱帯・亜熱帯域から流れ込む黒潮の影響を受け、同じ緯度のほかの地域に比べて多くの種類のサンゴが分布しています。サンゴは体内に褐虫藻という植物プランクトンを棲まわせて、褐虫藻の光合成によってエネルギーを得ています。冒頭に触れた白化と

は、サンゴがストレスを受けることによって
褐虫藻の光合成が損傷され、サンゴが褐虫藻
を放出することにより起こる現象です。白化
を引き起こすストレスの原因については、淡
水や土砂の流入、強光など諸説あるものの、
気候変動による海水温の上昇が影響であると
多くの専門家によって指摘されています。

　白化現象に加えて、大雨・大型台風の増加

沖縄県石垣島の沖合でもサンゴの白化が進んでいる。
2007年は石垣島などで大規模白化が発生し、一部サンゴ
で「へい死」も見られた。サンゴは熱帯の海の生物多様
性の鍵を握る種であり、その影響は計り知れない

によるサンゴの破壊、赤土流出の増大やそれ
による天敵のオニヒトデや藻類の大発生など、
さまざまなストレスにさらされ続けていま
す。世界資源研究所「Reef at Risk」による

と、世界のサンゴ礁の75%が危機的な状況にあります。温室効果ガスの排出を削減するためのアクションはもちろん必要ですが、現在進行しているサンゴ礁生態系の衰退に対して、保全が急務であることは明白です。

適応策　人間を含む多くの生物にとって価値あるサンゴ礁を保全するための適応策として注目されているのは、農地などからの赤土流出の削減、オニヒトデの駆除、サンゴの養殖・移植の3つがあります。

　サンゴが生きるためには光合成が必要であることは先述のとおりですが、陸から大量の土砂が海に流入しサンゴに土砂がたまると、褐虫藻が光合成できなくなり、サンゴが窒息してしまいます。レジャーと漁業の両面でサンゴ礁の保全が喫緊の課題である沖縄県では、この赤土流出源の約8割が農地とされていて、営農・土木の両面から対策が進められています。営農的対策は、圃場の裸地化を防ぐための緑肥、圃場周辺へのグリーンベルトの設置、サトウキビの春植えの推進などがあります。

　土木的対策としては、河川に排水する前に土壌粒子を沈殿させる沈砂地の設置、土壌の流出を低減するための勾配修正といった取り組みが具体的に進められています。1995年に赤土等流出防止条例が施工され、開発行為による赤土などの流出に関する規制が行われていることも、マリンレジャー大国・沖縄県ならではの適応策のひとつです。

　陸地からの土砂に含まれる養分が植物プランクトンを増やし、それがサンゴを食害するオニヒトデの幼生の餌になると考えられることからも、赤土などの流出削減は必要なのですが、同時に、オニヒトデを直接的に駆除することも重要です。直径0.5〜1cmの稚オニヒトデの密度をモニタリングすることで大量発生を事前に予測し、モニタリングに基づいて密度を低下させるための駆除は、特に、産卵期前にオニヒトデが許容密度以下になるまで繰り返し行われています。藻類もサンゴの生息地を奪う存在です。アメリカ・ハワイのマウイ島では、大型藻類の繁茂によって、1994年から2006年の間にサンゴ礁が40%減少するという事態になりました。排水や肥料による汚染など藻類の成長を促進する要因と、草食性魚類やウニなど藻類の成長を阻害する要因とのバランスが失われたことが原因とされ、対策のひとつとして、藻類を食べる魚類やウニなどの草食性生物を守るための保護計画が試行されました。その結果、2009年から2015年の間に、サンゴの幼生の定着と成長に適した石灰藻の被度が2%から15%に増加するという成果が得られています。

　サンゴの養殖・移植はサンゴが本来備える回復力を人為的に補助する試みです。その手法には、採取したサンゴの断片から種苗を作り、基盤に固定して中間育成施設で一定期間育成した後に植え込む無性生殖法、ミドリイシ類を対象に一斉産卵の際に卵と精子の塊であるバンドルを集めて受精させ幼生を基盤に定着させ、大量の稚サンゴを海中や陸上施設で育てて植え込む有性生殖法のふたつがあります。無性生殖法については多くのクローンを含むため遺伝的多様性が低くなること、有性生殖法については種苗の生産に高い技術や労力、時間、設備などが必要となることが課題です。いずれも一部の種を対象とした技術開発の段階にあり、実現に向けて各地で研究が進められています。

　適応策を効果的に進めていくために、長期的にモニタリングを行うことも欠かせません。環境省「サンゴ礁生態系保全行動計画2022-2030」において、緊急性が高い重点課題に位

置付けられているのも、「サンゴ群集に関する科学的知見の充実と継続的モニタリング・管理の強化」です。1995年に国際サンゴ礁イニシアチブという体制ができ、日本はそのための施設として、2000年、沖縄県石垣市に環境省国際サンゴ礁研究・モニタリングセンターを設置しました。さらに2003年には、環境省による「モニタリングサイト1000」事業が発足しました。サンゴ礁調査における把握情報の充実を図るとともに、海域に関わるほかの生態系調査との連携が進められています。

ステークホルダーとの連携　環境省「サンゴ礁生態系保全行動計画2022-2030」において、「サンゴ礁生態系における持続可能なツーリズムの推進」が重要課題に挙げられているのも注目すべき点です。ツーリズムの隆盛による過剰な利用や不適切な利用がサンゴ礁生態系を脅かすストレスのひとつであるという認識から、そうした利用が抑制されることや、自然や地域の文化に関する認識を高めるような事例の構築やノウハウの共有が求められています。「地域の暮らしとサンゴ礁生態系のつながりの構築」も重要課題のひとつです。地域によってサンゴの種類や被害状況は異なるので、各地域が主体となり、行政・漁協・農林関係・観光協会といった多様なステークホルダーが協働することによってサンゴ礁生態系の保全活動が推進される必要があると指摘されています。

　世界ではさらに一歩進んだ適応策の取り組みもあります。西半球で最も長い沖サンゴ礁があるメキシコのキンターナ・ロー州の経済活動を保護するために、大手再保険会社が地球環境団体やメキシコの自治体と連携し、自然資本ベースの保険ソリューションを開発しました。財物保険や農業保険、環境賠償責任保険など、既存の保険手法を生態系サービスへ応用することで、保険ソリューションとリスク管理の適用拡大が可能となりました。

　日本国内では、九州・沖縄地域において、サンゴ礁をはじめとする沿岸生態系に関する地域の適応を技術面と活動体制の構築の面から支援し、国・地方公共団体・漁業協同組合・NPOなどの地域の多様な主体による広域連携を行うために、マニュアルを策定しました。一方、中国・四国地域の太平洋沿岸では、海水温の上昇によってサンゴやオニヒトデなどの生息域が北上していることで、これまでの海洋生態系に変化が起こりつつあることが課題となっています。プラスの影響も含めて、漁業・観光業など地域の産業や地域文化への影響が予想されるので、広域で気候変動の影響や適応オプションに関する情報を収集し、アクションプランの策定を目指す取り組みが始まっています。

展望　気候変動によるサンゴ礁生態系の変化は、必ずしも損失だけがもたらされるわけではありません。たとえば高知県の場合、藻類がなくなることでトコブシやアワビの漁獲量が激減した反面、サンゴ群集の分布拡大によって新たな観光産業の可能性が生まれています。変化を受け入れ、人間の暮らしを合わせていくというのも、適応のひとつでしょう。私たちもサンゴ礁から恩恵を受ける生態系の一員として、サンゴ礁に集まり共生する多様な生物たちの生き様にならい、この生態系を豊かに保つためのあり方を、模索し続けなければなりません。●

EbA
Ecosystem-based Adaptation

気候変動と生態系の消失という、現在の私たちが直面しているふたつの危機は、これまでUNFCCC（国連気候変動枠組条約）と「生物の多様性に関する条約」という国際的な枠組みのなかで、長い間別々の問題として議論されてきました。しかし、この地球規模の課題は双方に影響を及ぼし合っており、気候変動を食い止めるためには生物多様性の保護も重要であるとの認識が近年広まり、EbA（Ecosystem-based Adaptation）、日本語では「生態系を活かした気候変動適応」に注目が集まっています。

生態系とは、生物とそれを取り巻く水や土壌、光や空気といった環境要素が構成するシステムを指します。たとえば、都市にある緑地、河川周辺の湿地や水田も生態系です。健全な生態系は、気候変動によって生じる負の影響を軽減します。たとえば、健全な森林は山火事のリスクを軽減し、保全された湖は干ばつ時に水源を維持します。このように、生態系が持つさまざまな機能（生態系サービス）やそこに生息する生物を、気候変動への適応のために持続的に活用しようというのがEbAの概念です。

EbAの重要性は2008年のUNFCCCの会議で示されています。2009年の生物多様性条約では「気候変動により不利益を受ける人々が適応するための支援を包括的に行うための戦略の一部として、生物多様性や生態系サービスを利用すること」と定義されました。それ以降、国連の関係機関や国際NGOによって、気候変動適応と生態系に関するさまざま

な宣言やガイドラインが発表されています。

EbAと関連の深い概念としてEco-DRR（生態系を活かした防災・減災）やNbS（自然を活用した解決策）があります。Eco-DRRもEbAと同様に生態系を活かした対策ですが、EbAと違うのは気候変動の影響によらない地震や噴火などの災害対応も対象とする点です。2023年4月に札幌で開催されたG7気候・環境大臣会合において、「ネイ

福岡県福津市にある上西郷川。かつては護岸がコンクリートで固められ、生き物も少ない都市河川だった。洪水も頻発し、住民からは暗渠化を希望する声もあったが、現在は住民参加による多自然川づくりが進んでいる

チャー・ポジティブ*」なアプローチを採用し、EbAとEco-DRRを含めたNbSを推進していくことの重要性が強調されました。生態系は温室効果ガスを吸収する場合もあるため、うまく活用することで気候変動への緩和策と適応策の両方の効果が期待できるのです。

　それ以外にも減災・防災、貧困地域での持続可能な社会の構築、住民の暮らしの質や地域の魅力向上など、さまざまな課題に対して効果が期待でき、生態系を活用したアプローチの必要性は国際的に認識されています。

メリット　近年EbAが注目されているのは、さまざまなメリットがあるためです。ひとつ

＊自然を回復軌道に乗せるため、生物多様性の損失を止め、反転させること

は複数課題の同時解決につながることです。日本では気候変動適応に求められる分野は7つ*ありますが、EbAはこれらのうち複数分野に対して、同時に効果が期待できるとされています。

　農地と河川の間に湿地を造成する対策では、4分野での気候変動適応への効果が期待されます。農林水産業分野では、水産有用魚の繁殖場所の保全や、クモなどの益虫の提供機能も期待できます。ただし害虫の発生にも注意が必要です。水環境・水資源分野では、栄養塩を吸着した土砂が河川へ流出することを抑制し、水質悪化リスクを低減します。自然生態系分野では、氾濫原を好む動植物の生育・生息地や避難場所を確保し、個体群の保全効果もあります。自然災害・沿岸域分野では、氾濫水を一時貯留する遊水地機能や内水を一時貯留する調整池機能により、川の水位を抑制することができます。

　また、都市内に樹林を整備する対策においても、4分野で効果が期待されます。自然生態系分野では、鳥類や昆虫類の生息環境・移動経路の保全に寄与します。自然災害・沿岸域分野では、健全な植栽基盤を整備すれば、河川への雨水流出を抑制したり遅延させたりできるほか、都市型水害の抑制にも大きな効果があるでしょう。健康分野では、高温時の日陰の提供など、都市の高温を緩和する機能もあるでしょう。国民生活・都市生活分野では、郊外からの涼風の導入などによりヒートアイランドが軽減され、都市環境が快適になったり、植物から季節が感じられるようになったりすることが期待されます。

　ここまでの例で自然生態系分野での効果が期待されていることからもわかるように、EbAには「生物多様性保全と両立しやすい」といったメリットもあります。これまで環境問題のなかでも、生物多様性保全や生態系といった分野は資金や投資面で立ち遅れていました。しかし、このように複数の課題を同時に解決できるEbAは、対策間でのコンフリクトを回避し、効率的・効果的な取り組みを可能にします。

　さらに、低コストで導入できる場合が多いのも特徴のひとつです。EbAによるアプローチは、大規模な人工構造物を設置する場合と比較して、初期コストが低いというメリットがあります。また、一定期間経過後に修復が必要な人工構造物と異なり、生態系は自己修復機能があるため維持管理コストが抑えられます。そのほか、気象や気候の変動性に対しても強いこと（レジリエンス）も利点です。

課題　多面的な機能を持つEbAですが、その効果は状況によって異なるため、人工構造物と比べて不確実性が含まれることが課題です。たとえば人工の防風壁と比べると、樹木による防風機能は季節によって機能が異なる場合があります。そこで近年では定量的な研究も進んでおり、たとえば防波機能についてはサンゴ礁により波のエネルギーが86％減衰されること、そしてマングローブ林も防波機能をさらに高めることなどがわかっています。

　今後は、EbAの不確実性を考慮したうえで、生態系と人工構造物のお互いの長所を活かした、総合的な対策を考えていくことが重要です。

海外事例　EbAの評価に関して課題が残るなかで、ドイツ国際協力公社はEbAの評価に関するガイドブックを公表しています。このガイドブックは、EbAの効果的なモニタリングと評価を設計し実行するために必要なプロセスを、次の4つのステップに分けて説明し

　＊「農業、森林・林業、水産業」「水環境・水資源」「自然生態系」「自然災害・沿岸域」「健康」「産業・経済活動」「国民生活・都市生活」が主要7分野（12ページ参照）

たものです。

ステップ1：EbA実施における明確な目標やそこへの道筋を描きます。
ステップ2：その目標を達成できるかどうかを測るための指標について、その重要性や選択方法を理解します。
ステップ3：モニタリング・評価のために収集できるデータの種類や、効果的で効率的なデータ収集・分析について理解します。
ステップ4：モニタリングや評価結果をどう役立てていくかについて理解します。

　このガイドブックをEbAに取り組む際の初期段階に活用することで、どのような筋道で目標を達成しうるのかを明確にすることが期待されます。
　また、海洋資源に依存している沿岸地域においては、気候変動による負の影響が顕著になってきています。フィリピンのヴェルデ島では、国際NGOによる脆弱性評価が実施されました。結果、島国ゆえに天候のパターン変化や海面上昇による洪水、侵食のリスク、沿岸の生態系の生息環境の劣化に対するリスクが挙げられています。費用対効果を比較した結果、従来型の土木工事と比較して、生態系を活用した適応策であるマングローブ林修復の効果が高いと判断されました。そこでマングローブ林100haが修復され、400haの保護と管理を実施した結果、マングローブの植生する沿岸は高潮や強風に対してより強固な自然の緩衝帯を作り上げたのです。

国内事例　気候変動に適応した地域社会を構築するうえでは、土地利用の考慮も重要となります。横浜市は2006年に「横浜市水と緑の基本計画」を策定して複数の関連計画と整合及び連携を図り、水と緑を一体的に捉えた総合的な施策を展開しています。公園や樹林地、農地などの緑地が有する多様な機能を保全することで、異常気象による雨水流出量増加やヒートアイランド現象の悪化に対する適応策としても期待できます。
　東京駅近くの丸の内仲通りを活用した社会実験「Marunouchi Street Park」は、道路空間を人々が快適に過ごすことができる広場に変貌させるべく、都市部のグリーンインフラのあり方などを検討しています。夏季には歩行者用に開放した道路に天然芝を敷き詰め、飲食店の屋外座席の増設やWi-Fi、電源の整備などを行い、快適な屋外空間を設営しています。緑化の機能や影響について分析したところ、9割が賛同し、飲食店の売り上げも大幅に向上、さらに芝生化で地表面温度が大幅に下がるなどさまざまな効果が得られることが明らかとなりました。

展望　気候変動の激甚化や頻発化によりさまざまな自然災害が懸念されるなか、EbAは台風による強風や洪水の被害を緩和し、高潮による沿岸侵食や淡水資源の塩害を防ぎ、農業生産性を高める効果など、さまざまな場面で私たちの暮らしを守ってくれます。地域には過去から受け継がれてきた自然災害に対する先人の知恵が数多く残されています。地域の自然生態系がEbAとしてどのように機能しているか考えをめぐらせ、保全につなげることが気候変動の適応策となりうるのです。●

NbS
Nature-based Solutions

長崎市郊外にある相川町馬乗川平休耕田は、かつてニホ
ンアカガエル、カスミサンショウウオ、ヘイケボタルな
どの市内最大の生息地だった。一時的に栽培を止めるこ
とで乾燥化が進み、希少生物が絶滅の危機に瀕したこと
もあったが、現在は人と自然が触れ合える貴重なビオトー
プとして維持管理されている

自然の力を活用して、さまざまな課題を解決していこうという取り組みはNature-based Solutions、略して「NbS」と呼ばれ、日本語では「自然を活用した解決策」と訳されます。これまでは自然を保護すること自体を目的としてきましたが、NbSでは自然を保護することで社会課題を解決することが目的です。具体的には、気候変動や食料と水の安全保障、人間の健康、自然災害、社会と経済の発展、環境劣化や生物多様性喪失などの社会課題が対象です。

NbSは2009年に国際自然保護連合（IUCN）が生み出した比較的新しい概念で、徐々にEUや世界銀行、国連など国際機関に浸透してきました。NbSの基本概念は、過去数十年にわたり知見が蓄積されたEbAに新規の要素が追加されたものです。2016年にはIUCNにより、「社会課題に順応性高く効果的に対処し、人間の幸福と生物多様性に恩恵をもたらす、自然あるいは改変された生態系の保護、管理、再生のための行動」と定義付けられました。2019年に欧州委員会が発表した「欧州グリーンディール（気候変動対策を軸にした成長戦略）」や「グリーンリカバリー（COVID-19からの経済回復策）」においてもNbSは重要課題として位置付けられています。

2021年にグラスゴーで行われたCOP26では、議長国の英国が力を入れるトピックとしてNbSを挙げました。これはNbSが気候変動の緩和と適応の両面、さらに生物多様性の保全をはじめとしたそのほかの分野にも寄与すると考えられているためです。

NbSには、EbAやEco-DRRのほか、地形や水の循環、生物など自然を活用した「グリーンインフラ」や、経済・社会的な福祉の最大化を図りつつ生態系の持続可能性を確保する統合的水資源管理、希少な自然環境を保全地域として設定し継続的な管理を行う生態系保全アプローチなど、さまざまな手段が含まれます。そのため、NbSがどこまでの範囲を含むのかの明確な基準やガイドラインが求められるようになりました。

これに対しては、2020年にIUCNからNbSのグローバルスタンダードが発表されています。これは8つの基準と28の指標から構成されるものです。各基準ではNbSの設計や検証について整理され、社会課題の解決に資するNbSの強固な枠組みが提示されています。

海外事例　世界中の多くの都市には、産業廃棄物で汚染されたり使われなくなった施設の跡地など、何らかの理由で利用されていない土地が多く存在します。ドイツのライプツィヒではそれらの土地に植林をし、都市林に変える試みが行われました。このプロジェクトは、投資と管理のコストが低かったこともあり資金調達が容易で、連邦自然保護庁の資金援助を受けて3つの都市林が作られました。

その後10年にわたるモニタリングの結果、都市の気候や大気環境の改善、隣接区域の価値向上、防災、憩いの機会の創出、生物多様性の促進などに対して効果があったことが観測されています。たとえば隣接区域の価値向上に関しては、ライプツィヒ全体の人口推移も関係していると考えられているものの、都市林の周辺のアパートの空室率は、2013年の21.6%から2018年には7.8%まで減少しました。豪雨の際の防災機能に関して、植林した土地は10〜20年後の時点で目に見えて土壌の状態によい変化が起きており、植林されていない土地と比較して洪水対策に役立つことがわかりました。このように都市林は、

都市に新しい生態系を作りさまざまな便益を提供するNbSとして期待されています。

国内事例　沖縄県の宮古島は、標高の最高地点でも120mに満たないほど平坦で低い台地からなる島です。平坦な地形は農耕に適することから、島の総面積の52％が耕地である一方、森林面積は16％と県平均（46％）と比較しても小さく、ほかの地域に比べて風を遮る山岳などもないため、台風による強風被害や塩害を受けやすい地域となっています。また、主要農作物がサトウキビや葉タバコといった台風の影響を受けやすい作物であることから、台風被害によって作物生産が大きく左右されます。今後も気候変動によって強風や台風の被害が増加することが予想され、農作物への影響も拡大することが危惧されていました。

そこで宮古島では、地域住民が主体となって、防風林の整備と普及活動が進められています。防風林は風を遮ることで周辺地域の風速を下げ、強風被害を軽減することができます。また、風によって舞い上がった塩分が防風林に付着することで、塩害を軽減する効果もあります。防風林はこれらの効果のほかにも、耕土の流出防止やCO2吸収による地球温暖化防止への貢献、換金性のある果樹導入による経済効果など、多方面にわたる効果が期待されています。2003年に襲来した台風14号は、電柱や風力発電用風車の倒壊などの甚大な被害をもたらしましたが、防風林の整備された地区の被害は比較的小さかったとされています。このことからも、宮古島では防風林の重要性が再認識されることになり、地域住民による防風林の植樹や維持管理活動が積極的に行われ、さらに防風林の重要性の普及啓発を目的とした「防風林の日」が沖縄県で定められるなど、積極的な取り組みが展開されています。

気候変動の影響で今後も増加が予想されるゲリラ豪雨への対策として、「雨庭*」が注目されています。「雨庭」は、窪地に雨水を一時的にためておき、1〜2日かけて徐々に地下に浸透させる機能を持った植栽空間です。これにより大雨の際、下水道に流れ込む水の量を抑え、内水氾濫のリスクを減らします。

展望　NbSは効果が出るまでに時間がかかるため、長期にわたり継続的に取り組むための資金が欠かせません。現状、公民合わせた気候変動関連資金のうちNbSに投資される割合はわずかで、必要な額をはるかに下回っています。2017年から2018年の世界の気候変動関連資金全体のうち、NbS関連への投資はわずか3％程度で、なかでも緩和のために投資された年間5320億米ドルのうち、NbS関連への投資はわずか2％でした。COP26では公的資金を優先的に投資すべき分野のひとつにNbSを挙げています。

NbSを実施するためのコストがGDPの6％に達する国もあることを考えると、民間・公的資金の両面で拡大が求められる分野です。今後NbSの効果を高めるための既存施策と組み合わせた技法の開発や、NbSの適用に関する科学的知見の蓄積も求められます。気候変動対策として設置されたメガソーラーや風力発電設備が地域によって自然生態系に悪影響を及ぼすこともあるように、気候変動対策と生物多様性保全はトレードオフの関係になる場合もあり、NbSに対しては継続的な検証と議論が必要です。●

Natural Disasters and Coastal Areas

自然災害・沿岸域

特別警報という言葉から、あなたはどんなことを想像しますか？「特別警報」は大雨、暴風、高潮、波浪、大雪、暴風雪について、重大な災害が起きる可能性が非常に高く、最大級の警戒を呼び掛ける新しい防災情報です。2011年の東日本大震災や紀伊半島を襲った台風12号において、気象庁が重大な災害の警戒を呼び掛けたにもかかわらず有効な伝達手段がなく、関係市町村長による避難勧告や避難指示の発令、住民の迅速な避難行動につながらなかったという課題に基づき、2013年から運用が開始されました。特別警報は、およそ10年の間、毎年のように1〜4回程度発令されており、自然災害が激甚化・頻発化していることは疑う余地がありません。

　人々の命と社会の機能を守る防災対策の基本は、災害に遭わない、たとえ被災しても致命的な被害とならないよう、社会のレジリエンス（防災・減災）を高めることです。気候変動の進行により、従来の防災施設では災害を防ぎきれない可能性を考慮し、災害発生の頻度も踏まえて、どの対策を優先的に進めることが社会のレジリエンス強化につながるか平時から検討しておく必要があります。

　これまで、国や地方公共団体が主体となって防災に取り組んできました。しかし近年、激しさを増す自然災害に備えるためには、あらゆる関係者が連携・協力していく必要があります。令和2年に環境省と内閣府が発表した気候危機時代の「気候変動×防災」戦略では、個人・企業・地域は、自らの命は自らが守る「自助」と、みんなと共に助け合う「共助」の考えに基づき、防災意識は他人事ではなく「我が事」として捉える時代なのです。●

2019年、台風19号により千曲川流域では甚大な被害がもたらされた。長野市穂保では村山橋下流左岸の堤防が約70mにわたって決壊した

逃げる
Escape

極端な気象災害に対しては、どんなに備えても防ぎきれるものではありません。災害から逃げ遅れないために、災害の危険度や警戒レベルに応じた避難行動が何より重要です。命を守るため、ハザードマップや避難計画などの「事前準備」、災害の危険性が高まった際の情報収集などの「避難準備」、的確な判断と行動による「避難」の流れを意識して、「逃げる」備えをしておきましょう。

事前準備　事前準備には、ハザードマップの活用やタイムラインの策定、防災訓練・防災教育などがあります。これらは続く「避難準備」の際の判断材料となり、避難行動につながる重要な役割を担います。浸水や土砂災害など、自然災害の発生が想定される区域や、避難場所、避難ルートなどの防災に役立つ情報を地図上に示したものが「ハザードマップ」です。洪水・土砂災害・高潮などのリスク情報や、道路防災情報などをひとつの地図上に重ねて表示する「重ねるハザードマップ」があれば、複数の自治体をカバーした災害リスク情報を把握できます。災害事象ごとに危険な範囲を確認し、最悪の被害を想定して、自分にとって最も適した避難の方法を考えることが重要です。

自治体や企業、住民が一体となり、災害発生時の行動を主体別に時系列で示したものを「タイムライン（防災行動計画）」といいます。いつ・誰が・何をするのかがひと目でわかるため、災害発生時の対応の足並みがそろって、効果的な対応が可能となります。タイムライン

の検討時に各機関が集まって情報を共有することで、顔が見える関係を築いて連携を強化する効果も期待できるほか、住民一人ひとりが自らの行動を整理する「マイ・タイムライン」の作成も進められています。

防災への関心を高める意識啓発や、行動の実効性を高めるための教育・訓練については、パンフレットの配布、ハザードマップなどの説明会、防災講座、まち歩きによる「避難経路の確認、避難訓練」など、地域コミュニティの実情に合わせた実践的な企画が求められます。また、避難計画やタイムラインの実効性を検証し、定期的な見直しを行うとともに、防災教育・防災訓練を繰り返し行い、コミュニティ全体の防災行動の底上げを図ることも大切です。これらを行うことで、地区単位での防災計画の策定が進み、市町村単位の計画と連携した地域の防災力の向上が図られます。

避難準備　気象情報などから災害発生の危険性が予測された場合、避難行動のための情報をリアルタイムで適切に収集する必要があります。水害・土砂災害の災害リスクは、情報の混乱を避けるため、5段階の警戒レベル*で表示が統一されています。表示の代表的なものとして、気象庁の「危険度分布（キキクル）通知サービス」や国土交通省の「逃げなきゃコール」など、メールやスマートフォンアプリを使ったプッシュ通知の取り組みも進んでいます。また、地方公共団体やライフライン事業者などが発する災害関連情報を、多様なメディアへ一括発信できる「Lアラート」と

*168ページ参照

いうシステムも活用されています。Lアラートの情報が得られる防災アプリを入手しておくと、いざというときに役立つでしょう。

避難　自治体が指定する公共施設だけでは、地域住民を十分に避難させることができない可能性があります。その場合は、事前に協定を結んだ民間の宿泊施設や休憩施設などを避難場所として活用することも有効です。都市の再開発時に、計画段階から一時的な「避難スペースや避難通路の整備」を組み込んだまちづくりを行う場合もあるようです。

　災害の警戒レベルは5段階までありますが、避難はレベル4（紫）までに完了することが重要です。レベル5「災害切迫」（黒）の段階ではすでに災害が発生している可能性があり、命の危険が迫っています。急激に状況が変化した場合はレベル5（黒）の発令が間に合わないことも多いため、注意が必要です。この段階での屋外への移動は危険であり、その場でただちに頑丈で安全な建物に身を寄せ、2階以上の高い場所へ移動して退避する「垂直避難」で安全を確保することが重要です。

　土砂災害は突然襲来し、破壊力が大きいため、土砂災害警戒情報が発表された段階で早めの避難を行うことが基本ですが、万が一移動できなかった場合の退避場所として、崖からできるだけ離れた丈夫な場所を事前に把握しておくことも大切です。

　今後も気象災害が激化し多発する可能性もあるなか、避難情報を受けても実際に避難する人の割合は多くありません。2018年の西日本豪雨を受けて気象庁が実施した調査では、避難指示・勧告の対象者のうち実際に避難した住民は0.5％にとどまりました。避難した約3割は周囲の状況が悪化してから行動し、さらに約3割は周囲からの呼びかけで避難し

たといいます。また、避難した住民の半数近くが特に何の情報も参照しなかったと回答しています。テレビやインターネットニュースなどの多数のメディアで気象情報を伝えても、避難行動につながるほどの危機感を抱かず経験則で判断する人が多いことや、防災気象情報の持つ意味や使い方が十分に理解されていない実態が明らかになったといえます。

　確実に避難するためには、自分の身に迫る危険を正しく認識し、実際に災害が発生したときの的確な情報の把握、タイミングを逃さない避難の判断と行動、周囲への避難の呼びかけが非常に重要です。また、自助・共助・公助が適切に連携した避難行動により、地域全体の防災意識を高める必要もあります。

　さらに、防災情報は2種類の使い分けが必要です。ひとつは、災害発生時の緊急的な避難の必要性や危機感を、簡潔にひと目でわかりやすく伝える情報です。もうひとつは、理解を深め、具体的な見通しを立てたり、対応を検討することを目的にした、丁寧な解説情報です。これらが状況に応じて適切に入手できるよう、情報を体系的に整理し、日頃から意識しておくことが大切です。

海外事例　アメリカでは実災害でタイムラインが功を奏した事例があります。2012年に発生したハリケーン・サンディによる災害は、被害総額が8兆円を超えるなど甚大な経済損失を与えた一方で、タイムラインに沿った計画的な行動により、大きな減災効果があったとされています。地下鉄は1日前に計画的に運行を停止、浸水による被災後も最短2日で一部区間の運行を再開しました。住民の避難は、ハリケーン上陸の36時間前に州知事が呼びかけ、上陸までに防災担当者や消防団も含め、安全に避難が完了する計画が遂行され

ています。

国内事例　2018年西日本豪雨の教訓を踏まえ、国土交通省は「住民自らの行動に結びつく水害・土砂災害ハザード・リスク情報共有プロジェクト」を立ち上げました。情報を発信する行政とそれを伝えるメディアがそれぞれの特性を生かし、情報の一元化と単純化、我がこと意識の醸成、実感が持てるリアリティの追求、災害時の意識の切り替え、地域コミュニティの強化、情報入手の容易性強化という観点から具体的な連携策を整理し、取り組みを進めています。

　内閣府は住民が自ら避難行動をとることができるための活用ツールとして「災害・避難カード」を提供しています。2016年の普及事業のモデル地区となった愛媛県内の地区では、自主防災組織が主体となりワークショップと訓練を行い、全戸にカードの配布を行いました。その結果、2018年西日本豪雨で河川が氾濫し地区が浸水した際も、犠牲者が出ず効果が発揮されたのです。

　2015年の関東・東北豪雨で甚大な被害を受けた鬼怒川下流部の7つの市町と県、国が連携して進める「鬼怒川緊急対策プロジェクト」では、ソフト対策としてタイムラインの整備と、それに基づく訓練、関係機関が参加した広域避難の仕組みづくりなどが進められました。この取り組みで開発された低年齢層向けのマイ・タイムライン作成ツール「逃げキッド」は、流域各所の自治会や学校で講座が開催され普及に貢献しています。こうした事例は鬼怒川流域だけでなく、全国で活用できる汎用型も作成されています。

　奈良県では、2016年に木津川上流の流域で水害と土砂災害の複合災害を想定した「減災ワークショップ」が実施されました。住民主体で、まち歩きによる防災マップづくりと大型台風を想定したタイムラインづくりが行われています。山形県では、最上川流域の河川管理者と自治体間で、電話とメールを共用した「二重のホットライン」の取り組みが進められています。電話は即応性があり柔軟な情報伝達が可能な一方で、聞き漏らしや記録漏れも考えられ、輻輳（ふくそう）による通信の支障も課題です。電話と並行してメールによる伝達を行うことで、図面など具体的な資料の共有もでき確実な情報伝達が可能となります。

　郡山市は従来のタイムラインを細分化し、役割や行動を明確化した「郡山市タイムライン（詳細版）」を作成しました。庁内外の実働に関係する各機関が一堂に介するワークショップ形式で検討会を行い、担当者同士の顔の見える関係づくりも進めました。2017年の超大型台風が通過した際は、詳細版タイムラインを基に適切な対応を進めることができました。

　滋賀県は「滋賀県流域治水の推進に関する条例」を策定し、流域治水の基礎情報として、大河川だけでなく身近な水路の氾濫も考慮した浸水想定地図「地先の安全度マップ」を公表しました。より実際的な避難行動を検討するうえで、活用が期待されています。発生確率と大雨の規模は、10年に1度（概ね1時間に50mm）、100年に1度（概ね1時間に109mm）、200年に1度（概ね1時間に131mm）の3パターンで示し、それぞれのリスクがひと目でわかる仕様となっています。

　陸域の約7割がゼロメートル地帯の東京都江戸川区は、大規模水害時に2週間以上水が引かない恐れがあることから、早期の自主的な広域避難と積極的な避難を促すための補助制度を設けています。これは江東5区（墨田区・江東区・足立区・葛飾区・江戸川区）が

滋賀県の重点地区である東近江市きぬがさ町の大同川。中小河川における避難判断の目安となる簡易量水標や小型のIoTセンサーを設置し、観測データを市民に情報共有している

広域避難情報を共同で発令した際に、区民がホテルや旅館などの宿泊施設を自主的な広域避難先として確保するように促すものです。また、宿泊先の確保として旅行会社やホテル・旅館団体と協定を締結しています。

展望 どんなに備えても防ぐことが難しい災害に直面する危険性は、気候変動によって今後も高まることが予想されます。あらゆる適応策を講じたとしても、限界に直面する事態が否定できない以上、「どうやって逃げて命を守るか」という思考は、私たちがとれる最終手段になります。気候危機の時代においては、最悪の想定も踏まえた適応策を一人ひとり考えていくことが求められています。●

防災情報
Disaster Prevention Information

気候変動による自然災害の頻発化や激甚化は、社会経済や住民生活に深刻な影響を与えます。日本では大雨や暴風によってもたらされる災害だけでなく、巨大地震のリスクもあり、災害に強い社会づくりに向けてさまざまな取り組みが行われています。国や地方公共団体は、防災・減災・国土強靱化を目指し、防災テクノロジーやアプリシステムを活用した適応策の導入を進めています。近年では企業も自然災害による影響が無視できなくなり、BCP（事業継続計画）や従業員の安全確保を目的に防災情報の導入が広がっています。

　気象庁は気象現象や発生する恐れのある災害の内容を踏まえ、警戒度の高いものから順に、特別警報、警報、注意報、早期注意情報を発表しています。

特別警報：大雨（土砂災害、浸水害）、暴風、暴風雪、大雪、波浪、高潮の6種類
警　　報：大雨、洪水、暴風、暴風雪、大雪、波浪、高潮の7種類
注意報　：大雨、洪水、強風、風雪、大雪、波浪、高潮、雷、融雪、濃霧、乾燥、なだれ、低温、霜、着氷、着雪の16種類
早期注意情報：大雨、暴風（暴風雪）、大雪、波浪、高潮の5種類

色別に把握

　土砂災害・洪水・高潮に関する防災気象情報は、災害対策や避難などの行動を段階的に促す「警戒レベル」と対応しています。警戒レベルは白、黄、赤、紫、黒と5色で統一されており、ひと目でレベルがわかるようになっています。

「警戒レベル1（白）」災害への心構えを高める段階で、「早期注意情報（警報級の可能性）」相当。

「警戒レベル2（黄）」避難行動をとるための確認が必要とされる段階で、「注意報」「氾濫注意情報」相当。

「警戒レベル3（赤）」高齢者など避難に時間を要する人が避難を必要とする段階で、「警報」「氾濫警戒情報」相当。

「警戒レベル4（紫）」避難指示が発令される目安となる段階で、全員がこの時点で安全な場所に移動しておく必要があります。防災気象情報では「土砂災害警戒情報」「高潮特別警報・高潮警報」「氾濫危険情報」相当。

「警戒レベル5（黒）」すでに災害が発生している可能性が高く、命の危険が迫っている状況で、「大雨特別警報」「氾濫発生情報」相当。この時点では場所を移動しての避難が難しくなっている場合もあり、できるだけ上の階へ退避するなど命を守る行動が必要です。

キキクル　気象庁では雨水の挙動を模式化し、「土壌雨量指数」「表面雨量指数」「流域雨量指数」という指標を用いて災害リスクの高まりを表現しています。「土壌雨量指数」は、降雨による水分が土壌中にどれだけ含まれているかを数値化したもので、土砂災害の発生危険度の判断基準になります。「表面雨量指

数」は、アスファルトで覆われた都市部では雨水が地中に浸透しにくい特性があることなどを考慮し、雨水が地表面にどれだけたまっているかを数値化したもので、大雨警報（浸水害）などの判断基準に使われます。「流域雨量指数」は、全国約2万河川を対象に、降った雨が河川に流れ出す量を数値化したもので、洪水危険度を把握することができます。これらの指数を用いることで、単なる雨量の数値よりも災害発生の危険度が適切に判断できるようになっています。

　警報・注意報が発表された場合、実際にどこで災害の危険度が高まっているのかを、指数の予測値を基に地図上にメッシュ表示したものが「キキクル（警報の危険度分布）」です。キキクルには、大雨警報（土砂災害）の危険度分布を示す「土砂キキクル」、大雨警報（浸水害）の危険度分布を示す「浸水キキクル」、洪水警報の危険度分布を示す「洪水キキクル」があります。キキクルの危険度は、警戒レベル2（黄）から警戒レベル5（黒）に対応した4段階の色で地図上に示され、ひと目でどのレベルにあるかを判別できます。

逃げなきゃコール　多様な手段で防災気象情報を得られる現代においても、子や孫と離れて暮らす高齢者などは、日常的にはスマートフォンやテレビなどのメディアを利用していないことがあります。そのような人たちは災害発生時に必要な情報が得られず、災害に巻き込まれてしまう可能性があります。また、仮に情報を得ていたとしても、自身の経験から状況を軽く見てしまい、適切な避難行動がとられない例も少なくありません。

　このようなケースを防ぐため、高齢者などに災害の危険が迫った際に、離れて暮らす家族が直接電話で避難を呼びかける「逃げなきゃコール」という取り組みが進められています。この取り組みは、事前に入手したスマートフォンアプリやサービスを利用し、対象となる高齢者などが住む地域を家族が登録することで、登録地域に水害などの危険が迫った際にその情報が家族にプッシュ通知され、電話で直接避難を促すことができる仕組みです。アプリやサービスを提供するNHK、ヤフー、KDDI、NTTドコモの4社とともに、国土交通省が主体となって周知などの取り組みを進めています。

Lアラート　災害発生時に、地方公共団体やライフライン事業者などが、災害の状況や避難情報などを共通基盤へ入力することで多様なメディアへ一括発信できるシステムを「Lアラート（Local alert）」といいます。防災気象情報だけでなく、避難指示などの避難情報、避難所開設情報、災害関連のお知らせ、ライフラインの情報など、災害発生時の市民に必要な情報が一元化され伝えられます。自治体などの情報発信者にとっては、個別の連絡を行う手間が省けるだけでなく、隣接エリアの情報などもリアルタイムで把握できます。メディアなどの情報伝達者にとっては、公的な機関からの確かな情報が統一されたフォーマットで届くため、正確で素早い情報伝達が可能です。地域メディアの事業者などが広範囲の災害情報を入手するのも容易で、地域の実状に合わせた情報を提供しやすいというメリットがあります。

　情報を受け取る地域住民にとっては、テレビ、ラジオ、データ放送、インターネット、携帯電話へのプッシュ通知、アプリなど、各自が閲覧しやすい方法で確かな情報を受け取ることができて、街中のデジタル看板などでも情報発信されています。

[上] 防災情報をスマホにプッシュ通知するヤフーの防災アプリ

[右] 茨城県日立市の天気相談所は専属の気象予報士が独自の気象予報を市民に提供している。地形の影響で沿岸部と山間部、北部と南部で気象状況が異なるため、地形の状況に合わせて観測所を配置し、そのデータを参考に予報を行っている。観測データと予報だけでなく、災害を引き起こす恐れのある異常気象等の事前予測と防災気象情報の提供も行っている

海外事例　2023年3月19日、アメリカやカナダ、オランダ、日本などの世界の例にならい、イギリスでも新しい緊急警報システムが開始されました。このシステムは、国民の命に危険がある場合に、携帯電話やタブレットに直接警報を発信するもので、緊急メッセージとともにどのように対応すべきか明確な指示を伝えます。国内の定められたエリア内のおよそ90%の携帯電話を網羅し、聴覚や視覚に障害のある方を想定して警報は振動でも伝わるようになっています。警報は基本的に英語で送られますが、ウェールズではウェールズ語でも発信されます。運用から2カ月時点ではまだ発信に至った例はありませんが、今後、洪水や山火事といった災害での活用が期待されています。

オーストラリアでは、山火事、洪水、嵐、サイクロン、熱波やその他深刻な事象の際に情報を発信し、対応を促すオーストラリア警告システム（AWS）が2021年3月に採択されました。これまでは災害のタイプにより異なる警告システムが存在していましたが、新しいAWSではこうした災害へのアプローチ

として国内で統一した三角形のアイコンを用いて3段階で色別に表示しています。一人ひとりが警告レベルを見るだけでどう行動すべきかわかることが期待されています。

国内事例　「Safety tips」は観光庁監修のもとに開発された訪日外国人向けのアプリで、日本国内における緊急地震速報や津波警報、噴火速報、特別警報、熱中症情報、国民保護情報、避難勧告などの防災情報を14カ国語で提供しています。外国人を受け入れ可能な医療機関や交通機関の運行状況、避難所情報も入手できるほか、被災時にとるべき行動のフローチャート、コミュニケーションカードなどはオフラインでも利用でき、外国人旅行者が災害時に役立つさまざまな機能があります。

　大阪府は、災害時の外国人旅行者たちに情報提供できるよう「Osaka Safe Travels」を運用しています。これは災害時などに必要な情報を12言語で一元的に提供するWebサイト・スマートフォンアプリで、QRコードの入った名刺大のカードを府内の観光案内所などで配布しています。また、支援フローとガイドラインを作成し、外国人旅行者の支援に必要な予備知識や災害時の対応が円滑にいくようサポート体制を整えています。

　茨城県日立市には、全国で唯一の自治体直営の天気相談所があります。日立市天気相談所は1952（昭和27）年に開設され、その前身となる観測所は1910（明治43）年に建てられており、100年以上前から気象観測を続けています。市内に7カ所の観測所があり、10分間隔で最新データをリアルタイムで発信しています。市は防災行政無線の戸別受信機を各戸配布しており、台風や大雪、熱中症警戒などに関する注意喚起も行います。市の

防災対応では、避難所設置や避難指示を判断する会議などで、天気相談所の独自予測資料を提供しています。どのくらいの雨量や暴風になるのか、いつまでに避難の準備が必要かなどの判断に向けた情報を解説し、サポートしています。

展望　デジタル庁が主体となって取り組みを進めている「デジタル社会の実現に向けた重点計画」では、その施策のひとつにLアラートによる迅速な災害情報発信や発信情報の拡充・利活用の拡大が掲げられています。Lアラートは今までの役割だけでなく、今後は地理空間情報と併せて情報が活用されることで、質の高い避難所情報などが提供され、地域住民の具体的な避難行動につながることが期待されています。

　また、総務省も令和4年版の情報通信白書において、ICTを活用することによる効率的・効果的な防災・減災の実現について言及しています。住民向けの防災情報提供について、スマートフォン内蔵のGPSによる位置情報やアプリ上の情報、被災者が発信した情報などをAIなどで分析することで、被災者が必要とする情報を効率的に伝えることが可能となり、より迅速で的確な避難行動につながることを期待しています。●

守る
Protect

気候変動の影響により近年発生している災害事象は、過去の実態を超えた想定外の大きさになる可能性があります。気候変動が原因となり激化する災害の代表は、洪水、内水、高潮・高波、土石流・地すべりといった風水害に関わるものです。現在、こうした災害を防止するためのハード対策は、「過去」に発生した現象を踏まえ、データ解析やシミュレーションなどを行って計画を策定し、設計や配置が行われた施設が中枢を担っています。しかし今後は、「将来」の気候予測のデータに基づき、施設の処理能力を上回る災害が発生することを前提とし、被災しても致命的な被害とならない「減災」の観点から適応策を構築するとともに、社会全体で災害に備えるソフト対策の充実も重要です。また、気候変動だけでなく、人口の減少やインフラの老朽化など、社会経済の状況も変化しています。両者の変化を踏まえ、想定される自然災害ごとに、関係するさまざまな機関がどのように連携し、防災・減災の取り組みを進めるべきかひとつずつ整理していきましょう。

適応策　河川の増水などにより河川敷内に水があふれること、および堤防などが決壊し河川敷外に水があふれることを「洪水」、多量の降雨などにより河川外で排水が困難になり浸水することを「内水」と呼びます。気候変動により激甚化が懸念される水害の代表ともいえます。近年では、平成30年7月豪雨や、令和元年東日本台風により甚大な被害がありました。こうした洪水や内水に関しては、「流域治水」という考えに基づき、河川流域のあらゆる関係者が協働し、気候変動により想定される被害を軽減するための対策が進められています。

台風などの低気圧により発生する高潮や強風により発生する高波の対策としては、海岸堤防や水門の強化が重要です。供用期間中の気候変動にも対応できるよう、必要に応じて高さを追加できる工法など、順次対策を講じることができる工法の採用が望ましいとされています。また、堤防や消波工の整備とともに、自然のサンゴ礁の機能を模した人工リーフや砂浜も組み合わせて波の力を分散させて受け止める「面的防護方式」も有効です。この方式は砂浜の侵食対策などの海岸保全効果も期待できます。既存の海岸堤防は、2015年時点で整備されてから50年以上経過したものが約4割にのぼるため、施設の更新の際に上記の取り組みを検討する必要があります。外力の増大への対応は、継続的な海象のモニタリングや沿岸の土地利用の動向などを踏まえたソフト・ハードの両面から最適な対策を検討し、中長期的な戦略で整備することが大切です。

土砂災害対策としては、計画規模を上回る土砂が移動した際に少しでも長く堰き止めて減災効果を発揮できるよう、砂防堰堤の構造や工法を検討し、効果的な施設の配置を行うことが重要です。具体的には、すべり面付近の地下水を排除したり、移動する土塊の上部を軽くしたりして地すべりの原因を排除する「抑制工」や、地すべりを構造物で防ぐこ

とにより安定化を図る「抑止工」があります。気候変動により、今後、台風や梅雨前線の東進・北進が予測されるなか、これまで集中豪雨が多発していた地域だけでなく、降水量が比較的少ないとされていた地域でも、集中豪雨に見舞われる可能性が高まります。土砂災害は降雨や地形などの自然的要因だけでなく、山林の開発や保全状況などの人的要因も関係するため、正確に発生を予測することは容易ではありません。気候変動を踏まえてどのような土砂移動現象が頻発化するのか、あるいは新たに顕在化するのかを社会全体で認識し、砂防堰堤の強靭化などのハード対策とともに、自助・共助・公助が一体となった取り組みを進める必要があります。

海外事例　アメリカ・ワシントンD.C.の上下水道を管理運営するDC水道局では、海面上昇の影響を受けやすい高度排水処理プラント（水処理施設）を洪水から守るため、1320万ドルを投じてプラント周辺に17フィート（約5m）の防波堤を建設する計画を立てました。これは500年に一度の洪水からプラントを守るもので、プラント内には独自の熱電供給施設も建設しました。緊急時の電力供給を確保するだけでなく、発電所の炭素排出量を3分の1に抑えることが期待されています。

　ドイツ南部では、1999年に立ち上げられたバーデン=ビュルテンベルク、バイエルン、ラインラント=プファルツの各州と、ドイツ気象庁によるKLIWA協同プロジェクトが示した気候変動影響予測をもとに、その影響を考慮した設計流量に基づく新たな洪水防御施設計画が策定されています。堤防や擁壁は、従来の計画どおり整備したうえで施設の周囲を確保し、必要に応じて嵩上げや拡幅な

どの増強が可能となるよう設計されています。橋梁はあらかじめ気候変動を考慮した設計流量に対応できるよう計画されています。

国内事例　山地面積が大きく土砂災害の発生危険箇所が多い長野県では、土砂流出の著しい渓流の下流の人家や耕地、公共施設などを守る砂防堰堤を整備しています。砂防堰堤には、堆砂による補捉や勾配の緩和機能を持つ不透過型、土石流とともに流木を食い止める透過型、両者の中間の特性を持つ部分透過型があり、目的に応じて配置されているほか、高さ15m以上の大型砂防堰堤も設置されています。2021年8月の大雨では県内で37件の土砂災害が発生したものの、砂防堰堤が土砂や流木を補捉し、下流への被害を未然に防ぐことに成功しました。

　国内では防災分野へのDX推進が加速しています。経済産業省は衛星データのオープンプラットフォーム「Tellus」を立ち上げ、さまざまな衛星データや解析ツールの無償提供を行っています。AIやIoTなどのデジタルデータ解析に長けた企業が衛星データを活用し、災害予兆を捉え、避難行動や復旧作業などにデータを活用する技術を開発する動きもあります。内閣府は防災面におけるデジタル技術の活用促進のため、災害対応を行う地方公共団体と民間企業が持つ先進技術のマッチングや効果的な活用事例の横展開を行う場として、2021年に「防災×テクノロジー官民連携プラットフォーム」を設置しました。またデジタル庁は「防災DXサービスカタログ」を公開し、民間企業で開発された防災サービスの情報提供を行っています。

展望　これまでの防災に対する取り組みは、国や地方自治体などの行政を主体に、ハード

面での対策が多く行われてきました。しかし気候変動の影響により、想定を超える自然災害が発生するなか、社会のレジリエンスを強化するためには、民間企業が持つデータや先端技術を活用するなど、従来の対策に加えて新しい防災の取り組みも必要とされています。●

[左上] 長野県小海町の河川護岸整備。堤防の越水対策や法面の強化などを行った
[右上] 東京湾に注ぐ隅田川はさまざまな機能や資産が集中する東京を支える基盤を担っているが、その両岸の護岸は洪水や高潮などの災害時において都民の生命や財産を守る重要な役割を担っている
[下] 東京および神奈川を流れる鶴見川の水位が上昇した際に河川水を貯留し洪水の危険から周辺地域や下流域を守る「鶴見川多目的遊水地」

流域治水
River Basin Disaster Resilience and Sustainability by All

気候変動による水災害の激甚化や頻発化を受けて、雨水が河川に流れ込む集水域や河川区域だけでなく、河川の氾濫などで浸水が想定される氾濫域までをひとつの流域として捉えた災害対策のことを「流域治水」といいます。これまでは河川管理者が主体となって河川整備による治水管理を行っていましたが、流域治水は河川流域全体のあらゆる関係者が協働し、ため池や田んぼなども含めた雨水貯留浸透施設の整備や土地利用の規制、利水ダムの事前放流など、使えるものはすべて使って流域全体の水害を軽減させることを目指しています。

　流域治水は、治水計画を過去の降雨や潮位ではなく、気候変動による降雨量の増大や潮位の上昇を考慮したものに見直し、地域の特性に応じて、氾濫をできるだけ防ぐ・減らすための対策、被害対象を減少させるための対策、被害の軽減、早期復旧・復興のための対策を考えて実施します。近年、流域全体のあらゆる関係者が協働し、ハード対策とソフト対策を一体的かつ多層的に推し進める取り組みが各地で広がっています。

流域全体の対策　従来の「総合治水」は、都市部の河川に対するもので、調整池の整備など、都市化による雨水の河川流出増を抑えるための暫定的な対策が中心でした。これに対し「流域治水」は気候変動に伴う水災害に備えるため、対象を全国の河川に拡大し、流域全体において総合的かつ多層的な対策を実施するものです。具体的には、河川整備の加速

化に加え、流域の既存施設の活用、リスクの低いエリアへの居住誘導、住まい方の工夫など、管理の区分にこだわらずに流域内で取り組めるさまざまな対策を実施します。実施主体も国や流域の地方公共団体、企業、住民などあらゆる関係者に及びます。

国の取り組み　日本の流域治水に関する取り組みは、国土交通省を中心に関係省庁や地方自治体、民間事業者などが一体となって進めています。2019年東日本台風や2020年7月豪雨などで大きな被害を受けた水系については、再度災害防止のために「緊急治水対策プロジェクト」が策定され、堤防やダム、遊水地の整備や河道掘削といったハード整備を中心とする河川対策、雨水貯留施設や排水路などの整備を通じた浸水被害軽減のための流域対策、河川監視システムの導入やマイタイムラインの普及といった減災に向けたソフト施策について、国・県・市町村が連携して進めています。

　また、国土交通大臣が国土保全上または国民経済上特に重要として指定した水系「一級水系」は全国で109水系になりますが、このすべてで同様の取り組みが行われています。2020年、各一級水系において、国・都道府県・市区町村・民間事業者などの機関が参画する「流域治水協議会」がそれぞれ設置され、翌年には全一級水系において「流域治水プロジェクト」が一斉に公表されました。この際、二級水系でも12件の流域治水プロジェクトが策定され、その数は約500件（2023年3月

時点）にまで伸びています。このプロジェクトは、対象となる水系の流域全体で、河川整備、雨水貯留浸透施設の整備、土地利用規制、利水ダムの事前放流など、あらゆる関係者の協働による治水対策の全体像がとりまとめられた初の取り組みであり、「さまざまな対策とその実施主体の見える化」「対策のロードマップを示した連携推進」「あらゆる関係者と協働する体制の構築」という3つのポイントを踏まえ、ハードとソフトが一体となった事前防災対策が総合的かつ多層的に進むことが期待されています。

　こうした取り組みを加速させるため、国の関係16省庁が垣根を越えて連携する「流域治水の推進に向けた関係省庁実務者会議」を2020年に設置し、翌2021年には各省庁の連携施策などをまとめた流域治水推進行動計画を策定しました。一方、これらの枠組みが整えられても、高齢化や人口減少が進むなか、インフラ管理や被災状況の把握などについては人手やリソース不足による課題も多く残ります。こうした状況に対応するため、デジタル技術や新技術を活用し、防災・減災対策の質や生産性を飛躍的に向上させる「流域治水ケタ違いDXプロジェクト」を国土交通省では推進しています。維持管理が容易な排水ポンプや、ワンコイン浸水センサー、三次元データを活用した災害早期復旧技術など、実用化に向けた取り組みを支援し、流域治水の推進を図っています。

国内事例　熊本県は、2020年7月豪雨で大きな被害を受けました。特に球磨川流域においては、線状降水帯の発生に伴って時間雨量30mm以上の激しい雨が8時間以上続き、球磨川の計画規模を超えた雨量により浸水被害や家屋倒壊が多く発生したほか、17の橋梁が流失するなど交通インフラへの重大な影響がありました。復旧に向けて住民の命を守る一方で、球磨川自体もかけがえのない資源として守るため、新たな流水型ダムなどを含めた「緑の流域治水」という方針を打ち立て、短期的に取り組む「球磨川緊急治水対策プロジェクト」と、これらを包括して中長期的に取り組む「球磨川水系流域治水プロジェクト」を策定しました。これらに基づき、集水域の対策として、水田の雨水貯留機能を活用した「田んぼダム」の推進、農業用ダムやため池、用水路などの農業利水施設の活用、学校の校庭や公園などに雨水を貯留・浸透させる施設の整備、森林整備による貯留機能の強化、治山事業・砂防事業による土砂や倒木の流出対策を展開しています。

　河川区域の対策では、堆積土砂の撤去、河道掘削、引堤、輪中堤・宅地嵩上げの実施、遊水地の整備などの検討を進めています。氾濫域の対策としては、下水道などの排水施設の整備のほか、土地利用規制・リスクの低いエリアへの誘導による移転の促進、情報提供の充実やリスクコミュニケーションなどのソフト対策、洪水標識や避難所案内板を街中に掲示するなど水害リスクの周知、避難判断のための情報伝達の強化、住民の防災意識醸成のための「マイタイムライン」の活用に取り組んでいます。

　福井県の小浜市は、2004年には台風23号が県道107号の一部の崩落を招き、2013年には台風18号が1976年の統計開始以来の大雨を降らせ、浸水や家屋倒壊、橋梁の流出が発生するなど、深刻な水害に悩まされてきました。そこで小浜市では、氾濫のあった江古川地域を県内初の「災害危険区域」に指定して土地利用規制を行うとともに、既存家屋の浸水被害を防ぐための輪中堤を県が整備する

[上] 幹川流路延長166km、流域面積1,985km²、13市7町、流域内人口約88万人を有する長良川では、ゼロメートル地帯を擁する流域の壊滅的な被害を防止・軽減するため、流域全体で治水対策を進めている

[下] 隅田川。隅田区は隅田川沿川地域に多くの人を呼び込むための水辺の再整備と活用の指針として「隅田川水辺空間等再整備構想」を策定。スーパー堤防に親水機能を持たせている

など、連携した取り組みが行われています。また江端川では、河川整備を先に進める下流部に対し、上流部の未改修区間での家屋浸水が頻発する課題がありました。そこで、河道拡幅、河道掘削、水門設置などの対策を進めると同時に、上流域では水田の保水機能を強化し、降雨や水位などの情報システムの整備や水防・避難体制の強化、浸水被害を軽減できる家づくりなどを含め、流域全体で総合的な対策を進めています。

滋賀県では河川整備が進んだおかげで水害の回数が減ってきましたが、同時に住民の危機感が薄れてしまうことへの懸念がありました。また、他県では高度なインフラ整備がされているにもかかわらず、想定外の大雨や洪水、避難時の事故に見舞われた例もありました。そこで、住民の命に関わる重大な被害を事前に防ぐため、2012年に流域治水基本方針を策定し、2014年には流域治水条例を制定しました。条例では、「ながす」「ためる」「とどめる」「そなえる」という4つの対策を推進しています。

ながす対策：川の中の対策として、洪水をできるだけ川の外へあふれさせないための河川や水路、ダムの整備など（河道内で洪水を安全に流下させる）
ためる対策：川の外の対策として、河川や水路などへの急激な洪水流出を緩和するための調整池、グラウンド、森林、水田、ため池の整備など（流域貯留）
とどめる対策：被害を最小限に抑えるための輪中堤、二線堤、霞堤、水害防備林の整備や、土地利用規制、建物の耐水化など（氾濫原減災）
そなえる対策：災害時の行動や判断を強化するための防災訓練や防災情報の発信など（地域防災力向上）

展望 流域治水は国や地方自治体だけでなく、企業や住民も一体となって水害に立ち向かう取り組みです。こうした考え方に賛同してもらうだけでなく、実際の行動につなげる必要があるため、決して容易なことではありません。また、効率的で的確なインフラ管理、被災状況の把握を行い、確実な減災行動につなげるためにはデジタル技術の導入も欠かせません。流域治水の対策のなかには、公益性を求めるゆえに、個人や企業の土地・建物などに負荷や制限をかける可能性もあります。企業や住民から協力を得るためには、国や地方自治体による丁寧な説明や話し合いに加え、支援やサポート体制の整備が求められます。●

Eco-DRR
Ecosystem-based Disaster Risk Reduction

生態系を生かした防災・減災という考え方自体は新しいものではありません。たとえば、飛砂害（ひさがい）から人々の暮らしを守るために植えられた海岸林の歴史は、最もはっきりした記録は1573年、静岡県の千本松原造成の記録まで遡ることができます。1700年代には各地の砂丘地で造成が行われ、今でも全国各地の砂浜海岸にはクロマツを中心とした海岸林を目にすることができます。先人の知恵として各地で継承されてきた海岸林は、飛砂による塩害防止だけでなく、近年では地域の生物多様性や景観の向上、そして高潮や津波に対する自然の緩衝材として機能が認められ、生態系サービスを防災・減災に生かす「Eco-DRR（Ecosystem based Disaster Risk Reduction）」の取り組みの代表例として着目されるようになりました。そのほかにも、防風林や水防林、輪中など、地域の安全と暮らしの豊かさを両立するために古くから受け継がれてきた教訓や伝統的な知恵と工夫、技術もEco-DRRに含まれます。自然現象が人間に災害をもたらすことを前提とし、生態系の保全や管理を通じて脆弱な地域から人命と社会的財産を遠ざけると同時に、生態系が持つ機能を防災や減災に活用しようというわけです。

こうした取り組みは、森・里・川・海のつながりを回復し、地域コミュニティの福利にもつながります。たとえば、川や海の生物が森林の供給する栄養塩類により育まれていることは広く知られていますが、気候変動の影響に対応したまちづくりとして河川の氾濫原の再生や川幅の拡張が進むと、近年減少が問題となっている砂浜の再生につながり、より豊かとなった環境は水産業の振興に役立つと考えられます。同時に、砂浜の回復は海面上昇による海岸侵食への対応策ともなるほか、回復した景観は地域の魅力となり観光資源ともなります。

Eco-DRRの利点には、災害発生時のリスクの軽減や復旧・復興の段階で効果的なほか、さまざまな種類の災害に対処しやすいこと、地域の自然環境を生かすことで低コストな整備・維持ができること、地域の生物多様性や生態系サービスを維持することで平常時から恩恵を受けられ、地域の産業や景観の維持、地域づくりに貢献できることなどが挙げられます。このため、Eco-DRRに取り組む際には、「地域の防災・減災」「生物多様性の保全」「地域振興や地域課題の解決」の3つの要素を考慮することがポイントです。

適応策　生態系を生かした防災・減災は、災害発生前の備えから災害発生後の対応と回復まで、すべての段階で取り組みが可能な適応策です。

災害への備えの段階では、保安林の設定や整備、海岸防災林の造成など、地域の脆弱性を低減する生態系の保全・再生・維持管理の対策を行うことで、災害発生のリスクを減らすことができます。

災害発生の段階では、湿原、森林、沿岸の生態系が持つ物理的な機能が緩衝帯として働いて、暴風や豪雨、大雪、高潮、津波、干ば

つなどの自然現象から生じる斜面崩壊や土石流などの土砂災害、洪水、雪崩、山火事などから人命や社会的財産を守ってくれます。また、災害から避難した段階では、生態系は食料や水、身を守る場所、燃料などを提供し、被災直後の脆弱な人々の命を守り生活を支えます。

災害からの復興・再建の段階では、食料や水、燃料などに加えて、再建のための建築資材や繊維などの資源を提供します。また、生態系からの資源は、産業や観光を支え、持続的に収入を得て経済的に回復するための支えとして被災地のコミュニティの資産にもなるほか、ふるさとの風景が回復していくことに

よる精神的なやすらぎや力の源、復興に取り組む人たちの心をつなぐ要素にもなります。

日頃から地域本来の生態系と災害の歴史、伝統的な知識を学び、共有、維持管理に取り組むことにより、地域の組織や住民が交流する機会が増え、協力と連携のつながりが強化されていきます。生活やレクリエーションなどで日常的に生態系と接することにより、防災・減災の機能を損なうような変化にも気づきやすくなり、災害に強い地域、コミュニティの活性化につなげていくことができるのです。

海外事例　イギリスでは、ヨークシャー・デール国立公園で、河川周辺の自然機能の復元や

造成を通じた「自然を生かした洪水管理」を2018年から実施しています。水を減速させる、とどめる、遮るという3つの側面から洪水に対応するもので、さまざまな手法が提案されています。たとえば水の減速に関しては、木の瓦礫（がれき）を利用した木質のダム（小堰提）の造成がそのひとつに挙げられます。自然発生する流木をワイヤーや杭などで固定するものから、板材や丸太を用いてその機能を模すものまでさまざまな仕様がありますが、いずれも安価なため導入しやすいこと、また川に生息する生物にすみかや隠れ家を提供することから、平時・復興時の生態的価値が高いことが認められています。そのほか、低木の生垣

にも、川辺の原風景でありながら洪水時には水の流れや土砂の流出を食い止める効果が認められています。

　一方、水をとどめるために役立つのは堤防です。提案されているのは、氾濫原に設置される土など現地で調達できる素材で作る低い堤防であり、洪水時には氾濫原に水をためることで洪水のピークをずらします。水の遮断としては、林地の造成が提案されています。河岸や渓谷、氾濫原への植林は水の減速にもなり、土砂や農地から殺虫剤や肥料が流出するのも防ぎます。木の根が土を固定するため土の浸食防止にも役立ちます。こうした技術の普及のため、ヨークシャー・デール国立公園では「自然を生かした洪水管理——農業者のための実践ガイド」を作成し、洪水管理対策に関わる農家や土地管理者へ情報提供しています。

　多くの開発途上国では、地域住民が生計を確保するために行う森林からの薪材の採取や、大規模な農地を造成するための焼き畑などが土地を劣化させた結果、長期的には資源の確保が困難になったり、土砂災害が引き起こされたりしています。土地利用を適切に行うための区域設定（ゾーニング）を行い、一定の資源利用で生計も立てつつ防災・減災の機能も維持する取り組みが必要です。そのひとつが「アグロフォレストリー」と呼ばれる農法です。樹木の合間で果物やコーヒー、多少の日陰でも育つ農作物など多様な機能を持つ植物を栽培することにより、農業収入を確保しつつ、森林の土砂流出を防止する機能も期待

できるのです。

国内事例　静岡県の麻機遊水地（あさばた）では、洪水調整機能の効果に加え自然再生事業を進めることで、魚類や水生昆虫が多く生息し200種類以上の野鳥が観測されるなど、遊水地としての価値を高めることができました。特別支援学校との協力で除草作業や遊休農地での農作物の栽培、放置竹林対策の竹灯籠作りなど、自然環境を生かして地域住民や企業、高齢者、障がい者などとの連携も図られており、人々の社会的な孤立を解消しつつ安全な暮らしを維持するための取り組みが進められています。麻機遊水地に対するアンケート調査では、遊水地の散策により、不安や落ち込み、疲労などのネガティブな感情が低下する傾向も見られるようです。

　大分県では、河川や渓流沿いの森林を根が大きく張り出す広葉樹にすることで、土壌の緊縛力（土をつなぎとめる力）を高める取り組みを行っています。河川両岸の立木の更新を図る伐採と植栽により広葉樹林化を進めるとともに、危険木の除去や土石流を防止するスリットダム*の設置などの施設対策も講じています。重心が低く枝の張りが横に広がる広葉樹は、仮に堤が崩壊した場合でも下流域への流木や土石流などの流れ込みを抑えられます。実際、2017年の九州北部豪雨で一定の効果を見ることができました。

　徳島県では、Eco-DRRの社会実装に向けたモデル事業として、針葉樹と広葉樹が混交する人工林での実測を行い、一般的な針葉樹人工林から針広混交林へ転換した場合のピーク流出量がどれほど減ったかについて評価しました。モデルとなった人工林は、92科254種の植物が生育し、そのうち10種は徳島県版レッドリストに掲載されています。地形に対応した種も認められました。自然度の高い植生が保持された豊かな人工林は、流木や土石流などを抑制する治水への貢献が期待できます。

　北海道では、2016年の北海道豪雨の際に釧路湿原が河川の水位上昇を防ぎ大きな被害を免れたという事例があります。生物の多様性を保全するだけでなく、洪水対策としても湿地の重要性に着目が集まりました。湿地再生のモデルとして舞鶴遊水地が整備された結果、大きな湿地ができ、失われた生態系がよみがえりました。タンチョウの繁殖にも成功しています。

展望　Eco-DRRは、環境保全も防災・減災も実現させようという一石二鳥の取り組みです。一方で、生態系が持つ災害リスクへの防御効果がどのくらいあるのか、緩衝帯や緩衝材としての生態系の機能を定量的に評価するのは難しいという側面があります。また、効果的な生態系保全の展開には、土地利用の見直しを行う必要も生じます。住民との合意形成や地域への需要などのプロセスはこれからの課題です。

　生態系の機能や特性に合わせた使い分けも重要です。自然災害の規模や発生頻度、既存の防災施設の整備状況にも影響されます。地域の特性に応じて、人工構造物と植樹・緑化などの整備を適切に組み合わせた取り組みが期待されますが、地域の環境に合わない植樹・緑化などを行ってしまうと、設置や維持のコストがかかり、かえって負担が生じる場合もあるため注意が必要です。気候変動の影響により、自然災害が激甚化・頻発化するなか、先人の知恵を生かしたEco-DRRの取り組みは、重要な適応策として、今後その重要性がより増していくことでしょう。●

　*砂防堰堤の通水部にスリットや鋼管の格子状構造物を設けたもの。主に土石流や流木対策。255ページ参照

バリア
Barriers

台風などの強い低気圧の襲来に伴い海面の水位が上昇する現象を高潮と呼びます。高潮が発生すると海水が堤防を越えることがあり、浸水による溺死や家屋の破損、船舶の損傷などさまざまな被害をもたらす場合があります。高潮は波の一種ですが、その周期は数時間に及ぶため、波というよりも海の水位が全体的に上昇する現象として捉えられます。海水のボリュームが非常に大きいために、ひとたび浸水が始まると、低地部では一気に浸水被害が拡大してしまいます。また、海底地形や海岸形状によって、海面上昇の程度は大きく異なります。特に海抜ゼロメートル地帯や湾奥部、急深な海底地形を有する場所では注意が必要です。

日本において高潮の危険性が最も高い地域は、東京湾・伊勢湾・大阪湾・有明海などです。これらの地域は湾口が南側に面しているなど高潮が生じやすい条件を備えており、台風の進路が湾の軸と重なる場合は特に警戒が必要となります。高潮の発生頻度は太平洋側の湾内が圧倒的に多いとされますが、日本海側でも発生することはあるため、油断はできません。

都市部の臨海地域は、物流手段として海路の利便性が高いうえに低地は地下水の採取が容易なため、工業地帯が発展し、それにつれて沿岸部の低地で地盤沈下が進み、1950〜1980年ごろ社会問題化しました。こうした背景に加え、室戸台風や伊勢湾台風などの巨大な台風の襲来により、広範囲に甚大な浸水被害が発生するようになり、高潮対策が進め

られました。防潮堤や水門、陸閘*の整備といったハード対策のほか、気象情報の精度向上や迅速な提供、ハザードマップ作成による周知などのソフト対策が進められています。

海外事例　イギリス・ロンドン市内を流れるテムズ川河口では、2012年から適応プログラムが開始され延長18kmにわたるテムズ防潮堤を設置しました。年10回程度ある高潮に対して浸水被害を防ぐ効果を発揮しています。また、テムズ川流域の水門「テムズ・バリア」は、海面が年8mm上昇しても2030年までは高潮による浸水被害に耐えられる設計です。テムズ川の河口では、1953年に大規模な洪水被害で300人もの死者が発生した教訓を踏まえ、高潮洪水対策を大幅に見直し、気候変動による不確実な影響の予測を考慮した長期的な高潮洪水対策を実施しています。2010年に施行された「テムズ河口2100計画」では、2100年までを3つのフェーズに分けて気候変動の進行具合を想定しつつ対策を進めています。将来の影響の予測や海面上昇のモニタリング調査の結果を踏まえ、予測を超える海面上昇があった場合には計画を前倒しにすることも想定されています 。長期的な視点でロードマップを俯瞰し、気候変動に対して優先度をもって順応的に取り組む方法は、いたずらに想定を引き上げて不必要な対策をとるなどの過剰な対応を抑え、経済的負担や自然環境への負荷を軽減できます。

イタリア・ベネチアはアドリア海の北端にあり、シロッコと呼ばれる初冬の季節風の行

き止まりとなって高潮（アクア・アルタ）が発生しやすい地形です。気候変動による海水面の上昇や都市の工業化による地盤沈下により、さらに深刻な浸水被害が想定されます。「モーゼ計画」（Modulo Sperimentale Elettromeccanico：電気機械実験モジュール）は、アドリア海とラグーン（潟）を結ぶ3水路に鋼鉄製のフラップゲート式可動堰を設置して浸水を防ぐ対策です。高潮が発生しゲートへの到達予測潮位がプラス1.1mを超える場合に、フラップゲート内へ空気が注入されて浮力が発生し、ゲートが約30分で立ち上がります。親水性・景観性や海上交通の確保と湾内環境保全を実現するフラップゲート式可動堰は、耐用年数100年で設計されています。

国内事例　東京都の高潮防御施設は、国内で最大の高潮被害が発生した伊勢湾台風と同規模の想定で計画されています。東京港は東京湾の最も奥深い場所に位置し、水深が浅く閉鎖性が高いため、高潮の影響を受けやすい地形となっています。また、このエリアの江東5区は地下水や水溶性天然ガスの汲み上げなどにより地盤沈下が進みました。こうした背景により、高潮などによる甚大な洪水被害が想定されています。東京港後背部、特に東部の低地の高潮対策は、直立堤防、緩傾斜堤防、スーパー堤防など防潮堤を中心とした対策がとられ、高い天端の堤防を川沿いに築くことで街全体を防御しています。

大阪港も東京港同様に、大阪湾の最も奥深い場所にあり、水深が浅く閉鎖性の高い水域で、高潮の影響を受けやすい地形です。大阪港後背部の高潮対策は、かつては防潮堤方式だったのですが、1956年の第二室戸台風

西大阪地域を高潮被害から守るため、安治川、尻無川、木津川の河口部には国内では珍しいアーチ型の巨大な防潮水門が建設されている。増水時にはこのアーチ型のゲートが90度倒れて水門を閉鎖し、市街地を浸水から守ってきた

慮した構造が採用されています。日光川は、流域のおよそ4割が海抜ゼロメートル地帯に位置する川です。未曾有の高潮被害をもたらした伊勢湾台風の復旧事業として1962年に設置された水閘門は、施設本体の老朽化に加え、地盤沈下による影響、また大規模地震に対応する必要性から2018年に改築されました。新しい日光川水閘門は、伊勢湾台風規模の高潮や南海トラフ地震で発生が予想される津波の防御が期待できるほか、正確な予測が難しい気候変動に伴う海面上昇や地盤沈下にも対応できる構造です。気候変動に対して段階的かつ柔軟に適応できるよう、構造部位ごとに対策手法が決められ、将来的に対策が困難な躯体*および基礎などは、築造当初から柱を高くするなど先行的に対策が行われた一方で、将来的に対策可能なゲートなどは、気候変動量に合わせた対策が施される設計です。

展望　東京都は2023年3月公表の「東京港海岸保全施設整備計画」において、全国に先駆け、気候変動に備えてさらなる防潮堤の嵩上げを決定しました。しかし、計画期間は2031年までとなっており、短期の適応策を組み合わせていく必要があります。今ある施設を最大限有効に使い、予期せぬ大きな災害に見舞われたときでも被害を最小限にとどめるため、継続的なモニタリング、地域住民への情報提供、事業継続計画（BCP）策定の推進といったソフト施策を通じて災害に強い地域づくりが重要です。●

による被害を踏まえて大水門方式が採用され、安治川、尻無川、木津川にアーチ型の大水門が設置されました。高潮発生時に大水門を閉鎖すると、上流側（大阪市内）の水位が上昇するため、排水機場を建設し、港湾施設には防潮扉を設置して高潮の侵入を防御する体制をとりました。2018年9月に台風21号が上陸した際は、三大水門と排水機場が機能し、大阪市内の被害を防ぐことができたのです。気候変動を踏まえた設計としては、効果が不十分で施工し直しとならないよう配慮する一方、過剰な投資にもならないよう、2℃上昇の安全性を確保し、今後4℃上昇まで外力が増えた場合でも改造可能となる「順応型」と、あらかじめ対策を講じる「先行型」を適切に組み合わせた対策を行っています。

愛知県にある日光川水閘門でも、将来の地球温暖化による海面上昇や広域地盤沈下を考

管渠
Pipes

都市化に伴う田畑面積の減少と舗装面積の拡大により、雨水が地中に浸透することなく流出する量が増え、下水道にかかる負担が増えています。また、気候変動による影響で大雨や集中豪雨が頻繁に発生するようになり、内水氾濫のリスクも高まっています。内水氾濫とは、市街地に降った大雨が地表にあふれることです。河川は大雨時の増水で、中・下流域の水位が高くなります。そのため、本川に合流する都市部などの中小河川（支川）では、支川から本川へ大量の雨水を流すことができずに、地表に水があふれ出る内水氾濫が起こるのです。

都市における内水を排除する際に重要な役割を担うのが、雨水を河川に放流するための管渠＊をはじめとした下水道設備です。下水道の管渠は、工場や家庭などから排出された汚水を処理場にまで運ぶ役割を担っています。国内の下水道管渠の合計の長さは2018年度末で約48万kmであり、その内訳は、汚水を運ぶ汚水管渠が約37万km、雨水を運ぶ雨水管渠が約5万km、汚水と雨水を合わせて運ぶ合流管渠が約6万kmとなっています。

これまでの下水道対策は汚水管渠の整備が優先されてきましたが、近年は多発する浸水被害への対策として雨水管渠の整備の重要性が高まっています。また、従来の下水道計画では過去に浸水被害を受けた地区が優先的に整備されてきましたが、近年では「再度災害防止」に加えて「事前防災・減災」「選択と集中」などの観点から、浸水リスクを見定め、雨水対策の必要性が高いと評価された地区を中心に整備が進められています。対策が着実に進められ、整備が完成した地区では一定の浸水被害軽減効果が見られている一方、整備途上の地区では内水被害が報告されており、対応が急務とされています。

国内事例　京都市西京区、南区、向日市、長岡京市が属する桂川右岸地域は、歴史的にも浸水被害が多く発生しているエリアです。近年都市化が進み、雨水が排水しきれず浸水する被害が頻繁に起きており、今後も気候変動による短時間大雨が増えるなど、気象現象が激化すると被害が増大する恐れがあります。そこで京都府では、市をまたぐ地下トンネル「いろは呑龍トンネル」の整備を進めています。これは降雨時の雨水を地下トンネルに貯留しながら、同時に桂川へ放流して浸水被害を防ごうというものです。2001年から2011年にかけて3つの北幹線管渠が敷設され、10万7000㎡の雨水貯留が可能となりました。続いて2021年には南幹線管渠とポンプ場の暫定供用も開始され、2023年度に最終段階の雨水調整池の整備を終えると、全体では23万8200㎡の対策量となる予定です。全国初の大雨特別警報が京都府に発表された2013年9月の台風18号では、長時間にわたって大雨が続き、北幹線管渠の貯留率が供用後初めて100％となりました。もしこの管渠がなければ当該地域で約900戸の浸水被害があったと推定されましたが、実際は106戸にとどまったことから被害軽減の効果があったことは明らかでしょう。

　＊主に地中に埋設された水を流すための水路施設

福岡市の博多駅周辺では、1999年と2003年に大きな浸水被害が発生しました。同市はこれを教訓として2004年から浸水対策を強化し、従来からの対策である雨水排水施設の整備に加え、雨水の貯留施設や浸透施設の整備も取り入れた総合的な対策を進めてきました。具体的には、雨水整備水準を10年確率の時間雨量59.1mmから1999年の豪雨時の時間雨量79.5mmに引き上げました。それに伴い、新設の雨水幹線管渠の管径を従来より大きくして貯留機能を持たせたり、雨水貯留施設を兼ね備えた公園の整備や排水能力の高いポンプ場を新設するなど、主要施設の整備を強化してきました。また、雨水管渠と浸透側溝の整備により、汚水と雨水が一体化した合流式下水道から分流式の下水道へと改造を進めてきました。整備期間中の2009年に豪雨が発生しましたが、そのとき完成していた調整池などが機能し、大きな被害を防ぐことができました。博多駅周辺地区では2012年にすべての主要施設の整備が完了し、現在は同様の事業が天神周辺地区でも進められています。天神周辺地区の整備は2026年に完了予定で、管渠の延長が約7.7km、雨水貯留量が約6万㎥となる見込みです。

　横浜市では、2004年の台風22号で横浜駅周辺の地下施設が一部水没し、大きな被害が発生したことを受けて「エキサイトよこはま22（横浜駅周辺大改造計画）」を策定しました。この計画に基づき、台風22号と同レベルの時間雨量74mm（30年確率降雨）に耐えるよう、雨水の幹線管渠の整備が開始されました。この管渠は「エキサイトよこはま龍宮橋雨水幹線」と名づけられ、同じく新設される東高島ポンプ場とともに2030年の供用開始を目指しています。完成すれば最深約60mに位置する総延長約4.8km、内径3.75mの流下貯留併用型の雨水幹線となる予定で、雨水の放流先が海域であることから河川の水位に影響を与えないという特徴があります。時間雨量60mmまでは横浜駅周辺に既設されている5カ所のポンプ場から排水し、それを上回る分は新雨水幹線に流入させ、東高島ポンプ場から排水する予定です。さらに、2017年には、横浜駅周辺の「エキサイトよこはま22センターゾーン」が全国で初めて浸水被害対策区域に指定されました。これは、改正下水道法に基づき指定され、都市の再開発などに合わせて官民が連携して浸水対策を進めることができる区域です。センターゾーンの大規模開発では、建物の敷地内に雨水貯留施設を設置することが基本とされており、その第1号として2020年に完成した高層ビルの地下には約170㎥の貯水施設が設置されています。このような民間事業者との連携により、将来的には50年確率降雨の時間雨量82mmにも対応できる都市を目指しています。

　東京都では、時間雨量50mmを超える激しい雨が増えていることもあり、近年の浸水被害が増えていますが、その大部分が内水氾濫によるものです。そのため、浸水被害の影響が大きくなる大規模地下街を持つ東京駅、渋谷駅、新宿駅などの地区、そしてすでに甚大な浸水被害が発生している地区を優先に、時間雨量75mmの降雨にも耐えられるような貯留施設の整備や幹線管渠の増強などを進めています。また、古くから下水道が整備されているところでは畑地の都市化が進んで保水力が落ち、当初想定していた処理能力では間に合わなくなっていたり、下水道管の埋設が浅い場所では、管内の水位上昇により雨水が逆流して浸水につながる例も見られるため、これらの場所でも重点的に整備が進めら

れています。中野区・杉並区には、直径8.5m、延長2.2km、貯留量15万㎥という国内最大級の下水道貯留管である和田弥生幹線があります。和田弥生幹線は、都内でも記録的な豪雨に見舞われた2019年の東日本台風において、全区間が稼働した2007年度以降初めて満水まで貯留し、浸水被害の軽減に大きく貢献しました。これを含め同台風では、都内23区にある56カ所の貯留施設の合計容量60万㎥のうち全体で6割まで貯留し、低地では70カ所に設置された雨水ポンプで毎分11万㎥の雨水を排水するなど、貯留効果を最大限に発揮して浸水被害を軽減しました。

大規模施設はできあがれば効果が高いものの、完成までに時間がかかります。そのため、完成した幹線管の一部を暫定的に貯留管として活用するほか、バイパス管の設置や道路雨水枡の増設といった小規模対策も併せて推進しています。また、下水道の整備だけを進め

ても、河川や道路の整備が追いつかなければ洪水や浸水につながる可能性もあります。そのため東京都では、2020年に「東京都豪雨対策アクションプラン」を策定し、都庁内の関係部署との連携を強化しています。

展望 気候変動の影響を踏まえた対策については、降雨量の増加や短時間に集中する大雨の発生頻度の増大、下水道の施設計画を超過した降雨の発生を考慮し、中長期的な計画を策定して段階的に取り組むことが求められます。限りある予算と時間のなか、過去の浸水実績に加えて気候変動の予測や浸水シミュレーションを行い、重点的に対策をとるべき区域を選定し、時間降雨の目安をどの程度にするのかを判断する必要があります。●

気候変動に備える都内最大の貯留管「和田弥生幹線」。貯留量15万㎥、直径8.5m、延長2.2kmの国内最大級の下水道の貯留施設だ。2019年の台風19号では貯留効果を最大限に発揮し、整備後初めて満水を記録した

舗装
Pavements

長野県松本空港信州スカイパークの浸透性舗装。透水性舗装は地下水の涵養や都市型洪水を防止する効果が期待できる。

都市部の水害は、舗装面積が広いこともあり、下水管や水路、河川に短時間で雨水が流入する特徴があります。また、市街地などの中心部は低地に広がることが多く、洪水や内水氾濫が起きやすいため、貯留池や幹線管渠などの貯留・排水施設にたどり着くまでに浸水被害が生じることもあります。集中豪雨など時間雨量が極端に多いと、路面を大量の雨水が流れ、落ち葉やゴミなどが流されて側溝に詰まり、排水障害を引き起こすこともあります。こうした課題を解決するには、雨水の流出を抑えたり遅らせるなど、貯水・排水を促す路面が必要になります。

道路舗装による適応策には、アスファルト舗装とコンクリート舗装の2種類があります。アスファルト舗装には、雨水を速やかに側溝へ流す「排水性舗装」、雨水を地中へ浸透させる「透水性舗装」、舗装の隙間に水を吸着させて雨水をため込み、気温が上がると蒸発させて温度を下げる「保水性舗装」などがあります。これら「高機能舗装」は、アスファルト舗装の表層や基層の部分に多孔質の混合物を用いて透水性を高めています。雨水が路面を素早く通り抜けるため、高速走行中の自動車のタイヤが水の膜によって抵抗を失い路面を滑ってしまうハイドロプレーニング現象が低減されたり、水はねやヘッドライトによる反射を抑制し夜間雨天時の視認性を高めたり、空間が音を吸収し騒音を低減するという効果も期待されます。

一方、コンクリート舗装でも透水性を持つものが開発されています。代表的なのが「ポーラスコンクリート」です。一般的なコンクリートは水を通しませんが、ポーラスコンクリートは内部に多数の空隙を持ち水を通す性能があります。夏場の高温により、アスファルトは著しい性能低下やタイヤ走行の摩耗による「わだち掘れ」が問題となりますが、ポーラスコンクリートは比較的耐久性があり透水性舗装の材料として注目されています。

海外事例 オランダでは、気候変動による長期の干ばつや豪雨から都市を守る新技術を開発するため、起業家、研究者、行政らが協力し、街路レベルの実験用地「ウォーター・ストリート」を開設し、12の革新的な技術の実証実験を行っています。そのなかには舗装に関連する技術開発も複数含まれています。そのなかのひとつ「レインロード」は、歩道や駐車場の下に2層構造の貯水槽を設置し、毛細管効果で上下の貯水槽を水が行き来することで、降雨時は貯水して渇水時は蒸発散により舗装を冷却するという技術です。また「フローサンド」は導水加工を施した細かな敷砂を舗装に使い、毛細管効果で路面の水を舗装の下へ素早く吸収したのち、ゆっくりと地中へ浸透させる技術です。「緩衝ブロック」は浸透性のある舗装ブロックに敷砂層とジオテキスタイル層を挟んで設置する、排水孔のあるブロックです。強度が高く浅い場所に埋設できるため、排水能力や費用対効果が高い技術です。

ほかにも、貝殻の層を強度の高いブロックで覆い、排水機能を高めるだけでなく鉱油や重金属などの汚染を浄化する能力も持つ「アーバン・レインシェル」のような素材や、コンクリート製タイルを組み合わせて地面の露出を最大で25％増やし、雨水の浸透性を高めた「波形タイル」、園芸用のグリーンハウスで使用した岩綿（ロックウール）を再利用した「スポグロ」もあります。これは吸水性が高いだけでなく、植物を植えることもできるユニークな技術です。

国内事例　長野県では、都市部の施設や土地利用の際にみどりの多様な機能を活用する「まちなかグリーンインフラ（Green Infrastructure)」を推進しています。グリーンインフラは、社会資本の整備や土地利用の際に、自然環境が持つ多様な機能を活用して持続可能な地域づくりを進める取り組みを指し、自然環境をはじめ社会課題の解決につながるインフラとなるほか、計画、整備、維持管理に多様な関係者が協働することで新たなコミュニティの創出も期待できます。

　長野県はこのグリーンインフラを導入する施策のひとつとして、中心市街地の道路での透水・保水性の高い舗装を標準化する取り組みを行っています。具体的には、透水性舗装や雨庭*などの技術を用い、雨水を貯留して徐々に地中へ浸透させ急激な雨水流出を抑えるほか、晴天時には蒸発散作用によるヒートアイランド対策としての効果も期待できます。過去に設置した雨水管や河川整備だけでは気候変動による集中豪雨への対応が追いつかず、まちなかにコンクリートの調整池を整備するには住民の理解を得にくいことから、県は公園や民地に防災機能を持たせたうえで、景観的にも良好な都市防災としてこれらの施策を進めています。同様の取り組みは東京都府中市でも見られ、公共施設内や民有地、個人住宅への雨水浸透施設や透水性舗装の導入、道路の透水性舗装の推進や公園などにおける敷地内の雨水の貯留・滞留機能の強化、雨庭の整備など多面的に取り組んでいます。

　京都市では、無電柱化事業の一貫で「石畳風保水性アスファルト舗装」を導入しました。この舗装は、隙間の多いアスファルト舗装に液状のセメントミルクを流し込み、表面を石畳風に仕上げたもので、保水性が高く、打ち水効果のような気化熱作用で路面温度の上昇

を抑えることができます。神宮道の一部を公園として再整備した岡崎プロムナードの歩行者専用路など、園路中央部約962㎡に敷設されました。

展望　利便性の高い高機能舗装ですが、通常の舗装に比べると施工に時間やコストがかかります。また維持管理についても、隙間に細かな土砂が入り込んで目詰まりが生じやすく、高水圧で透水性を回復させる必要があり、メンテナンス費用がかさむ点は課題です。通常の舗装も含め、道路の保全については、道路機能を維持するための点検や、住民からの要望で修繕が必要な箇所がある一方、道路に埋設された管渠の維持で舗装し直す箇所もあります。これらの箇所は一致せず、さらには舗装の継ぎ目があちこちにできて振動が発生し、修繕箇所がますます増える事態も発生します。良好な舗装のためには、幹線道路と生活道路を区別し、路線ごとの巡回点検と住民の要望、関係機関との連携を行いながら総合的に舗装計画を立てることが求められています。●

田んぼダム
Paddy Field Dam

流域治水の取り組みのひとつが「田んぼダム」です。「田んぼダム」は、水田の排水口をせき止める堰板（せきいた）などを取り付けることで、大雨の際に雨水を一時的に貯留します。時間をかけてゆっくりと下流に流す「雨水貯留機能」を強化することで、周辺の集落や農地、下流域の浸水被害を減らすものです。ダムといっても大規模な施設を造る必要はありません。営農をしながら実施でき、安価ですぐに効果が出ることが大きな特徴です。2002年に新潟県の旧神林村（現村上市）の下流域の集落が上流域の集落に呼びかけて始まったこの「田んぼダム」の取り組みは、現在では国の一級河川109水系のうち、半数以上の55水系で推進されています。

実施要件　田んぼダムの実施にはいくつかの要件があります。まず、田んぼダムは、作物生産に影響を与えない範囲で、農業者の協力を得て実施する取り組みです。大豆や小麦などの湛水の影響を大きく受ける畑では行えないため、主に水稲の水田が対象です。実施する水田では十分な高さのある堅固な畦畔（けいはん）が必要です。畦畔の高さが低いと貯留できる水量が少なくなります。また、堅固でなければ漏水し、畦畔が損傷する恐れがあります。さらに、貯水した水を短時間で排水できなければその後の農作業などに影響を与える恐れがあるため、これに対応する落水口も必要となります。想定する降雨や落水口に合った流出量調整器具を選ぶ必要があります。
　流出量調整器具は大きく分けて2種類あります。ひとつは水田の水管理を行う通常の堰板と、別に流出量を調整する板などの流出量調整器具を設置する「機能分離型」です。大規模な降雨時にのみ雨水を貯留し、短時間で

新潟県見附市にある田んぼダム。大雨の際には設置された排水口を防ぎ、貯水機能を発揮する。市独自の水位調整管（フリードレーン式）を採用し、菅の底に孔の位置を設置することで、操作することなく落水量を調整でき、安定した効果が発揮されるとともに農家の負担も軽減した

排水できるという特徴がある一方、板を2枚設置する排水桝や専用の器具を必要とします。もうひとつは、通常の堰板が流出量を調整する機能も持つ「機能一体型」で、小規模な雨水でも雨水を貯留します。通常の排水桝に設置できる一方、機能分離型よりも排水に時間がかかり、水田を乾かす必要がある時期には一時的に堰板を外す必要があります。

こうした農地の整備や補強、流出量調整器具の購入にあたっては、農地整備事業や多面的機能支払交付金などを活用することで、農業者の負担を軽減することが大切です。

効果　流域全体に目を向けると、田んぼダムに雨水をため込むことにより複数の効果が期待できます。下流域の幅が狭い流路や屈曲部など、排水能力の低い箇所から水があふれ出して周囲の住宅地が浸水するリスクや、排水路・小河川から本川への合流部で起きる逆流による浸水のリスクを軽減します。田んぼダムでは、堰板や調整板といった流出量調整器具を取り付け、ためた水をゆっくり時間をかけて排水していきます。想定する降雨に合わせた適切な流出量調整器具を選ぶことで、規模の大小にかかわらず、さまざまな降雨量に対して効果を発揮します。農林水産省が行ったシミュレーションでは、10年に一度程度の降雨の場合、機能一体型で約26％、機能分離型で約22％抑制する効果がありました。50年に一度程度の場合、機能一体型約11％、機能分離型で約19％、100年に一度程度の場合、機能一体型で約6％、機能分離型で約18％と、降雨が大規模になるほど、機能分離型のほうがより効果を発揮する傾向が見られます。

実証事業で行ったシミュレーションでは、低平地、傾斜地の地形条件の異なる地域で

あっても、浸水量や浸水面積を軽減する効果が示されました。排水機場で常時排水を行っている低平地の新潟県新潟市和田地区を対象に行ったシミュレーションでは、50年に一度程度の降雨で、浸水量が26％、浸水面積が約24％低減した結果が得られました。一方、傾斜地である栃木県栃木市の吹上東部地区では、50年に一度程度の降雨で、浸水量、浸水面積ともに約40％低減の効果が見られています。両地区とも、10年や100年に一度程度の降雨でも同様に低減効果が確認されました。

活用方法　田んぼダムは、「ダム」という響きから何らかの施設を造成するハード対策と誤解されがちですが、あくまでも取り組みのひとつであり、施設ではありません。また田んぼダムには、ポンプなどはないため、河川などから水を水田に汲み上げる機能がないことにも注意が必要です。田んぼダムは、面積が大きいほど効果が高まります。集水域の面積に対し、田んぼダムの面積の割合が小さすぎると効果が期待できません。河川や水路の管理者が実施する整備と併せ、流域全体でさまざまな立場の人が力を合わせて総合的に取り組み、効果を積み上げていく必要があります。

農業者にとって水田は、収益を得るための大切な土地です。作物の生産に影響を与えない範囲での取り組みとなるよう、排水路の水位上昇を抑え、排水路からあふれる水の量や範囲を抑制することで、農作業や農作物への影響を最小限にしていく工夫が不可欠です。流域の行政機関と連携して流域治水協議会などの場を活用し、農業者や地域住民が自分事として流域全体のリスクを考えるよう促していくことが望まれます。

国内事例　新潟県見附市では2011年度から田んぼダムに取り組んでいますが、10年経った2021年の点検時でも95.8％の実施率を誇っていました。この非常に高い実施率を可能にしたのは、農業者の負担が少ない流出量調整器具の開発という「しかけ」と、交付金による農業者へのインセンティブという「仕組み」です。「しかけ」として、小規模な降雨時には通常同様に排水し、大規模な降雨時のみ雨水を貯留する機能分離型の流出量調整器具を開発しました。これにより、農業者が田んぼダムであることを意識しなくても取り組むことができ、実施率が大幅に上昇しました。一方、「仕組み」では、田んぼダムをはじめとする水田の畦畔を集落の多面的機能を発揮する施設と位置付け、草刈りや畦塗り、排水口周辺やのり面の補修、暗渠排水機能の回復、田んぼダムの調整器具のメンテナンスや緊急時の点検作業に関わる費用を、多面的機能支払交付金から拠出する制度を整備しました。田んぼダムが市全体の社会的効用の向上を目指した施策であり、市が実施すべき事業を農家に委託するという考えのもと、見附市は調整管1カ所に対して、それぞれの耕作者に毎年500円の委託料を支払っています。委託料は毎年協力への感謝の御礼文を添えて、維持管理組合の役員が耕作者に直接手渡ししており、直接的なインセンティブになっています。

　北海道岩見沢市では、被害を最も受けやすい下流域のひとりの農業者が田んぼダムの取り組みを始め、情報発信するなかで関係者の共感を生み、流域全体での取り組みへとつながりました。関係者との協働では、地域の水害の記憶や性質、内水を取り除く仕組みなどの知見を対話により共有しました。課題解決策に対しては、研究機関や協力企業、岩見沢市が連携して実証実験などを行い、根拠や改善策を提示することにより、具体的な取り組みの持続性を確保しました。また、降雨状況や河川の水位、排水機場の運転状況に連動したタイムラインを作成し、関係機関が連携して雨水貯留に取り組んでいます。さらに、市内13カ所の気象観測装置で取得するビッグデータを基に、50mメッシュ単位の気象関連情報を配信するほか、ポンプの稼働状況と水位データや画像をクラウドで共有するシステムを導入するなど、防災体制を強化するための取り組みに着手しています。

展望　近年、水管理労力を低減するために導入が進んでいるICTを活用した自動給水栓や、自動排水栓を田んぼダムに生かした「スマート田んぼダム」の取り組みもあります。これは、田んぼダムの流出量調整器具の代わりに自動排水栓を用い、遠隔操作で貯留時は排水口の堰板を上昇させ、排水時はこれを下降させることで、水田の雨水貯留機能を向上させるものです。降雨の事前に排水することで、より多くの空き容量を確保し、大きな効果を発揮すると試算されています。また、地域一体となった一斉操作により、取り組みの安全かつ確実な実施も図れます。事前に貯水や排水の手順を設定しておけば、操作の自動化も可能です。さらに、水位を記録することができることから、田んぼダムの稼働に伴う水位の変化や貯水量の見える化もできます。自動給水栓・排水栓の導入費用に加えて通信費などが継続的に必要なうえ、特に作物の収量・品質の向上には直結しない施策ですが、水管理労力を大幅に削減することができるなど営農上の効果が期待できます。●

都市緑化・雨庭
Urban Greening and Rain Gardens

気候変動により、水災害が頻発化また激甚化するなか、国や自治体、地域の企業や住民などあらゆる関係者が協働し、流域全体でハード・ソフト対策を一体的に取り組む「流域治水」の必要性が高まっています。

　流域治水における地域づくりでは、都市緑化を進め、雨水の貯留や浸透を図ることが重要です。雨水をためて土の中へ浸透させるよう浸透側溝や雨水浸透枡、レインガーデンなどを公園緑地に設置するなどがこれにあたります。このように、自然が持つ多様な機能を賢く利用することで、持続可能な社会と経済の発展に貢献するインフラや土地利用計画は「グリーンインフラ」と呼ばれ、その導入が推進されています。

浸透機能　都市部において、緑地は雨水対策に大きな力を発揮します。緑地の「緑」は植物を、「地」は土壌を表します。「緑」の働きでは、降った雨の一部が樹冠で遮断されて地面に達しない「樹冠遮断」が機能します。一方、浸透効果が大きいのが、「地」である土壌です。土壌の表面硬度や用途別でその浸透能には大きな差があります。グリーンインフラには洪水調節機能や環境緩和機能などが期待されますが、この浸透能はそのひとつです。大雨の際には雨水を蓄え、ゆっくりと地中へ浸透させることにより洪水のピークを遅らせ、乾燥した気候の間に蓄えておいた水分を蒸発させて調整します。

　雨水の調整を行う植栽空間に「雨庭」があります。雨庭は舗装道路などにあふれている雨水を直接下水道に排水せず、浅い窪地などへ一時的にためたうえで地中にゆっくりと浸透させることで、排水路や河川の水位の上昇を遅らせ、氾濫を抑制する機能があります。土壌の中をゆっくりと通過するため、地下水の涵養や汚染物の分解・吸着が進み、水質の浄化など健全な水循環の構築にもつながります。また、乾燥期・高温期に水分を蒸発させることによる気化熱で気温を下げ、ヒートアイランド現象の緩和効果も期待されます。さらに、景色のデザイン性を高め、雨庭の機能を取り入れた庭園として楽しむこともできます。生物の生息できる環境が限られる都市部では、雨庭の緑地は湿地的な要素をもたらし、虫や鳥など多様な生物が生息する環境としても機能します。

相乗効果　都市緑地や雨庭の活用は、生物多様性や健全な生態系の保全など、防災・減災を超えたさまざまな分野の適応策に貢献する「相乗効果」が期待できます。その土地の地形や生態系の状況を踏まえて災害となる脆弱な土地を避け、自然環境の持つ多様な機能を有効活用することにより、地域の強靭性やしなやかな回復力が高められていくのです。

海外事例　デンマークの首都コペンハーゲンでは、激化する豪雨と洪水の発生に備え、100年近い歴史のある公園を改修し、2万2600㎡の貯水池を持つ「気候公園」としました。雨期に降り注がれた雨水は公園地下の貯水池に集められ、乾期の植栽への散水や道

路清掃などに使用されます。一部はろ過され、手洗いや噴水にも利用され、地下水の節約にもなっています。また、集中豪雨時の貯水スペースも新たに確保され、合計6000㎡の雨水を蓄えられる低地や、公園の外周には1万4000㎡も貯水できる外壁ゲートが設置されています。

　アメリカのミシガン州アナーバー市では、雨水管理を不動産所有者に促すため、雨水処理について、屋根や舗装道路、歩道や中庭、砂利や石の舗装など、不浸透面の面積の大きさに基づき、雨水処理の公共料金を改定しました。回収した料金は、雨水システムの運営管理や水質の向上、教育、環境の規制や自然回復計画の実施、雨水システムの負担軽減などに活用されています。流出雨水を低減する取り組みを行った商業施設・居住施設の所有者は、処理料金の割引を受けることができるインセンティブも設けられています。

［上］京都市四条堀川交差点の北西角にある雨庭
［下］京都駅ビルにある緑水歩廊は・ビル型雨庭として2012年に設置された。かつて身近に生育していた植生を再現することで生物多様性の保全や生態系ネットワークに寄与することや、豪雨時の内水氾濫リスクの低減も期待されている

国内事例　多彩な雨庭の機能に加え土地利用を工夫し、住民も巻き込んで地域全体を雨庭化する環境マネジメントの取り組みもあります。滋賀県では、公園のグラウンドの地下に雨水の砕石空隙貯留施設を設け、貯留した地下水を園地部分に導いて人工湧水湿地を造成しました。3年後の追跡調査では、里地の両生類で滋賀県版レッドリストの希少種であるカスミサンショウウオの繁殖が確認されています。従来型の土地造成では見られない、小規模な湧水湿地群の造成という先進的な環境配慮が行われた背景には、意欲的な開発事業者の担当者、生き物技術に造詣が深いコンサルタント、研究者の協力がありました。治水だけでなく環境を意図した多機能雨庭の実現に成功したのです。

　京都駅ビル内に雨庭を展示する「緑水歩廊」は、京都で雨庭の導入を試みた最初の事例のひとつです。既存の建築物に設置できる雨庭として計画され、その植栽は京都の原風景である「里山」「棚田・湿地」「池沼」がモチーフとなっています。駅ビルの高低差を利用し、屋上に降った雨水と地下湧水が徐々に下の階のプランターに供給される仕組みで、湧水の汲み上げには太陽光発電の電力のみが使われています。整備後のモニタリングでは、都心では珍しいイソヒヨドリが飛来するなど、都市の生態系ネットワークの一部として機能していることが確認されました。また、駅ビルのような空間は典型的な都市的環境としてヒートアイランド化や乾燥化が進んでいますが、緑水歩廊の整備によって、かつては夏季に暑すぎて人通りが途絶えてしまった空間が回遊スペースによってよみがえるなど、雨庭の持つヒートアイランド現象緩和の効果も確認されています。

　京都市では古くから寺社などで雨庭の機能を取り入れた庭園が造られてきており、そのような庭園文化を継承している京都の造園技術力を生かし、道路上などの公共用地を中心に雨庭の整備を進めています。2017年度に市内の幹線道路の交差点、四条堀川の一角に初の道路型雨庭が市民公募型緑化の事業として完成し、2023年3月時点で市内7区の11カ所に雨庭が整備されています。維持管理に地元自治会や企業が参加していることが意義深く、みどり政策、道路、防災など複数の市の部局連携によりこの道路型雨庭は実現しました。

　雨庭の歴史は古く、1392年に足利義満が建立した相国寺では、庭園に小石が敷き詰められ、庭の掘り込みが雨水を一時的に貯留する機能を持っていたといわれています。京都には雨庭の機能を取り入れた庭園を持つ寺院が数多く見られ、京都市も庭園文化を継承し、道路上などの公共用地を中心に雨庭の整備を進めています。先人の知恵とも呼ぶべき雨庭のデザインや機能を継承し、身近な庭園として街中に雨庭が増えていくことは、水害に備え、ヒートアイランドの緩衝材として気候変動に適応した地域づくりにつながります。

展望　都市においては、緑地面積をどのように増やすかが大きな課題となってきました。同時に、透水性を維持・確保するための具体的な方策の検討も必要であり、今後は緑地の持つ保水能をはじめとした環境価値の定量化を進める必要があります。また、緑地の雨水貯留・浸透機能は、最終的にはその生かし方が重要です。技術開発だけでなく、都市部における緑地の配置やデザイン、利用方法なども視野に入れたアイデアが求められています。●

動かす
Move

気候変動によりゲリラ豪雨をはじめとする極端現象が顕在化するなか、施設機能の充実だけでは防御しきれない気象災害が発生しています。そのために必要な適応のひとつが「動かす」です。「動かす」とは、既存の科学的知見や経験値により、被害が大きいと想定されている場所は、被災を免れるには多大な対策が必要とされるため、選択肢のひとつとして、より安全なところへ施設や機能、集団などを移動させる取り組みのことです。実際に施設や機能、集団を動かすことは、さまざまな調整が必要となり障壁が高いことが予想されるため、都市計画のゾーニング段階や施設の建築段階から、あとで「動かす」必要がないよう、情報開示や土地利用の規制をはじめとする適応策をとることも重要となります。国や自治体、関係機関、事業者、住民一人ひとりに至るまで、社会のあらゆる関係者の意識や行動を高め、リスクの高い場所には近寄らず、実効性のある事前対策を行い、防災・減災の仕組みを強くする「動かす」には、移転、土地の嵩上げ・高床式建築などへの誘導、不動産取引時の情報提供、特定の開発行為の規制・許可制、法・条例等による規制などがあります。

移転　水害や高潮・高波、土砂災害の危険がある地域について、防災・減災対策を行ってもリスクが残る場合などは、安全な場所への移転が望ましいです。また、土砂災害特別警戒区域内で著しい損壊が生じる恐れのある建築物の所有者に対しては、移転などの勧告や支援を行います。

災害リスクの高い場所からの移転は、安全確保として効果的な一方、移転を実現するためには、計画づくりや事業の申請、関係機関との調整など、さまざまな手続きを踏む必要があります。特に集団移転では、地域コミュニティが主体的に計画づくりに関わるなど、地域に暮らす住民の理解と協力が必須となりますが、国や自治体からの支援も欠くことができません。

国の移転の促進を図る制度としては、2020年に都市再生特別措置法が改正され、新たに「防災移転計画制度」が創設されました。2021年に流域治水関連法が整備され、防災集団移転促進事業のエリア要件を拡充するなど、移転の促進が図られています。

嵩上げ　床上浸水は、床下浸水に比べ、被害が急激に大きくなります。内水氾濫や高潮・高波などにより浸水する恐れのある低地部では、地盤の嵩上げや、ピロティー（高床式）構造の家屋にして床面を高くし、床上浸水を防止します。また、浸水被害が発生した地域について、居室を一定の高さ以上にするなどの地区計画を策定し、浸水被害を受けにくい建物の建築を促す必要もあります。

情報提供　不動産取引を行う際、取引する宅地建物が土砂災害警戒区域内にある場合には、宅地建物取引業者はその旨を説明することが義務付けられています。また2020年からは、水害ハザードマップにおいても取引対象とな

る物件の所在地を示すことが義務化されました。この際、浸水の恐れがない場所であっても説明しなければならず、さらに、対象物件が浸水想定区域にあたらない場合に「水害リスクがない」と誤解されることのないよう、配慮した説明が求められています。

規制　土砂災害特別警戒区域については、被災を未然に防ぐためさまざまな規制がかけられています。住宅宅地分譲や災害時に配慮が必要な方のための関連施設を建築するための開発行為は、安全確保に必要な技術基準に従っていると都道府県知事が判断した場合に限り許可される仕組みです。建築確認の申請を行い、建築物の構造が土砂災害を防止・軽減する基準を満たすものになっているか、建築主事の確認を受ける必要があります。特定の開発行為は、都道府県知事の許可を受けたあとでなければ広告や売買契約の締結を行うことができません。取引の際、特定の開発の許可について、重要事項の説明をすることが義務付けられています。水害リスクについて、各種法律により建築規制や移転への誘導などの対策が講じられているほか、都道府県では土地利用の規制、誘導、不動産業界との連携など、水害リスクの軽減に向けた条例も運用されています。

アメリカの事例　バージニア州ノーフォーク市は、洪水からの被害を軽減するために条例を変更し、新築建築物はすべて嵩上げを行なうものとし、連邦緊急事態管理庁（FEMA）の基準洪水位から建築物の最下部までの高さを約30cmから変更し、約90cmを確保する「フリーボード（乾舷）」としました。また、建築物の市場価値の4分の1に相当する洪水被害が2回起きた場合や、洪水により建築物に構造的な損傷が生じた場合も、フリーボードの要件を必要とする規定を新たに設けています。

　アラスカ州ニュートック村は、永久凍土の融解により洪水と土地の浸食に悩まされてきました。いくつかの候補地のなかからネルソン島のマータービックへ村ごとの移転を決意し、州の経済開発省へ支援を要請しました。連邦政府機関を含め関係機関が連携して取り

2016年10月9日ニュートック。ベーリング海からの嵐がニュートックを襲ったあと、住宅と浸食線との距離を測定する村の管理者のトム ジョン。村は一度の嵐で約5mの土地を失った。2017年3月、ジョンはアザラシ狩りに出たあと行方不明になる。彼の遺休は発見されなかった

組みを進め、村の移転計画は2020年に第一段階を終えています。

　FEMAは洪水危険地域での住宅買い上げを促進しています。買い上げられた住宅跡地は、公園や農地、湿地などに利用されます。イリノイ州ではこれまでに約6000戸が買い上げられました。このうち約3割は同じ自治体内で移転し、約7割は自治体外へ転出したとされています。コミュニティを存続させるために町全体で移転を計画し、実施したところもあります。1968年に創設された「国家洪水保険」は、FEMAにより運営される連邦政府直結の事業です。自治体が洪水保険制度に加入することで、住民が洪水保険に加入でき、連邦政府の支援を受けることができます。FEMAは、100年に一度の想定で洪水のリスクがある「特別洪水危険地域」のマップを作成し、区域の保険料率を設定しています。また、危険地域では建築の許可を必要とし、洪水の水位以上の床の高さにするなどの建築を求めています。

国内事例　青森県黒石市は、1975年の集中豪雨により川沿いの集落が被災しました。これをきっかけに防災集団移転促進事業を活用して、浸水エリアから外れた近隣の高台に27戸が集団移転を行いました。2年後再び集中豪雨により河川が氾濫し、前回同様の浸水を起こしたものの、移転した先の団地には被害がありませんでした。

　2014年に流域治水の推進に関する条例を制定した滋賀県では、県独自に作成するハザードマップ「地先の安全度マップ」に基づき、建築物の建築制限を設けています。10年に一度の降雨で浸水深0.5m（床上浸水程度）の区域は、盛土などにより一定の対策を講じない場合、原則として市街化区域に新規編入ができません。200年に一度の降雨の想定で概ね3m以上浸水するリスクがある地域については「浸水警戒区域」として指定され、区域内で住宅や福祉施設、学校、医療施設などの建築を行う場合はあらかじめ知事の許可を得る必要があります。また、区域内の既存住宅に対し、新築あるいは増改築する際、2階が浸水しないよう嵩上げもしくは地域での避難場所の整備などを行うための費用の一部を補助する制度も設定されています。

　徳島県では、災害リスクの高いエリアを「災害レッドゾーン」と「浸水ハザードエリア等」に分けて指定しています。災害レッドゾーンは、災害危険区域、地すべり防止区域、急傾斜地崩壊危険区域、土砂災害特別警戒区域、浸水被害防止区域を指し、住宅などの開発を原則禁止としました。浸水ハザードエリアなどは、洪水などの浸水想定が3m以上の区域と土砂災害警戒区域を指し、住宅などの開発が厳格化されています。浸水想定以上の高さに居室を設ける、避難計画書を作成し指定避難所への確実な避難が可能と判断されるなど、十分な安全対策を施したうえで許可を得る必要があります。

展望　気候変動による災害の激甚化により、今まで住んでいた場所に住めなくなる人がすでに存在していますが、気候変動の進行に歯止めがかからないかぎり、住み家を追われる人の数は増加の一途をたどることになるでしょう。我が国では空き家の放置や耕作放棄地の増加など、取り組むべき土地利用に関する問題がたくさんありますが、将来の気候変動を見据えた土地利用のあり方を、あらゆる主体と連携して考えていくことが重要になります。●

回復を早める
Hasten Recovery

備えを超えて災害が発生した場合の速やかな対応や、被災後における社会経済の「回復を早める」ことも、気象災害に対する適応策のひとつです。回復を早めるためには事前の準備が非常に重要です。具体的には、広域連携、業務継続計画（BCP）の整備、災害廃棄物処理体制の確立、生活再建マニュアルの活用、復興計画づくり、復興のための訓練の実施、保険や金融商品の活用などが挙げられます。

広域連携では、平時より協議会などを活用して災害時の行動などを示したタイムラインを広域で作成するとともに、災害時には関係者の連携により迅速な復旧・復興活動を行います。洪水や高潮、土砂災害のハザードマップなどが広域連携のベースとなります。たとえば、大阪府では、国や市町村と連携し、広域、市町村、コミュニティの３つのレベルでのタイムラインを作成する「おおさかタイムライン防災プロジェクト」を2016年より展開しています。2018年には寝屋川流域全体を対象とした寝屋川流域大規模水害タイムラインが公開され、大型台風に備えています。

2020年7月、九州を襲った豪雨により球磨川が氾濫し、特別老人ホームの利用者14人が亡くなるという痛ましい被害が発生しました。避難計画が策定されているうえでの事故であったため、後の国土交通省と厚生労働省の再発防止の検討会では、BCPを徹底する必要性があらためて認識されました。BCPの整備では、どのような緊急事態が起きても組織の機能を停止させることなく、仮に停止しても可能なかぎり早急に再開できるように計画を策定します。訓練などで実効性を検証しながら事前対策の取り組みを進め、定期的な計画の見直しを行うことも重要です。BCPは企業だけでなく、自治体や学校、医療福祉施設など、社会の機能を担うあらゆる機関が整備し、被害軽減や早期の復旧を目指すことが大切です。

被害が広範囲に及んだ2019年の東日本台風では、がれきなどの災害廃棄物の量は甚大であり、一市町村の対応能力を超えた被害となりました。災害時でも一般廃棄物処理機能を持続しつつ、膨大に発生する災害廃棄物に対処するために、災害廃棄物処理計画の策定が進められています。自治体に限らず、地域ブロックや全国レベルといった広域での連携を図り、適正かつ迅速に処理を行う仕組みを構築することが重要です。

震災がつなぐ全国ネットワークは、阪神・淡路大震災を契機に支援活動を行ってきたNPOやボランティアのネットワーク組織ですが、2017年に「水害にあったときに〜浸水被害からの生活再建の手引き〜」を作成しています。同団体は、被災直後の被災者が罹災証明書の発行といった行政の手続きから、家屋の修復や支援物資の配布に関わる情報を断片的にしか得られないことを経験していました。そこで、生活再建に関するフローチャートを作成し、必要事項を記載した生活再建マニュアルをとりまとめました。このマニュアルは、2017年7月の九州北部豪雨の際、福岡県で約5600部、大分県で約2800部が配布

されています。

復興計画づくりでは、平常時から災害が発生した状況を想定し、復興に必要な体制、活動要領、訓練、復興まちづくり方針などを整理し、「事前復興計画」を策定します。策定にあたっては、関係者間で情報共有や意見交換を行い、平時から連携強化の機会とします。近年、各自治体で南海トラフ地震を対象とした事前復興計画が策定され始めており、気候変動により深刻化が懸念される水害への適用も望まれるところです。

復興のための訓練の実施では、初動や応急復旧に限らず、復興に必要な実務の習得を目的とした訓練を実施し、対応力の強化を図ることが重要です。高潮の場合であれば、最大規模の浸水を想定し、堤防決壊状況・浸水状況・道路などの被災状況の調査、堤防仮締切・排水手順の検討、災害対策車・重機・資機材などの搬入、堤防仮締切の実働、排水作業の実働などの訓練を行い、実施体制、作業手順、作業に必要な人員、設備、スペース、情報手段などが最適になるよう改善します。

保険や金融商品の活用では、水害対策を適切に講じている場合に住宅ローンの金利や保険料が割り引かれる保険商品・金融商品の利用や、土砂災害を補償の対象とした保険・共済へ加入することで、企業や個人の経済的回復の迅速化を図ることができます。

新技術　災害発生後の回復を早めるためには、新技術の活用が不可欠です。近年では災害発生時の状況把握や復旧、被災者支援などを迅速かつ高度に遂行するために、AIやドローン、5G、リモートセンシングなどの新技術導入が積極的に進められています。具体的には、水害発生時のAIやドローンを活用した浸水範囲の早期把握や、土砂災害発生時の5Gを活用した無人のブルドーザーやダンプを用いた遠隔地からの復旧、停電地域における電気自動車を活用した電力供給支援などについて取り組みが進められています。新技術の導入は、被災後の回復を早めるだけでなく、災害復旧現場の人手不足や高齢化、感染症対策のほか、現場の安全性・生産性の向上につながることが期待されています。

流れ機能の確保　和歌山県橋本市の鉄道橋では、2011年の台風14号により橋脚がその周囲の地盤が削られて傾く洗掘が起き、軌道にゆがみが生じました。鋼矢板を打ち込み橋脚の強化を実施したところ、2023年に当初の被害を受けた台風を上回る勢力の台風2号が襲来した際も洗掘被害はなく、早期に運転再開をすることができました。このように、社会・経済活動への影響を考えると、交通・物流機能が長期にわたって損なわれる事態は避ける必要があるため、河川・鉄道・道路分野が連携した橋梁の流失防止対策や新幹線の浸水対策などが重要です。

国土交通省は「運輸防災マネジメント指針」を策定し、交通運輸事業者の防災体制の構築と実践を支援しているほか、空港・港湾のBCPの強化や災害に強い道路ネットワークの構築も推進しています。また、災害時の安全確保や空港などの滞留者発生による混乱の防止、人命救助や物資輸送の円滑化などの観点から、災害時の適切な人流・物流コントロールは重要な課題です。気象庁が交通事業者に対して気象情報を共有したり、有効な情報活用方法を伝えたりするなど、効果的な計画運休や交通量制限の実施を目指しています。また、災害時の道路の通行可否を示した「通れるマップ」の情報が、緊急車両に加えてトラックやバス事業者などにも即時提供される

自然災害で起きた土砂崩れのために全面通行止めとなった道路。交通障害はその地域の社会経済活動に長期的な影響を与えるため、可能な限り迅速な復旧が望まれる

ことで、適切な輸送ルートの確保が図られています。

海外事例　イギリスでは、2013年、2014年冬に襲った洪水や暴風雨により、7000もの企業が浸水被害を受け、保険金支払額だけで2億ポンド、2015年冬の暴風雨と合わせると数千人の生活に支障が生じました。そのため、環境・食料・農村地域省と環境庁の支援のもと、保険会社や民間事業者などが円卓会議を設置し、2016年に「資産洪水レジリエンス・アクションプラン」を公表しました。このアクションプランでは、洪水で被災した家屋や建物の修復費用や心理的負担を軽減するために、資産保全対策が提唱されています。資産保全対策は、大規模な防災施設を設置できない場所や、設置すると経済的に不利益を受ける場所のリスク軽減効果を高めるもので、

実行可能な対策として防水ドア、止水板、水を通さないレンガ、下水・排水管の逆流防止弁などの設置を挙げています。

　こうした対策を推進するため、2015年の暴風雨で被災した物件に対して助成金が交付されました。また、モデル自治体を選定して試験的な支援も行い、保険・建設業者との連携が耐水対策の普及となるかなどの調査も実施されています。そのほか、中小企業向け保険への洪水リスクの組み込み、ワンストップで洪水発生時の対応方法・連絡先などの情報が得られるWebサイトの運営、資産の洪水リスクの判定や適切な助言をできる人材の育成のための認証制度の構築などについて、取り組みが進められています。

イタリアでは、異常気象により生産を停止した中小企業の9割が1年以内に倒産するなど深刻な影響が生じていることを踏まえ、2015〜2018年に災害リスク軽減保険（DERRIS）プロジェクトが実施されました。これは行政と保険会社、中小企業の官民協働体制で都市の回復力を高める取り組みです。トリノ市では、2016〜2017年にかけて約30社の中小企業がプロジェクトに参加し、企業の適応行動計画の策定支援などを受けたのち、2017年にはオンラインで簡単に使える「気候リスク評価管理ツール」が開発されました。その後プロジェクトは10都市に広がり、各都市で行政や業界団体、商工会、企業、大学などの関係機関が参加して適応策の検討が行われ、2018年の最終報告段階では、128社による3723項目の適応策を含む適応行動計画が策定されました。また、それまではリスク回避を考慮していなかった中小企業や行政が保険会社から研修を受けたことで、異常気象に対するリスク評価と対策の基礎知識を得ることができました。

国内事例　大規模な災害が発生した際は、人手不足や設備の故障により、十分な災害対応が行えないことがあります。この問題を解決するために、全国の自治体では官民が協力する「災害時応援協定」を結んでいます。2019年8月に九州北部を襲った大雨では、福岡県で流木などの漂流物を回収するため、災害協定団体がクレーン付きの台船を提供しました。また、佐賀県では河川近くの鉄工所で発生した油の流出に対応するため、災害協定団体がオイルマットや河口部への作業用船舶を提供しました。

兵庫県では、阪神・淡路大震災の教訓を踏まえ、2005年から県独自の住宅再建共済制度（フェニックス共済）を開始し、被災者の自力再建を支援しています。この制度は地震・津波・風水害などあらゆる自然災害が対象となり、県内に住宅を所有していれば誰でも加入でき法人も対象となります。掛金は、住宅の規模や築年数などにかかわらず定額負担・定額給付となっており、ほかの保険や共済に加入していても加入可能で給付が受けられます。

展望　災害からの復興事例は年々蓄積されており、その事例から学ぶことは多いですが、災害の程度は被災地の特性やその時代の社会・経済状況などが大きく関係します。そのため、過去の事例を参考にしつつも、各地域の土地利用や社会情勢を十分に考慮しながら復興計画を事前に検討し、準備しておくことが大切です。また、少子高齢化などの影響で地域の担い手が不足しがちな現代では、災害発生時や復旧作業に対して、限られた人材や機材で効率的に情報を集め、迅速に意思決定し、的確に伝える必要があります。IoTやAIなど、デジタル技術やさまざまなデータを活用した取り組みを加速させ、被災時の回復力を高めていくことは重要な適応策となります。●

海岸侵食
Coastal Erosion

砂浜・礫浜[*]は岩礁と異なり、形が常に変わり続けます。平常時から海面水位や波の高さ、周期、波の向きによる影響を受けて形状を変え続けているだけではありません。開拓による農地開発や、塩田、港の造成といった影響を受けて砂浜の侵食が進んでいます。特に高度経済成長期以降、太平洋側や瀬戸内海を中心に、製造プラントやエネルギーの供給基地、物流拠点を設置するために行われた埋め立てにより、沿岸部の人工化が加速しました。流域全体の土砂移動でとらえると、河川からの土砂の供給が減少し、現在も砂浜侵食が進行しています。

気候変動による海面水位の上昇や、台風の頻発化・激甚化による波の威力の増大は、砂浜の形状や面積に大きな影響を与え、今後、海岸侵食の進行がさらに加速する可能性があります。海面上昇を原因とする砂浜の消失率を予測した研究によると、日本の沿岸地帯で今後、産業革命以前と比べて全球平均気温の上昇を2℃未満に抑える場合で62％、最も温暖化が進む場合では71％の砂浜が消失する恐れがあると指摘されています。砂浜は波を減衰させ、高潮や津波から人命や財産を守る重要な役割を担っているため、この消失は国土保全上のリスクとなります。また、砂浜が観光資源となっている土地では、砂浜侵食によるレジャーへの影響が懸念されています。

適応策 海岸侵食への適応策には、継続的なモニタリングによる砂浜の変動傾向の把握、侵食メカニズムの設定、将来変化予測に基づいた対策の実施があります。また、実施した対策の効果を確認したうえで次の対策を検討する順応的管理も重要です。さらに、海岸線と平行に移動する土砂（沿岸漂砂）により収支が適切となるようコンクリート構造物を置くなどの取り組み、河川の上流から海岸までの流砂系における総合的な土砂管理対策との連携といった広域的・総合的対策も含まれます。

海岸域は、高潮、津波、波浪の影響から命や家屋・財産を守る「防護」としての機能、砂浜や干潟・藻場など多様な生態系を育む「環境」としての価値、レクリエーションや観光、漁場や流通など多様な形態を有する「利用の場」としての役割があり、調和を図りながら保全を進めることが適応策となります。海岸の侵食対策として陸域から海岸へ土砂を供給する際は、流域全体の土砂移動として考え、総合的に管理することが重要です。

砂浜を養う「養浜」では、侵食の進んだ海岸へ人工的に砂を投入するので、砂浜を守りつつ、海浜の安定化を図ります。沿岸の構造物によって砂が移動できなくなった場合、流れの上手側に堆積した沿岸漂砂を、ダンプトラックや船舶などにより直接運ぶほか、圧送管やベルトコンベアなどにより恒久的に輸送する「サンドバイパス」を整備し、流れの下手側へ移動させる方法もあります。もちろん養浜の際には、生物環境にも配慮が必要です。

海岸を侵食から保護するには、消波ブロックなどの保全施設を活用し、面的な広がりをもって波の力を沖合から徐々に弱めながら防

「東洋のドーバー」と呼ばれる屏風ヶ浦は千葉県銚子市から旭市までの太平洋海岸線に連なる海食崖だ。沖合にT字型のヘッドランドを建設することで、海岸線の侵食を止める効果があるとされている

護する「面的防護方式」がこれまで採用されてきました。対策には、①離岸堤：沖側に海岸線とほぼ平行に設置し、構造物が海面上に出ている施設。波の勢いを弱めて越波を減少させたり、砂浜の侵食を防いだりする、②人工リーフ：離岸堤と同様の働きをするもので、構造物が海面下に没した施設、③突堤：海岸線に並行に砂移動する沿岸漂砂を抑制する施設、④ヘッドランド：平坦な海岸線で比較的長い侵食海岸に設置する人工の岬で、隣り合う人工岬の間をポケットビーチ化して波のエネルギーを分散させ、砂浜の安定化を図る、などの方法があります。

海外事例　オランダの海岸は毎年海流により砂が削られており、海抜ゼロメートル地帯に広がる市街地へ海水が侵入するなどの問題が発生していました。そこで、海面水位の上昇による被害を防ぐため考案されたのが「サンド・モーター」と呼ばれる事業です。これは自然を生かした沿岸づくりというコンセプトで、海岸に堆積させた砂を、風、波、海流によってゆっくり歳月をかけて自然に拡散させ、失われた海岸の再形成を図るものです。沿岸から沖合1kmの場所に人工の半島「サンド・モーター」をつくることで、この半島が沿岸の海流を変化させます。変化した海流の力で、半島と海岸の間が砂で埋まっていき、砂浜が

維持される仕組みです。この方法では、一回の作業で20年ほど砂の補給が不要になり、従来の対策より砂を堆積させる回数が少なく済み、コストを抑えることができます。また、砂浜が拡大したことによって観光客が増え、沿岸域に生息する動植物の種類が増えるなどの効果も見られています。

国内事例　これまで大規模災害を踏まえた集中的投資により、海岸保全施設などの整備が進められてきました。日本では気候変動を考慮した海岸保全への転換を図るため、2020年11月に海岸保全基本方針が変更され、翌2021年7月には海岸保全施設の技術上の基準を定める省令の一部が改正されました。これらを踏まえ、海岸保全基本計画の変更に向けた検討が進められています。

展望　IPCCが2021年8月に公表したWGI AR6によると、世界の平均海面水位は1900年から現在までに約20cm上がっています。2100年までの予測では、排出を極力抑えた1.5℃のシナリオの場合約50cm、排出が非常に多いシナリオの場合約1mも上昇し、南極の氷床崩壊が始まると1.5m以上海面が上昇する可能性もあります。施設で防ぐには限界があり、海岸侵食を食い止めるには、河川の上流から海岸まで広域的な視野で、長期的な予測に基づくハードとソフトの施策を組み合わせ、影響を軽減する方法を模索し続けていくことが重要です。●

強風
Strong Winds

気候変動は風の方向や強さにも影響を及ぼします。北大西洋では、1970年ごろからハリケーンと呼ばれる強い熱帯低気圧の発生数や強度が増加しているほか、太平洋側でも過去40年で接近する台風の数と威力が増し、移動速度は遅くなっています。この40年の間、前半20年と比べて後半20年の東京への接近数は約1.5倍となりました。太平洋高気圧の勢力は増し、海面水温の上昇、大気中の水蒸気の増加、日本上空での偏西風の弱まりなどが、強い台風の発達や移動速度の要因とみられます。

台風とは、最大瞬間風速が17.2m/s以上の北西太平洋の熱帯低気圧のことをいいます。風速15〜20m/sで歩行者の転倒や車の運転が難しくなり、40m/sを超えると電柱が倒れるなど甚大な被害をもたらします。また、暖かい空気が流れ込んで大気の状態が不安定になると活発な積乱雲が発生し、竜巻などの激しい突風が吹く可能性があります。竜巻は、移動スピードが自動車以上の速さになる場合があり、威力が強いと建物の破壊や車の転倒のほか、木材が巻き上げられて猛スピードで飛んでくることもあります。

2019年房総半島台風では、千葉市で最大風速35.9m/s、最大瞬間風速が57.5m/sと記録的な暴風となり、送電線の鉄塔が倒壊し、倒木や飛散物による配電設備の故障などにより、首都圏で最大約93.5万戸の大規模停電が発生しました。停電による通信の停波や排水ポンプの停止による断水や鉄道の運休など、私たちの生活に大きな影響を与えたのです。

適応策 強風への適応策は、物を飛ばさないことと飛んできたものから守ることが基本となり、それぞれソフト面とハード面からの対策が重要となります。

ソフト面では、的確な対応を行うために、

台風被害を受けた瓦屋根の街並み

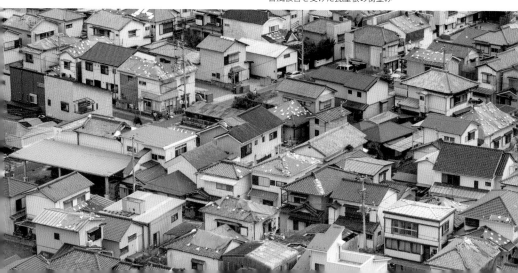

台風情報や竜巻注意報などの情報収集とタイムライン（防災行動計画）の作成、被災時のチェックリストの活用などが効果的です。

　気象庁による台風情報には、位置と規模、風の強さ、経路、暴風域などがあります。台風は、24時間以内に台風になると予測される熱帯低気圧の段階から、実況と5日先までの予報が出され、Webサイトのほかスマホアプリでも確認できます。台風の進行方向では強風が予想されることから、台風の発生後は常に最新情報を確認し、暴風域に入る確率を把握して備える必要があります。竜巻の場合、気象情報として半日から1日程度前に「竜巻などの激しい突風のおそれ」があると発表され、竜巻が今まさに発生する可能性がある段階になると「竜巻注意報」が出されます。竜巻注意報の発表があると、10kmメッシュで解析する「竜巻発生確度ナウキャスト」でも地図上で確認できるようになります。

　台風の場合、台風情報から進路や規模をある程度予測することができるため、台風が襲来するまでの行動や役割分担を時系列で整理したタイムラインを作成しておき、台風情報が発表された段階で計画に沿って対応にあたることが効果的です。また、事前の備え、強風の発生時、被害発生後の流れで実施すべきことを整理した安全チェックリストを作り、事前に内容を確認しておくことで、災害発生時にも適切な行動をとりやすくなります。

　ハード面では、飛散物を極力減らし、飛散物がぶつかった場合の被害を軽減することが重要です。大型台風による停電の原因の多くは強風による飛散物が電柱や電線に当たったことが原因です。飛散物をできるだけ減らすため、庭やベランダに置いてあるものは家の中にしまうか地面に固定しましょう。屋外の洗濯機は水を入れて重たくするのも効果的で

す。これまでの調査により、築年数が古く、瓦葺き屋根の住宅の被害が特に大きいとされています。耐候性の低い住宅は社会全体の災害リスクを高めてしまうため、既存住宅の耐風性能の強化を図る必要があります。屋根瓦については、2022年から耐風性能を確保するため、新築時の建物すべてに対し、ガイドライン工法に基づいた建築が義務付けられました。ガラスは飛来物がぶつかると割れて危険なため、シャッターや雨戸を閉めて守ります。シャッターや雨戸がない場合、窓ガラスには飛散防止フィルムなどが効果的です。平常時の耐風補強と被災時の耐災・被害緩和の性能を向上させる全面リフォーム（Build Back Better：BBB）の両軸で対応を検討しましょう。農業用施設では、耐候性ハウスの導入を進め、強風による倒壊などの被災に備えます。また、風に強い耐候性ハウスの普及を図り、建て替えを支援する取り組みも進められています。

海外事例　アメリカ商務省海洋大気庁の国立ハリケーンセンターは、気象の観測、警告、予想、分析を通じ、人命と財産を守り、経済損失の軽減を図っています。ハリケーン注意報は最大風速が予想される48時間前に、警報は36時間前に発表され、警報の発表時には州知事が指示を出し避難を開始します。実際に風が強まってしまうと対策の準備が難しいため、あらかじめ作成したタイムラインに沿って計画的に行動し、交通機関の運行停止や対象エリアの避難などを実施します。

　年間1000以上も竜巻が発生するとされるアメリカでは、海洋大気庁のストーム予報センター（SPC）が竜巻に関する予測を8日先まで行っています。発表する注意報は数時間前、警報は今まさに発生しそう、あるいは発

生している場合に出されます。全米に設置されたドップラーレーダーによるデータと、飛散物の検出が可能なレーダーとの併用により、竜巻の捕捉率が1980年代と比較して35％から75％と大幅に上昇し、予測情報の発表から災害発現までの時間も5分から14分と改善されました。竜巻からの避難はシェルターへの退避が基本で、連邦緊急事態管理庁や州、自治体により自宅や学校への設置を支援する助成制度があります。

国内事例 2019年に発生した房総半島台風では、住宅の屋根瓦に大きな被害が発生しました。被害が少なかった瓦屋根の多くは、屋根の瓦すべてを緊結するガイドライン工法を行っていたことが明らかになっています。これらを踏まえ、国土交通省では、瓦屋根の新築時にはガイドライン工法の採用を徹底すること、特に暴風が見込まれる沿岸部では、より耐風性能の高い緊結方法の検討を行うこと、ガイドライン工法に適合しない既存建築物は、屋根葺材の改修を促進すること、住宅性能表示制度などの活用により耐風性能の「見える化」を推進することの教訓がまとめられています。

日本風工学会では、強風に関する事前準備を行うための「安全チェックリスト」をWebサイト上で公開しています。台風の場合、日頃の準備として、弱った樹木の枝を剪定する、屋根の樋や排水口を掃除する、避難場所と避難ルートの確認、連絡拠点を決めておくなどのリストがあり非常に有用です。たとえば、強風注意報が発令された場合は避難準備に関連するリストを活用しましょう。竜巻の場合は発生の予測が難しく移動も速いため、危険を感じたら即行動できるよう、安全な場所の確保と貴重品の持ち込み、警報サイレン音の確認などを日頃から準備し、竜巻注意報が発令されてからは竜巻の兆候に注意し、安全な場所への退避を促すリストとなっています。また、竜巻が通過してからの行動も掲載されています。

農林水産省は、農業用ハウスなど園芸施設の倒壊被害の防止と早期復旧を図るため、強度診断や補強などの被害防止技術と、被災後の自立施工マニュアルなどの復旧ノウハウを整理して公開しています。また、園芸産地のBCP策定を支援する事業継続強化対策に関する情報も掲載されています。

千葉県は強風による農業ハウスの被害防止を図るため、農業ハウスの保守管理や補強、関連情報の基礎資料をまとめた「農協ハウス災害被害防止マニュアル」を作成しました。また、ハウスの保守管理や補強の重要ポイントを農業者自ら点検やメンテナンスができるように「千葉県農業用ハウス災害被害防止チェックシート集」を作成し、公開しています。

2019年に竜巻に襲われた宮崎県延岡市の対応では、台風時のタイムラインに沿って行動した結果、迅速な状況把握や他機関へのリエゾン派遣を効果的に行うことができました。一方で、参集後の人員配置や対応の手順は統一していなかったため、さらなる改善が必要とわかりました。竜巻は局所的な被害であるため、災害発生時の状況に応じて柔軟な班員の増員や増班などの体制構築を行い、適切な現地調査を行う必要があります。

展望 強風災害は個人の「自助」の積み重ねが、社会全体の災害リスクを減らします。自発的行動を促す助成金制度の導入や保険商品の開発に期待されます。●

山火事
Wildfires

気温上昇に伴い森林火災の頻発化が進み、長い年月をかけて樹木や土壌中に蓄積されてきた炭素が一気に放出されることで、さらに気候変動を促進させるという悪循環が世界各地で起こっています。世界の森林火災により2001年から2022年の間に約339億tのCO_2が排出されたと推定され、被害額は約10兆ドルに及ぶという統計もあります。森林火災が発生しやすいのは、乾季のあるモンスーン地帯、少雨のサバンナや草原、夏に乾燥する北方林、地中海の低木林などで、これらの土地は世界の陸地の約4割を占めています。しかし、気候変動と土地利用の変化により、森林火災は世界中で悪化の一途をたどり、これまで影響を受けなかった地域でも大規模な山火事が発生する可能性が増えています。UNEPは、このまま気候変動が続くと、21世紀末までに大規模な森林火災が約50％増加すると警告しました。また、WRIの報告によると、2050年にはアメリカ西部で年間に現在の2倍から6倍の面積が森林火災で消失する可能性があるとしています。こうした世界の乾燥地域と比べると、湿潤な環境である日本の森林火災はそこまでの脅威となりませんが、それでも年間1000件を超える火災が報告され、被害が数百haに及ぶこともあります。

　森林や草地などの火災の原因には、落雷や、熱波・干ばつなど高温化と乾燥による落ち葉への発火、降水量の減少による延焼といった自然現象のほか、人為的な火入れや開拓、失火などから延焼に至るものまでさまざまです。

大規模な森林火災は、気温や降水量といった気候条件と、生態的・人為的条件が重なって発生します。森林火災を大規模化させる気象現象には、フェーン現象、ラニーニャ現象、インド洋ダイポールモード現象などがあるとされます。

　火災のタイプは、発生場所により草地と林地に分かれ、燃焼形態は、地表の草や落ち葉、落枝を伝わる地表火、木の枝葉や樹冠が燃焼

［上］2019年南アフリカ・ケープタウンのライ
オンズヘッドで拡大する山火事を消火する消防
ヘリコプター
［下］山火事の消化活動は、危険が伴う命懸け
の作業だ

する樹冠火、木の幹が燃える樹幹火・地中火に分かれます。草地火災の燃焼形態は地表火で、20km/hと速く燃え広がるのが特徴です。林地火災は、自然条件や気象条件、発火の状況により、多様な燃焼形態となります。速度は10〜12km/hと比較的遅いものの、火力が非常に強いのが特徴です。風が強い場合の樹冠火が拡大する速度は地表火の2倍に達するという報告もあります。また、飛び火で二次火災が発生する可能性も高いです。

森林火災はさまざまな悪影響をもたらします。人々にとって最も深刻なのは、広範囲にわたる土地や居住地の消失です。また、急激で異常な気温上昇により生じる二次火災の発生の危険や、消火などの対応にあたる災害従事者の被災、煙による健康被害も懸念されます。陸・海・空の交通機能の停滞も大きなダメージとなります。環境への影響としては、希少な動植物の消失による生態系の減少、地表や空気の乾燥化、土壌の流亡や地すべり、水質の悪化などが考えられます。そして、樹木の燃焼によるCO_2などの温室効果ガスの放出と大気汚染がさらに気候変動を加速させることは、最も深刻な問題のひとつです。

適応策　火災は物が燃焼する現象で、燃焼には可燃物、酸素、着火（熱）エネルギーの3つの要素がそろう必要があります。これらの要素をひとつでも除去し、防火や消火に努めることが森林火災の適応策となります。

防火には、防火帯や先行の火入れなどによりあらかじめ可燃物を除去することで火災のリスクを軽減する方法があります。国内の林野火災の出火原因は、たき火、火入れなどの人的要因によるものが圧倒的に多いことから、地域住民や登山者などの入山者に対する火の始末の徹底、たばこのポイ捨てや火遊びの禁止などについて広報することは重要です。また、火入れの実施者や作業者による初期消火の準備、気象状況等を踏まえた火入れの計画策定、林業関係者による林野火災予防を踏まえた適切な森林管理計画の作成、気象情報を踏まえた火災警報の発令などの出火防止対策も有効な適応策となります。

消火には水をかけて熱エネルギーを消費させる冷却消火や酸素を絶つ窒息消火、可燃物を破壊して除去する破壊消火などの方法があります。地上消火には、火叩き棒やジェット・シューター、洗剤を活用した消火、迎え火などの方法があり、空中消火には、航空機から消火剤やゲルパックなどを投下する方法などもあります。森林火災を発見した場合、火災の拡大防止を徹底するため、火災状況を的確に把握し防御戦術を決定するためのシステムや、空中および地上消火に効果的な部隊の運用をするための体制づくり、情報伝達および消防水利の確保等を行うため、消防活動上必要な事項を網羅したGIS（地理情報システム）による林野火災防御図の整備なども適応策として挙げられます。森林と住宅地が近く、延焼の危険性が高い地域に防火水槽を整備することや、周辺住宅地や隣接市町村への延焼拡大を防ぐために情報連絡体制を整備して訓練を行うことも重要です。

海外事例　近年の大規模な森林火災は、オーストラリア東部やアメリカのカリフォルニア州の被害がよく知られていますが、そのほかにも、シベリア、グリーンランド、アラスカ、カナダなどの北極圏の北方林やインドネシアにおける地中の泥炭層へ延焼する泥炭火災など、世界各地で大規模な森林火災が発生しています。特に2019年度は世界各地で大規模な林野火災が相次ぎました。

アメリカのカリフォルニア州の森林火災は、燃料優位と風優位の2種類に大別されます。燃料優位の火災は落雷が主な原因で比較的鎮火しやすい一方、風優位の火災は森林区域以外にも広がり甚大な被害をもたらします。People（人）、Prevention（予防）、Planning（計画）、Protection（防御）、Prediction（予測）に配慮した対策が必要とされています。

カナダでは、天然資源省が森林火災の危険状態を監視し、カナダ連邦省庁間森林消防センターと連邦政府へ情報提供しています。この情報はカナダ全域の地図上に公開され、地域の管理局で火気利用の許可や森林区域への立ち入り規制などの対応に活用されています。

地中海では、2021年夏に大規模な森林火災が発生し、広範囲にわたり針葉樹林が喪失しました。樹種構成や森林構造、森林管理を抜本的に見直し、マツの植林地を再発芽しやすい地中海沿岸に生息するカシの森林地域にするなどの変更を行っています。短中期的な自然生態系の再生が進められています。

オーストラリアでは、山火事発生のリスクを低減するため、計画的に野焼きをコントロールしていますが、2019年9月以降に発生した大規模な森林火災は、約半年もの間燃え広がり大きな問題となりました。もともと少雨傾向の国土に加えて近年の気候変動による降雨量の減少で、乾燥や干ばつが進み、急激な気温上昇も相まって火災が長期化しています。ユーカリやティーツリーといった油分の多い植物の固有種も火災の規模を大きくしている要因のひとつです。オーストラリアの消火は、消防機と呼ばれる専用の消防飛行艇や陸上消防機を用いるほか、延焼が予想される地域の樹木を伐採して防火帯をつくり、拡大を防ぐ消火活動を行っています。

石けん系の消火剤 泥炭火災が頻繁に発生するインドネシアで、森林保護や動植物の生息域の保全に貢献する消火活動に日本の企業が携わっています。無添加石鹸メーカーのシャボン玉石けんは、消火能力が高い一方で毒性は低い石鹸系の界面活性剤を使った消火剤を開発しました。水のみの消火に比べて少水量ですみ、素早い消火が可能です。また、発泡後の分解速度も速く、自然界に存在するカルシウムやマグネシウムなどのミネラル分と結合することにより、界面活性が失われて生態系への影響が低く、建物火災では泡切れがよく、あらためて洗い流す必要がないという特長を持っています。2015年にはインドネシアで販売を開始し、JICAの支援で2016年から市場調査を実施しています。

展望 国内の林野火災は、特に太平洋側において、空気が乾燥し強風が吹く春に多く発生していますが、この原因のほとんどは火入れや火の不始末など人為的なものです。近年、キャンプや登山などのアウトドアレジャーにより山や森林を訪れる人口は増加しているため、一人ひとりの心がけがより一層大事になっています。森林は一度消失してしまうと復活させるまでに何十年もの月日が必要となります。風が強い日や木々が多い場所でのたき火をしない、火の近くに可燃性のものを置かない、常に目を離さず使用後は必ず消火を行う、たばこのポイ捨てはしないなどのルールを広く周知し、貴重な森林を守る必要があります。●

Human Health
健康

気候変動によって世界中で暑熱リスクが高まっています。日本ではさらなる熱中症対策を強化するため、2023年6月に気候変動適応法を一部改正しました。これは、従来の熱中症アラートを警戒情報として法的に位置付け、より深刻な健康被害が発生しうる場合に備えるものです。また、指定暑熱避難施設（クーリングシェルター）を指定し、警報発表期間中に開放措置を講じる内容となっています。

　残念ながら気候変動が健康に及ぼす影響は熱中症だけではありません。気温上昇に伴い食品中や海水中で増殖する細菌類の中には、食中毒などの感染性胃腸炎を引き起こすものがあります。また、活動地域の拡大した蚊やダニなどの媒介性動物は、マラリアや日本紅斑熱といった感染症をもたらします。感染性胃腸炎の原因となる細菌類の増殖には、衛生的な食品管理や社会環境の整備が効果を発揮します。蚊やダニから媒介する感染症には、虫よけスプレーや肌を露出しない簡単な予防が効果的です。このセクションでは、健康分野に関するさまざまな適応策を取りあげ、命を守る技術と戦略に焦点を当てます。●

東京都狛江市多摩川河川敷でのサイクリング

暑熱リスク
Heat-Related Risks

人間は普段、運動や暑さにより体温が上がっても、汗をかき皮膚温度を上昇させることで熱を外へ逃し、体温が一定の範囲に保たれるよう調節を行っています。この調節機能のバランスが崩れると、体に熱がたまり体温が上昇します。熱中症になると、めまいや顔のほてり、筋肉痛や筋肉のけいれん、体のだるさや吐き気といった症状を引き起こし、場合によっては死に至ることもあるため注意が必要です。

全国の熱中症による救急搬送者数と死亡者数は近年増加傾向です。災害級といわれた2018年の夏は約9万5000人が救急搬送され、約1500人が亡くなりました。2010年以降の熱中症搬送者数は、2008〜2009年と比較し2倍以上に増加しています。将来、熱中症などの熱ストレスによる死亡者数は、すべての県で2倍になるという予測もあります。国は2023年に法改定を行い、2030年までに熱中症による死亡者数の半減を目指しています。

適応策　暑熱環境のリスクを知ること、正しい知識で予防して熱中症に弱い高齢者や乳幼児に特に配慮すること、教育機関や職場などでも予防すること、加えて熱中症を発症したときの適切な対応が重要です。夏の外仕事、スポーツ、観光など日常のあらゆる場面に暑熱リスクはあるため、気象情報や暑さ指数（WBGT*）を組み込んだ予防や対処法の普及啓発の実施が欠かせません。近年はIoTの活用により、温湿度センサーやウェアラブルデバイスから暑熱リスクをAIが検出し、ア

ラートを発信して本人や職場の管理者に通知するシステムも開発されています。

リスクを知る　2020年東京23区における熱中症死亡者のうち、約9割が65歳以上の高齢者でうち9割が屋内での発症、さらにその9割がエアコンを使用していませんでした。理由としては、高齢者が熱中症に対する高いリスクを抱えていることを知らず、本人や周囲の人が行動に移せていないことなどがあります。高齢者がエアコンを使用しない理由は節約、無自覚、苦手などが知られています。

また、熱中症による救急搬送者のうち約3割が、教育機関や職場など管理者がいる場所からの搬送でした。組織側の熱中症対策にはばらつきがあり、患者数は毎年高い水準で推移しています。2021年5月に環境省と文部科学省は、「学校における熱中症対策ガイドライン作成の手引き」を公表し、全国の教育委員会は熱中症に対する指針を学校現場に配布するようになりました。学校、職場、スポーツ施設などでそれぞれに合わせた対策が徹底されるよう、関係省庁が連携して普及啓発や支援をしていくことが必要です。

2020年には「熱中症対策行動計画」が政府により取りまとめられ、熱中症に関する中長期的な目標が掲げられました。計画では、熱中症による死亡者数ゼロに向け、できるかぎり早く年間の熱中症死亡者数を1000人以下に抑え減少傾向に転じさせることや、適切な熱中症予防行動の定着を目指すとされています。そのためにも、今後は地方公共団体や

地域の団体、産業界との連携強化や情報発信の強化に重点的に取り組むことも重要です。

予防　熱中症は命に関わる病気ですが、予防法を知っていれば防ぐことができます。日々の熱中症リスクを把握するには「暑さ指数（WBGT）」や「熱中症警戒アラート」が有効です。

　個人で行える予防策は、暑い日や暑い時間帯を避けて行動する、こまめに水分補給をする、体が暑さに慣れていない季節の急な気温上昇に注意する、日頃から適度な運動をし、暑さに備えた体づくりをする、自分の体力や体調を考慮して行動する、集団行動の際はほかの人に合わせて無理をしないが挙げられます。これらの予防策を行い体温の上昇と脱水を抑えることが重要です。

配慮　高齢者や乳幼児、持病を持つ人など、暑さに対して脆弱な人には特に配慮が必要です。このような人は体温調節機能などが弱っていたり、まだ発達していないなどの理由により、一般の人と比較して熱中症のリスクが高いといわれています。

　満65歳以上の高齢者は、熱中症で救急搬送される患者の半数を占めています。高齢者には、行動性体温調節が鈍る、発汗量・皮膚血流量の増加が遅れる、発汗量・皮膚血流量が減少する、体内の水分量が減少する、のどの渇きを感じにくくなる、などのリスクが挙げられます。また、高齢者の熱中症は半数が自宅で発生しているため、冷房の利用を促す、部屋の中の見やすい位置に温湿度計を設置するなど、室内での対策が必要です。高齢者のみの世帯では、IoTを活用した見守りサービスや電話などで家族がサポートすること、地域では冷房の効いた施設の開放や声かけなど、

コミュニティのサポートが求められています。

　乳幼児は体温調節能力が未発達です。また、体重当たりの体表面積が大きいので高温時や炎天下では深部体温が上がりやすく、脱水症状への注意が必要です。晴天時は地面に近いほど高温になるため、保護者が乳幼児の様子を見て休憩や水分補給を促すことが熱中症予防になります。

　毎年のように自動車内での子どもの熱中症死亡事故の報道を耳にします。暑い場所では、自動車はオーバーヒートしてエンジンが停止し、車内はすぐ高温になるため、保護者は車内に子どもを残さないよう細心の注意を払いましょう。子ども置き去り検知システムに関わる機器やセンサーの開発は進んでおり、システムの導入は今後広がっていくでしょう。

学校・職場対策　日頃から個人で熱中症対策の知識を身につけて予防を行っていても、集団行動の際にはそれが難しい場合もあります。そのため、幼稚園や保育園、学校、職場などでも、状況に応じた熱中症への対応が必要です。活動前や業務開始前に各人の体調を把握し、見学や室内作業に変更させるなど適切な対応が求められます。

　幼稚園や保育園では、基本的な対策に加えて日陰での水遊びやミストシャワーなど遊びを工夫するとともに、室内での熱中症対策も外せません。学校では部活動や体育、昼休みなど炎天下のなかでスポーツをする機会も多いため、教員は生徒の熱中症の兆候を注意深く見守ることが必要です。

　スポーツ活動中の熱中症対策としては、暑い時に無理な運動をしない、本格的に暑くなる前の5月・6月から暑さに慣れる期間を設ける、個人ののどの渇きを満たす自由な水分・塩分補給を行う、重装備のスポーツ種目では

防具を外し、体温を下げることができる休憩をできるだけ設ける、生徒の体調管理をすることなどが挙げられます。

　職場では自らの体調に合わせて休憩をとることが難しい場合もあります。そのため雇用者や監督者が率先して、働き方の工夫や作業環境の管理、従業員の健康の把握などを行う必要があります。働き方の工夫には、リモートワークの導入や服装への配慮、水分・塩分の補給、夏季の勤務時間の調整や作業時間の短縮、休憩時間の確保などがあります。また作業環境の管理としては、気温や湿度の高い環境で仕事をする場合は屋外で簡易的な屋根を設置する、屋内では冷房設備を設置する、休憩場所を整備するなどの対策があります。従業員の健康を把握するには、特に熱中症を発症しやすい疾患を抱えている労働者に関しては医師の意見を聞き、人員配置を行いましょう。該当する疾患は、糖尿病、高血圧症、心疾患、腎不全、精神・神経関係の疾患、広範囲の皮膚疾患、感冒、下痢などです。

普及啓発　熱中症などの熱ストレスに対して、活用できるツールも世界で開発されています。たとえば熱波が増加傾向にある米国ミネソタ州では、熱波への備えとして「ミネソタ猛暑ツールキット」という冊子が取りまとめられました。これは地方公共団体や公衆衛生の専門家が、熱波に対する備えと対策ができるようになることを目的としたものです。猛暑事象の紹介や健康被害の要因など基礎情報を取りまとめたうえで、暑熱対応計画の策定を含む猛暑への備えと対応などを示しています。また、付録も充実しています。副作用として熱中症リスクを高める可能性のある薬の一覧や、高齢者や乳幼児、低所得者など熱中症発症の可能性が高い集団と、その集団のリスク

を検討するうえで必要となるデータ入手先のリスト、個人が気をつけるべき点をまとめたヒント集、猛暑による緊急事態を知らせるプレスリリースのひな型などがあり、あらゆる規模のコミュニティを対象とした熱波や猛暑への対応ができるよう配慮されています。

　青森県の弘前大学は、熱中症の重症度を迅速に判断し適切な対応をとることを目的とした「熱中症チェックシート」を開発しました。チェックシートには基本情報に加えて、重症度チェック、応急処置、バイタルチェック、体の要因や発生時の状況等の項目が設けられています。期間限定でチェックシートを活用した全国102の学校の103名の教員へのアンケートでは、緊急時の判断や対応の根拠として、確認し記録する有用性が認められました。またシートは緊急時の対応だけでなく、教職員の熱中症に対する共通理解を生むうえでも有用だということがわかりました。

　各地方公共団体も、熱中症に対する取り組みを実施しています。神奈川県横浜市や相模原市、名古屋市などでは郵便局や消防局、協賛企業と連携し「熱中症予防のお知らせはがき」を市民へ配布する取り組みを行いました。はがきには熱中症予防のための対策や救急相談センターの連絡先が書かれています。2016年から毎年実施され、2018年には184社の協賛企業が参加しました。

　埼玉県熊谷市は、過去に41.1℃が観測された猛暑の街として知られていますが、企業と連携して男性への日傘の普及を実施しています。日傘は直射日光を遮り体感温度を下げる効果があり、頭部の体感温度を4～9℃下げ、クールビズとの併用で暑熱ストレス（汗の量）が約20％減少するというデータもあります。県や市町の職員が率先して日傘を差して広める「Saitama日傘」や、SNSでの

夏場の日傘利用は男女を問わず増えている

発信のほか、日傘の効果検証や企業と連携した男女・晴雨兼用折りたたみ傘の開発、県内の百貨店や量販店と連携した「父の日に日傘を贈ろうキャンペーン」など、あらゆる取り組みを行ってきました。

IoT事例　熱中症対策として、国内ではさまざまな技術開発も進んでいます。ミサワホームの「LinkGates（リンクゲイツ）」は、住まいのさまざまな機器をネットワークにつなぎ、「IoTライフサービス」を提供するもので、住宅内に設置した温湿度センサーにより、室内の温度と湿度を管理することができます。熱中症の危険性が高くなるとスマートフォンに警戒情報を送信し、自宅のどの部屋で熱中症の危険性が高いのか、いち早く気づくことができます。東レとNTTテクノクロスが開発した暑熱対策アプリ「hitoe」は、暑熱環境におかれる作業者の体調管理が行えるIoTサービスです。センサーを搭載したウェアを作業者が装着し、ウェアが心拍データを読み取り、異常を検知した場合はアラートをメールで通知するので、管理者は作業者に適切な休憩や療養を指示できます。富士フィルムデジタルソリューションズが提供しているSAFEMO安全見守りサービスは、ウェアラブルデバイスを装着し、脈拍数や暑さ指数の分析により、熱中症リスクを検知します。リモート環境からリアルタイムに作業現場の状況を確認することができ、作業員の異常発見時はアラート情報が送信されます。

展望　住民一人ひとりが確実に熱中症対策に取り組むためには、国や地方公共団体、企業などと連携した取り組みが、今後ますます重要になります。近年気温は上昇傾向にあり、熱中症は身近なリスクとなりました。開発が進むIoT技術などを活用しながら、暑熱リスクに取り組むことが求められています。●

熱中症警戒アラート
Heat Stroke Alert

日本の夏は湿度やアスファルトで舗装された地面からの照り返しによって、気温の数値以上に暑さを感じます。屋外で活動している人はもちろん、高齢者が屋内で発症するケースも多いため、環境省と気象庁は、危険な暑さが予想される日に「熱中症警戒アラート」の全国運用を2021年より開始しました。

このアラートは、暑さ指数*が33℃以上になると予測される日の前日17時ごろと当日の5時ごろに発表されます。環境省と文部科学省による「学校における熱中症対策ガイドライン作成の手引き」には、熱中症警戒アラート発表時の情報伝達などの対応方法や暑さ指数の計測方法、暑さ指数ごとの教員の判断や行動の目安を示しており、暑さ指数を基準とする運動や各種行事の指針をあらかじめ整備することが、客観的な状況判断と対応を可能にします。

熱中症警戒アラートが発表されたら、私たちはどのような行動をとるべきでしょうか。熱中症警戒アラートが発表される日は暑さ指数が33℃を超えると予想されるため、熱中症の危険がかなり高いといえます。そのため、急用以外は外出を控える、エアコン使用、熱中症のリスクが高い高齢者や子ども、障害者に声かけをする、屋外運動の中止や延期、水筒持参、こまめな水分補給など、普段以上に熱中症予防が肝要です。

テレビを見ない人も多い昨今、熱中症警戒アラートのメール配信サービスはより多くの人へ確実に届ける有効な手段です。事前に区域を登録しておくと、アラート発表時にメールで知らせてくれるサービスがあります。また環境省はLINE公式アカウントを開設し、熱中症予防対策の情報配信を行っています。熱中症警戒アラートが発令された場合にとるべき行動や、暑さ指数の値に応じた対策なども手軽に学ぶことができます。

熱中症警戒アラートの認知度は高い一方で、アラートが発表される前にはすでに「厳重警戒」や「危険」段階に到達しているため、アラートがそれ以上に危険な段階であると認識されていない課題があります。全国運用が始まった令和3年度では、熱中症警戒アラートは全国58地域中、53地域で発令され、4月末からの半年で、発表日数は75日に及びました。頻繁なアラート発表は「アラート慣れ」を生み、またアラートには強制力がないため、発表されても屋外での運動を続ける施設利用者がいるという現場の悩みもあります。今後もさまざまな形での情報提供や啓発活動を通して、アラートが熱中症リスクへの気づきを促し、発症を未然に防ぐ行動が期待されています。

国内事例 2018年7月に国内観測史上最高の41.1℃を記録した「日本一暑い街」埼玉県熊谷市では、2020年8月に11回の熱中症警戒アラートが発表されました。その際にとられた行動は、以下のようなものです。

①市が運営する施設の利用者に対して館内放送、館内掲示、声かけなどの実施

②小中学校、幼稚園、保育所、高齢者施設などへ一斉メール、ファックスの配信
③市営住宅に住む80歳以上の高齢者へ個別に電話連絡
④単身高齢者へ民生委員から声かけ
⑤市民全体へ防災無線やごみ収集車などから巡回放送
⑥視聴者へコミュニティFMからの呼びかけ

　2022年に計12回の熱中症警戒アラートが発表された千葉県船橋市では、市のウェブサイトで熱中症警戒アラートについて詳細に解説しています。特に、高齢者や子どもなど、熱中症にかかりやすい人に対する熱中症情報が充実しており、たとえば高齢者自身だけでなく、お世話する人が注意すべきことにも触れられています。夏の打ち水や日傘の利用など熱中症対策についても紹介されており、熱中症についてひと通り学べます。船橋市では、熱中症警戒アラートは市のウェブサイトのほか、市の情報メール、船橋市公式アプリ、防災無線で告知されています。

展望　熱中症について正しく理解して行動することで、生命に関わる熱中症を回避することができます。正しい知識を持ち、行動することで、防ぐことができます。自分の体調に留意するとともに、周りの人にも気を配り、熱中症にならないように気をつけましょう。●

暑さ指数（WBGT）や気候変動適応に関する情報などを、スマホで手軽に確認することができるアプリ「みんなの適応 A-PLAT＋」

WBGT
Wet-Bulb Globe Temperature

湿度、風の有無、直射日光、熱い路面からの照り返しなど、人が感じる暑さは気温だけに影響されるものではなく、さまざまな要素が複合的に絡んでいます。日なたと木陰の温度がほぼ同じでも木陰のほうが涼しく感じるのは、直射日光が当たらず路面からの赤外放射が少ないからです。そこで、熱中症予防を目的として1954年にアメリカで提案された指標が「暑さ指数（WBGT）」です。これは湿度、日射・輻射など周辺の熱環境、気温の3つを取り入れた指標で、単位は気温と同じ「℃」で表されます。1982年には、WBGTがISOにより国際基準に位置付けられました。

WBGTはWet-Bulb Globe Temperature（湿球黒球温度）の略で、湿球温度（NWB）、黒球温度（GT）、乾球温度（NDB）の3種類の測定値を基に算出されます。湿球温度とは、水で湿らせたガーゼを温度計の球部に巻いて観測し、皮膚の汗が蒸発するときに感じる涼しさ度合いを表します。黒球温度は直径15cmほどの黒色に塗装された薄い銅板の球の中心に、温度計を入れて観測します。表面の塗料はほとんど反射せず、弱風時に日なたで感じる体感温度と相関があります。乾球温度は通常の温度計を用いて気温を観測します。

2005年の主要都市の救急搬送データを基に調べたところ、WBGTが28℃を超えると、熱中症患者が著しく増加することがわかりました。現在WBGTは、日常生活はもちろん、労働環境や運動環境の指針にもなっています。

国内事例　民間でもWBGTが活用されています。日本サッカー協会は大会や試合を開催するうえでの暑熱対策として、WBGT値に基づく「熱中症対策ガイドライン」を策定し、公開しています。大会や試合を開催する際には各会場（都市）の過去5年間の時間ごとのWBGTの平均値を算出し、その数値によってスケジュールを設定することや、大会や試合当日も各会場にWBGT計を準備し、計測した数値によって対策しています。

研究開発　WBGTに基づく熱中症対策をより普及させるために、使いやすい測定装置やモニタリングシステムの開発、WBGTの効果的な活用に関する調査研究が行われています。岡山大学は、地域社会と連携し、学生はもちろん、すべての人に熱中症予防対策を普及させるべく、2006年よりWBGTの測定装置を自主開発し、2008年以降はWBGTのオンライン・リアルタイム表示に取り組みました。2014年からは、津島キャンパス・鹿田キャンパス屋内外で、パソコンやスマートフォンの画面にて直近15分以内のWBGTを見ることができます。また、学生のスポーツ系課外活動を中心に熱中症予防対策が必要とされていることから、熱中症予防対策マニュアルや「指導者のための熱中症予防ノート」を作成しました。熱中症予防対策講座や環境整備に尽力し、2010年からは運動部員全員が熱中症予防講習会を受けるよう指導しています。

青森県の弘前大学教育学部附属学校園で

は、2012年の猛暑で保健室利用者が急増したことをきっかけに、温熱・空気環境のモニタリングシステムを開発しました。校舎内外の複数カ所にモニタリング用センサー端末を設置し、そこで計測された情報はLAN経由でサーバーに記録されます。保健室や職員室のパソコンで、WBGTのほか温度、相対湿度、CO_2濃度の変化を確認できます。これを利用して、附属幼稚園では気温が上昇する時期にWBGT値を確認し、安全・注意・警戒・厳重警戒・危険の5段階のうち、厳重警戒に達した日は外遊びを中断します。附属小学校では運動会でWBGT値上昇が予測された場合、午前中に終了できるようにプログラムを縮小するなど、熱中症の予防行動につなげています。

　環境省は、首都圏の9つの自治体（埼玉県、千葉県、東京都、神奈川県、横浜市、川崎市、千葉市、さいたま市、相模原市）の集まりである九都県市域にて2018年夏に日傘無料貸出イベントが開催された際、一部の会場で、WBGTの測定・提示と日傘利用の普及に与える影響を調査しました。全7会場あるうちの3会場の入り口付近で、日なた環境と日傘下でのWBGT測定値をリアルタイムで掲示し、熱中症への注意喚起と日傘使用を進める声掛けを行ったところ、WBGT測定値は日なたと比べて日傘下では1℃から3℃程度低減し、日傘利用率についてはWBGTの掲示がない場合に比べてある場合のほうが上昇する結果となりました。

　信州大学工学部建築学科では、2019〜2021年度に長野県の小学校で、室温と暑さの感じ方に対する調査を行いました。その結果、室温と暑さの感じ方の関係は学年や性別で異なり、さらに高学年は暑くても「暑い」と申告しない傾向にあることがわかりま

熱中症予防を目的として1954年にアメリカで提案されたのが暑さ指数（WBGT）だ。写真は気温、湿度、輻射熱を測る機械。国立環境研究所気候変動適応センターのオフィス前で撮影

した。また冷房を管理する先生に「この温度で生徒は暑いと思っているか」予想をしてもらったところ、生徒の感じ方と一致しないこともわかりました。大人と子どもの活動量や熱容量が異なること、さらには教室内でも場所によって体感温度に差があることなどが理由と考えられます。授業の妨げにならないよう、WBGTが28℃を超えると黒板上部に貼ったLEDテープライトがオレンジ色に変化する仕組みを導入したところ、現場からは好評を得たということです。

展望　気候変動による気温の上昇によって、熱中症リスクは今後も高まることが予想されます。命を守る正しい判断を下すためには、主観だけでない客観的な指標に基づく判断が求められ、そのためにもWBGTを活用した熱中症対策の普及は重要です。携帯型のWBGT計測器を小中学校に配布する自治体もあるなど、その活用は確実に広がっているといえますが、より効果的な活用の仕組みを作るにためにもさらなる技術開発や調査研究が必要です。多くの人がWBGTについて知り、自ら活用して熱中症から身を守れるように、地道な普及啓発活動を続けていくことも重要です。●

マラソン
Marathon

気候変動による気温上昇、それに伴う熱中症リスクの高まりは、アスリートやスポーツ業界にも大きな影響を与えています。1980年代からスポーツによる熱中症死亡事故が相次ぎ、諸外国でスポーツにおける熱中症の具体的な予防指針が発表され始めました。国内では、1991年に日本体育協会（現・日本スポーツ協会）により「スポーツ活動における熱中症事故予防に関する研究班」が設置され、1994年にはその研究成果を基にした熱中症予防原則「熱中症予防8ヶ条」（その後「熱中症予防5ヶ条」に改訂）と、ガイドライン「熱中症予防のための運動指針」が策定されています。

多種多様な種目があるなかで、特に熱負荷が大きく、熱中症を発症するリスクが高いスポーツがマラソンです。そのため一般スポーツとは異なる基準で「市民マラソンのための運動指針」が示され、暑さ指数（WBGT）の数値を指標に熱中症および低体温症の危険度を5段階に分けて、それぞれにフラッグカラーを設定しています。マラソン大会の開催時、危険度を示す色の旗を実際に提示することで、参加者や関係者に注意喚起を促す仕組みです。

適応策　マラソンによる熱中症の事故を防ぐためには、開始時間を深夜に変更したり、開催時期を検討するなどの対策が挙げられます。時間帯ごとに沿道の樹木やビルから創出される日陰を計算し、マラソンコース選定や開始時間の調整につなげる取り組みも考えられます。大阪府では、快適に過ごせる屋外空間を面的につなげる「涼しい道（クールロード）」の情報を地域住民と収集していますが、遮熱性舗装がされて路面温度が低い通りも含まれており、夏場のマラソン大会にこれらの屋外空間を活用することも考えられます。マラソン大会は選手だけでなく沿道の観客も多いため、一般的な熱中症に関連する情報の発信や日よけテントなどクールスポットの創出、緊急医療体制の整備なども重要な適応策となります。

海外事例　世界各地で開催されてきたマラソン大会において、熱中症リスクを懸念して開始時間の変更や中止または延期になった事例は数多くあります。2004年に開催されたアメリカのボストンマラソンでは、300強の緊急医療要請があり、1100人がゴール地点で医療チェックを受ける事態が発生しました。以降、伝統的に12時に設定されていた開始時間が午前10時に変更となりました。2006年、アメリカ・ミネソタ州のメッドシティマラソンでは、4人が入院、20人以上の完走者が点滴治療を受けることになり、開始4時間半で中止となりました。2007年に行われたオランダのロッテルダムマラソンでは開始3時間半で中止となり、30人以上が病院へ搬送され、多くが脱水症状と診断されたうえ17人はさらなる治療が求められました。

中止となった大会のなかには、大会中に危険度の高いWBGT値を記録していたケースもあります。2007年に開催され開始3時間

半で中止となったアメリカ・イリノイ州のシカゴマラソンでは、85人が病院へ搬送され、集中治療12人と心臓突然死1人を含む66人の入院者を出すという大事故につながりました。このとき、開始時22.2℃だったWBGT値は大会中に28.9℃まで上昇していたのです。

　こうした熱中症による事故を防ぐために、国際的な大会の運営においてもさまざまな適応策がとられています。2019年9月27日から10日間、カタールの首都ドーハで開催された「第17回世界陸上競技選手権大会」では、日中40℃に到達する高気温を避けるために、マラソン競技は男女ともに深夜にスタートする"真夜中のレース"となりました。この記録を基にした、暑熱環境におけるアスリートの競技パフォーマンス分析も行われています。各種目におけるWBGT値は、男子マラソンが23.1℃、女子マラソンが28.8℃、男子20km競歩で29.1℃、女子20km競歩で27.4℃、男女50km競歩で27.8℃を記録し、完走・完歩率への影響は少なかったものの、各種目における優勝記録の大会記録達成率は低く、WGBT値と負の相関関係を示す傾向にあることがわかりました。つまりアスリート自身も、大会で高いパフォーマンスを発揮するためには暑熱環境への適応が必要不可欠であるといえるでしょう。

東京マラソン　国際的な大会において、マラソン競技のドラスティックな熱中症対策が実施されたのは、2021年夏に開催された東京オリンピックです。東京での開催が決まった2013年以降、アスリートや観客などが過ごしやすい環境を整えるために「東京2020に向けたアスリート・観客の暑さ対策に係る関係府省庁等連絡会議」が設置され、関係府省庁、組織委員会、東京都が連携してさまざまな対策を進めました。競技会場などの暑さ対策として、会場やマラソンコース沿道の木陰の創出や日よけテントの設置などの暑さ対策推進、夏季のイベントにおける熱中症対策指針を策定しました。そのほか熱中症の予防方法や発症時の対応などの情報発信、救急医療体制の整備、気象情報の予測精度の向上といった技術開発、暑さ対策に係る技術の導入や情報の利用を促しました。

　これらの対策は、東京2020大会の全競技を東京で行うという前提のもと進められましたが、2019年11月1日、国際オリンピック委員会（IOC）の意向により、マラソン・競歩全5種目の会場は北海道札幌市へ変更されました。結果的に新型コロナウイルス感染症の影響で開催は1年延期となりましたが、札幌市への会場移転が決まった当時は2020年夏の開催を予定していたため、本番まで9カ月という差し迫ったタイミングでの大幅な変更となったのです。

　東京より800km以上北に位置する札幌では日中の気温が東京より5〜6℃低くなるため、アスリートが最善を尽くせるコンディションを確保できる、という判断がこの大きな決断の背景にはありました。とはいえ、あまりに急な変更であったこと、決定のプロセスにおいて日本陸連強化委員会はじめ国内の大会関係者間の議論が十分に行われていなかったことなど、対策の進め方に課題が残りました。

　例年札幌市の気温は東京に比べて約4℃低いのですが、2021年は過去に例を見ないほど気温の高い日が続き、マラソンは急きょスタート時間を早め、6時に開始されました。気温25℃、湿度84％でスタートし、気温29℃、湿度67％でゴールした女子マラソ

ンは、88人が出場し、15人が途中棄権、気温26℃、湿度80％でスタートし、気温28℃、湿度72％でゴールした男子マラソンは、106人が出場し、途中で30人が棄権しました。開催場所の変更というドラスティックな対策を実施しても、熱中症による途中棄権が相次いだ事態を踏まえると、気候変動がマラソン大会開催の判断を難しくしていると言わざるを得ません。

展望 気候変動影響の拡大が予想されるなか、マラソン大会の実施において「アスリート・ファースト」という考えのもと適応策を実施することは重要ですが、今回の東京2020大会のように急な変更を行うことは、大会に向けて長い期間にわたり準備をしてきた運営側に対して大きな負荷となるため、事前にさまざまな状況を想定した準備が必要です。市民マラソン大会も、アスリートが最大限のパフォーマンスを発揮できる場を提供するために、大会運営側はできるかぎり事前に天気に関する情報を入手して、安全に大会を行う備えが求められます。●

一般的なマラソン大会では適度な距離で給水所が設置され、水やスポーツドリンク、軽食などが提供されるが、開催時の気温やWBGTを予測して対応することも大切だ

学校のプール
School Pools

子どもの身体能力や、水の事故を未然に防ぐことを目的とした学校のプールの授業ですが、暑い夏に涼をとりながら楽しく学ぶその場所が、気候変動によって命に関わる危険をもたらす場所になってしまうかもしれません。すでに、高温によって学校のプール利用が中止に追い込まれるケースが出ており、気温上昇に適応した運用を迫られています。また、強い台風の増加による災害への懸念が高まるなか、学校のプールは単に学習の場としての存在だけではく、災害時の水供給という重要な役割も期待されています。

日本スポーツ振興センターによると、小中学校が管理するプールにおいて2013〜

学校のプールを安全に利用するためには、十分な熱中症対策を適切に行うことはもちろん、オーニングなど新たな設備を取り入れることが求められる

2017年度の5年間で熱中症は179件発生しました。このうち、水泳中の熱中症が最も多い92件、次いでプールサイドが60件、さらに更衣室でも起きています。危険な暑さに対して、学校側は細心の注意を払ってプール運営にあたっています。

宮城県南三陸町の入谷小学校では、熱中症予防のために、暑さ指数をプール開放の判断に取り入れています。入谷小学校では、WBGTが31℃以上となった場合、プールでの水泳を中止することにしています。学校がプールの開放を予定していた2021年8月には、午前9時過ぎにプールサイドのWBGTが31℃を超え、気温も34℃を超えたことから、急きょ開放中止の判断をしました。東京都足立区では、区立小学校での水泳指導について、水温が中性温度（33〜34℃）より高い場合は水泳指導を中止するほか、プールサイドが高温の場合、見学者の学習活動を室内で行うことにしています。

海外では、暑さから市民を守るためにプールの開放時間を延長する例もあります。アメリカ・マサチューセッツ州では、2022年7月21日と22日、熱波期間中の市民の安全な避難所とするために、公設プールの営業時間を通常より1時間延長し、午後7時45分までとしました。カナダ・オンタリオ州トロントでも2022年7月、高温警報を受け市内7つの屋外プールの利用時間を午後11時45分まで延長しています。

適応策　学校のプールをこの先も安全に利用するためには、プールでの熱中症対策を適切に行うことや新たな設備を取り入れることが考えられます。日本スポーツ振興センターは、水中で活動する際の留意点として、水温が中性水温（33〜34℃）より高い場合は水中で

じっとしていても体温が上がるため、風通しのよい日陰で休息したりシャワーを浴びたりするなどして体温を下げる工夫をすることを推奨しています。水泳は、ゆっくり泳いでも安静時の4倍以上の代謝量があります。運動強度が高いことや、部活動や水泳教室などの場合は運動時間が長いことから、強度に合わせて休憩時間を設定することが望ましいとされています。水泳中の体温は、中性水温以下の水温でも頭部に直射日光が当たるため、頭部も適宜、水中で冷却することが必要です。また水温が高い場合は、こまめにプールから出て日陰で休憩したり、シャワーや送風で全身を冷やしたりすると効果的です。さらに水中運動はかなりの汗をかきますが口の中が水で濡れるため、のどの渇きを感じにくい状況にあります。これを理解し、水分補給ができる環境を整備することも大切です。

プールの水温上昇を抑えるために前日から水面をシートなどで覆うことや、プールサイドの高温対策として散水したり、遮光ネットやテントなどで直射日光を遮ることも有効です。更衣室に冷房がないことが多く、温度が高くなりやすいため、換気や滞在時間の短縮も求められます。

プールサイドの日よけ対策を目的としたテントも製造されており、小中学校などが利用しています。一方、屋内型のプールでは、屋根が固定されているため熱気がこもりやすく、熱中症のリスクや冷房コストの増加といった課題もあります。地域の気候や環境に合わせたオーダーメイドの開閉式屋根を設置することで、これらの問題を解決する方法もあります。

もうひとつの役割　気候変動によって強い台風や大雨が増えると、ライフラインを脅かす

災害が発生するリスクが高まります。こうしたなか、災害時に学校のプールの水を利用することが注目されています。徳島県吉野川市は、学校用遊泳プールに緊急用給水システムを設置し、緊急災害時に処理の段階に応じて、消火用水・生活用水・飲料水を分けて取り出せるようにしました。供給できる水の量は6万6000L（2000人・3日分）で、年1回の防災訓練の際には緊急用給水システムの稼働を体験するなどして地域住民の防災意識の向上につなげています。

　災害時の水利用に必要な機能を備えるため、改修が必要となる場合があります。これは時間やコスト負担を考慮し、学校の改修などのタイミングに合わせた実施が考えられます。埼玉県の松伏町立第二小学校は、体育館の改修に合わせ、災害時の防災拠点としての機能を持たせました。屋上に設置されたプールが高置水槽の役割を担い、ポンプを使わずに自然落下でトイレに給水できるようになっています。東京都杉並区は、避難所が断水した場合の生活用水として学校のプールの水の使用を想定しており、区内の学校の改築に併せて、受水槽に水を取り出せる水栓を備えるなどの対策を行いました。

　民間企業による浄水装置の開発も進んでいます。清水合金製作所は、災害用として移動可能な本格的浄水処理装置「アクアレスキュー」を開発しました。この装置はMF膜（精密ろ過膜）またはUF膜（限外ろ過膜）により安全な飲料水を作ることができ、取水から給水までに必要な機能がコンパクトに搭載され、設置や操作が簡単です。和歌山県田辺市では南海トラフ巨大地震などの大規模災害発生に備え、この装置を市内の複数の小中高校に配備しています。近畿大学の産学連携プロジェクトとして研究開発されたのが、高い

殺菌能力を有する新技術として注目される「深紫外線LED」を用いた「深紫外線ろ過装置車」です。この装置車には協力企業の「深紫外線LED除菌装置」が搭載されており、災害時にこの装置車でプールの水などをろ過して被災者へ水供給する協力体制も築かれました。

展望　猛暑や少子化、コスト削減などの理由から、学校のプールは転換期を迎えています。大規模改修に合わせて公立学校のプールを廃止し、公営プールや民営プールでの指導に切り替える自治体もあります。学校のプールには災害時の水利用としての役割も求められるため、学校や自治体、地域が一体となってさまざまな側面から最適なあり方を検討する必要があります。●

クールスポット
Cool Spots

暑い日射を避けて木陰に入ると、体感温度が下がります。これは木の葉が輻射熱を防ぎ、葉裏から蒸散する気化熱が温度を下げるためです。日傘を利用するだけでも、暑熱ストレスを約20％軽減できることが、2012年環境省の研究で明らかになりました。私たちは暑いと感じると発汗して放熱することで体温調整を行っています。風に当たり、冷たい水を飲めば体感温度を下げることができます。一方で、湿度が高いと放熱がうまくできずに体感温度が下がらず、不快感につながる場合もあります。

こうしたメカニズムを踏まえて、都市のなかに避暑できる安全な場所「クールスポット」を設けることが重要です。環境省の「まちなか暑さ対策ガイドライン」で推奨されているのは、暑さ対策を、日射の低減、地表面等の高温化抑制・冷却、壁面等の高温化抑制・冷却、空気・からだの冷却の4つに分類し、それぞれの対策を組み合わせることです。また、信号横やバス停などの「暑くても待たなければならない場所」や公園などの「快適に過ごしたい場所」に対して、暑さ対策を優先させるべきであるとも指摘しています。埼玉県熊谷市役所前のバス停は、水冷ベンチ・日よけ・地下水を利用した保水性ブロックや、水景施設・壁面の冷却ルーバーなど複数の暑さ対策を組み合わせて作られ、市民にとって貴重なクールスポットとなっています。

海外事例 地域の取り組みとして先進的なのが、ドイツの都市シュトゥットガルトです。

この街では、地域気候を地図化して分析する「Climate Atlas」に基づいた適応策を展開しながら、ビルの緑化、道路の緑陰化、街路樹によるビル正面への緑陰設置、小規模な公共スペースのクールスポット化など、適応能力をさらに高めるためにグリーンインフラの拡張を進めています。

中国の上海で注目が集まっているのは「ポケット緑地」です。近隣住民にとって憩いと癒やしの場になり都市の居住性が向上するポケット緑地は、緑地植生の構成や密度を工夫することで、その90％に暑熱緩和効果があることが明らかになっています。

国内事例 大阪府は、府内各地の公共および民間施設の10カ所にクールスポットモデル拠点を設置するとともに、「クールスポット100選」「クールロード100選」といった情報発信をウェブサイト上で行い、市街地における緑化促進の支援事業を展開しています。また、猛暑時に外出先の一時避難所となる「クールオアシス」の仕組みを、薬局や銀行などの民間施設や店舗の協力により創出しています。

埼玉県も「彩の国クールスポット100選」などの情報発信をウェブサイト上で行うほか、熱中症対策の情報発信機能を持つ一時休息所「まちのクールオアシス」を実施しています。2023年には約9000施設が参加するほどの広がりを見せています。

東京では、多摩美術大学が運営するクールシェア事務局が暑さ指数のWBGT値を用い

築地川銀座公園（南側）のミストスポット。熱中症対策効果が高く、近隣で働くオフィスワーカーや道行く人々の憩いの場となっている。ミストタイムは、6月最終金曜日から9月第4日曜日まで、10：00 〜 16：00の間

たクールスポットマップをGoogle MAP上に作成し、より開かれた情報発信が行われています。神奈川県横浜市では、多数の葉っぱのような小片を立体的に並べて作られた「フラクタル日除け」の効果測定を横浜赤レンガ倉庫で行い、市内の保育園へ導入しました。栃木県ではミストとテントを活用した一時休憩所「ミストテント」を整備し、県や市町が主催するイベントなどへの無料レンタルを行っています。

展望　地域ごとで進めるポイントは、自治体が主導となるだけでなく、市民、企業、大学などさまざまなステークホルダーが一体となって取り組むことです。刻々と変化する気候変動の状況に合わせて、暑さ対策への適応策も柔軟に展開していくことが求められます。

グリーン
Green

世界各地で取り入れられているのが、壁面や屋上などの緑化です。これらは「グリーンカーテン」「グリーンルーフ」とも呼ばれ、各地で取り組みが進んでいます。

グリーンカーテンは壁面緑化のひとつで、ゴーヤやアサガオなどのつる性植物を窓の外や壁面に張ったネットなどに這わせて作る緑の日よけのことです。窓からの日差しを遮り、葉の蒸散作用による気化熱で周囲の温度を下げます。また、日陰を増やすことで放射熱を抑え、家の周りの表面温度を下げ、建物内の温度上昇を抑える効果があります。簾の遮蔽率は50〜60％ですが、十分に葉が茂ったグリーンカーテンであれば約80％もの効果があります。グリーンカーテンは、うまく茂らせるために手間とコツがいるものの身近な植物で作ることができるので、家庭単位でも導入されているのが特徴です。

グリーンカーテンが垂直方向の緑化であるのに対して、グリーンルーフは水平方向の緑化です。屋根やバルコニーなど、建物のフラットなスペースを緑化する手法です。植物や土壌が直射日光による熱を遮断しコンクリートの表面温度を下げ、グリーンカーテン同様に葉の蒸散作用で放射熱を抑制します。また、土壌があることで雨水を貯留できるため、大雨の際に下水へ流れ込む水量を抑制することもできます。植物や土壌に覆われていることから、屋根の寿命が従来の2倍になるという点もグリーンルーフの利点です。

グリーンカーテンとグリーンルーフをともに活用することで、室内の温度を下げることができ冷房の使用を抑えられるので、電気の使用量が減り、CO_2の排出量を抑制できます。冬場は日差しを取り込んだほうが室内が暖かくなるため、グリーンカーテンを撤去するほうが暖房によるCO_2の排出量抑制につながります。そのため、ゴーヤやヘチマなどの一年草の植物がよく選ばれています。一年中グリーンカーテンを楽しみたい場合は、多年性の寒さに強い植物を選ぶとよいでしょう。ただし、アイビーやクズなどのつる性植物は、繁殖力が強すぎて管理が難しく、隣家にまで伸びてトラブルになるケースもあるので注意が必要です。

海外事例 建物の緑化には先行事例が数多くあります。シンガポールでは、景観的な魅力を向上するべく、緑豊かな「ガーデン・シティ」を目指す都市政策が1960年代から推し進められてきました。2030年までに80％の建物を緑化するという国の目標が掲げられており、ターミナル内に水平および垂直方向の緑化を施しているチャンギ空港をはじめ、街中の建物の緑化が拡大しています。

アメリカ中部の大都市シカゴでは、外気温を低下させる方法としてシカゴ市役所にグリーンルーフが導入されました。2001年に、100種類以上の植物を含む約2000㎡のグリーンルーフが完成しています。また同市のペギー・ノートバート自然博物館のグリーンルーフでは、シカゴの気候に適した自生種や耐乾性の強い植物を用いて最小限の手入れで済む実験が行われています。シカゴ市役所

の例はデモンストレーションとしての側面がありましたが、アメリカ北西部のポートランドにおけるグリーンルーフは、汚染排水を減らし、市内の河川の水質浄化を図る目的で導入されました。ポートランド市内にあるハミルトン・アパートメントの屋上では、75種類の植物の比較実験や植栽方法の違いによる生育の検証のほか、雨水流出量の減少量の調査、夏季の灌水使用量の調査なども実施されています。

国内事例　グリーンカーテンやグリーンルーフの事例が増加しています。国土交通省の調査によると、2000年から2021年の間でグリーンカーテンなどの壁面緑化が約114ha、グリーンルーフが約578ha施工されています。こうした取り組みが増加した背景には政策による後押しがあります。環境省は2011年から「グリーンカーテンプロジェクト」の実施と普及啓発を進め、各自治体による取り組みも行われています。

　熊本県では省エネ・地球温暖化防止対策のひとつとして、2010年度から県の施設においてゴーヤ栽培を実施し、地域でのグリーンカーテンの設置や普及も積極的に推進しています。2017年に熊本地震による応急仮設住宅にグリーンカーテンを設置したのもその一例です。さらなる普及のために、県内全域を対象とした「グリーンカーテンコンテスト」も実施しています。福岡県福岡市、東京都東村山市、茨城県土浦市などでもグリーンカーテンコンテストが実施されており、埼玉県戸田市や奈良県橿原市ではグリーンカーテンの作り方や手入れの仕方をウェブサイト上で公開しています。愛知県尾張旭市のように、市民にゴーヤの苗の引換券を配布するという一歩踏み込んだ取り組みも増えています。

　グリーンルーフは、主に商業施設や工場などで導入が進められてきました。大阪球場跡地を含む3.7haの新街区に建設されたなんばパークス*は、8階建てで階段状の商業棟の屋上まで地上から連続した公園となるよう整備されています。その下を商業空間の街とし、自然と都市が調和した都市構造を目指しています。最上階には市民のための会員制菜園が設けられ、地域に開かれたグリーンルーフとなっています。建物の緑化を維持管理するために、過大な剪定が行われず自然樹形が保たれていること、ボランティアによって植栽管理が行われていることが特徴です。

　横浜港大さん橋国際客船ターミナルは、屋上デッキに約5,000㎡の広大な面積の芝生地を整備しています。芝の設置にあたり、環境に適した高麗芝の新品種を開発したり、傾斜面安定のための特殊な緑化技術を植栽基盤に適用し、海浜地区特有の環境圧や人工地盤上の複雑な地形を克服して大面積の緑化を実現しました。芝生の灌水には、芝生地に埋設するドリップ式のタイマー式自動灌水システムを導入し、給水源には上水のほか雨水を利用するシステムになっています。一方排水に関しては、起伏の多い緑地であるため、コンピューターシミュレーションによる配管システムを導入しています。強雨時の対策として流速をやわらげる横断渠（水路）を設けるなどの土壌流出防止も行っています。

　宮城県仙台市にある車両修理工場も、屋根の部分にグリーンルーフを導入しています。殺風景だった既存の工場のストレート葺き傾斜屋根を緑化することで、景観の向上と熱環境の改善を実現しました。緑化基盤に独自開発の薄層パネルマットを用いて、軽量化と保水力のあるシステムを採用しました。また、CO_2の削減と遮熱・断熱のために多肉植物の

＊330ページ参照

セダム類と低木類を混植し、それを薄層屋根の緑化として実現しています。この緑化システムは1m四方のユニットで、屋根の補修時にも移動が容易で、補修完了後の復旧も容易なので、整備や維持コストが抑えられます。

アクロス山 1995年に旧福岡県庁跡地の開発で誕生したアクロス福岡、通称"アクロス山"と呼ばれるこの施設は、隣接する天神中央公園と面的につながる「ステップガーデン」構想を軸に設計され、訪れる人に潤いややすらぎを与える都会のオアシスとなっています。ビル緑化の植栽は2年間の実験を経て実装されたもので、竣工当初は76種類、3万7000本が植樹されましたが、数十年間の時を経て、2階から14階までの緑化面積が5400㎡、植栽は200種ほどに成長しています。軽量で保水力の高い真珠岩を使ったアクアソイルと呼ばれる人工土壌を採用し、50cmほどの土壌厚でも植物を支え、組み合わせによって保水と排水のバランスを自在に調整することもできます。降雨時には植物が必要とする60日分の水分を蓄えることができ、余分な水はアクアソイルをつたって階下へ落とすことができるなど、実際の山と同じような排水システムを実現しています。

1995年に旧福岡県庁跡地の開発によって誕生した、公民複合施設アクロス福岡。建物を都会のなかのひとつの山に見立て、階段状の斜面に大規模なビル緑化を実施した

アクロス福岡は、ヒートアイランド現象の緩和にも貢献しています。実測調査によると、真夏の昼間における赤外放射温度計での測定では、コンクリート表面温度50℃以上に対し緑化面は38℃と約15℃も低い数値を記録しました。また緑化面は夕方以降に急激な温度低下が見られ、夜間は気温と同等、もしくは低い状態だったことも確認されています。さらに夜間の放射冷却によって、盆地や斜面特有の「冷気流」が起こることも判明しました。つまりアクロス山から、熱帯夜の街に涼しい風が送り込まれているというわけです。

展望 数々の事例を見ても、グリーンカーテン、グリーンルーフといった建物の緑化の取り組みが、ヒートアイランド現象への有効な適応策のひとつであることは明らかです。景観が美しくなり、暮らす人々に癒やしを与えるという意味でも、緑化は大きな価値を持つといえるでしょう。今後、都市における緑の面積をさらに拡大するためには、緑化技術の向上、メンテナンスの効率化、政策によるバックアップなどが期待されます。●

水系・食品媒介性感染症
Water-Borne and Food-Borne Infectious Diseases

夏場に発生しやすい食中毒による被害は、原因となる細菌やウイルスが付着した食品を摂取することで、下痢や嘔吐、発熱などの症状を引き起こすものです。気候変動に伴う気温上昇は、食中毒の原因となる細菌の増殖につながります。細菌は水中にも存在し、海水や淡水の温度が上昇することで増殖した水中の細菌が魚介類にも付着します。

　近年、九州地方で比較的多く報告されているのが、ビブリオ・バルニフィカスによる感染症です。この菌は温暖で閉鎖性の高い汽水域に多く分布し、海水表面温度が20℃になると検出数が増加します。これまでほとんど感染の報告がなかった北海道や東北地方でも感染が発生しており、分布の北限ラインが北上しているという報告もあります。そのほか日本各地で、夏季の海産魚介類に付着する菌の検出数も増加しています。一方で、ノロウイルスなどは気温の低い冬季に発生するため、これらを原因とする感染性胃腸炎の患者の数は、気温上昇に伴って減少する可能性もあります。

ベトナムの工場でエビが手際良く加工されていく。エビの養殖は汽水域で行われることが多く、食の安全と環境配慮が課題となっている

食中毒の主な原因菌と症状

ビブリオ・バルニフィカス	ビブリオ・バルニフィカス感染症の原因細菌。暖かい海水中の甲殻類や魚介類の表面に付着
腸炎ビブリオ	腸炎ビブリオ感染症を引き起こす細菌。おもに魚介類に感染
ノロウイルス	胃腸炎の原因となるウイルスで、生ガキなどに付着し、はき気、おう吐、下痢などを引き起こす
腸管出血性大腸菌O157	ユッケ、レバ刺し、サラダなどにつき、激しい腹痛と下痢を伴う症状を起こす細菌

適応策　日本はすでに衛生的な社会環境を整備していることもあり、引き続き、食品衛生管理の遵守や個人での感染症予防に努めること、地方自治体における監視体制の強化、地域間連携が適応策となります。

　食品衛生管理に関しては、産地から消費者の手に渡るまで一貫して行うことが重要です。たとえば水産物の場合、海域の水質観測、食品衛生法等に基づく衛生管理、HACCP（ハサップ）に沿った衛生管理の実施が挙げられます。

　海域の水質観測では、水質が定められた基準を満たしているかなどのチェックを行います。各地の公的研究機関が水質を含めた漁場環境のモニタリングを実施しており、今後も基準の遵守や水質変化に気づける体制を維持および継続していくことが重要です。食品衛生法等に基づく衛生管理は、飲食での健康被害の発生を防ぐために、法律で定められた食品衛生管理を行うことが基本となります。HACCPとは、従来の管理方法と比較して食中毒菌による汚染や異物混入食品の出荷を未然に防ぐための管理方法で、2018年に食品衛生法等の一部が改正され、国や都道府県などが互いに連携・協力することや、すべての食品事業者がHACCPに沿った衛生管理を行うことなどが求められています。

　個人でも感染予防を日常的に行うことが重要です。たとえば、食品を低温保存して細菌の繁殖を防ぐこと、食品の加熱処理をして細菌やウイルスを死滅させるなどの対策です。肝臓疾患や免疫力低下、基礎疾患のある方、貧血治療で鉄剤を服用している方は、健常者と比べるとビブリオ・バルニフィカス感染症を発症しやすいため特に注意が必要です。具体的には、夏場の海産魚介類の生食は避け、適切に加熱調理したものを摂取することや、手足に傷がある場合には6〜10月にかけて海に入らないようにすることが挙げられます。

監視体制　気候変動による気温上昇が、水や食品を媒介した感染症に与える影響はまだ不確実な面があります。そのため、各自治体がその時々の感染症発生状況に対応できるような監視体制の構築や、情報収集に努めることが大切です。たとえば、病原微生物の検出や感染症の発生状況について情報共有を行い、各地の状況に応じて対応できる体制を整えることが必要です。病原微生物の検出情報は全国の保健所、検疫所、衛生研究所などが公表しており、感染症の発生状況も自治体や保健所、医療機関などと連携して収集したデータが週に一度公開されます。これらの情報を収集し、的確で有効な予防、診断、治療に役立てることで、感染症の蔓延防止につなげることが重要です。

地域間連携　日本ではかつて、海産魚介類に付着する腸炎ビブリオが食中毒の大部分を占めていました。しかし、1998年の全国839件の発生をピークにその後は年々減少し、2012年の発生件数はわずか9件です。腸炎ビブリオによる食中毒をここまで防止できた理由に、2001年に生食用の鮮魚介類の規格基準を定めたことが挙げられます。具体的には、腸炎ビブリオの菌数の制限や加工時の殺菌海水を用いた洗浄、低温での流通管理など、生産から消費まで一貫した防止対策を推進したこと、行政から営業者への指導や消費者への普及・啓発も同時に行い、衛生管理に関する意識が向上したことも大きな理由です。

　衛生管理の意識向上は国や地方公共団体により、さまざまな取り組みが進められています。厚生労働省は、日頃から食中毒予防のポイントや対応などをホームページやリーフレット、動画などで発信し、食品衛生に関する普及啓発の強化を目的に毎年8月を食品衛生月間と定め、各地方公共団体でも発信しています。

　こうした国や地方公共団体などの連携は、近年の広域化する食品流通にとっても重要なポイントです。厚労省の旗振りで、複数の都道府県をまたがる大規模な食中毒が発生した際の迅速な対応を目的とした「広域連携協議会」が設置されています。各地方の厚生局は厚生労働省の指示に基づき、都道府県と連携して立ち入り調査などを実施し、互いの情報共有・交換により広域的な食中毒の発生や拡大を防止するための効果的な体制を構築しています。

展望　気候変動に伴う気温上昇により、感染症の発症リスクや流行パターンが変化する可能性が多くの研究事例により示されています。感染症リスクは一律ではなく、さまざまな要因によって異なるため、地域や疾病ごとに発生リスクや将来予測に関する研究を進め、実情に合わせた対策を講じることが求められます。●

蚊媒介感染症
Mosquito-Borne Diseases

ヒトスジシマカは沖縄から東北まで広く分布する蚊の1種で、関東地方以西では一般的な種のため、吸血される確率が最も高いとされています。気候変動が進むと、蚊を媒介した感染症リスクが高まることも懸念されています。蚊が媒介する主な感染症に、デング熱、チクングニア熱、ジカウイルス感染症、マラリア、日本脳炎、ウエストナイル熱、黄熱があります。デング熱やチクングニア熱は海外でも断続的に流行しており、国内への

輸入感染症例は増加傾向です。2014年夏には、東京の代々木公園を中心に海外渡航歴のないデング熱発症患者が多数報告されました。日本では70年ぶりの確認で、最終的に報告された都内患者数は108人となりました。

リスクが高まる理由として、気候変動による気温上昇や降水パターンの変化に伴い、ヒトスジシマカの生息域拡大や活動可能期間の長期化が挙げられます。アフリカではマラリアを媒介するハマダラカ属の生息域が低地から高地へ拡大し、東アジアではデング熱を媒介するヤブカ属の生息域が拡大しています。

1950年ごろまで、ヒトスジシマカの日本での生息域は関東圏が北限でした。しかし

ミャンマー首都近郊の村にあるユニセフ支援の早期幼児開発センターで、蚊帳の下で眠る子どもたち。このセンターは2008年のサイクロン「ナルギス」後にユニセフの支援で再建された

気温の上昇とともに北上し、2016年には青森県まで、今世紀末には北海道東部や高地以外の日本全国に生息域が拡大すると予測されています。現在のヒトスジシマカの生息域は日本全土の約40%ですが、今後、世界の平均気温が著しく上昇した場合には、国土の約75～96%が生息域に含まれてしまいます。

適応策 日本では、蚊が媒介する感染症のほとんどが海外から持ち込まれます。そのため、感染者からほかの感染者へ国内感染をさせない備えとして、感染予防が重要な適応策となります。

感染予防として行政の主な対策は、リスク地点の選定・管理、感染症に関する普及啓発、ワクチン・治療法などの普及・開発が挙げられます。

リスク地点の選定・管理では、公園や住宅街など人口密度が高く蚊の発生が多い地点を選定し、蚊の幼虫が生息する水たまりができやすい古いタイヤやゴミ、ビニールシート、容器を処分します。また、幼虫が羽化し始める5月中旬から活動がなくなる10月下旬にかけて、雨水がたまる雨水枡などで幼虫が発生していないか調査し、成虫対策として日光が入るよう木々の剪定をする、下草を刈るなどの作業を行います。感染症に関する普及啓発は、肌を露出しない服装や虫よけ剤の使用、予防接種があるもの（日本脳炎など）はその普及啓発も大切です。ワクチン・治療法などの普及・開発に関しては、現時点ではデング熱に関するワクチンはなく、今後有効性や安全性が保証されたワクチンの開発・承認が求められています。

個人で行える予防策としては、家の周囲の水たまりをなくし、やぶや草むらなどを可能な範囲で少なくすること、海外渡航時は現地で流行している感染症がある場合には予防接種を受け、肌の露出が少ない服を着用しましょう。帰国後、体調不良時は早めに医療機関を受診し、帰国日から4週間以内は献血の自粛などが求められます。

感染症発生後の対処策には、推定感染地での駆除と感染症の発生状況・動向調査があります。

推定感染地での駆除は行政の重要な仕事です。その土地の管理者や市町村、都道府県と相談し、事前に地域の住民に周知をしたうえで、薬剤を使用した成虫駆除などを実施します。その後、状況に応じて幼虫対策を行います。感染症の発生状況・動向調査では、感染症発生情報の正確な把握と分析を行い、その結果を医療関係者や市民に迅速に公開し、デング熱やジカウイルス感染症などは全数報告で、ただちに届け出を行うことが定められています。これはその後の適切な感染症対策につながります。

個人ができる対処策として蔓延防止への協力が挙げられます。たとえば、自らが感染症であると診断された場合は、感染地の推定および感染拡大防止のための調査に協力すること、献血を行わない、蚊に刺されないよう予防を徹底するなどです。公表された推定感染地が近隣の場合には、幼虫対策への協力なども求められます。

海外事例 気候や天候によって活動に影響を受ける蚊の特性を生かし、世界ではデング熱発生の早期警告システムが開発されています。週間平均気温や累積降雨量などの気象予測データを基に、16週間先までの週間デング熱発生率を予測する実証実験が行われてきました。2014年ブラジルワールドカップの前に試作品で行われた予測では、システムが有

効であると評価されました。2017年にはマレーシアで最もデング熱患者の数が多い地区のひとつ、ペタリン地区で早期警告システムに関するアンケート調査が行われました。その結果、早期警告を受けた場合に83.6%が明け方や夕方の蚊に刺されやすい時間帯の屋外活動を避けるなど、予防行動をとるという回答が得られたのです。毎年デング熱の感染がピークとなる時期の前に、早期警告システムを活用することで流行を制御する効果が期待されます。

シンガポールでは、デング熱を公害病と捉え、蚊の発生源の徹底的な管理や垣根を越えた協働に注力しました。発生源の徹底的な管理としては、地域住民への働きかけに加えて法の力も活用した調査を行っています。担当者は、家を一軒一軒訪問し発生源となる場所がないかを確認し、発生源がある場合には金銭的な罰則を課すことが可能です。協働という観点では、政府省庁、町議会、コミュニティ、民間セクター、学術・研究機関が密接に連携し、各所で対策が行われます。その結果、1960年代の取り組み開始以降、1990年代までにデング熱の感染力を10分の1に減らし、それ以来低いレベルで維持してきました。しかし、2000年代に入りしばしば大流行に見舞われ、2020年には年間感染者数が過去最高を更新してしまいました。これは、数十年にわたり感染が少なかったため、集団免疫力が低下したためではないかと考えられています。

蚊が媒介する感染症であるマラリアは多くの国で撲滅されていますが、財政難や貧困で対策が十分にとれない国もあります。2020年、世界で年間約2億4100万人がマラリアに感染し、死者数は約62万7000人にのぼりました。このマラリア予防に取り組んでいる日本企業があります。住友化学は、気候変動の影響で感染症の増加が懸念される地域で「オリセットネット」を販売しています。これは防虫剤を染み込ませた蚊帳で、もともと工場の虫よけの網戸に使われていた技術を活用したものです。洗濯で表面の薬剤が落ちてもふたたび樹脂ネットの中から徐々に薬剤が染み出てくる仕組みで、防虫効果は3年間持続します。

国内事例 約80年ぶりにデング熱に国内で感染した患者が報告されたものの、近年、国内で発症した蚊媒介感染症例は、予防接種の普及により日本脳炎が年間数件ある程度です。そのため、蚊媒介感染症に対する各地方公共団体の知識や経験が薄れるとともに、国民の知識や危機感も希薄になっているという課題があります。世界ではデング熱やジカウイルス感染症の流行が報告されており、海外からの輸入感染の可能性は今後も避けられません。

展望 ワクチンや治療法の開発はコストが高く、長期的な取り組みが必要です。そのため行政や医療関係者はもちろんのこと、一人ひとりが知識をつけ、蚊を発生させない環境づくり、蚊に刺されない行動をとるなど、予防に取り組むことが求められています。●

熱帯・亜熱帯地域に広く生息し、デングウイルスや黄熱ウイルス、ジカウイルスを媒介する蚊であるネッタイシマカ

ダニ媒介感染症
Tick-Borne Diseases

農作業やレジャーなど、野外で過ごす際に気をつけたいのがダニ対策です。ダニが媒介する主な感染症には、頭痛・発熱・倦怠感を伴う日本紅斑熱やツツガムシ病、消化器症状のほか意識障害を起こす恐れもある重症熱性血小板減少症候群（SFTS）などがあります。ダニといえば自宅の布団やカーペットに生息しているイエダニのイメージが強いですが、気候変動が進行すると、マダニやツツガムシといった屋外性のダニを媒介とした感染症リスクが高まることが懸念されています。理由としては、気温上昇や降水パターンの変化に伴い、ダニ類の分布域が拡大することや活動期間が長期化するためです。また、ダニが寄生する野生動物の生息適地の拡大なども予測されています。

現在、ダニ類が媒介する感染症は全国的に増加傾向にあり、発生地域の拡大も確認さ

ダニの走査型電子顕微鏡による写真。病原体を保有するダニに刺されることで日本紅斑熱などの感染症にかかる危険性がある。レジャーや野外作業、農作業などではダニに刺されない備えが欠かせない

れています。たとえば日本紅斑熱（こうはんねつ）の発生件数は、2006年まで横ばいで推移していましたが、その後増加傾向が続き、2017年には過去最多の337件が報告されました。SFTSは、2013年に海外渡航歴のない感染者が国内で初めて確認され、それ以降国内でもしばしば見られるようになりました。これまでは西日本を中心に感染が報告されていましたが、2021年には千葉県でも感染が報告されています。

適応策　ダニ媒介感染症のリスクは身近に存在します。しかし、日本では未承認のダニ媒介脳炎ワクチンがあるのみで、SFTSに関しては有効な抗ウイルス薬などの治療法がまだありません。そのため、未然に感染を防ぐことが重要です。

代表的な侵入経路である河川敷の草むらや山野の茂みにはできるだけ入らず、入山時や農作業時には長靴やスパッツをつける、襟元や手首を露出しないなど適切なダニ対策をとること、ペットのダニ対策が基本です。そのほか、虫よけ剤の使用、衣服についたダニの除去も大切です。服装は、肌の露出が少なくダニを目視で確認しやすい明るい色のものが望ましく、服の上から虫よけ剤を吹きかけてダニの付着数を減らし、活動後はガムテープで衣服に付着したダニを取り除きます。家の中に上着や作業着を持ち込まないことや、入浴時にダニの付着がないか確認することも重要です。万が一ダニに咬まれた際は、無理に引き抜こうとせず皮膚科など医療機関で処置をしてもらいます。その後、数週間程度は体調に留意し、発熱などがあった場合には医療機関を受診しましょう。

犬や猫についても注意が必要です。たとえばSFTS患者が報告されている地域では、犬の散歩中にウイルスを保有したダニが犬に付着して、住宅地に運ばれる可能性もあります。犬や猫にはマダニ予防薬を定期的に飲ませ、山野や河川敷の草むらになるべく入らせないことが適応策になります。

行政や研究機関は、野外での殺ダニ剤の利用や医療機関・住民向けの情報提供を進めています。

感染症対策としては、治療法などの普及・開発や感染症の発生状況・動向調査が挙げられます。日本紅斑熱・ツツガムシ病に関しては、投与すべきとされている抗菌薬の普及が重要です。SFTSに関しては、現在までに治療方法が確立されていないため、感染した場合は対処療法しかなく、今後、治療薬の開発が待たれます。そのほかにも、感染症発生件数を正確に把握し、分析結果を医療関係者や市民に迅速に公開しています。ダニ媒介感染症のうち日本紅斑熱やSFTS、ツツガムシ病は全数報告と定められており、ただちに届け出を行うことが必須です。

ワンヘルス　マダニは野生動物に寄生して分散しているため、野生動物を適正な密度に管理することでマダニの密度を抑制し、人とマダニが接触するリスクを一定水準以下に抑えることが、ダニそのものへの適応策となります。近年、気候変動の影響で増えすぎたニホンジカやイノシシは、鳥獣保護管理法に基づいて個体数管理が行われていますが、ダニ媒介感染症対策を目的とした野生動物の管理は行われていません。今後は、感染症対策に野生動物管理が欠かせないという科学的なデータを示し、医学、獣医学、厚生労働省、農林水産省、環境省などの分野や関係機関を横断した連携が重要です。

感染症拡大には、ダニやダニの寄生する野

生動物だけでなく、気候変動や都市化、ライフスタイルの変化など、さまざまな要因が関係していると考えられます。これらに対応することを目的とした「ワンヘルス」のアプローチが、いま世界的に進められています。ワンヘルスは、人・動物・生態系をひとつとして、その健康を守っていくという考え方で、国境や組織、分野を超えた協働の必要性がここでも強調されています。

海外事例　海外では長年にわたり、地域住民の協力によるダニ調査が行われてきました。たとえばスペインでは、狩猟の際に猟師がマダニを捕獲し地域の獣医に送ると、そこから農務省に送られます。農務省はそのダニの保有するウイルスを分析し、結果を保健省の政策決定者や病院に通達します。ウイルスが検出された場合、その地域で感染症予防のための連携が強化されます。これは、さまざまなステークホルダーを巻き込む優れた取り組みです。

　オランダでは、「ダニレーダー」というインターネットツールが活用されています。これは、ダニに咬まれた場所や自らの連絡先などの情報を共有し、咬まれたダニを行政に提供するツールです。ダニレーダーを通して得られた科学的なデータや教訓は、市民向けのポータルサイトを通じて市民に共有されます。市民レベルでの感染症発生状況の把握や動向調査が可能となり、個人が発症した際の早期診断にもつながる好例です。

　地域住民を巻き込む例もある一方で、その前提となるダニ媒介感染症の知識が住民に備わっていないケースもあります。メキシコ・ユカタン半島の典型的なマヤコミュニティは、ペットや家畜、野生動物が共存し、気候を含めてダニ媒介感染症に適した条件がそろっている環境です。この地域で、住民のダニ媒介感染症に関する知識や態度、習慣についての調査が行われました。結果、人々はマダニを見慣れており、脅威として捉えていないということがわかったのです。予防策を講じている人の割合は少なく、何もしていない人の割合は62.8%、さらにマダニに刺された後も取り除くだけと回答した人の割合が63.5%にのぼりました。こうした地域では、まず住民への教育が有効な適応策となります。

展望　駆除が難しいダニと人間が共存するためには、生息状況や感染症の被害動向を的確にモニタリングし、ダニ媒介感染症のリスクを軽減するべく、個人と行政が適応策をそれぞれ講じることが重要です。●

Industrial and Economic Activities
産業・経済活動

　これまでの産業経済活動は大量の温室効果ガスを排出し、自然資源を搾取し、大気や海洋、水質を汚染し、生態系を破壊する悪者として見られてきました。人々の暮らしをよりよくするために邁進してきた企業側にとっては、地球にこれほど危害を及ぼす意図はなかったでしょう。しかし、世界のエネルギー消費量のうち30％は産業活動によるものであり、地球温暖化を進めてしまった要因として疑う余地がありません。

　近年の気候変動はサプライチェーンを寸断し、生産設備が浸水することで原料や部品調達が滞るなど、これまで他人事で済まされていた影響が経営を脅かし、世界経済に甚大な被害を及ぼすようになりました。そこでビジネス界は、気候変動や生物多様性への貢献を喫緊の課題として捉え、さまざまな取り組みを始めています。エネルギー使用量の低減、再生可能エネルギーへの転換、リサイクル促進や廃棄物削減など、自社努力の他に社会問題の解決に向けたESG投資、企業が気候変動にどのくらい備えているかを評価するTCFD、自然生態系に与える影響を評価するTNFDといったネイチャーポジティブな取り組みは、世界中の企業や投資家の間で無視することはできません。

　あらゆる業種において、持続可能な経済活動を続けるために気候変動とその影響に備えて対処する適応策の検討、導入は不可欠です。国や地域を越えて、産業経済活動が社会を大きく変革し、一丸となって気候変動問題に取り組むことが、未来の私たちの生活を支えていくのです。●

品川区オフィス街の強風

適応ファイナンス
Adaptation Finance

気候変動影響が今後ますます拡大すると予測されるなか、民間企業が適応に取り組むことは、事業の持続可能性を高めるうえで必要不可欠です。同時に、顧客や投資家からの信頼、新たなビジネス機会の獲得にもつながり、企業が競争力を高める観点からも重要です。そのための仕組みとして期待されているのが「適応ファイナンス」です。適応ファイナンスとは、気候関連リスクを軽減・回避し、ビジネス機会を獲得するための取り組みに資金や手段を提供するものです。適応を従来のファイナンスと統合して経済的に内部化・拡大することで、事業者が早期に取り組みに着手できるよう促します。

適応には、大まかに、物理リスク・財務影響の評価、自らのリスク対応やビジネス機会獲得のための取り組みの実施、インパクトのモニタリング・測定という継続的なプロセスがあります。

物理リスク・財務影響の評価において、取り組み開始前に気候変動による資産や事業活動などのリスク、影響を評価しておくことが必要です。加えて、想定される受益者や期待するインパクトを特定しておくことも大切です。このとき、ほかの環境目標とトレードオフの関係になってしまうことに留意しなければなりません。たとえば、水資源の安定性と干ばつに対する対策として行う海水淡水化は、エネルギー消費の増大による温室効果ガス排出量の増加につながる可能性があります。リスク対応やビジネス機会獲得のための取り組みの実施に対しては、機関投資家や金融機関が投融資や保険の提供を行うものです。これは、企業だけでなく、自治体が実施する公共インフラ事業なども対象となります。インパクトのモニタリング・測定では、あらかじめ定めた指標に基づいてモニタリングを行い、結果を開示（レポーティング）することをいいます。

国際的イニシアティブ　代表的なイニシアティブ（枠組み）として、気候リスクや機会を分析し、戦略的な対応とレポーティングを促すための気候変動に関する財務的影響情報開示（TCFD）があります。銀行や保険会社、投資家など300を超えるメンバー機関と、100 を超える支援機関が参加する国連環境計画金融イニシアティブ（UNEP-FI）では、持続可能な開発への民間セクターの資金動員を目的とし、国連環境計画（UNEP）と世界中の金融機関によるパートナーシップを設けています。

気候・レジリエンスに関する国際的投資家グループは、COP15で発足した民間組織です。気候変動適応や災害へのレジリエンス強化に対する投資促進を目的に、ディスカッション・ペーパーや投資家向けのガイドをまとめています。

気候変動に関する国際機関投資家グループは、2001年に設置された機関投資家の団体です。欧州の年金基金や資産運用会社を中心に27カ国400以上の機関が参加し、資産総額は約65兆ユーロに達します。2020年には、機関投資家向けに気候変動が影響する物理的

なリスクを管理するステップや、事例を提示した実践ガイダンスを初めて公表しました。

EU域内においては、企業の経済活動が環境面で持続可能かどうかを分類するEUタクソノミーがあります。国際NPOの気候債券イニシアティブ（Climate Bonds Initiative：CBI）は、投資家や政府が低炭素社会に貢献する投資を行う際のスクリーニングツールとして気候ボンド基準（Climate Bonds Standard：CBS）を作成しました。その翌年には、CBSに適応とレジリエンスの基準を統合するための気候レジリエンス原則（Climate Resilience Principles：CRP）を策定し、2020年には農業セクターのCBIに反映されました。

投資家が投資先の価値を測る材料としては、これまで利益率やキャッシュフローなどの財務情報が活用されてきましたが、近年は非財務情報である環境（Environment）・社会（Social）・ガバナンス（Governance）の項目を考慮する「ESG投資」が広がっています。2020年世界のESG投資額は、35.3兆ドル（約3900兆円）にのぼりました。ESG投資は、2006年4月にコフィー・アナン第7代国連事務総長が「責任投資原則（PRI）」を打ち出し、そのコンセプトが示されています。PRIは、企業分析や評価を行ううえで長期的視点を重視し、ESG情報を考慮した投資行動を投資家などに求めるものです。PRIの署名機関は年々増加しており、2023年12月時点で日本ではアセット・オーナー 29機関、運用機関87機関、サービスプロバイダー 12機関が参画しています。

海外事例　アメリカ大手資産運用会社ブラックロックは、フランス、ドイツ、日本の各政府やアメリカ国内の有力団体と「気候ファイナンスパートナーシップ（CFP）」を結びました。ニューヨークで開催されたワン・プラネット・サミットで発案され、新興国における気候関連投資への資金流入を加速させることを目指しています。投資対象はアジアや中南米、アフリカのクリーン発電、家庭・商業・工業部門のエネルギー効率化、送配電・エネルギー貯蔵、交通の電化など気候インフラ構築です。2021年には、事業推進のための新興国向け気候変動対策インフラファンドに6億7300万ドルが集まったことが公表されています。

アメリカのNPOブルーフォレストコンサベーションは、民間からの融資資金を公的資金とブレンドし、森林復旧活動に提供するモデル「フォレスト・レジリエンス・ボンド（FRB）」を開発しました。2018年、拡大する山火事の脅威にさらされるカリフォルニア州内の約60km²のタホ国有林では、FRBを用いたパイロットプロジェクトが開始されました。返済はプロジェクト終了後に受益者であるカリフォルニア州政府、ユバ群水道局から提供される資金を原資として行われます。森林復旧には当初10〜12年かかるとされていましたが、実際の期間は4年程度に短縮される見通しが立つなど、FRBでの資金調達により復旧活動が加速しました。2021年には、約190km²の森林回復と山火事の事前対策を目的とした第二期事業として、FRBから2500万ドルが融資されており、水源地の保護に加え、ニシアメリカフクロウやジェフェリーマツなど数々の希少動植物の保護に貢献しました。

大和証券グループ傘下の大和証券キャピタル・マーケッツヨーロッパリミテッドは、2021年7月、欧州復興開発銀行（EBRD）の発行した気候レジリエンスボンドの引き受

け主幹事を務めました。この債券は、第一生命保険がその全額を購入しています。EBRDの気候レジリエンスボンドにより調達された資金は、気候リスクからの回復力を構築するために実施される、公的・民間プロジェクトに用いられます。たとえば、気候変動による影響を受けにくいインフラ整備、事業、農業の展開や、生態系保全プロジェクトがそれにあたります。

国内事例　日本政策投資銀行（DBJ）は、2014年度に日本の発行体として初めてグリーンボンドを発行し、2015年度からはサステナビリティボンドを毎年発行しています。2021年度は外債に加え、DBJとして初めて国内債も発行し、日本の発行体としては唯一、8年度連続の発行となりました。調達した資金は「DBJ Green Building認証」の対象不動産への融資、環境経営に優れた企業を評価・選定する「環境格付融資」、再生可能エネルギーのプロジェクト向け融資のグリーン分野に融資されます。加えて、防災や事業継続に優れた企業を評価・選定する「BCM格付融資」や、地域緊急対策プログラムのソーシャル分野への融資を通じて、持続可能な社会の実現に寄与しています。

展望　一部の金融機関は、自然災害など突発的に生じる気候関連リスクの評価やファイナンスにすでに取り組んでいます。一方、気温上昇や降水パターンの変化など、数十年単位で生じる長期的なリスク対応は十分ではありません。背景には、将来予測データや分析ツールが不足している点に加え、リスクを認識しづらいという点も挙げられます。今後は適応ファイナンスによってもたらされた効果だけではなく、その進捗も評価対象にするなど、

柔軟な評価手法の設定が求められます。●

■■■■■■■■■
カナダ東部の山火事による大気汚染が深刻なニューヨークでは、太陽の日差しが遮られて日中も一帯が薄暗い状態が続いた。イースト・リバー沿いのトライボロー橋

グリーンボンド
Green Bonds

投資家の間でグリーンボンドという債券が注目を集めています。これは企業や自治体などが、国内外の環境改善プロジェクト「グリーンプロジェクト」に関する資金調達のために発行する債券のことです。発行するのはグリーンプロジェクトを行いたい企業や金融機関、自治体などですが、主な事業内容と切り離したい場合は特別目的会社を設立することもあります。資金の使い道がグリーンプロジェクトに限定されることや、そのプロジェクトが適格なものか事前にきちんと評価・選定されること、そして調達後の資金を適切に管理・追跡して透明性を確保することに加えて、資金の使い方やプロジェクト選定などについても投資家へのレポーティングが定期的に義務付けられているのが特徴です。

グリーンボンドへ投資するのは、環境・社会・ガバナンス要素も考慮したESG投資を取り入れると表明している年金基金や、保険会社などの機関投資家、運用を受託する運用機関などで、ESG投資に興味のある個人投資家も投資可能です。国内では、2014年日本政策投資銀行が国内初のグリーンボンドを発行したことを皮切りに、発行件数は年々増加傾向にあります。2020年は年間発行総額が1兆円を突破しており、カーボンニュートラルやSDGsの達成に向けて、民間資金の多くをグローンプロジェクトに誘導する動きが活発化しています。

グリーンボンドで調達した資金の使い道として適格性があるとされるのは、気候変動緩和策、自然環境保全、生物多様性保全、汚染対策、そして気候変動適応策の5つです。グリーンボンドを発行することで、自社がグリーンプロジェクトを積極的に推進していることがアピールでき、投資家との対話を通じて互いの考え方や取り組みへの理解を深めることもできるので利点はさまざまです。また、新しい再生可能エネルギー事業に向けて取り組んでいる企業などは、金融機関との関係が十分構築されていないケースもあるなかで、投資家からの需要が大きい場合は比較的好条件で資金調達できるというメリットもあります。

発行状況 発行元が継続してグリーンボンドを発行するかというと、発行する意図はあるものの、具体的な計画に至らないケースも多いようです。主な理由として、グリーンボンドの適格となるプロジェクトがまだ積み上がっていないことが挙げられます。環境配慮型事業を推進していても、どの事業を優先するのか検討しなければならないことや、いざ事業を実施するにしても準備にはそれなりの時間が必要なことがネックとなっているようです。グリーンプロジェクトの形成・実施のスケジュールと、グリーンボンド発行のタイミングを合わせることも欠かせません。

さらに、グリーンプロジェクトの定義が曖昧であることも、それらが進まない理由のひとつです。ある企業では、発売する省エネ商品がグリーンボンドの適格事業として認められていることを知らないケースもありました。そこで現在、国際的に適格となるグリーンプ

ロジェクトを明確に定めるための議論も進められています。併せて、実際は環境改善効果がない、あるいは環境事業に調達資金が適正に充当されていないにもかかわらず、環境改善効果があると称する「グリーンウォッシュ」に対する懸念をクリアしていく必要もあります。

海外事例　ESG投資の世界的普及などを背景に、グリーンボンドの発行は2014年以降国際的に拡大しています。2013年150億ドルにすぎなかった市場規模は、欧州を中心に2020年には6340億ドルまで急拡大し、調達資金の充当対象にはエネルギーや建物、交通システムを目的とした発行が上位に挙げられています。

　世界で初めてグリーンボンドを導入した都市はスイスのヨーテボリ市です。2013年に5億スイスフランのグリーンボンドを発行しました。翌年には18億スイスフラン、さらに2015年と2016年には10億スイスフランの債券が発行されました。低炭素化やクリーンエネルギーへの投資といった気候変動緩和策に並び、気候に対応した成長への投資という適応策がグリーンボンドを用いて出資する対象事業となっています。この取り組みはほかの市や自治体、地域のモデルとなるものであり、ヨーテボリ市は情報や知識の共有に努めています。

　フランスのパリでは、2015年にCOP21が同市で開催された際に強いメッセージを発信するべく、計3億ユーロのグリーンボンドを発行しました。このうち、気候変動適応プロジェクトに割り当てられたのは20%です。熱波による夏日や猛暑日の増加が深刻化していたことを受け、ヒートアイランド効果の抑制と暑さ・寒さに対する市民の満足度の

向上が目標に定められ、ふたつの事業が実施されました。ひとつは2万本の植林で、市内の街路や校庭・体育館などの公共施設が対象となっています。2019年時点で1万1690本の植林の完了が報告されました。もうひとつは、総面積30haの公園の新設です。野心的な取り組みであり、2018年までに整備が確認された緑地の総面積は10.93haですが、緩和策としても確かな効果が認められています。

　島嶼国であるフィジーは、サイクロンや洪水の影響を受けやすく、特に2016年のサイクロン・ウィンストンは、国のGDP3分の1近くにものぼる経済損失を引き起こしました。そこで国民の命と生活を守るため、政府は翌年2017年、各国政府や政府機関が発行する債券であるソブリン債のグリーンボンドを発行しました。これは開発途上国として世界初となる事例であり、国際金融公社と世界銀行が補助しました。このグリーンボンドは、緩和および適応支援のために1億フィジードルの調達を目的としており、農作物のレジリエンス（回復力）向上や、サトウキビ畑の洪水対策、森林再生、悪天候に耐えられる校舎の改築などに投資されています。

　最近では、オーストリア政府が2022年にグリーンボンドの枠組みを公表し、出資先として気候変動への適応を明確に定義しました。異常気象によってもたらされる事象の観測システムや、適応研究、インフラ整備などが含まれています。同年5月には、40億ユーロの資金調達を行う国内初のグリーンボンドを発行しました。

国内事例　2016年ポーランドが世界で初めて国債としてのグリーンボンドを発行して以来、世界では欧州を中心に15カ国がグリーン国債を発行していますが、日本国内では地

方債が先行する形になっており、東京都をはじめ各自治体でグリーンボンドの発行が進んでいます。

　東京都は、都の環境事業に民間資金の投資を促すため、再生可能エネルギーの導入、都市の緑化、気候変動影響への適応の観点から選定した事業を投資対象にしたグリーンボンドの発行を、新しい東京を創るための具体的な政策展開を示す計画「2020年に向けた実行プラン」に位置付けました。2016年にグリーンボンド発行に向けたトライアルとして「東京環境サポーター債（外貨）」を発行し、2017年には全国の自治体で初めて「東京グリーンボンド」200億円を発行し、以降毎年発行を継続することで日本のESG債市場を牽引しています。

　気候変動適応を考慮した事業のひとつに、防潮堤の整備があります。気候変動によって影響を受け、海面水位の上昇および強大な台風がもたらす高潮による浸水リスクが高いことから、防潮堤や内部護岸の整備を推進し、2019年東日本台風の際はこれまで整備を進めてきた防潮堤や内部護岸が高潮による浸水被害防止の役割を大きく果たしました。また、激甚化・頻発化する豪雨時に増水した河川の水を一時的に貯留し、河川からの溢水を防ぐため、調整池の整備も進められています。東日本台風時、神田川・環状七号線地下調節池にて総容量の約9割に値する49万㎥（25mプール約1600杯分に相当）を貯留し、調節池の下流地点で水位を最大1.5m低下させるなど、水害の未然防止に大きな効果を発揮しました。

　グリーンボンドは浸水対策事業にも充当されています。近年、集中豪雨の頻発や台風の大型化など、豪雨リスクが増加傾向にあることを受け、浸水被害を軽減するため雨水貯留

施設や雨水ポンプ施設といった貯留施設の整備を積極的に推進しています。2021年度は千住関屋ポンプ所などが整備され、2025年度末までに下水道の基幹施設の整備を通じ、区部における1時間50mm降雨に対して浸水被害が解消される面積の割合が73％になることを目指しています。

　2019年都道府県として初めて気候非常事態宣言を出したのが長野県です。同時に、2050年のCO$_2$排出量実質ゼロの達成を掲げ「長野県気候危機突破方針」を策定しました。緩和に加えて、気候変動に起因する自然災害による被害の回避・軽減を目指す適応に向け

長野県筑北村立峠沢の砂防施設

た取り組みとして、2020年度からグリーンボンドを発行しています。調達資金は県内のグリーンプロジェクトに充当されています。

　長野県は急斜面を切り開いて建設した道路が多いため、豪雨や台風で地盤が緩み、落石や土砂崩落などで道路が寸断される危険性もあり、その防災工事に加えて、停電による信号機停止から発生しうる、交通事故防止のための信号機電源付加装置の整備も推進しています。また、護岸工事や堆積土除去、支障木除去などの水害対策のための河川改修に取り組み、さらに土砂災害を未然に防ぎ住民を守るべく、流域全体を守る砂防堰堤の整備に取り組んでいます。

展開　適応に関するグリーンプロジェクトが推進され、交通インフラが整備されると、災害時の道路寸断を防ぐこともでき、被災者の救護や緊急物資の輸送に遅れが生じることもなくなるでしょう。河川改修により治水対策が進むことで、水防災意識も向上し、想定最大規模降雨での洪水ハザードマップの作成が進むという効果も得られています。グリーンボンドの活用が、適応策を徐々に前進させるきっかけになるかもしれません。●

TCFD
Task Force on Climate-related Financial Disclosures

気候変動の進行は、企業活動や世界経済にも影響を及ぼします。たとえば2011年タイで大洪水が発生した際には、日本の大手自動車メーカーの部品調達が滞り、世界各地の工場が製造を休止しました。これにより、営業利益にして約1100億円の影響が出たと報告されています。2018年の7月豪雨では、広島県の製鉄所で自家発電設備に不具合が生じ、電力の外部調達費用として60億円の営業損失、さらに設備の復旧費用として前期の純利益に匹敵する130億円の特別損失が計上されました。このように、気候変動は企業経営を脅かす大きなリスクとなっています。しかし、こうしたリスクは短期の財務諸表には表れません。そのため投資家は、どの企業が気候変動リスクに直面しているか、その対策状況を把握して判断することが困難なのです。こうした状況に対処するべく、民間主導で議論する機関として、2015年にG20の要請により「気候関連財務情報開示タスクフォース（Task Force on Climate-related Financial Disclosures)」が設置されました。これを略してTCFDと呼んでいます。設置から約1年半の議論を経て、2017年6月にTCFDによる最終報告書（TCFD提言）が公表されました。TCFD提言では、企業は自社の気候関連リスクや機会を分析し、それに対する戦略的な対応と開示を行うことが促されています。

TCFDで推奨されている開示内容は、「ガバナンス」「戦略」「リスク管理」「指標と目標」の4つです。ガバナンスでは、気候関連のリスクや機会に対する企業の取締役会の監視体制、経営者の役割を開示します。これにより投資家やステークホルダーは、取締役会や経営者が気候関連の問題に適切に注目しているかどうかの判断が可能となります。戦略では、短期・中期・長期にわたる企業の気候関連リスクや機会、さらにそれが企業のビジネスや戦略、財務計画に及ぼす影響を開示します。これらは、企業の将来パフォーマンスに関する情報として活用することも可能です。リスク管理では、企業が気候関連のリスクを識別・評価・管理するプロセスや、既存のリスク管理プロセスにどう統合されているかを開示します。それら情報は、企業の抱えるリスクの全体像や管理体制の評価に活用されます。指標と目標では、気候関連のリスクや機会に対する目標、実績、あるいはその評価の際に用いる指標、温室効果ガス排出量などを開示します。産業やセクターは、これらを企業の比較に活用することができます。

企業がTCFDに対応することは、すなわち企業の気候変動適応力を高めることに直結します。気候変動が進行する現代において、国内外の動向や、各企業がどのように適応力を高める取り組みを行っているのか、さまざまな事例を見ていきましょう。

国内外の動き　世界では、EUを中心に気候関連情報の開示を義務化する動きが見られます。EUでは、持続可能なEU経済の実現に向けた成長戦略である欧州グリーンディールの一環で「企業サステナビリティ報告指令

（CSRD）」が制定され、非財務情報開示の義務を強化しました。これに伴い、EU加盟国内の法制化も進むと見られています。

　フランスではエネルギー移行法第173条において気候関連の情報開示が義務化されており、その内容をTCFDに連動させることを検討しています。英国ではロンドン証券上場規則を改訂し、2021年からプレミアム市場の上場企業に対し情報開示が義務化されました。世界的にビジネスを行っている日本企業のなかには欧州から投資を受けている場合も多く、そうした企業は大きな影響を受けるとされています。

　日本では2019年に民間主導のTCFDコンソーシアムが設立されました。企業の気候関連情報の効果的な開示や、その後の適切な投資判断につなげるための議論を目的としています。設立を境に日本のTCFD賛同機関数は世界最多となり、その後も増加傾向にあります。2022年11月時点で1137の企業・機関がTCFDに賛同しています。2021年に公表された改正コーポレートガバナンス・コードでは、プライム市場上場企業に対して気候関連の情報開示が実質義務化されました。コーポレートガバナンス・コードとは、2015年に公表された上場企業の企業統治においてガイドラインとして参照すべき指針・原則です。上場企業は原則としてコーポレートガバナンス・コードの遵守が求められ、遵守ができない場合はそれについての説明が求められます。さらに、企業は気候関連のリスクや機会が自社の事業や収益に与える影響について必要なデータの収集や分析を行うこと、それを国際的に確立された枠組みであるTCFDやそれと同等の枠組みに基づく情報開示の質・量の充実を進めることが記載されています。

3つの議論　国際的には、TCFD開示のあり方をめぐり大きく3つの議論が行われています。ひとつはTCFD開示の義務化について、次に適切な開示媒体について、最後に開示内容の標準化についてです。TCFD開示の義務化は、日本のプライム市場上場会社はすでに義務化されているともいえます。適切な開示媒体としては、TCFD提言では財務報告書（日本では有価証券報告書が該当）での開示が求められていますが、日本では有価証券報告書に虚偽の記載をした場合に罰則の規定があります。TCFD開示のなかでも将来のリスクを分析する「シナリオ分析」は特に不確実性が高いこともあり、有価証券報告書での開示は、企業の萎縮や開示内容の質の低下につながる恐れがあります。

　開示内容の標準化には、比較可能性の観点からCO_2排出量などの基礎データに関して意義があるものの、各社のガバナンスや戦略の特性が活かされず、開示内容が画一化される可能性があります。国際的な議論を踏まえ、投資の意思決定に役立つ、日本ならではのTCFD開示のあり方を議論していくことが今後の課題です。

海外事例　オーストラリアの不動産ファンドであるインベスタプロパティーグループは、気候変動による重要なリスクを特定し、TCFD提言に沿った情報開示に努めています。同社は国連環境計画のTCFDワーキンググループにも参加し、世界の主要な投資家20社と協力して気候変動シナリオモデルと指標を開発しました。そして3つのシナリオでリスクを分析した結果、不動産においては資産の築年数に加えて、所在地が大きく影響することがわかりました。オーストラリアでは夏の暑さや冬の寒さは都市ごとに大きく異なり、

必要な対応も変わってきます。発生しうる自然災害も、ブリスベンではサイクロンと洪水、シドニーでは激しい嵐、メルボルンでは極端な熱波など、都市によって大きな差があるのです。結論として、資産の地理的位置は気候に対する強靱性に関わる重要な要素であるとし、インベスタプロパティーグループは気候変動によるリスクに対する資産評価において、地理的位置を考慮する必要があるとしました。そして今後は、特に河川洪水や熱波といった災害によるリスク分析の強化に取り組んでいくとしています。

　ヨーロッパの物流不動産カンパニーでイギリスに本社を置くセグロ社は、気候変動に対する世界的な取り組みに貢献しつつ環境への影響を最小限に抑える責任があるとして、環境持続可能性への取り組みに関する報告書を作成し、そのなかでTCFD開示を行っています。セグロ社の具体的な戦略としてまず挙げられるのは、より多くの顧客に適した汎用性の高い建物を建てることです。これにより建物自体の寿命が延びるだけでなく、空室率や将来の改修費用のリスクも減少するとしています。また、長期にわたって建物が目的に適した状態であり、顧客要件を満たし続けるために、気候変動に対する適応と緩和の要素を標準的な建物設計に組み込み、暖房や持続可能な排水などの側面がすべての設計で見積もられるようにしています。これらの適応策には追加のコストが伴いますが、持続可能性の側面が強化された建物は、そうでない建物よりもますます高く評価されるようになると考えているそうです。セグロ社は、気候変動は建物の継続的な運営にとってリスクであると認識しており、気候変動への適応は同社におけるメンテナンスプログラムの標準的なプロセスとして、下水道清掃や排水の強化、ガラ

ス交換といった気候変動に関連するメンテナンスを増やしているとのことです。

国内事例　JR東日本は、2019年10月に台風19号が発生した際、新幹線の運行休止や浸水被害による甚大な被害を受けました。これにより自然災害に対する備えが重要な課題であるという認識を強め、2020年1月にTCFD提言への賛同を表明して以来、TCFD提言に沿った積極的な情報開示を進めています。実際に県内企業が直面する気候変動に伴うリスクと機会を評価した結果、最も重要なリスクは、短期的に発生しかつ影響度が大きい「風水災等による鉄道施設・設備の損害および運休の発生」であると特定しました。

　そこでこのリスクによる財務的な影響を把握し、事業戦略の妥当性を検証するため、2050年をターゲットとしたシナリオ分析が実施されました。主要な鉄道や旅客収入が集中し、災害発生時の財務的な影響が大きいと考えられる関東において、具体的に想定される自然災害である一級河川の氾濫による浸水を分析対象とし、そのなかでも財務影響が最も大きいと想定される荒川について分析が行われました。その結果、荒川が氾濫した場合には首都圏周辺の多くの主要路線が浸水し、鉄道資産の損失や、運休や復旧までの期間の旅客収入の損失が見込まれることがわかり、2050年単年における財務影響は、気温上昇が低く抑えられたシナリオで34億円、気温上昇が著しく増加したシナリオでは40億円増加することがわかりました。一方、JR東日本では浸水対策として電気設備の嵩上げや建屋開口部への止水板の設置、車両疎開判断支援システムや車両疎開マニュアルの整備などを進めています。このような浸水対策の効果を分析したところ、気温上昇が低く抑えら

台風19号で水に浸かった北陸新幹線の車両。JR東日本では浸水した車両の廃棄に伴いおよそ300億円の被害が発生した。2019年10月13日長野市赤沼

れたシナリオでは13億円、気温上昇が著しく増加したシナリオでは16億円までその額が減少することがわかりました。

　アサヒグループホールディングスでは、リスクや機会のうち、農産物原料の収量減少による原料価格の高騰、炭素税の導入によるコスト増加、水リスクに関するコスト増加の3点が特に大きな影響を及ぼす可能性があるとし、対応を進めています。

　大和ハウス工業では、ネット・ゼロ・エネルギー住宅や建築物の需要、環境エネルギー事業の拡大による収益増が、負の財務影響を上回る見込みであることを確認しました。ただし分析はメイン事業を対象に簡易的に行わ

れたため、今後は分析の精緻化や対象事業の拡大に取り組んでいくとしています。

展望　これまで気候変動対策は国際機関や国、自治体などが主導する形で進められてきましたが、ESG投資やTCFDの広がりにより、企業は気候変動にビジネスを適応させていくことが求められるようになりました。気候変動を自分事として捉え、マイナス面だけでなくポジティブなビジネス展開を新たに検討する企業も出ており、TCFDの広がりは社会全体の適応力を高める大きな潮流として期待されています。●

TNFD
Task Force on Nature-related Financial Disclosures

世界経済フォーラムの発行するグローバルリスク報告書は、今後10年間で複数の国や業界に重大な悪影響をもたらす恐れがあるリスクについてまとめたものです。2022年版の報告書では、今後10年間で最も深刻な世界規模のリスクとして「生物多様性の喪失や生態系の崩壊」が3位にランクインしました。人間活動によって約100万種の生物が絶滅の危機に瀕しているとされています。ビジネスは自然資本や生態系サービスに依存しているため、世界のGDP総額の半分以上にあたる44兆ドルの経済価値創出が潜在的なリスクにさらされているとの報告もあります。たとえば花粉を運ぶハチなどの送粉者が世界的に減っており、それにより年間市場価値で2350億ドルから5770億ドルにのぼる世界の作物生産が危機にさらされています。これは、食品製造業など農作物を扱うビジネスにとって大きなリスクとなる可能性があります。

　このような状況を背景に、世界では自然生態系に関連して企業が受ける財務的影響や、それに対する戦略的な対応と情報開示を促す枠組みづくりが進んでいます。その構築のための国際的な組織「自然関連財務情報開示タスクフォース（Taskforce on Nature-related Financial Disclosures）」が2021年6月に発足しました。これを略してTNFDと呼んでいます。TNFDは、前章で詳述した気候関連の財務情報の開示に関するタスクフォース（TCFD）に続く枠組みとして、2019年世界経済フォーラム年次総会（ダボス会議）で着想されました。TNFDの究極の目的は、世界の資金の流れを、自然にとってマイナスなものからプラスのものへとシフトさせることです。

フレームワーク　2023年9月に、TNFDフレームワークの最終提言が公開されました。このフレームワークは、あらゆる規模の企業と金融機関が自然に関する問題を特定、評価、管理できるよう構築され、開示推奨項目とそれに付随するいくつかの追加ガイダンスが示されています。開示推奨項目は「ガバナンス」「戦略」「リスク管理」「指標と目標」の４つの柱で示され、内容はTCFDが推奨する11項目すべてを含む、14の項目によって構成されています。これは、TNFDとTCFDが提言する開示内容を密接に整合させることで、統合的な開示を促進・奨励することを意図しています。追加ガイダンスでは、開示のための問題の特定および評価ステップを示したLEAPアプローチ、セクターやバイオーム別のガイダンス、シナリオ分析、目標設定などが示されています。自然関連の問題の特定と評価のためのアプローチ（LEAP）は、市場参加者が自然関連リスクや機会を評価できるようにするための任意のガイダンスです。LEAPアプローチは、まずはじめに仮説構築とリソース調整のための事前調査（スコーピング）を実施したあと、それに続くステップとして4段階のフェーズが示されています。自然との接点を発見する（Locate）、依存関係と影響を診断する（Evaluate）、リスクと

機会を評価する（Assess）、自然関連リスクと機会に対応する準備を行い、投資家に報告する（Prepare）です。これらはさらに細かい項目に分かれており、LEAPアプローチを活用することで企業が自然関連のリスクと機会について、科学的根拠に基づき体系的かつ段階的な評価を実施できるようになっています。

　TNFDの枠組み構築にあたっては、ベータ版を市場参加者が活用し、フィードバックをするオープンイノベーションアプローチが採用されました。2022年3月にベータ版V0.1リリース後もフィードバックが適宜ベータ版に反映されました。多国籍企業から金融、先住民主導の企業まで、さまざまなセクターと生態系を網羅する200以上の機関によるパイロットテストが行われ、オンラインプラットフォーム上のベータ版は45を超える国と地域から75万以上のページビューを得ました。また、セクター別、領域別、生物群系別の追加ガイダンスやシナリオ分析の提案など、企業の実践を支援できるような枠組みづくりが進められ、2023年9月公開の最終提言に反映されました。

海外事例　ブラジルは世界で最も生物多様性に富んだ国といわれていますが、特に森林伐採と気候変動によってその豊かさが脅かされています。調査の結果、生物多様性の損失は、ブラジルの経済や金融セクターに重大な影響を与える可能性があることがわかりました。ブラジル銀行が融資を行っている企業のなかには、保護区や生物多様性保全の優先地域で事業を行い、環境的に問題のある活動をしているケースもあります。2021年3月末時点で、保護区などで事業を行う可能性のある企業に対して、ブラジルの銀行は2540億

ブラジルレアルの貸付残高があり、それは企業ポートフォリオの15％にあたることがわかりました。この先、生物多様性に関する規制の導入や技術の進歩、市場の変化、訴訟や評判の悪化によって、融資先の企業、ひいては銀行が損失を被る可能性があります。今後ブラジル銀行は、投資先の生物多様性への影響を開示し、投資先企業にも同じことを要求するなど、リスクを監視し、軽減するための行動をとる必要があるでしょう。TNFDはその適切な手段として活用が期待されています。

国内事例　キリンホールディングスは2022年の環境報告書において初めて、TNFDのLEAPアプローチを活用した自然資本の試行的開示を行いました。キリングループは、2010年の生物多様性条約第10回締約国会議をきっかけに、生物資源に関する調査を実施しています。たとえば水資源について、日本は比較的水が豊かな国ですが、オーストラリアは水ストレス・リスクが非常に高い国です。同社はそうした地域でも事業を行ってきたことから、水資源をはじめとした自然資本は地域や場所によってその特性が異なり、ローカルな視点が必要であるということを認識していました。環境報告書では、LEAPアプローチを使って、日本、スリランカ、オーストラリアについての情報開示を行っています。たとえば、水資源管理が特に重要となるオーストラリアのLEAP項目は以下のように評価されました。

Locate：オーストラリアのビール事業のすべての醸造所が水ストレスの高い流域に位置していることを発見
Evaluate：オーストラリアの水ストレスが非常に高く、さらに数十年に一度、集中豪雨

北九州市響灘にあるビオトープは、廃棄物処理場跡に創成された広さ41haの緑の回廊だ。自然生態系の減少は、企業活動にとってのリスクであり財務的にも影響があるという考えが定着しつつある

で洪水が発生した場合、被害が大きいと診断
Assess：現地の節水技術はグループ最高レベルであるものの、渇水が深刻化した場合には製造に支障が出る可能性が残ると評価
Prepare：SBTs for Natureという、科学に基づく測定可能で行動可能な期限付きの目標の開発へ貢献すること、これに沿った目標設定を目指すこと、その実績を環境報告書やWeb上で広く公開

　キリングループは、気候変動と自然資本を別々の環境課題として認識するのではなく、統合的に捉え、解決していくことを目指しています。

　NTTデータでは、サステナビリティ経営に向けた重要課題のひとつとして「Nature Conservation」を掲げています。これは、自然資本の保全や回復を通して健全な地球環境を創出し、人々の豊かな生活に貢献することを目指すものです。この課題に密接に関係するものとして、NTTデータはTNFDの動向と内容を整理し、NTTデータの技術をTNFDに活用する取り組みを行っています。たとえば、グリーン経営・事業戦略の策定、戦略を実現するための実行支援をサポートするグリーンコンサルティングサービスや、サプライチェーンを通じた現場の情報を自動的に集約して可視化を行うクラウドサービス、また、高解像度のデジタル3D地図を活用した森林資源量の把握や水資源賦存量の分析などに役立つソリューションの提供などが挙げられます。

展望　これまで自然生態系は普遍的に存在するものとして、その価値が正しく評価されず、経済的価値の評価対象から外れていましたが、危機的な生物多様性の喪失や生態系の崩壊は、企業にとって無視できない身近なリスクとなっています。TNFDが定める自然とは「陸、海、淡水、大気」の主な4つで、TCFDに比べてTNFDは地域の多様性を考慮するため、地域に根差した評価が求められています。地域が保有する自然に関する企業のリスクと機会が透明化され、自然の損失を抑制し、回復を促すソリューションやビジネスへの投資が増えることは、地域全体の適応力を高める可能性を秘めています。●

建設業
Construction

気候変動で夏場の暑さが厳しさを増すなか、労働災害として熱中症による死傷者数は高止まりの状態が続いています。2018年、日本では職場における熱中症死傷者数が1178人を記録しました。業種別に見ると、2010年から2020年の労働災害における熱中症の死亡者数・死傷者数は建設業が最多となっています。熱中症を予防するためには、暑さの度合いと作業強度に応じて休憩をとることが推奨されています。しかし、今後気温の上昇が進むと必要な休憩時間も長くなり、経済活動に影響を与える可能性も指摘されています。気候変動が著しく進行した場合、21世紀末には年間の追加的な経済的コストが世界全体のGDPの2.6～4.0％にも相当することがわかっています。

建設業への影響は、建設現場だけにとどまりません。極端な降雨の頻度・強度の増加、強い台風の増加、それに伴う洪水や土砂災害などの増加は、建築物やインフラにも大きな影響を与えます。これまでにも、台風による店舗建物などの屋根材の剥離や窓の破損後に強風が吹き込んだことによる天井や内壁の脱落、大雪による屋根崩落などの事例が報告されています。

適応策　このような影響に備える適応策として、建設現場、建築物やインフラのそれぞれに対してハード・ソフト対策両面からの取り組みが進められています。

建設現場においては、気温上昇などによる労働環境の悪化やそれに伴う技能労働者不足、工事現場の運営が困難な日数増加などの影響が生じています。これらに対してソフト面では、熱中症予防の普及啓発や暑さ指数（WBGT）のモニタリング、夏期勤務時間の短縮などを含めた施工計画の立案・実施、気象情報の早期入手と防災対策の実施、ICTやAIを用いた省力化・無人化の推進、建設工事保険の付帯などが行われています。ハード面

山手線高輪ゲートウェイ駅付近で進む建設工事。熱中症対策はもちろん、ハード面では気候変動に伴う性能劣化や損傷、防災、減災のための工事費の増加といった影響が表れはじめている

では、工事現場の防災対策、休憩施設の設置といった労働環境の改善や建設ロボットの活用などです。大型化が懸念される台風に対しては、接近前に風荷重が大きくなる養生材や防音パネル、シートなどを早めに撤去し、資材や足場板などが飛ばされないよう固定や地上に降ろすこと、振動により荷重がかかる金属類のゆるみの点検を行う作業が適応策となります。台風接近時には、風速10m/sを超える強風時には労働安全衛生規則に従って作業を中止し、足場の倒壊などの危険な予兆が見られる場合には、速やかに警察や道路管理者に連絡し、現地の通行止めを要請する対策をとります。

　建築物やインフラに対しては、性能劣化や損傷、防災、減災のための工事費の増加、保有物件のライフラインの被災による事業補償やレピュテーションリスク*の増加などが懸念されています。これらに対して、ソフト面ではBCPの策定・運用などの災害対応の強化、建築物の設計基準の見直し、建築物・インフラの定期検査の実施等が行われています。BCPとは、企業が自然災害をはじめとする緊急事態に遭遇した際に、事業資産の損害を最小限にとどめつつ、中核事業を継続または早期復旧させるための方法や手段を取り決める計画です。ハード面では、防災・減災力を高める補強・修繕工事の実施、敷地の嵩上げ、重要設備の上層階への設置などが適応策として挙げられます。

　気候変動による影響や適応策の実施は、市場の変化をもたらしています。それに伴い、関連商品やサービスの開発も進んでいます。たとえば、環境性能の高い建物や気候レジリエンスの高い建物のニーズが高まっています。環境性能の高い建物では、ネット・ゼロ・エネルギー・ビル（ZEB）やネット・ゼロ・エネルギー・ハウス（ZEH）の開発が挙げられます。ZEBやZEHとは、建物で年間に消費するエネルギーの収支をゼロにすることを目指した建物のことで、快適な室内環境を保ちながら、省エネや断熱によりエネルギー使用量を減らし、使う分のエネルギーをZEBやZEHでのソーラーなどの創エネで賄います。気候レジリエンスの高い建物では、耐水害性の技術開発も進んでいるほか、防災・減災工事、メンテナンス工事、移転工事などの需要も高まっています。こうした市場の変化は、企業にとって適応ビジネスの機会ともいえるでしょう。

ロボット・ICT技術　建設業界における懸念事項として、気温上昇などによる労働環境の悪化や、それに伴う労働者不足があり、適応策としてロボットやICT技術の活用が広がっています。インドでは、建設業は農業に次いで2番目に大きな産業ですが、職場の人手不足が深刻な問題です。こうした問題を抱える国では特にロボットの活用による大きなメリットを理解する必要があります。たとえば、建設業におけるドローンの活用は、今後重要な役割を果たすと期待されています。通常、現場の進捗を把握するためには、技術者が隅々まで目視でチェックしなければなりません。しかしドローンを使用することで、リアルタイムの進捗状況を短時間で簡単に把握することが可能になります。ドローンはほかにも、物流やアクセスが困難な場所の検査、土地測量といったプロセスにも活用が期待できます。そのほか、イタリアでは建設現場で自動運搬を担うロボットが開発・運用中です。このロボットは、リアルタイムの障害物の情報なども受け取ることができるため、常に変化する建設現場において問題なく動作可能と

　＊企業に関するネガティブな評価が広まった結果、企業の信用やブランド価値が低下し損失を被るリスク

なっています。

国内の建設業界でも大手ゼネコンを中心にロボット化の動きが進んでいます。2021年に立ち上げられた建設RXコンソーシアムでは、ロボットおよびIoTアプリなどの共同研究開発を実施し、相互利用によってコストを下げ、早期に普及させることを目的とした取り組みを行っています。

清水建設は鉄骨柱の溶接ロボット「Robo-Welder」、資材の水平搬送ロボット「Robo-Carrier」などを開発しました。溶接ロボットは、つなぎを着て真夏の炎天下に何百度という火の前に立つ溶接工の労働環境を改善し、搬送ロボットは、作業員の荷物の搬送作業の負担を軽減するだけでなく、資格を要する溶接やフォークリフトの作業を、タブレット端末だけで進めることができるようになるため、資格の有無にかかわらず多様な人材活用にも注目が集まっています。

飛島建設では、近年、労働者の脈拍や体温などのバイタルデータのモニタリングに関する研究開発が進められています。労働者はそれぞれ脈拍センサーを装着し、常時脈拍を計測します。するとゲートウェイ機器が周辺の労働者の計測値を定期的に受信し、それをサーバーに送信します。このシステムでは、労働者の現在位置や脈拍数をリアルタイムに把握し、脈拍数が設定した警告値を超えた場合、SNSアプリケーションのグループチャットへ警告情報を送信する仕組みです。労働者の健康管理はこれまで管理者が目視観察などで行っていました。このシステムを利用することで、労働者の体調を定量的かつ詳細に管理することが可能となり、熱中症などを未然に防ぐ効果が期待されています。

普及啓発 このような最新の技術を活用した取り組みと並行して、一人ひとりに熱中症の普及啓発を促すことも重要な適応策となります。大成建設では、熱中症対策を夏季の現場における最優先課題として、作業環境管理、作業管理、健康管理の三本柱を立てています。作業環境管理では、WGBTによる熱中症リスクの把握やそれに応じた休憩時間の設定、屋根や冷房設備のある休憩所の設置、空調ファン付き作業服の導入などです。作業管理は、暑熱順化や水分・塩分補給の呼びかけ、最新の医学知見に基づく手のひら冷却の実施などが挙げられます。健康管理については、熱中症リスクを高める要因（睡眠不足や風邪、前日の多量の飲酒、朝食抜き、基礎疾患など）の啓発、孤立作業の回避、作業者同士の声かけなどです。こうした熱中症に対する知識を、社内報や啓発ポスターでも周知を行っています。このような複合的な対策の結果、熱中症発生件数は全社的に減少傾向となりました。

展望 現時点で、国内の職場における熱中症死者数・死傷者数は建設業がトップであり、現場における熱中症対策は急務です。労働環境の改善や熱中症予防に関する普及啓蒙を進めながら、開発が進むロボットやICT導入を早期に検討することが有効な適応策となるでしょう。また、業界全体としては、気候変動の将来予測をもとに想定されるリスクを特定し、対策を事業計画に組み込むことや、気候レジリエンスの高い建物、施設を計画・設計することが求められています。気候変動は、建築計画や都市計画のあり方に大きく影響を及ばすため、建築物の個別の対策に加えて、公的なインセンティブや設計基準の見直しも含めて官民が連携した取り組みが必要となります。●

製造業
Manufacturing

2011年にタイで発生した70年に一度の規模といわれる大洪水によって、味の素グループが現地に所有する5つの製造拠点が被災し、生産ができなくなる事態となりました。製造業ではこのような気象災害による被害が増大し、国土交通省の水害統計調査によると、過去20年で最も水害被害の大きかった2019年は製造業全体で701億円の被害が発生しました。台風や洪水の深刻化・増加など突発的なリスク（急性リスク）に加え、製造業では気温変化などによる品質低下や需要変化などの長期にわたる慢性的なリスクも抱えています。

たとえば、長野県茅野市や伊那市で伝統的に製造されている天然寒天は、その冷涼な気候を生かした特産品として有名ですが、降雨・気象パターンの変化による生産可能期間の短期化や品質悪化、生産コスト高騰などの影響が出始めています。

気候変動によって将来「水リスク」が大きくなるという予測もあります。製造業に及ぼす影響として、雨が降らない日の増加による渇水の深刻化や、冬季の雪が雨に変わることによる河川流量の増加、雪の減少による春季の河川流量の減少、海面水位の上昇に伴って塩水が川の上流部まで遡り、取水に支障が出ることなどが挙げられます。これは、製造の際に水資源を必要とする企業にとって大きな問題です。日本の平均気温は100年当たり1.35℃の割合で上昇しており、降水量や降水パターンも変化し、今後ますます大雨や大型台風の増加も予測されています。

適応策　製造業の主要事業が受ける影響は「災害リスクの増加」「渇水リスクの増加」「健康リスクの増加」「品質低下」の4つが挙げられます。いずれに対してもリスク評価を的確に行い、ソフト対策とハード対策両面での適応策を実施していくことが必要です。

災害リスクの増加については、工場などの損壊や復旧コストの増加、従業員の被災やインフラ途絶による操業停止、廃棄物や薬品などの保管施設の被災による二次災害リスクといった影響が挙げられます。これに対するソフト対策として、各製造拠点のリスク評価やハザードマップによる影響分析、事業継続計画（BCP）の策定や防災訓練の実施、損害保険の加入、雨量監視、計画休業、災害後の代替拠点の策定、サプライチェーン強化などです。一方ハード対策には、構造物の建て替えや補強、地盤の嵩上げ、外周堤防の建設、製造拠点の分散、重要設備の上層階への配置、電力などのライフライン停止への備え、止水板や防水扉の設置などが挙げられます。

渇水リスク増加の具体例は、製造に使用する水資源の不足や水質の悪化、水力発電の稼働率が低下することによる電力調達コストの増加などが挙げられます。これに対するソフト対策として、各製造拠点の渇水リスクの評価や渇水時の節水マニュアルの整備、サプライチェーンの強化などです。ハード対策は、数週間程度の操業が可能な貯水池の設置や製造工程での水使用量を削減する設備導入、工業用水の回収利用、リスク評価に基づいた拠点の選定・移動などが挙げられます。

健康リスクの増加については、従業員の熱中症や感染症リスクの増加があり、空調整備や技術導入による作業の軽労化、働き方の工夫が対策として有効です。

製造過程での温度変化や原料の品質低下には、それに伴う製品の品質低下や生産コストの増加などが挙げられます。これらのリスクに対しては、リスク評価やモニタリングに加え、工場や倉庫の室温管理やリスク評価に基づいた拠点の選定や移転を考慮することも含まれます。

ここまで見てきた影響は、自社以外が受けた場合にも大きなリスクとなり得ます。たとえば、調達先が被災した場合には原料調達リスクの増加に、販売先や顧客が被災した場合は売上減少といったリスクにつながるでしょう。また、市場の変化に対しても、感染症の流行によるインバウンドの減少や気温変化に伴うニーズの変化などが挙げられます。

そのうえで、新たな水害・土砂災害対策商品や水資源確保関連機材、熱中症関連商品の開発など、適応ビジネスの機会にもなりうるでしょう。

九州の北端に位置し、充実した港湾インフラや広大な産業用地を擁し、アジアへの生産・貿易拠点としても重要な響灘臨海の工業団地

リスク評価・分散化　ベトナムの調査結果によると、企業の業績や財務流動性、国際的な支援やサプライチェーンの有無によって、災害時にとりうる適応策が変わるということが明らかになりました。ベトナム・ホーチミン市の中小企業の大半は、過去に洪水の直截な被害を受けた企業であっても、一時的かつ後手の対策しか講じていないことがわかったのです。気候変動による災害リスクが懸念されるなか、自社のみでは対応が難しい企業に対しては、公的機関などの支援により地域の災害リスク評価を行うことも今後検討されています。一方、日本企業のなかでは、長期的かつ戦略的な適応策を講じ、国内のみならず国外の生産拠点で適応策を進める動きが多く見られます。たとえば、冒頭の味の素グループでは、タイでの被災経験から、洪水や渇水といった水リスクを全世界の工場で評価し、対策を講じています。また製薬大手の第一三共グループでも、国内外の拠点に対して気候変動や水資源に関するリスク評価や対策を実施しています。

リスク評価の結果、リスクが高いと判断された地域からの工場移転は、長期的な適応策のひとつです。しかし、インドネシア・ジャカルタおよびスマランでは、多くの工場が移転を拒否した事例があります。なかでも中小規模の企業は周辺地域との連携や投資費用を理由に、現状にとどまることを選択しました。この事態は、移転の検討には社会経済的なつながりを考慮する必要があることを示唆して

います。

　一方、国内では生産拠点の分散化を進める企業が増えています。精密加工装置・加工ツールの製造メーカーであるディスコは、精密加工ツールを生産する広島県の呉工場に加え、2018年4月に長野県に茅野工場を開設しました。それまでは、呉工場のほかに桑畑工場で主要製品の大半を生産していましたが、両工場間の距離が10kmしかなく、広域に及ぶ災害の際にはリスクが大きいという判断でした。コニカミノルタでも、複合機の消耗品を日米欧の3地域で生産し、グローバルにお客様へ安定的に供給できる体制を構築しています。また食品大手のカルビーでは、調達先の分散化を進めています。2016年夏にジャガイモの主要産地である北海道が台風に見舞われた際、ジャガイモが不足し、一部商品を休売せざるを得ない状況となりました。このことから、北海道以外の国内産地の開発に取り組み、安定的な原料調達の実現や、気候変動・病害抵抗性に対応するための新品種の開発を目指しています。

BCP・BCM　気象災害などの緊急事態が発生した際、被害を最小限にとどめつつ事業を継続もしくは早期に復旧させるため、BCPの策定やそれを継続的に運用していくための事業継続マネジメント（BCM）が企業に求められています。大手ガラスメーカーのAGCでは、各事業部門や拠点がBCPを策定する際のガイドラインとして「AGCグループBCP策定ガイドライン」を発行し、BCPの継続的な維持・改善を推進しています。前述のディスコは、平時から経営トップ等で構成するBCMコミッティという専門委員会を設置・運営しており、2012年にはBCMの国際認証規格（ISO 22301：2012）を日本で初めて取得しました。さらにディスコは、地域経済のレジリエンス強化のために、自社のBCM活動の仕組みや独自に開発した活動ツール、蓄積したノウハウなどを、実体験を交えて紹介するセミナーを国内拠点で開催しています。

　大手機械メーカーのナブテスコでは、リスク評価の結果、重大なリスクがあるとされた主要9工場においてBCPの事務局を設置し、取り組みを開始しました。社内浸透のため、実効的なBCPに取り組んでいる企業を認証する「レジリエンス認証」を9工場で取得することを目指し、3カ年計画を策定しました。工場間での切磋琢磨や先行事例の共有などを通じ、2019年にすべての工場で認証を取得しました。ナブテスコでは、事業継続を左右する主要サプライヤー 400社に対してセミナーや個別支援を実施するなど、サプライチェーン全体にBCPを普及させ、災害に強いサプライチェーンの実現も目指しています。

展望　気候変動が製造業に影響を及ぼすメカニズムについては、まだ学術的な研究例は少ない状態です。その理由として、サプライチェーンのリスクが幅広く複雑化しており、データが入手できないあるいは断片的であるため、研究としてのアプローチが難しいことが挙げられます。一方で、気象災害による被害はすでに発生しており、特に中小企業ではその影響の度合いが大きくなると考えられています。製造業のバリューチェーンの中心は生産活動であり、特に工場での事業継続は安定した収益の確保に直結するものです。企業は的確なリスク評価を実施し、持続可能な事業活動のために効率的な適応策の導入を検討することが求められます。●

卸売業・小売業
Wholesale and Retail Trade

2018年の6月末から7月にかけて発生した「平成30年7月豪雨」は、西日本を中心に広範囲で記録的な大雨となりました。このとき、多数の店舗で長期間の断水が発生し、営業ができない状態が続き、市民生活はもとより企業が多大な損失を受けたことは記憶に新しいです。激甚化する豪雨や台風、極端な気温の上昇などが卸売業や小売業にもたらす影響はすでに顕在化しています。主要事業への影響は、「建物・設備」「商品調達・事業活動」「商品売上」の3つが挙げられます。建物・設備には、気象災害による店舗や工場・倉庫などの施設への浸水や損壊被害、それに伴う修繕コストの増加、停電・断水による事業活動の中断などです。また深刻化する暑さにより空調機器の消費電力が増加することから、コスト増加も懸念されています。

商品調達・事業活動では、国内外に広がるサプライチェーンにおいてさまざまな影響が考えられます。たとえば農作物の不作や暑さによる畜産物の生産量低下、海水温上昇による漁獲量の減少などによる調達リスクなどです。さらに、気象災害も大きなリスクとなります。サプライヤーが被災した場合には調達が停止することや、陸路や空路などが寸断されることによる物流機能の停止も考えられるからです。そのほか、環境に配慮した商品需要の増加により、原材料の調達コストが増加するという懸念もあります。商品売上への影響は、気候変動により季節商品の需要予測が困難になること、大雨の増加などで消費者の外出機会が減ること、新たな感染症に伴う製品需要の変化などです。災害発生時には、実店舗の臨時休業などが見込まれますが、これも企業利益に大きな影響を与えます。特に中小企業でこのような損害やリスクが大きくなるといえるでしょう。

適応策　企業は自社の事業活動やサプライチェーン全体への気候リスクを理解し、事業活動の内容に即した網羅的な適応策を実施していくことが期待されます。

建物・設備への備えは、ほかの業種と同様に、耐水性建築やグリーンインフラの導入などによる建築物のレジリエンス強化、嵩上げや止水板の設置等による防災機能の向上、重要設備の上層階への配置などが挙げられます。商品調達・事業活動には、調達リスクを軽減するための商品産地の分散化、生産地への設備投資、プライベートブランド化、栽培方法の見直しなどの生産性の改善、サプライチェーンのレジリエンス強化支援などがあります。この場合、シナリオ分析を含めた事業継続性を担保した対策が推奨されます。シナリオ分析とは、気候変動や長期的な政策動向による事業環境の変化を予測し、それが自社の事業や経営にどのような影響を与えうるかを検討するものです。

商品売上には、気象データの活用による消費者行動変化の把握から、天候予測を用いた年間の販売促進計画の策定、移動型店舗の出店、通信販売・配送サービスの拡充に至るまで、多岐にわたります。たとえば、暖冬の影響で外出機会が増加する場合にはゴルフや

キャンプなどで使用する商品、花粉飛散時期が前倒しになる場合にはマスクやゴーグルなどの対策商品と、それぞれの販売促進を実施することで、ビジネス機会として捉えることもできるでしょう。

事例　伊藤忠商事が所有するフィリピン・ミンダナオ島のドールのバナナ畑では、2017年度のバナナの生産量が4割も減少して44万tでした。理由は、台風、干ばつ、病虫害などの発生です。これを受け、気候変動に関する短期・中期のリスク評価や気候変動に関する国内外の動向、気候変動起因の問題事例の分析を行いました。結果、重大なリスクは生産地の集中化であることがわかり、このリスクに対処しながら生産の回復と拡大を図るために、バナナ畑では灌漑設備の導入や農地の集約・拡張、病虫害対策といった適応策を導入しています。同様なリスクがあるパイナップル畑では、生産性の向上に加え、異常気象のリスクを軽減するために産地の分散化を進めています。これらの分析と対策により、2020年にミンダナオ島付近で複数の台風が発生した際にも、バナナとパイナップルの生産量を維持することができました。

　食品流通大手のイオンは、東日本大震災以降、BCPに基づき被災地域を含む全国各地で防災対策を実施してきました。地震や異常気象による集中豪雨を含む自然災害が今後増加していくなど、想定されるリスクが多様化したため、BCPの確実な実行を総合的に管理するプロセスとして「イオングループBCM5カ年計画」を策定しています。2016年3月より、情報システム、施設、商品・物流、訓練、外部連携の5分野から「イオンBCMプロジェクト」を実行しています。また外部とは、災害発生時や事業継続のために

必要となるエネルギー会社に加えて、地域行政や病院、大学、また各エリアの民間企業など、各地域に根ざした外部パートナーとの連携を継続的に強化しています。2023年2月末時点で、全国783の自治体・民間企業などと1080を超える防災協定を結び、災害時には救援物資や避難場所として駐車場スペースの提供などを行っています。

展望　防災やサプライチェーンマネジメントに取り組んでいる企業は多く、これらは適応策の一環として今後も継続した取り組みが期

フィリピン・ミンドロ島カラパン市近郊の農村地帯で、
バナナ農園と農地に流れ込む高速道路の洪水

待されます。気候変動による影響やリスクに
は、過去の経験や情報を収集し整理したうえ
で、将来の予測情報も活用して対策を講じる
必要があるでしょう。サプライチェーンや原
材料の調達についても、顕在化している影響
の拡大や新たな影響の発生を考慮したうえで、
自社に与えるインパクトを検討することが求
められます。中小企業については、その影響
やリスクの程度が、事業経営に与えるインパ
クトが大きくなる可能性があることにも留意
が必要です。●

運輸業・郵便業
Transport and Postal Activities

2022年の夏、欧州を襲った激しい気温上昇の影響により、欧州の物流を支えるライン川やドナウ川、ロワール川といった国際貿易路は、深刻な干ばつにより水位が低下し、航行不能になりました。世界中を移動する製品の9割は海や水路を経由しているともいわれており、気候変動は運輸や郵便業にも影響を及ぼし始めています。国内でも、2019年10月の台風19号で、JR東日本の長野新幹線車両センターが浸水しました。新幹線10編成が廃車となる甚大な被害が生じ、新造費も含めJR東日本だけで約300億の被害額とされています。

気候変動がさらに進むと、21世紀末には全世界での台風の発生件数が3割ほど減少する一方で、日本の南海上からハワイ付近、そしてメキシコの西海上にかけては、猛烈な台風の出現頻度が増加する可能性が高いことが示されました。台風をはじめとした気候変動が運輸・郵便業の主要事業に与える影響としては、建物や設備への影響と、営業への直接的な影響や運航コストの増加があります。

建物・設備への影響は、気象災害による設備の故障や損壊、それに伴う復旧コストの増加、防災・減災工事費の増大、サプライチェーンへの影響、災害リスクが高い地域の資産価値の低下などです。また、高温による線路の変形なども挙げられます。営業への直接的な影響や運航コストの増加については、気象災害による輸送商品の破損や運休日・遅延・事故リスクの増加、乗客・乗務員の被災リスクの増加、輸送網の切断、航行・貨物運航における迂回運行や海難に伴う燃料費増加などがあります。また気温上昇による冷凍・冷蔵倉庫の電気代の上昇、空調コストの増加なども挙げられるでしょう。

適応策 このような気候変動の影響を、まずモニタリングや気候予測などを通じて的確に捉えることが重要です。そのうえで、災害リスクが高い施設や電気施設の移転などのハード面とリスク評価やインフラ計画、設計改善などのソフト面の両面で、適応策の最適な組み合わせを戦略的かつ順応的に進めることで、被災リスクの増加を抑制することです。

気候変動は、市場や顧客の変化も招きます。たとえば、異常気象による顧客の外出控えや運航キャンセルによる短期的な需要も低下します。さらに販売先・顧客の被災による収益減少などもあるでしょう。このような変化に対しては、その影響を評価することに加えて、ニーズを調査し変化に対応していくことが求められます。

一方で、新たなビジネスチャンスにつながる可能性も秘めています。北極圏の氷河の融解や、航行可能時期の延長による北極海航路活用はその一例です。環境や生物多様性への影響といった観点から慎重な判断が必要ですが、将来予測では、1月から6月にかけて北極海航路におけるほとんどの地域で海氷の厚みが減少し航行がより容易になると予測されており、新規ビジネスの機会としてその期待が高まっています。

福岡市東区福岡貨物ターミナル駅。物流を支える社会インフラも、気候変動の影響は避けられない

海外事例 イギリスの鉄道・貨物輸送の運営や施設管理を担うネットワーク・レイルは、頻発する洪水の予防対策を行っています。そのひとつが継続的な気象観測です。環境庁と洪水予測センターから洪水警告を受けると、人材と機材を派遣し、すぐに対応できる体制をとっています。ほかにも、水が浸入しない防壁の設置や水の流れを妨げる枝葉やごみの清掃、洪水頻発箇所では必要なときに排水ができるポンプ場の設置も実施しています。洪水リスクの高い地域で線路を更新する際は、信号やそのほかの設備を高所に移動させるなど、被災リスクの軽減に取り組んでいます。また、夏の異常な高温による線路の座屈にも備えています。鋼鉄製の線路は熱くなると膨張し、たわみを生じる場合があります。そこで線路の高温対策として、線路の一部を白く塗って熱の吸収量を減らし、膨張を抑える対策がとられています。線路を白く塗ることで、線路の温度は5℃から10℃ほど下がるとされています。また、短いレールがボルトで結合されている場合は、各レール間に小さな隙間を残すことで膨張による悪影響を防ぐ工夫を行っています。さらに一部の鉄道網では線路の変形防止策として、従来の枕木と砕石ではなく、鉄筋コンクリート板を用いた線路の敷設を行っています。これらの対策に加え、線路の温度上昇を検知する装置の設置や、問題発生前に対処できる体制を整えています。

スコットランドの鉄道会社スコットレイルでは、気候変動に対する適応戦略とその目的を示す気候変動適応計画をウェブサイトに公開しています。この計画では豪雨や長雨、雪氷寒冷、強風、沿岸洪水と高潮、落雷、高温と熱波に対する適応策について、現在と将来の行動を概説する形で示しています。また、鉄道網に影響が及ぶほどの激しい気象現象を監視し対応するためにEmergency Weather Action Team（EWAT）という緊急対応チームを設置し、緊急時に迅速な対応ができるように準備しています。

273

カナダ運輸省は2022年7月に鉄道気候変動適応プログラムを発表し、洪水や土砂崩れ、火災リスクなどの気候変動影響に対する鉄道インフラの強化を進めています。このプログラムでは、気候変動による影響を理解し対処するための革新的な技術、ツール、手法の研究、開発、実装を支援することを目的に、カナダ政府がカナダの鉄道企業に研究費用の共同負担として、最大220万ドルの出資資金を提供するものです。次世代ツールの評価と採用を支援することで、カナダの鉄道における気候変動による損害の軽減が目指されています。

国内事例　JR西日本では、激甚化する気象災害に対し、ハード・ソフト両面から対策を進めています。ハード対策としては、被災した場合に影響が大きい信号通信機器室への止水板・止水壁の設置です。また電気施設の一部は、今後の設備の更新に合わせて浸水リスクの低い高所への移転を検討しています。ソフト対策は、車両の浸水を防ぐための避難計画を、留置本数の多い施設から優先的に策定しています。車両避難の判断については、気象会社と連携したツールを活用しています。これは、個々の河川の浸水被害発生の有無を予測するもので、各支社や指令所で車両避難の判断・実施の際に役立てるものです。車両避難には相当の時間を要するため、あらかじめ設定した計画運休のタイムラインに沿って列車を運休する時間帯を設定する必要があります。JR西日本は「いつか起こることは必ず起こる」と考え、近年激甚化する災害に対し、乗客の安全を最優先に被害軽減のための取り組みを進めています。

住友倉庫では激甚化が懸念される自然災害により、サプライチェーンが寸断される事態を防ぐため、災害への耐性を高めた倉庫施設の設置に取り組んでいます。2021年に神戸のポートアイランドに新設された倉庫は、耐震性に加えて、暴風雨や高潮にも対策が講じられています。たとえば、倉庫における暴風雨の被害は、主に雨風の吹き込む開口部が多いことから、開口部の数を最小限に絞る設計を採用し、強風に強いシャッターを開口部に設けています。また、高潮対策として倉庫1階部分の床面を高くし、出入り口には防潮板を設置し、災害時の停電を想定し2階に整備した非常用自家発電設備により、外部電源喪失後も72時間は施設内で必要最小限の荷役作業ができるような工夫が施されています。

佐川急便を中核事業とするSGホールディングスが掲げる適応策では、熱中症予防として速乾性のあるユニフォームを従業員に配布し、営業所内の冷房設置などの環境整備に加え、停電に備えた電源車の配備や通信網の多重化、全国営業所のリスクの可視化、気象データを活用した災害対策判断支援サービスの導入などの取り組みを行っています。

展望　近年、台風などの発生時に鉄道各社が計画運休をする動きが見られます。しかし過去には、輸送力の限られる運行再開時に利用者が集中し、駅で入場規制が行われるなどの混乱も起きました。このような事態を避けるためには、時差通勤やテレワーク、災害時出勤の社内ルールの設定など、利用者側の取り組みも必要です。冒頭で述べたように、気候変動に伴い、将来台風が激甚化する可能性も指摘されています。運輸や郵便に関わる企業が一方的に取り組むだけでなく、それを利用する側も理解・協力し取り組んでいくことが必要です。●

金融業・保険業
Finance and Insurance

1980年からの約30年間で、気象災害とそれに伴う損害保険の支払額が著しく増加し、保険会社経営への影響が懸念されています。過去の気象災害による保険金の支払額の上位10位のうち7件は、2014年以降の災害です。特に2018年の台風21号による損害は過去最高で、その額は1兆円に達しています。気候変動による金融・保険業の主要事業への影響は、オペレーショナルリスクの増大、保険引受リスクの増加、与信関係費用の増大が主に挙げられます。

オペレーショナルリスクとは、外的な要因が本来の業務プロセスに影響を与えるリスクのことです。気象災害が支店や事務所などの不動産、コンピューターシステム、設備といった自社資産に影響を及ぼすことで、営業経費の増加やオンライン取引の停止といった損害につながる可能性があります。

保険引受リスク（Insurance Underwriting Risk）の増加については、保険金支払いの増加や、その迅速な支払いのための体制整備に関わる費用などがそれにあたります。また、国内外の災害が同時多発的に発生することにより、リスク分散効果が得られない集積リスク（Accumulation）の増加もあります。

与信関係費用とは、貸出金などに関わる費用全体のことをいい、投融資先顧客の資産のき損による信用リスクの増加や、財務悪化に伴う与信関係費用の増大が挙げられます。そのほか、極端な気象や将来予測の不確実性によって、当初設定した経営目標や将来計画の達成が阻害されるリスクや、社会・産業情勢の変化に対応するリスクも主要事業に影響を与えるでしょう。顧客や市場への影響も懸念されており、顧客ニーズや取引条件の変化、保険料高騰による市場の縮小、これに伴う保険加入率の低下なども考慮しなければなりません。

適応策　金融業・保険業のリスクには、機関投資家が抱えるリスクも内在しており、社会情勢の変化に注視しながら適応策を実施していくことが求められます。

オペレーショナルリスクに対しては、システムのバックアップサイトの設置やプログラム・データなどの遠隔・分散保管、災害発生時の人員配置やシミュレーションの実施などが挙げられます。保険引受リスクに対しては、リスク変化に応じた保険料の見直し、大型台風損害に備える異常危険準備金の積立、大規模な保険金支払いに備えてほかの保険会社へ責任の一部もしくは全部を引き受けてもらいリスク分散する再保険の手配などがあるでしょう。与信関係費用に対しては、投融資顧客へのより適切な与信管理の実施を行います。気象や将来の不確実なシナリオから生じるリスクに対しては、適切な戦略や将来計画の管理を行うためにも、外部環境・リスク事象を収集し正確に分析しながら、適宜最新の知見を更新することも適応策のひとつです。

さらに、環境配慮に力を入れる顧客に対して、優遇金利で融資をする商品の開発や、台風リスクなどを定量的に把握し顧客に効果的なリスク低減策を提案する解析モデルの開発

など、新商品やサービス開発による新規ビジネスの機会も見いだすことができるでしょう。実際に、気候変動による経済損失を回避するための天候インデックス保険の展開も始まっています。

海外事例 イギリスでは2019年3月、気候金融リスクフォーラム（CFRF）が初めて開催されました。このフォーラムは、気候変動に起因するリスクに対する金融セクターの対応を推進することを目的としたものです。CFRFが重視する企業による気候変動関連財務リスクの開示に関する透明性と一貫性の向上、効果的なリスク管理、シナリオ分析のメリット、消費者の利益につながるイノベーションの機会について、4つのワーキンググループが設置されており、気候変動が各分野にもたらすリスクを検討し、実践的なガイダンスを策定しています。

　農作物保険では、気候変動に適応した商品「天候インデックス保険」の開発が進んでいます。従来の農作物保険は、それぞれの損害額に基づいて補償額が決定されるため、管理コストが比較的高いのが特徴です。一方、天候インデックス保険は、たとえば気温や風速、降水量といった天候の指標が、事前に定めた条件を満たした場合に保険金が支払われる仕組みです。そのため、作物の収量と相関の高い指標を設定することが重要となります。より性能の高い指標として導入が進められているのが衛星データの活用です。スペインのアンダルシア地方のオリーブ畑では、衛星から推定された植生データなどを指標に用いた、保険開発の研究が進められています。この保険は、従来の観測所などの気温や降水量といったデータを用いた保険よりも、リスクを避ける効果が優れているという結果が出

ました。日本の三大損保グループのひとつ、SOMPOホールディングスグループでは、台風や干ばつの影響を受けやすい東南アジアで天候インデックス保険を提供し、衛星から推定された雨量データを活用した保険開発に取り組んでいます。

　カリブ海島嶼国では、2007年に世界初の多国間災害リスクプール「カリブ海諸国災害リスク保険ファシリティ（CCRIF）」を設立

ハリケーン「ハービー」で水没した米テキサス州ヒューストンの自動車。保険金支払額は約200億ドルに達し、保険業界にとって気候変動は大きなリスクとして認識されつつある

しました。多国間災害リスクプールとは、複数の国が協力して自然災害に対するリスクを共同管理しリスクを分散させる仕組みで、主に発展途上国などが大規模災害で被災した場合に迅速な資金提供を実現することで、復興支援につなげるものです。CCRIFは世界銀行の技術支援のもと、日本の資金援助を受けて開発され、すでに17加盟国に62回の支払いを実施し、熱帯サイクロンや地震、豪雨災

害などに対して合計約2億6530万ドルを支払ってきました。CCRIFメンバーには、カリブ海地域からハイチ、ジャマイカなど19の政府、中央アメリカ諸国からはグアテマラやパナマなど4つの政府、電力公益事業会社

からも3社が加盟しています。

国内事例　三井住友フィナンシャルグループでは、AI技術を用いた高度なシナリオ分析が行われています。これにより、全世界を対象に洪水などのリスクを予測することが可能となりました。三井住友銀行に関する分析では、洪水発生時に被害を受ける事業法人の担保物件の毀損額や財務悪化影響を算出し、想定される与信関係費用を試算した結果、2050年までに累計で550〜650億円（国内では300〜400億円）、単年度平均値に直すと20億円程度の費用となり、現在の単年度財務に与える影響は限定的であるということがわかりました。AI技術を活用することで、洪水などの発生時に想定される浸水の深さを予測することが可能となり、公的機関が公表するハザードマップのない地域においても、リスクを定量的に把握することが可能となりました。

　自然災害による保険金支払額の増加により、火災保険の参考純率の引き上げが行われています。参考純率とは、損害保険各社で成り立つ損害保険料率算出機構という団体が算出する参考数値で、損害保険会社が保険料算出の目安として任意に用いる数値です。近年、自然災害による保険金支払いの増加に伴い、多くの損害保険会社の火災保険収支が常態的に赤字となっており、火災保険料の引き上げを実施せざるを得ない状況が続いています。目安となる参考純率もここ数年引き上げ傾向にあり、全国平均で2018年に5.5%、2019年に4.9%、2021年に10.9%、そして2023年には過去最大規模の13.0%の引き上げが決定されました。参考純率の引き上げに伴い、各損害保険会社の保険料も近々引き上げられる見通しとなっています。また、2023年の参考純率の引き上げ決定と合わせて水災（水

害）に関する保険料率が、地域のリスクに応じて5区分に細分化されることも決定しました。これまで、風災や雪災などに関する保険料率は、発生頻度の差などのリスク較差が反映されて料率が細分化されており、水災に関しては全国一律の保険料率となっていました。しかし近年、火災保険の新規加入や更新手続きの際に、水災補償の付帯を外す傾向が報告されています。この原因としては、地域の洪水ハザードマップをはじめ、さまざまな水災リスク情報が充実したことにより、契約者が自身を取り巻くリスクが低いと独自に判断できるようになったことや、低リスク契約者にとっては全国一律の水災料率に対して割高感を感じることなどから、保険料節約を目的に付帯を外していることが考えられます。しかしこの傾向が続くと、万一の災害に備える損害保険の本来的な機能が十分に発揮されない恐れがあります。適正な料率水準を確保するためには、さらなる水災料率の引き上げも必要となる可能性も含めて、社会全体で補償機能を維持することを目的に水災料率の細分化が決まりました。この決定に基づき、損害保険会社でも同様の改定が実施される見込みです。

展望　金融分野における気候関連リスクは、その投融資先であるさまざまなセクターにおけるリスクに起因します。それぞれのセクターの最新動向を注意深く把握し、投融資先に対しても気候関連リスクや機会などの情報開示を求めることが必要です。これらの情報を活用して、投融資先の評価や対話に取り組み、企業価値向上につなげることが大切です。●

情報通信業
Information and Communications

デジタル社会を支える情報通信業者にとって、情報伝達やそれを担う施設設備の安定稼働は重要な事業基盤となるため、普段から気象条件を考慮し高い安全性を確保して整備しています。ただし、想定以上の降雨量による水害リスクや、気候変動の影響までを見込んだ水不足による干ばつなどの影響への対応を今後考慮していく必要があります。では、気候変動がどのように情報通信業に影響を及ぼすのか見ていきましょう。

大きくは、施設や機器などインフラへの影響と、製品やサービスへの影響があります。インフラへの影響については、気温上昇によりデータセンターや取引所、基地局などの施設が高温になり、サーバーなど熱に脆弱な機器が機能不全に陥る可能性が懸念されます。冷却装置による電力コストの増加や、基地局や回線などが損傷する恐れも考えられます。

製品やサービスへの影響については、降水量や気温の変化により電波品質が低下し、通信や放送サービスの質が低下する懸念があります。また、代理店の操業停止や、サプライチェーンが寸断されることによる製品・サービスの提供停止、それによる収入減の恐れもあるでしょう。このような影響は、将来さらに増大する可能性も指摘されています。

適応策　情報通信業が受けるこのような影響に対して、ソフトとハードの両面から適応策を実施していくことが必要です。それぞれの施設の更新時期や置かれた状況、顧客ニーズなどを踏まえ、短期、中長期的な対策を組み合わせていくことが推奨されます。

ソフト面でまず取り組むべき適応策は、観測です。施設内外の気象条件が機器の稼働や通信状況にどのような影響を与えるのかを継続的に観測することで、機器の機能低下や損傷の未然防止に活かすことができ、製品やサービスへの影響を最小限に抑えることに役立ちます。また、中期的には、気象条件に応じた電波の出力調整や変調方式の利用が挙げられます。これは、大雨などで信号レベルが低下した場合に、電波出力を上げたり、伝送誤り率の少ない変調方式に切り替えることを指します。

ハード面における施設や機器管理への短期的な対策として、施設や端末の耐熱性向上が挙げられます。たとえば、屋上や壁面、床などの断熱工事や、耐熱性の高い素材を採用した端末使用などが効果的でしょう。また、熱に脆弱な機器や重要な機器の周辺から優先的に高性能空調を導入することも有効です。より気候条件のよい場所に通信施設を再配置することも、製品やサービスへの影響に備える長期的な適応策としても有効です。また、代理店などの操業停止やサプライチェーン寸断による製品・サービスの中止を防ぐため、自社だけでなく関連会社の立地場所の再検討やサプライチェーンの強化も忘れてはなりません。

一方で、気候変動をうまく活用することによる適応ビジネスにも期待が高まっています。たとえば、今後ますます気象災害関連情報や適応ビジネス推進のための情報需要が増

大するでしょう。精度の高い防災速報や気候変動影響監視システムの提供は、大きなビジネスチャンスになるはずです。気候変動影響監視システムは、人口動態や自動車の位置情報、気象・衛星データなどのビッグデータを組み合わせ、災害関連の気候変動影響を監視できるシステムです。ほかにも、気象条件に応じた特定商品の売上予測や、農産物の収量予測など、ビジネスに活用できる情報を開発して提供することも考えられます。注意点としては、気象業務法に抵触しないという点です。これは気象業務法第17条の規定で、気象庁以外の事業者が天気や波浪などの予報を業務として行う場合には、気象庁長官の許可が必要になります。

海外事例　気候変動によって甚大な被害をもたらす干ばつ対策として、アメリカの海洋大気庁による全球干ばつ情報システムや、国際連合食糧農業機関（FAO）による食糧供給の早期警戒システム、そのほか地域や国においてさまざまな早期警戒システムが導入されています。2015年から2017年アフリカやラテンアメリカで発生した干ばつの際も、これらシステムがよい結果をもたらしました。成功例を見ると、早期警戒システムの開発段階からステークホルダーを巻き込むことが重要であることがわかっています。

　コロンビアではパンプロナ大学の主導で、地すべりや洪水を防ぐための早期警告システムが開発されました。このシステムでは、パンプロニタ川・スリア川流域の早期警告システムの情報に、リアルタイムでアクセスできるWebGISプラットフォームを実装しました。このような情報通信技術を用いた早期警告システムは、深刻化する異常気象へのリスク管理のための重要なツールとして、世界中

で活用が期待されています。

　アメリカの固定無線ネットワークプロバイダーであるMHOは、気象条件の変化に適応するために、適応変調方式を採用しています。ネットワーク内の無線が、気温などのさまざまな天候条件による送信環境への干渉を検出すると、より低く、強力な送信速度に変調率を自動調整します。これにより、データ送信の信頼性を高めることができます。干渉のないほかの無線は、高い変調率で送信し続けます。このような適応変調方式の採用に加え、最先端技術と現代の機器設計により、雨による信号減衰や強風の混乱をほとんど排除し、優れた接続と速度の提供を実現しています。MHOのエンジニアは、地域の特定のパラメーターに基づいて、ローカルネットワーク内の各リンクを設計・構築しています。こ

れには、ポイント間の距離、信号の経路、スペクトル、必要な帯域幅、および降水やそのほかの激しい天候の可能性が含まれています。これらの取り組みにより、顧客の固定無線インターネット接続を可能なかぎり安定させ、システムの信頼性を高めています。

さらに、アメリカの通信大手のベライゾン・コミュニケーションズとAT&Tは、過去にハリケーン、特に2012年のハリケーン・サンディと2017年のハリケーン・ハービーによって大きな打撃を受けました。そこで、ハリケーンシーズンに備えるために、移動可能な携帯電話基地局や発電機の準備などの対策を進めています。また、標準的な年次準備に加えて、近年は次世代5Gサービスへの移行の一環として、より多くの光ファイバーを導入するとともに、ネットワークを仮想化し、

自然災害発生時のネットワークの強靭性を高めています。2012年にハリケーン・サンディが襲来した際、北東部のベライゾンの有線ネットワークは壊滅的な打撃を受け、マンハッタンにある同社の地下通信ハブは水浸しになりました。同軸ケーブルは紙の絶縁体を使用しているため、銅線がケーブルを通して毛細管のように水を引き込みます。そのため、洪水の影響を直接受けていないケーブルや機器にも被害が及びました。ベライゾンは、損傷した回線を、一般的な銅芯を持つ新しい同軸ケーブルに交換するのではなく、すべてをファイバーに変換しました。ファイバーへの切り替えは多額の費用がかかりましたが、将

来の嵐の可能性を考えると、賢明な長期的アプローチであると考えられています。気候モデルによると、大西洋沿岸のほとんどの場所が、今後数十年の間により大きなハリケーンの影響を受けることが示されているため、現時点での同社の方針としては、同軸ケーブルの採用は災害が発生しやすい地域では選択肢にないとのことです。近年、より多くのファイバーを導入しているAT&Tも、接合点に電子機器が不要であるファイバーは災害に対して強靭であると説明しています。さらに、ベライゾンとAT&Tは、ファイバーへの移行に加えて、ネットワークの仮想化に取り組んでいます。物理ネットワークをソフトウェア駆動にすることで、物理的損傷からの回復が必要となる災害時でも、事業の継続性を高めることができると期待されています。

国内事例　日本電気（NEC）は、気候変動によって生じるさまざまなリスクに対して情報通信技術を活用したソリューションを提供しています。災害への備えとして挙げられるのが、群衆行動解析による異常検知システムです。これは、カメラの群衆の映像から混雑状況の把握や異変検知を行う世界初のシステムです。豊島区内に新設する防災カメラの映像から、主要駅周辺や幹線道路の異常混雑、滞留者の流れの異常をリアルタイムに検知します。平時は混雑エリアでの事故防止、災害時は帰宅困難者への早期対応に役立つことが期待されています。ほかにも、海水温上昇に伴う生態系損失リスクに対する養殖管理支援システムも開発しました。これは水温や水質、塩分濃度などのさまざまなデータを蓄積し、効率的・効果的な養殖に役立てることができるものです。気候変動による海水温上昇や乱獲、人口増加や健康志向に伴うサーモン、エビなど水産資源消費の世界的増加を背景に、今後ますます需要が高まると予想されます。このほかにも、情報通信はさまざまな分野の適応ビジネスに役立てることが可能です。

　情報通信業の消費電力は膨大であり、世界のデータセンターの電力消費量は世界全体の電力消費量の1～2％程度ともいわれています。このことから、消費電力削減に向けた取り組みが進められており、それらは気象災害への適応策にもつながっています。NTTドコモでは、太陽光発電やリチウムイオン電池を搭載した環境にやさしいグリーン基地局の設置が進められており、全国約270（2021年度末時点）の基地局において、運用に必要な電力の2～3割を太陽光によりまかなっています。2018年に発生した北海道胆振東部地震では、通常の電力から給電した蓄電池の電力バックアップにより、停電時でも約29時間にわたって電源を維持し、災害時でも通信を止めずに対応できたという事例もあり、気象災害時の適応策としての有効性も期待できます。

展望　現時点で、気候変動影響に対応した施設や設備を整備している事例はほとんど報告されていません。これらの整備には多くの時間とコストを要するため信頼できる根拠が必要ですが、情報通信業に特化した情報は充実しているとはいえず、今後さらなる対応が求められます。一方、人工衛星やモニタリング機器などを活用した情報通信サービス業においては、ビジネス機会の広がりが期待できます。各業界で適応ビジネスが活性化すれば、自社の強みを生かした商用情報の開発にも力が入り、事業の多角化や拡大につなげていくことができるでしょう。●

不動産業
Real Estate Agencies

不動産業における気温上昇による影響は広範に及びます。建物の性能劣化、居住環境や就業環境の悪化、それに対する冷房や修繕・維持コストの増加などが挙げられます。また、異常気象や気象災害による影響は、建物の損傷や損害保険料の増加、災害リスクの高い地域の資産価値減少、保有物件が被災した場合の評判リスクの増加、建設工事の遅延、工事費の高騰、防災・減災対策コストの増加、渇水リスクの高い地域における水調達コストの増加、サプライチェーン寸断による事業活動の中断や停止に至るまで、多岐にわたります。

昨今、気候変動によるリスクや機会に関する情報開示を求める投資家圧力も高まっています。今後温暖化がさらに進行した場合、2080年から2099年における日本全国の内水氾濫による被害額は、現在の約2倍に増加すると予測する研究もあります。不動産業への影響の度合いや頻度は、さらに増加すると考えられているのです。

適応策 このような影響を軽減・回避するため、不動産業は気候変動による将来影響予測を考慮した物件のリスク評価を行い、適応策を事業計画に組み込むことが重要です。停電時にもエネルギー供給が可能となる機能を備えるなど、気象災害に強い施設としてレジリエンスを強化し、遮熱性や省エネ、創エネ効果に優れた環境性能の高いZEHやZEBなどの建物を建築することは、気候変動の影響をビジネスチャンスとして生かすポジティブな適応策として期待が高まっています。

現時点では、過去の経験に基づいた防災・減災対策を講じて不動産価値の減少を回避・軽減する動きが見られます。たとえばソフト面では、BCPの策定、建物・設備の定期点検、気象情報の早期入手、ハザードマップを活用した立地選定、不動産取引時の水害リスクの説明、損害保険の締結、気候変動対応情報の開示などがあります。ハード面では、建物やインフラのレジリエンス強化や災害の影響を軽減できるグリーンインフラの導入、敷地の嵩上げや止水板設置などの浸水対策、重要設備の上層階への配置といった対策があります。気温上昇への適応策としては、建物の性能を確保するための設計条件や基準の見直し、高性能断熱・空調の導入、日射の遮蔽などが挙げられます。

リゾート施設特有の影響に対しては、ふたつの適応策があります。自然資本そのものへの対策と、集客力強化のための対策です。たとえばスキー場では、雪の減少への適応策として人工降雪機の利用や降雪地域からの雪の持ち込みがありますが、一方で、操業コストがかさむリスクもあります。集客力強化に関しては、夏期の新規アクティビティの整備により、通年で楽しめるリゾートへの変容も有効です。

気象災害の増加に伴い、市場や顧客からも安心安全な居住・就労環境や、施設利用環境、つまり気候レジリエンスや環境性能の高い建物や街、インフラへのニーズが高まっています。こういった動きは投資を促進させる

ため、不動産業はこれらのニーズに合わせた商品やサービスの開発に取り組むことで、新たなビジネス機会の創出につなげることができます。たとえば、近年開発が広がるスマートシティは、Society 5.0*の考え方に基づき、AIやIoTなどの新しい技術やデータを活用し、環境や福祉、交通や防災など、都市や地域が抱えるさまざまな社会課題を解決してWell-Beingの向上を実現化する取り組みです。持続可能な都市や地域としての不動産価値向上につながることが期待されています。また、リゾートビジネスにおいては、地域や旅行者にまつわる多種多様なビッグデータを収集・分析し、データに基づく戦略立案や効果的なマーケティングを行うなどの、データプラットフォームを活用した取り組みも進められています。

　不動産は、実物取引だけでなく、金融商品としての価値も持ち合わせています。投資判断において、気候変動対応を重視する機関投資家の割合は増加しているといわれており、環境配慮型ビルや自然災害に強靱な不動産など、金融商品としての魅力度を高めた商品の開発は今後さらに求められていくでしょう。これからの時代は、気候変動によるリスクや機会を的確に評価し、投資家に対して情報を開示していくことが必要不可欠になると考えられます。

海外事例　多くの人々にとって、住宅の購入は人生における最大の買い物です。しかし、洪水被害を受けるまで、その深刻なリスクに気づかない人も少なくありません。アメリカではこのような事態を防ぐために、半数以上の州において、住宅販売主に対し、購入者への洪水に関する情報開示を求めています。なかでもルイジアナ州とテキサス州は、アメリカで最も広範な洪水情報開示の要件を備える州です。ルイジアナ州では、州法に基づき不動産販売主は情報開示の文書に記入をする義務があります。この文書には、販売主が「はい」「いいえ」「知らない」で答える洪水関連情報が盛り込まれています。設問は、土地に関する過去の洪水・浸水・排水などの問題の有無、土地上の構造物に対する過去の洪水有無、物件に対する洪水保険有無などで構成されています。テキサス州でも同様に、販売主が設問に回答する開示様式をとっています。同州は2017年にハリケーン・ハービーで大きな被害を受けたため、2019年に開示要件を全面的に更新・拡大しました。被災後の調査によると、その損害は推定1250億ドルに達しており、さらにそのうちの70％が保険に加入しておらず、物件所有者は再建の手立てを持たずにいることが明らかになりました。不動産購入前に洪水リスクに関する十分な情報を得ることは、保有物件が被災した場合のリスクを軽減するための重要な対策であるといえるでしょう。

国内事例　三菱地所と三菱グループのエネルギー関連企業である丸の内熱供給は、丸の内地域のレジリエンスを高めるため、2021年3月、同地域を対象とした「エネルギーまちづくりアクション2050」を策定しました。そのコアアクションとされているのが、エネルギー供給の強靱化や気候変動適応、脱炭素化に貢献する「都市型マイクログリッド」の実現です。これにより、平時は地域内外のエネルギーマネジメントで環境価値を向上させながら、非常時にも都市機能を止めない自立体制を構築し、都心業務地区としての社会経済活動の最大化が図られています。この施策で重要な役割を果たすのが、地下30m、南

　＊仮想空間と現実空間を高度に融合させたシステムにより、経済発展と社会的課題の解決を両立する人間中心の社会

北全長約250mに及ぶ洞道「SUPER TUBE」です。丸の内二重橋ビルプラントの高効率機器により作られた熱を、洞道内に敷設された熱供給配管を通じて丸の内地域のビルに供給することで、ビルのエネルギー消費の効率化やCO₂排出量の削減を実現し、丸の内地域一帯のエネルギーの安定供給を支えています。また、この蒸気ネットワークによって非常時におけるプラント間相互のバックアップ機能も強化され、熱供給のさらなる強靭化が実現しています。さらに、SUPER TUBEは地下にあることから地震に強いため、洞道内には非常用電力自営線や通信ケーブルの敷設に加えて、雑用水配管の敷設も予定されており、地域の防災力強化が図られています。

東急不動産ホールディングスグループは、気候変動を、経営に影響を及ぼす重要性の高いリスクとして特定し、リスク管理を行うとともに、環境を起点とした事業機会の拡大を中期経営計画の柱に据えて、ZEBやZEHの推進や再エネ・創エネ・省エネへの取り組みを強化しています。具体的には、環境負荷を低減する資材やスマートガラス*などの新しい環境技術の利用を進めています。また、気候変動への適応策として、鹿島建設と共同で開発した「東京ポートシティ竹芝」の建設において、東京23区の高潮発生リスクを分析し、電気室と非常用発電設備の上層階への移動や、防災センターの床1mの嵩上げ、防潮板の設置などの対策を実施しています。

展望 不動産は、土地の取得から建築物の建設、運営、その後の維持管理まで、事業サイクルが長期にわたります。そのため、現在は気候変動影響が生じていない地域であっても、長期的にはさまざまな影響を受ける可能性があります。耐用年数や減価償却期間が長いことからも、過去の気象災害だけでなく、気候変動が進行した数十年先の将来に起こりうる気象災害についても検討を進める必要があるでしょう。この検討が不十分な場合、将来的に甚大な被害を受け、事業の継続が困難な事態となる可能性もあるため、十分な注意が必要です。●

*センサーより取得したデータとAIを用いて自然光と熱量を最適化する技術

医療・福祉
Medical, Health Care and Welfare

気候変動は、医療や福祉の現場にも大きな影響を及ぼしています。豪雨によって医療機関や高齢者施設が浸水し、患者や入居者が取り残された報道を目にしたことがある人も多いでしょう。東日本を中心に記録的な大雨をもたらした2019年10月の台風19号では、福島県や栃木県などの38の医療施設で浸水被害が発生したほか、神奈川県や千葉県などの47施設で停電、茨城県や福島県などの142施設で断水が起きました。そのほかにも、暑熱による死亡リスク・熱中症リスク、感染症の発生リスク、オゾンなどの大気汚染物質の生成が進むことによる健康リスクなど、気候変動によって私たちの健康に関わるさまざまなリスクが増えることが懸念されます。

適応策 医療・福祉分野における適応策は、大きく３つの側面から進められます。ひとつは、災害リスクへの備えです。災害が起きても医療提供を続けるため、平時から防災計画の作成や避難訓練の実施、備蓄の確保などを行います。また、非常時に備えた医薬品や必要物資のサプライチェーン強化も重要です。ハード面の対策としては、浸水を防ぐために止水板の設置や外壁の耐水化を実施したり、非常用発電機や医療機器などの重要設備は安全な場所に配置したりすることが挙げられます。こうした対策を実施してもなお被災リスクが大きい場合は、より安全な場所への施設移転の検討も必要となります。

ふたつ目は、変わりゆく季節への対応です。春や夏の早期化や夏の長期化などにより、熱中症や感染症、大気汚染による疾病患者数の増加や、感染症の季節性の変化が懸念されています。ソフト面の対策としては、患者の増加を防ぐための流行時期に先立った啓発や、適切な治療や薬の処方のほか、熱中症や感染症など外出することで罹患リスクが高まる症例には遠隔診療・介護の導入を検討します。また、熱中症搬送者数が急増した場合、現行の救急搬送システムですべての熱中症患者の対応が行えるか、受け入れる医療機関や病床数、医療従事者の数などの対策を立てておくことも重要になります。患者の増加に適切に処置できるよう、医薬品調達のサプライチェーンの強化も必要です。一方、ハード対策としては、医療・福祉施設やその周辺の環境づくりです。たとえば、熱中症が発生しづらい環境づくりには、室内のこまめな空調管理や、必要に応じた高性能な空調設備の導入、建物の断熱性向上が挙げられます。室外であれば、日よけやミストの設置も有効です。また、蚊やダニなどの節足動物が媒介する感染症への対策であれば、事業所周辺の蚊の駆除に加えて芝生の刈り込み、網戸の設置、水たまりをなくすなど、蚊が発生しづらい環境づくりが重要です。

患者数の増加と季節性の変化については、3つ目の側面、適応ビジネスとしての対応も考えられます。気候変動で増加する熱中症や節足動物媒介感染症、大気汚染、下痢症などに対し、製薬会社と共同でこれらに対応するグッズの開発支援をしたり、製薬会社と治験

の実施などを通じて協力し、感染症の早期診断キット、ワクチンや抗菌剤の開発を支援することなどが考えられます。

海外事例　近年、国際機関や国、都市が医療・福祉における適応策を検討する動きが加速しています。WHOが2020年10月に発行した「気候変動に強く、環境的に持続可能な医療施設のためのWHOガイダンス」では、気候変動下で安全で質の高いケアを提供するための4つの基本的な要件として、「医療従事者」「水、衛生、医療廃棄物管理」「持続可能なエネルギーサービス」「インフラ、テクノロジー、および製品」を挙げており、これらに沿って保健領域の専門家と医療施設管理者、意思決定者に基本となるツールと対策を提供しています。

オーストラリア政府は2022-23年度の連邦予算において、気候変動による課題への医療システムの備えを強化するため、340万ドルを拠出することを表明しました。専門家との協議の下、気候を考慮した国民保健戦略を策定するとともに、新たに保健省の下に気候部を創設しました。気候部は、気候変動課題を踏まえ適応するよう整備された保健制度をすべてのオーストラリア国民が利用できるよう努めることになります。

高温への準備が重要であることを踏まえ、インドのアフマダーバード市やアメリカのニューヨーク市は、政府の対応とそのほかの政府機関、医療施設、市民団体との調整を行う熱波行動計画を策定しました。これらの計画は、実際の気温があらかじめ決められた気温を超えると発動します。アフマダーバードでは、暑さにさらされることの危険性や、適切な予防行動を示す展示を伴う救急サービス車両の提供を通じて、病院が国民の意識向上を支援しています。ニューヨークでは、市のホームレス支援局が病院に対して酷暑の際にとるべき行動を指示しています。これには、患者が待合室で待機できるようにすること、政府の支援担当者に避暑のできるクーリングセンターを探してもらうよう連絡することなどが含まれています。

最近になって世界的に注目されているのが、気候変動によるメンタルヘルスへの悪影響です。2022年2月に公表されたIPCCの第6次評価報告書によると、「一部のメンタルヘルスの問題は、気温の上昇、気象・気候の極端現象に起因するトラウマ（心の傷）、及び生計や文化の喪失に関連づけられる」「不安やストレスを含むメンタルヘルスの課題は、温暖化がさらに進めば、特に子ども、青少年、高齢者及び基礎疾患を有する人々において増大すると予想される」と明記しています。監視の改善、メンタルヘルスケアへのアクセス、および極端気象現象による心理社会的影響のモニタリングなど、リスク低減のための適応オプションに言及しています。これに賛同し、2022年6月に開催された国際環境会議「ストックホルム+50」においてWHOは、気候変動とメンタルヘルスに関する新たな政策概要を公開しています。このなかで、気候変動はメンタルヘルスと福祉に深刻なリスクをもたらすと結論付け、各国政府がこれに対処するためのアプローチとして、①気候変動への配慮をメンタルヘルスに関わる政策や計画に組み込む、②精神保健・心理社会的支援を気候変動及び健康の対策へ統合する、③世界的なコミットメントを根幹に据える、④分野横断的で地域密着型のアプローチを実践する、⑤資金不足を解消する、の5点を提示しています。

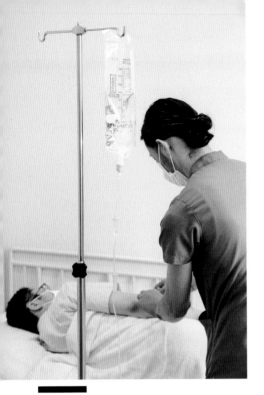

非常時に備える備蓄用食品倉庫や屋上の自家発電設備を整備する医療機関が増えている

国内事例　カー用品販売のオートバックスセブンは、2019年に大分県と地域活性化に関する包括連携協定を締結しました。その目玉はドローンによる医薬品配送です。介護福祉分野における支援として、訪問医療時に生じる突発的な医療品不足を解消し、地域医療の負担を軽減することを目的に、竹田市宮砥地区でドローンによる医薬品配送の実証実験を行いました。将来的には災害発生時のような緊急の際に、避難所への医薬品配送などにも活用し、地域の防災力向上に貢献することが期待されています。

　災害時の運営継続を可能にした事例としては、川崎市の小児科「こども元気！内科クリニック」の取り組みがあります。2018年10月の大型台風で停電に見舞われた際、送迎車として導入していた日産の電気自動車「リーフ」から病院施設へ電力を供給しました。電子カルテ、パソコン、照明、冷蔵庫、FAXに給電し、電力が復旧するまでの半日ほど、通常どおりに稼働させることができたのです。非常時こそ診察を止めないことは医療機関としての使命であり、EVからの給電「ビークルトゥホーム」（V2H）は医療機関においても有効であることが示されました。

展望　医療・福祉分野において気候変動影響に対処するためには、幅広い社会課題への対応が必要です。高齢者は気温上昇による健康への影響を受けやすく、高齢化が進むことは医療・福祉分野の気候変動リスクを高めることにつながります。高齢者の住環境の確認と整備を行うことは重要な対策といえます。過疎化などにより普段から地域医療が不足している場所は、災害による医療停止のリスクも大きいと予想されます。地域医療を強化し、災害時にも対応できる医療体制を構築することは重要な課題です。一方で災害リスクに備えた医療・福祉施設の移転などには長期的な計画が求められることから、業界や地域が一丸となって取り組む姿勢が大切です。

　空調の使用を控えたり、劣悪な衛生環境や災害危険エリアへの居住を選んだりせざるを得ない人々もいます。このような気候変動の被害を受けやすい人々への適切な支援体制の整備や、衛生環境の改善による感染症の対策も重要です。若者が家族の介護や支援を担う「ヤングケアラー」と呼ばれる存在は、教育の機会を犠牲にすることがあり、気候変動から身を守るための知識を得にくいことも懸念されます。ヤングケアラーへの支援体制の充実や教育機会の確保なども重要な対策です。
●

宿泊業・飲食サービス業
Accommodations, Eating and Drinking Services

2020年以降のコロナ禍の影響により、多くの宿泊施設や飲食店が休業や廃業に追い込まれました。宿泊業や飲食サービス業は、社会情勢だけでなく気候変動によってもマイナスの影響を受けることが懸念されています。今後予想される気候変動によって、大雨による災害の増加、海面上昇による砂浜の減少、雪不足によるウィンターアクティビティの減少、夏の高温による観光快適度の低下などによって観光地としての魅力が損なわれ、来客者が減少する恐れがあります。また、調達リスクの増加、大雨の頻発によって施設そのものへの影響に伴う営業停止、顧客の被災や健康リスクの増加などが懸念されています。

適応策　直接的な災害への対策だけでなく、サプライチェーンの確保や災害発生に備えた顧客への対応など、幅広く備えることが適応策となります。

観光資源への影響や来客者数の減少といったサービスに関する適応策として、運営施設におけるBCP対応力の強化、スキー場における降雪機の導入、気象データを活用した来客予測システムの導入、ダイナミックプライシング（価格変動制）やサブスクリプション制度の導入などがあります。コロナ禍において急速に広がった通信販売やテイクアウトサービスの活用も、適応策として有効です。また顧客サービスの品質向上に取り組むことや、新たな観光資源を発掘することも重要です。万が一に備えて損害保険に加入しておく

ことも、適応策のひとつです。

国内外の異常気象に起因する原材料の高騰や、物流の遅延や遮断による供給網の断絶など、調達におけるリスクにも備えなければなりません。これには、代替調達による仕入れ対応、サプライチェーンの分散化、調達地域のレジリエンスの強化、物流業者との事前協議による緊急体制の構築、遠隔地の代替物流拠点の把握などが適応策として挙げられます。海産物はどの地域でも人気の高い食材のひとつですが、海水温上昇による魚種の変化や養殖業への影響により調達が困難になるような場合は、新たな魚種への展開や新メニューの開発を行うことで適応していく必要があります。牛は消化器官からメタンを排出するため、気候変動に与える影響が大きいことから、モスバーガーやイケアは大豆や黄エンドウ豆を原料とした代替肉の商品の販売も始めています。気候変動により熱に弱い家畜の生産に影響が出ることを踏まえると、プラントベースの代替肉利用も適応策となり得ます。

近年増加する異常気象によって、飲食業・宿泊業の施設が被害を受け、営業停止を余儀なくされるケースもあります。保険会社が展開する天候デリバティブの活用は適応策のひとつです。これは、契約時に所定の契約料を支払い、測定された気温、降水量、降雪量などの気象に関する指標が契約時に約定した条件に合致した場合に一定の決済金が支払われるものです。類似のものに、観測期間中に対象地域に来襲した台風の個数が、契約時に定めた一定数を超えた場合に所定の決済金が支

横浜ベイタワーにあるサステナブルレストラン「KITCHEN MANE」。気候変動影響を受けた規格外の野菜や、環境負荷が少なく生態系に配慮した漁法で獲られた魚介類、未利用魚も取り入れ、メニューに活用している

払われる台風デリバティブがあり、異常気象などのリスクに対応することが可能です。被災した地域に対しては、行政などの支援が必要になる場合もあります。たとえば、熊本県はコロナ禍や物価高騰への対応として「くまもと再発見の旅」などの観光需要喚起策を行ってきましたが、令和2年7月豪雨の被害が大きい熊本県南地域では復興途中にあるため十分な効果が得られなかったことを考慮し、2023年7〜11月にかけて「くまもと行くモン旅割！令和2年7月豪雨被災地域応援キャンペーン」を実施しました。このキャンペーンには、豪雨災害に遭った13市町村を目的とする1泊以上の宿泊プランの割引、対象地域の観光施設、観光体験、お土産品店、飲食店などで利用できる地域限定クーポンの発行が含まれます。

復興の際には、被災の教訓を生かしたより強靭な環境づくりが求められます。この好例のひとつに、千葉県館山市の民宿「富崎館」が挙げられます。富崎館は令和元年房総半島台風により壊滅的な被害を受けましたが、地域に活気を取り戻すため、キャンプ場と大衆食堂、直売所の三本柱での再建を目指しました。キャンプ場は海抜14mの場所にあり、津波警報が出た際の一時避難場所として活用できるように整備し、台風で被災したときに全国から集まった支援物資や工具を保管する防災倉庫を備えています。不足していた資金はクラウドファンディングで集められており、地域再生の要としての期待が寄せられていることがわかります。

災害の発生増加によって、宿泊や飲食のサービスを受ける顧客自身が被災するリスク、夏季の高温による熱中症発症など顧客の健康リスクが増加することも見逃せません。これらの適応策としては、緊急時における対応マニュアルの策定、滞在支援や帰宅支援の実施、暑さ対策用のアメニティの準備、施設のSNSを活用したWBGTの配信など、さまざまな方法が考えられます。

起こりうる気候変動に対して、新しい商品やサービスを開発することで適応する方法もあります。たとえば宿泊施設であれば、災害が発生し警報が発令された場合に、避難者を受け入れるために施設を提供するのもひとつの方法です。食料がそろうファストフード店やファミリーレストランなどの飲食店も同様

に、災害発生時に帰宅支援ステーションとして施設を提供する方法も効果的な適応策になります。暑熱環境による健康リスク増加に対する適応策としては、空調を整備することでそのリスクを下げることもできますが、熱中症予防を目的としたメニューの開発など、ビジネスチャンスにもなりうる方法を取り入れていく飲食店が今後は増えるかもしれません。

海外事例　近年観光開発が進んでいる東南アジアのカンボジアでは、ホテル業界の気候変動への脆弱性と適応策に関する調査が実施されました。調査結果によると、港湾都市のシアヌークビル市では乾季の水資源確保を市役所に依存していましたが、より確実な確保を実現するために貯水槽の建設や井戸掘削が実施されていることが判明しました。また周辺の町と良好なネットワークを築いている上級のホテルや内陸のホテルは、低級および沿岸のホテルよりも水資源を確保しやすい傾向にあること、頻発する豪雨に適応するために屋上や雨どい、ドア、窓を再設計・再建設していること、従業員の健康に配慮したりゲストに注意を促す行動をしたりしていることもわかっています。上級のホテルでは、排水管の再構築など大規模な改修が行われている例も報告されています。高潮に関しても類似の対応が見られる一方、マングローブなどの植林を行うホテルもあります。気温上昇に対しては、エアコンの使用に加えて、屋根の再建築や断熱材の導入、ミストの設置といった適応策が見られました。

国内事例　飲食店の適応策の一例としては、横浜・馬車道のレストラン「KITCHEN MANE」の取り組みがあります。たった一日の異常気象でも収穫に大きな影響が出る可能性があることを考慮し、グランドメニューをあえて定めず、そのときに採れた食材でメニュー構成を考えるサービススタイルを提案しています。旬の食材を調達することと地産地消を大切にすることにこだわり、結果的に食品ロス削減にも貢献しています。また、国産の飼料のみを使う農場から食材を仕入れることでフードマイレージを抑えるなど、サービスを通して食にまつわる社会的課題へメッセージを伝えている同店は、これからの飲食店のあり方を示す先駆的な存在として、注目が集まっています。

　飲食業界では気候変動による調達リスクが懸念されています。フードシェアリング事業のコークッキングは、フードシェアリングアプリ「TABETE」を展開しています。まだおいしく食べられるのに売り切ることが難しい商品を飲食店が出品し、アプリユーザーがこれをテイクアウト購入する仕組みで、原材料高騰への対策になった例もあります。ホテル ザ セレスティン東京芝では「TABETE」を2022年7月から導入し、朝食ビュッフェで余った料理やパンなどの詰め合わせを出品したところ、50％以上の食品ロス削減に成功しました。「TABETE」導入を通じて原価率を抑える、思い切った食材の活用、廃棄物処理費用の節約など、コストがかかっていたものが売上げに転換される効果が得られています。

展望　宿泊業や飲食サービス業に携わる人々はいま、気候変動影響を多面的に整理する必要性に迫られています。その一方で、新たな観光資源の発掘や気候変動影響を考慮した新サービスの開発など、適応策がビジネスチャンスとなる可能性も大いにあるのです。●

アパレル／衣料産業
Apparel/Clothing Industry

服1着を作るのに必要な水の量は約2300 L、浴槽約11杯分の量といわれています。これは服の原料となる植物の栽培や、繊維の染色などに大量の水が必要となるためです。日本国内に供給されるすべての衣服の製造で、必要となる水の量は年間で約83億㎥です。そのうちの約9割は綿の栽培によるものです。気候変動の影響で1億戸の綿花農家が耕作地の問題や水不足の問題を抱えているとの報告もあります。このため、気候変動に伴う干ばつや降水量の減少による水不足は、アパレル産業にも大きな影響を与えているのです。また、気候変動による熱ストレスも増大し、過酷な暑熱環境により熱中症による死亡リスクも高まっています。体温調節機能が低下している高齢者や、体温調節機能がまだ十分に発達していない小児・幼児の熱中症リスクが高いことは知られつつありますが、実は過度の衣服を着ていることも熱中症になりやすい条件のひとつに挙げられています。死傷災害のなかには、熱中症発症時に通気性の悪い衣服を着用していた事例が見られました。

適応策 アパレル業界で取り組まれる適応策は大きく3つあります。気候変動による渇水などのリスクに備えた持続可能な生産、熱ストレスに対応した機能素材の開発、気候を考慮した新たな取り組みです。

持続可能な生産 綿は繊維産業で使われる全繊維の約31％を占める世界で最も主要な農産物のひとつです。綿花の生産は世界の耕作可能地の2.5％以上で行われ、その生産に直接関わる3億5000万人の生活を支える一方で、水の過剰消費や農薬の過剰利用、土地の劣化、小規模農家の貧困といった問題があります。気候変動による降雨パターンの変化や気温上昇もこれに拍車をかけ、調達する企業にとっても綿花の入手可能性や品質、価格の面で事業リスクになり得ます。そこで、こうしたリスクを、持続可能な方針に基づいて生産する「サステナブルコットン」を増加させることで解消しようという動きが生まれ、プラットフォームとして「Cotton 2040」が立ち上げられました。

このCotton 2040と連携する、企業と綿花農家双方の気候変動に対するリスクを軽減できるプログラムのひとつが「ベターコットンイニシアティブ（BCI）」です。BCIは、綿花農家の気候に対する適応力を高め、環境・社会・経済的に高い基準を満たした持続可能な綿花栽培を促進しています。BCIからの持続可能な綿花の調達を増やしている企業に、米国を拠点とするアパレルメーカー、リーバイ・ストラウスがあります。同社は、BCIと共同し、水効率や殺虫剤・化学肥料利用量、農家の収益、炭素の影響などの効果を数値化・報告する測定基準の開発にも取り組んでいます。

ユニクロを展開するファーストリテイリングでは、ジーンズの生産工程において水の使用量を最大で99％削減することに成功しました。従来の加工法で使われてきたのは、ジーンズの自然な色落ちの風合いを出せるのは天

然の軽石です。この軽石は加工時に砕けて粉状のゴミが出るため、その洗浄に大量に水が必要とされていました。新たに導入されたのが、耐用年数が長くすり減らない人工石「エコストーン」です。オゾンガス洗浄と水をほとんど使わないナノバブル洗浄を可能にするウォッシュマシンも導入したことで、99%という大幅な水使用量の削減につながりました。

機能素材　近年、日本の夏は気温が上がり、35℃を超える猛暑も当たり前になりつつあります。そんな夏を快適にする繊維として、吸水速乾/調湿、接触冷感、遮熱/UVカット、通気コントロール素材が挙げられます。機能素材のなかでも、吸水速乾/調湿は、夏季の快適性を高めるための汗対策として最も代表的なものです。

　触るとひんやり冷たさを感じる接触冷感を備えた素材も、厳しくなる暑さを乗り越えるのに活躍するもので、世界中で開発が進んでいます。綿などの通常の繊維と比較し、同じ条件下で1〜2℃（太陽にさらされる環境下では2〜3℃）低く感じられる商品もあり、スポーツウェアや下着、ベッドシーツ、家具、犬の衣服、マスクなど、広く活用されてもいます。

　遮熱・UVカットも暑い夏を快適に過ごす方法のひとつです。熱を伝える近赤外線を反射させることで熱射病のリスクを下げるのに有効です。紫外線や可視光線のカット機能に優れたものや、高いUVカット性に加え、クーリング性と接触涼感性も併せ持ったものもあります。

　高通気素材も暑さ対策には欠かせない素材ですが、なかでも、運動中だけでなく、運動後も快適に過ごせるよう、暑さや寒さに応じ

て通気度を制御する通気コントール素材も着目されています。

　このように、さまざまな機能素材が開発されてきましたが、現在では機能をひとつに絞り込むのではなく、複数の機能を訴求する素材も増えています。

新たな取り組み　天気とファッションが切っても切り離せない関係にあることに着目したルグランというマーケティングコンサル会社は、ファッションテックサービス「TNQL API」を開発しました。これは気象ビッグデータを活用して、天気や気温の変化に合わせたコーディネートを提案するサービスです。たとえば翌日の天気に連動しておすすめのアイテムやショップをレコメンドする「気象連動型デジタルサイネージ」など、ショッピングモールや百貨店でも積極的に導入されています。

　商品企画会社のリベルタが20〜50代の男性1000人を対象に実施したインターネット調査で、暑さ対策として「冷感ウェアを着る」と答えた人は全体の23.0%にとどまりました。これは43.7%が回答した「涼しい服装にする」の約半数でした。暑さ対策に有効な機能性衣類の開発は、国内外で進んでいます。薄着をするだけではなく、冷感ウェアを着ることでより快適に過ごせるという認識を、多くの人に広げていくことが求められます。消費者自身も、節水や農家の支援などに取り組む企業の服を購入することが、持続可能なアパレル生産につながることも知っておくといいでしょう。

展望　アパレル業界のサスティナブルな取り組みは、「大量生産・大量消費・大量廃棄」の環境汚染型から、「適量生産・適量購入・

大量生産・大量消費のファストファッションの代表と見なされてきたユニクロも環境配慮型へ切り替えが進んでいる

循環利用」の環境循環型へ大きく社会の変革を促すものです。近年では、これまで工業的に綿花や食物を栽培することで破壊してきた土壌を修復し、動物福祉を尊重し、農家の生活向上を目的とした「リジェネラティブ・オーガニック」の取り組みも注目されています。これは、従来に比べ、大気中から多くの炭素を吸収する健康な土壌づくりをする農法で、気候変動の緩和につながることが期待されています。

一方で、消費者一人ひとりの意識の改革も重要です。政府は2005年から提唱しているクールビズの定着を踏まえ、2022年からはTPOに応じた服装の自由化を呼びかけるとともに、衣類のリサイクルやアップサイクルなど、ひとつの衣服を長く活用する「サステナブルファッション」を推奨しています。購入時には原材料の環境配慮や必要性をよく見極め、いま持っている服をなるべく長く使い、廃棄するときも再利用や再資源化ができないか検討するなど、変わり始めた社会に適応していく必要があるのです。●

補給
Supplement

夏場の熱中症が増えているなか、基本的な適応策のひとつが水分・塩分補給です。夏になると多くのコンビニエンスストアやドラッグストアなどの店頭に、スポーツドリンクや経口補水液、塩タブレットなどが並び、熱中症への警戒が呼びかけられています。運動や外気温の上昇などにより失われた体内の水分と塩分の補給が、熱中症対策に欠かせません。一般的に、生命維持に必要な水分は、1日2.5Lです。そのうち人間は0.9Lを食品そのものの水分と調理水、0.3Lを体内の酸化分解（食物の化学変化）から得て、残りの1.3Lを飲み物から摂取しています。一方、尿から約1.5L、呼気や汗の水分から約0.9L、便から約0.1Lの水分が失われます。夏場は汗の量が増えるため、ほかの季節よりも意識的に水分を摂取しなければなりません。汗の99％は水分ですが、微量のミネラル類も含まれています。そのなかで、最も多いのがナトリウムですが、カリウムやカルシウムなどのミネラルも不足することにより、脱水症状や体温上昇、筋肉の疲労感や筋けいれんなどの恐れもあります。水分と一緒に、塩分をはじめとする適度なミネラル補給も大切です。

水分・塩分補給 熱中症は、自覚したときにはすでにかなり脱水状態が進行していると考えて間違いありません。自覚症状の有無にかかわらず、炎天下での仕事や運動に取り組む前から、水分および塩分を定期的に摂取することが望ましいです。加齢や疾患によっては脱水状態であっても自覚することが難しいケースもあるため、周囲が配慮してあげることも大切です。作業や運動量に応じて必要な水分・塩分の摂取量は異なりますが、暑さ指数であるWBGT基準値を超える場合は、少なくとも0.1～0.2%濃度の食塩水、または100mL中に40～80mgのナトリウムが含有

体育の授業中の水分補給は欠かせない。熱中症予防は野外活動では必須条件で、学校と教師にとって生徒の体調管理は事故防止の基本だ

されているスポーツドリンクや経口補水液を、20〜30分ごとにカップ1〜2杯は摂取しましょう。熱中症は正しい知識を持って行動することで防げるのです。

スポーツドリンク　熱中症予防あるいは熱中症発症後の水分補給には、体から失われた水分やミネラルを効率よく補給できるスポーツドリンクが適しています。水だけを飲んでも体液中の塩分濃度が下がり、摂取した水を体内で吸収できずにそのまま排出してしまうからです。また、体液中の塩分濃度が下がり続けると低ナトリウム血症（水中毒）に陥り、最悪の場合は死に至る危険性もあります。

　スポーツドリンクには水分・塩分のほか、疲労回復に効果を発揮するクエン酸や糖分を多く含んでいるのもポイントです。ただし、飲み続けることによる糖の過剰摂取には気をつけなければなりません。スポーツドリンクと比較して糖分が少なく、塩分が多く含まれるのが経口補水液です。体液とほぼ同じ浸透圧で、体内への吸収率が高く、吸収速度も速いため「飲む点滴」とも呼ばれます。大量に汗をかいて、すでに脱水症状が始まっている際の水分補給に最適です。ただし、塩分が多く含まれているため、腎臓や心臓などに疾患がある人は過剰摂取にならないよう注意が必要です。近年、熱中症対策として取り入れられているのがタブレットです。さまざまな商品がありますが、1粒につき0.1g程度の塩分相当量のものが多く市販されています。摂取の目安は水100mL当たり0.2g程度の塩分量です。つまり2粒食べたら水を100mL飲むなどして、塩分過多にならないよう留意する必要があります。

国内事例　気候変動の影響により熱中症のリスクが高まるなか、清涼飲料水メーカーは、熱中症対策用のドリンクを次々に販売しています。大塚製薬の「ポカリスエット」は、運動時の水分・塩分補給に最適なスポーツドリンクです。2018年には「ポカリスエット　アイススラリー」の販売も始まりました。大塚製薬独自の技術で、細かい氷の粒子を液体に分散させてスラリー状（液体内に固体を混ぜ合わせた状態）にすることで、"飲める氷"を実現させたのです。暑熱環境下で働く人や運動する人がアイススラリーを飲み、あらかじめ深部体温を下げてから仕事や運動に臨むことで体温上昇を抑制する「プレクーリング」といった新たな熱中症対策にも活用されています。また、教育現場や作業現場における暑熱影響の軽減を目指し、公民連携による熱中症予防の普及啓発にも貢献しています。

　日本コカ・コーラは浸透圧に着目し、水分や電解質を素早く補給するためにはアミノ酸と電解質を含む飲料が効果的という研究結果を発表し、アミノ酸を含んだ「アクエリアス NEW WATER」を販売しています。サントリー食品は法人専用熱中症対策サービスとして、暑く過酷な環境下で働く人向けに「DAKARA PRO」を販売し、給茶機プランやパウダータイプの販売も行っています。

展望　熱中症対策飲料は今後も市場を広げる可能性があり、適応ビジネスのひとつとして成長が期待されます。のどの乾きは脱水が始まっている証拠であり、乾きを感じる前に水分を摂ることが大事です。　寝る前、起床時、スポーツ中およびその前後、入浴の前後、そしてのどが渇く前と、こまめな水分摂取を心がけましょう。●

遮熱
Heat Shielding

深刻な夏の暑さは屋外だけでなく、室内環境にも影響を及ぼします。近年の熱中症搬送者の約半数は満65歳以上の高齢者です。さらにその半数は、自宅で熱中症を発症しています。自宅以外にも、飲食店やコンビニエンスストア、倉庫、工場などの室内温度の上昇も問題となっています。たとえば、工場内で作業している従業員の熱中症、倉庫で預かっている大事な荷物の変質、冷房によるコストの増加などが報告されています。

日本では、地震や台風への備えとして、住宅に鉄骨などの金属が多用される傾向にあります。しかし、これは構造内を流れる熱が増加することを意味します。そのため、この金属構造体と外部の熱の流れを遮断する断熱工法の研究が進み、また住宅の省エネルギー基準の改正や住宅性能表示制度の導入など政策の後押しもあり、住宅の断熱化・気密化が進められてきました。これと比較すると、日差しとともに室内に入る「熱」を遮る遮熱技術の導入はまだ遅れているのが現状です。日射透過性が高い窓などの開口部をはじめ、外皮に占める面積の比率が高い壁面や屋根などについて断熱・気密と併せて遮熱技術を導入することで、冬季の断熱性・保温性に加え、夏季の遮熱性・保冷性が確保できます。その方法としては、ガラスの表面に特殊金属膜をコートした低放射ガラス（Low-Eガラス）、壁面・屋上緑化、遮熱塗料、散水、日射遮蔽シートの採用などが挙げられていますが、ここでは屋根の遮熱技術に着目していきましょう。

遮熱塗装 屋根に塗装するだけの簡単な施工で遮熱効果が期待できるとして普及が進んだのが遮熱塗装です。主なメカニズムは、太陽光スペクトル（波長）のうち、熱に変換される赤外線を反射することで、高日射反射塗料とも呼ばれています。TOPPANの「TPK遮熱塗料」は、効率よく太陽光を反射するアクリルシリコン系高日射反射率塗料です。一般的な遮熱塗料は、粒度の分布が不均等なため多くの光や熱を透過し熱の蓄積も起こりやすくなっています。それに対してTPK遮熱塗料は粒度の分布が均等のため、光や熱、紫外線、遠赤外線を効率よく遮断・反射し、熱の蓄積も防ぎます。この塗装を実施した屋根と未塗装の屋根で室温を比較したところ、最大で6.5℃も室温を低下させるという結果が出ました。

遮熱塗装のなかには、内装に塗布することでエアコンの冷房効果を高めるものもあります。日進産業の遮熱塗料「ガイナ」は、熱浸透率が低く断熱効果が高いため、内装に塗布すると、エアコンをつけると同時にガイナの塗膜表面温度とエアコン冷気の温度差が小さくなります。これにより、外部からの熱の移動を最小限に抑えることが可能です。

東京都では、遮熱塗料を使う場合に助成金対象となる制度があります。たとえば墨田区の地球温暖化防止設備導入助成制度は、区内にある建築物の所有者が省エネや再生可能エネルギー設備などを導入する際に、その費用の一部を助成する制度です。遮熱塗装のほか、断熱改修や燃料電池発電給湯器（エネファー

ム）、家庭用蓄電システムも対象となっています。品川区や足立区、葛飾区などでも同様の制度があります。

遮熱シート　遮熱シートは、日射遮蔽効果のある帯状のシートを屋根上あるいは屋根裏に取り付けるものです。ライフテックの「サーモバリア・スカイ工法」は、輻射熱の反射に優れたアルミ箔のシートを取り付ける工法です。太陽からの輻射熱を97％カットし、工場などに多い金属板製の折板屋根の温度上昇を防ぎます。接着力に優れた両面テープを使用するため、短期間で低価格な施工が可能です。

東京のターミナル駅であるJR新宿駅にも、遮熱シートが設置されています。「ルーフシェード」という遮熱シートで、開発したのは愛媛県四国中央市の石川テントです。ルーフシェード開発のきっかけは、石川テントが営んでいるうどん屋の電気料金で、夏場の使用電力量が異常に高いのをどうにか削減したいと思ったからだそうです。それ以前にも、プレハブ店舗を持っている方から「かなり涼しくなるので屋根の上にテントを張ってほしい」という依頼もあり、「テントを張るよりも簡単に屋根の上に日陰を作れないか」と思ったこともきっかけとなりました。ルーフシェードは、金属折板屋根専用のシートで、主に工場や倉庫などの大型建築物に使用されます。ルーフシェードは、細幅の白いルーフスクリーンというメッシュシートと、それを圧着するシェードグリッパーという、ふたつの部品だけで構成されています。折板屋根をルーフスクリーンで覆い、シェードグリッパーで圧着して固定するだけの簡素な工事で設置可能なため、大きな重機や足場なども必要なく費用も抑えることができます。上から見ると完全に遮光されていますが、シートを

ジグザグに固定していくので横から見ると三角の隙間ができています。この隙間を作ることで屋根の風通しをよくし、中の熱だまりを防ぐという仕組みです。ルーフシェードを設置した屋根と設置していない屋根の表面温度を比較したところ、最大で30℃の差がありました。室内温度も4〜5℃の低下が見込まれます。

遮熱機能付き屋根材　住宅の新築、あるいは改築の際に遮熱特性を持つ屋根材を用いるという選択肢もあります。建材メーカーのニチハが展開する「超高耐久 横暖ルーフ」は、遮熱鋼板（塗装高耐食GLめっき鋼板）と断熱材（硬質ウレタンフォーム）を一体成型した「高機能金属製屋根材」であり、一般的な鋼板と比べて日射反射率が高いのが特徴です。ハロゲンランプを照射し一般的な鋼板と比較する実験では、その裏面温度に約12℃もの温度差が出ており、屋内温度の上昇を大幅に軽減する効果が見込めます。

外装建材メーカーのケイミューは、太陽の熱を反射する屋根材として、表層に赤外線反射顔料を配合した「コロニアル遮熱グラッサ」を開発しました。その遮熱効果は、環境省の環境技術実証事業で実証されています。併せて、同社は遮熱グラッサと併用することで室内の快適性を向上させる「熱シャット工法」も提案しています。この工法では、野地板に遮熱シートを設置し、その上にもう一段野地板を施工することにより通気性を確保してから屋根材などを施工します。軒下には換気口、畝部に換気棟を設けることで空気の流れ道を作り、熱気や湿気が排出されるようにしています。検証実験では、通常工法の屋根と比較し、屋根裏温度が最大約12℃低く保たれたという結果が得られています。

石川テントのルーフシェード。工場や倉庫などの大型建築物に用いられる、金属製の折板屋根専用の遮熱商品で、その効果は日向の部分と日陰の部分で表面温度に最大30℃の差が得られる。気温上昇による倉庫内に保管する商品の保護や、暑熱下で作業する従業員の健康対策にも貢献する

展望　気候変動に伴う気温上昇は、建物内の温度環境にも影響を与えます。外壁や窓、床などは遮熱・断熱の取り組みが進んでいますが、屋根の適応策は今後さらなる導入の促進が期待されます。遮熱シートは、夏場の遮熱だけでなく、冬場の保温にも効果を発揮します。太陽光による熱侵入を反射により防ぐ遮熱機能と、外部からの熱の伝達を抑える断熱機能を組み合わせることで、室内環境は画期的に過ごしやすくなります。冷房のコスト削減、温室効果ガス排出量の削減、暑さの軽減、といくつものメリットがある屋根の適応策。気候変動の進行や原油、ガスなどの価格高騰が続くなか、ますます需要が高まっていくことが期待されます。●

ワイン
Wine

近年、気候変動により、世界中のワイナリーに影響が出ています。2000年ごろまで、ヨーロッパのワイン用ブドウ栽培の北限はフランスのベルギー国境近くにあるシャンパーニュでした。現在は中部イングランドやスウェーデン南部にまで北上しています。ヨーロッパでは地域ごとに固有のブドウ品種がありますが、その品種に適した気候から気温が2℃ずれてしまうと栽培は難しいといわれているのです。ワインの産地として有名なフランス南西部のボルドーでも、やがて土地固有のブドウは作れなくなると予測されています。カリフォルニア州のナパ・ヴァレーの環境もだんだん厳しくなってきています。すでにオレゴン州や、カナダの最西部であるブリティッシュコロンビア州に移動した生産者もいます。オーストラリアのワイナリーは、シドニー近郊のハンター・ヴァレーが暑すぎるという理由で、南のタスマニア島に集まり始めました。

ヨーロッパの主なワイン生産地を抱えるイタリア、ドイツ、フランスでは、栽培期の短期化と、発芽や芽吹き、開花などが早まる傾向が報告されています。まだ暖かい時期に熟成したブドウでワインを造ると質が悪くなる可能性もあります。スロヴェニア北東部では、栽培期で高温にさらされた早期成熟種の酸味成分が深刻なほど低下したことを報告する研究もあります。ポルトガルのドウロ渓谷を対象にマルチモデルを用いた研究によると、将来の気候変動下では、春の気温上昇が発芽の早期化を引き起こし、それがワインの質に影響する予測もあります。さらに、同地域での将来予測では、ブドウ収穫量とワイン生産量が増加する一方で、病虫害の発生地域や発生数への影響が懸念されています。また、温暖化は色素成分であるアントシアニンの生成を抑制するためワインの色が悪くなり、アロマ成分が揮発すると考えられています。スペイン・ポルトガルにまたがるイベリア半島でも、成熟期における将来の最低気温の変化が予測されており、ワインの質の低下が示唆されています。

気候の経年変動性と異常気象がブドウ収穫の不安定を引き起こすことも懸念されています。過剰に乾燥すると高品質のワイン造りは難しくなり、極端な場合は灌漑設備がないとブドウの生育に適さなくなるのです。ポルトガルのアレンテジョ、スペインのアンダルシア、ラ・マンチャ、イタリアのプーリア、カンパニア、シチリアといった地域は水不足に陥ると予測されています。スペインの北西では、水不足に起因しブドウの生産量の低下も見られています。セルビアでの研究でも、ワイン産地の灌漑が必要になると予測されました。

機会 ヨーロッパ南部とは対照的に、フランスのアルザス、シャンパーニュ、ボルドー、ブルゴーニュ、ロワール渓谷、ドイツのモーゼル、ラインガウなど、ヨーロッパの中央・西部では温暖化の恩恵を受けることになります。降水量が増加し、病虫害が発生しやすい状況になると予測されているにもかかわらず、

気候変動によりワイン用ブドウ品種の栽培適地が北上し、これまで栽培が難しかった新たなブドウ品種を選択できるようになると考えられています。オーストラリアではブドウの生産適地が拡大し、2050年までに現在に比べて2倍になると予測されています。ハンガリー南部のワイン生産地も拡張する見込みがあります。ヨーロッパ中央・北部では霜の降りない時期と栽培期が長くなり、ワインの質が高まる環境になるというのです。

適応策　このような世界的な気候変動下でも継続して美味しいワインを造るため、各地でさまざまな適応策が展開されています。これは、栽培・管理方法の改善や灌漑など比較的短期で行えるものと、品種改良やブドウ園の転園など長期的なものに大別できます。

　短期的な適応策の一例が耕地管理です。伝統的に栽培期から定期的な耕耘を行うことが多いですが、農地を耕さずに自発性に任せて成長させる不耕起栽培や慣行耕起、結実から成熟までの期間にのみ定期的な耕起を行う最小限耕起もあります。ブドウの色づく時期から収穫期までは、土壌からの水分の蒸発を抑制する被覆植物（カバー・クロップ）が土壌水分量を増やす機能を果たすうえ、果実内のフェノール類を増やし、結果、ワインの質を向上させることから、近年のヨーロッパでは被覆植物を取り入れるブドウ園が増えています。導入される品種にはトラクターなどの通行に耐えられるイネ科や、栄養となる窒素を固定する機能のあるマメ科の植物が多く選ばれています。

　ブドウの育て方で成長の早期化を抑制することも可能です。幹を高くすることで枝部分の気温を下げ、乾燥した土壌の最高気温も抑えることができます。また、剪定の時期を後ろにずらすことで、発芽をはじめとする成長過程を遅らせることも可能だと考えられます。たとえば、地中海地域のブドウ農家は、数世紀にわたり「goblet training」と呼ばれる低木状で樹冠を自然に任せる仕立てを展開してきています。幹周辺の地表面からの水の流出を防ぎながら木々の水消費量を抑える手法のため、乾燥に強いという特徴があるのです。

　記録的な猛暑や干ばつによる水不足に対しては、灌漑設備を導入したり、すでに活用している灌漑用の水利用を抑えたりすることも短期的な適応策です。ブドウの最適な成長とワイン品質を可能にしつつ水使用効率を向上させるため、制限灌漑（RDI）、部分根域灌漑（PRD）、持続制限灌漑（SDI）といった「不足灌漑」戦略が用いられます。モナストレルやカベルネ・ソーヴィニヨンのブドウ品種を対象にRDIを用いた研究では、ワインの色や香り、味に影響が出るという懸念はありますが、水使用効率の向上が認められました。PRDは植物の根の半分をゆっくりと乾燥させる傍ら、もう半分に灌漑を行う手法であり、水の使用量を半分に抑えられます。PRDを実施しながらも収量が維持されたり、アントシアニン濃度が増えてワインの質が向上したという例が報告されています。SDIを用い灌漑のすべての段階で水使用量を抑制した実験でも、ワインの質が著しく向上するという結果が得られました。

　そのほかにも、ブドウ園周辺の局地的な気候への対応として、太陽放射の遮断効果を見込んだブドウの列の配置や日よけネットの導入、日焼け防止薬の利用、温暖化により増えると考えられる病虫害への対策などが考えられます。

　一方、長期的な適応策としては、品種改良が挙げられます。現在、数千もの品種がある

にもかかわらず、世界のワイン市場は数種で占められています。アイレン、カベルネ・ソーヴィニヨン、シャルドネ、メルロー、ピノ・ノワール、テンプラニーリョ、トゥーリガ・ナシオナル、リースリングなどです。将来、ヨーロッパ北部の地域は多種多様なワイン用ブドウ品種を育てられるようになる一方、ヨーロッパ南部ではより温暖で乾燥した気候に合った品種を選定する必要が出てくると考えられます。たとえば、カベルネ・フランやカベルネ・ソーヴィニヨン、マルベック、メルロー、シラー、テンプラニーリョはより温暖な気候でも適応しやすいという論文も発表されています。また、新しく高温耐性のある品種を開発する必要性も浮上しています。近年、イタリアのワイン農家を対象とした調査では、従来の品種から害虫や乾燥に強い品種に移行する農家がいることも明らかになっています。一方で、既存種の重要な特性を維持したり、現存するブドウの生物多様性を保ったりすることもまた重要な気候変動適応だといえます。

通常、ブドウの苗は、根となる品種である台木に接ぎ木をして育てますが、この台木がブドウの収穫量、品質、その他の生理的パラメーターに大きく影響することが知られています。特に、土壌の利用可能水分との複雑な相互関係があるため、将来の気候に備えて、温暖で乾燥した環境に強い台木を選択することが適応策となります。ギリシャにおいて、カベルネ・ソーヴィニヨンを用いて1103PとSO4という2種類の台木の効果を比較する実験を行ったところ、前者のほうが半乾燥状態で成長を見せ、後者は水の制限がないところでの生育が望ましいという結果が得られました。ほかにも乾燥に強い品種として44-5M、140Ruggeri、110Richterを挙げる研

究もあり、乾燥耐性のある台木の選択、さらに強い耐性を持つ新品種の開発は非常に大事だということがわかります。

環境条件はブドウやワインの風味に大きく関わるため、気温の高温化への適応策としてブドウ園の移転が挙げられます。高地で育てられたワインは、低地のものと比較して質が高いという研究もあります。社会的・経済的コストはかかりますが、高緯度や山地へのブ

302

ドウ園の再配置を視野に入れる必要があります。

海外事例　フランスでは「Greff Adapt」という試験園が設立され、2014年から気候変動に適応できる台木の選定に関する研究が行われています。ここでは、乾燥への耐性などさまざまな特性を持つ台木として、すでにフランス国内で利用の記録がある30種と国外

オチガビワイナリーが栽培するピノ・ノアール。1980年頃は寒冷地に適したドイツ系品種が導入されていたが、温暖化により2020年以降はフランス系品種のピノ・ノアール、シャルドネ、ゲヴュルツトラミナーがよく成熟するようになった

で利用されている25種、合わせて55種が集められ、このすべてに5種のブドウを接ぎ木した275種類の組み合わせが試験されています。これまでに台木と接ぎ穂の強い相互作用が確認され、接ぎ穂によって形質が変わる台

木や、逆にどんな種を接ぎ木しても影響を受けにくい台木が判明しており、今後のさらなる研究に期待が寄せられています。

　スペインのワイナリー「Torres」が着目したのは、気候変動により気温が上昇するにつれて果実は早く熟し甘くなるのに対し、種や皮の成熟は遅くなるというように、ブドウの部位によって成長速度が変わることです。そこで、Torresではブドウの成熟を遅らせることに重点を置き、試験的にさまざまな樹形の仕立てや被覆植物、剪定、樹の密度、台木を用いた研究が進められています。いくつかの農園では、地上から枝までの高さをこれまでの60cmから90cmに上げたことで成果が出ました。また、耕耘と比較して被覆植物が効果的であることや、樹や樹冠の密度は小さいほうが成熟の遅延に貢献することも判明しました。さらに、今後も気温が上昇することを想定し、標高1000mのプレピレネー山脈でも農園を展開し、良好な結果を得ています。同様の理由からチリ南部のイタタ・ヴァレーにも農園を拓き、ワイン用ブドウの栽培を行っています。別の試みとして、ネアブラムシの大発生により植え替えを余儀なくされ、以降栽培されなくなっていた品種の復活にも挑戦しています。これらの品種は乾燥に非常に強いという特性があり、気候変動下で強みとなると考えられているためです。これまで40品種を復活させ、そのうち9品種を適応の可能性があるものとしてリストアップしています。

　南アフリカを代表するワインメーカー「Jan "Boland" Coetzee」は、異常気象の頻発化、収穫期の早期化、気温や降水量の変化といった気候変動に気づき、樹冠の管理、灌漑、品種選択の3つの適応策を講じています。まず取りかかったのは樹冠の管理で

す。午後の日差しを受けるべく南側に面して設計されていたブドウ園では、近年の日照は強すぎると仮定し、樹形を整えて果実がなる区域が影になるようにしたところ、ブドウの房付近の気温は暑い日でも24℃に抑えることができるようになりました。また、費用はかかりますが、南半球は灌漑を用いる余裕があることから、樹の上部と下部の双方に水を引くことが気温上昇への対応となり、生産量を維持することができています。さらに、台木と接ぎ穂となるブドウの品種の組み合わせの再検討も行っています。組み合わせ次第では、収穫時期を最低でも10日間は調整できると期待されています。ケープ半島は夏の暑く湿った空気を押し流す風に支配された土地でもあり、今後は、空気の循環についても研究の対象とするべきだと考えています。

国内事例　北海道・余市町でブドウ栽培とワインの生産を行う「オチガビワイナリー」の落希一郎さんは、栽培品種を大きく変えるか、作るものは変えずに自分が移動するか、というふたつの側面から適応に取り組んでいます。落さんは、1978年に親戚と北海道小樽市でワイン会社を設立し、ワイン園は札幌から北東に約60km離れた浦臼町に展開しました。しかし、今のように気候変動が進む前であり、北海道の冷涼な気候下では長期熟成することで付加価値を高められるフランス系のブドウ品種が育てにくかったため、新潟に移りワイナリー「カーブドッチ」を7年かけて立ち上げました。その後、北海道の平均気温が1.4℃上がったという話を聞いたこと、一方で新潟は今までなかった梅雨前線の影響を徐々に受け始めたことから、2012年に北海道に戻りました。北海道で落さんが選んだのは、道内有数の果樹生産地であり、ブドウ生産者の多

かった余市町でした。ここで目をつけた品種がジャーマン・カベルネ族です。これは、南独レンベルガーとカベルネ・ソーヴィニヨンの交配品種で、味わいは限りなくカベルネ・ソーヴィニヨンに近く、熟期が9月下旬から10月中旬であるため栽培が可能で、近い将来、北海道を代表する高級ワインになると期待されています。また、かつて耐寒性の強いドイツ系の品種のみを栽培してきた北海道でも、今はフランス系の品種が育てられるようになりました。今後、気候変動が進んだ際は、北フランスの品種が難しくなれば中央フランス、次は南フランス、さらにスペイン、イタリア中部、シチリアと、数段階で育てる品種を変えることを視野に入れ、ワイン造りに取り組んでいます。

　秋にかけて最低気温が下がり、寒暖差が大きくなることでブドウの糖度は上がります。しかし、近年の気候変動により成熟が進みにくいことが問題となっていました。これに対応するため、山梨県甲斐市にある「サントリー登美の丘ワイナリー」では、サントリーと山梨大学が共同で「副梢栽培」という新しい栽培技術を導入しました。通常、ブドウは4月ごろに芽吹き、これが新梢として育って9月ごろに収穫を迎えますが、副梢栽培ではこの新梢の先端をあえて切除します。そして、その後に芽吹く脇芽を育てることにより、ブドウの成熟開始時期を7月中旬から気温の下がり始める9月上旬ごろまで遅らせるのです。このほか、ブドウ畑で使用する農薬や肥料を最小限にすることで土壌に微生物や益虫が増え、病害虫は減る好サイクルが生まれたり、生物多様性に富む豊かな土質となる「草生栽培」や、剪定枝を炭化して土壌に混ぜ込みCO_2を貯留する「4パーミル・イニシアチブ」と呼ばれる取り組みも行っており、気候

ワイン醸造家の落希一郎さん。64歳のとき一念発起してオチガビワイナリーをいちから創り上げた情熱の持ち主だ

変動に立ち向かっています。

　新品種の開発も進められています。山梨県果樹試験場が育成し、2017年出願公表された早生の白ワイン品種「コリーヌヴェルト」は収穫時期が早く、秋の長雨や台風の影響を受けるリスクが少ないという利点があります。コリーヌヴェルトから造られるワインも良質です。これを全国の醸造ブドウ栽培者が活用できるように、山梨県、岩手県、石川県、広島県での地域適応性試験から品種特性もまとめられ、栽培の手引きが作られました。さらに、農研機構は品種導入の際に参考となるように、平均気温が1℃上昇した将来の栽培適地の予測を公開しています。

展望　よいワイン造りには、よいブドウ作りが欠かせません。まずブドウを健全に、よい形で育てることが重要ですが、ときに気候が妨げとなります。近年では、圃場に設置した気象観測装置と農業気象データの予報値を用いてワイン用ブドウの生育期を予測する、栽培支援システムの開発も進んでいます。いつまでも美味しいワインを造るため、最新の技術や知見を取り入れていくことが求められています。●

日本酒

Sake

日本酒造りの元となるコメ。そのコメも、少なからず気候変動の影響を受けています。酒造りに使われるコメは酒造好適米、または酒米と呼ばれ、普段私たちが食べている食用米とは異なります。主な違いは、雑味の原因となるタンパク質の含有量が少ないこと、そしてコメの中央に「心白」と呼ばれる白濁した部分があることです。柔らかい心白は麹菌の繁殖に適し、食用米には存在しません。有名な酒造好適米のひとつ「山田錦」の産地では1998年以降、出穂期や成熟期が早まったり、穂数が増加したりといった変化があったほか、登熟不良による検査等級の低下、大きい心白の増加など品質面での問題が発生しています。さらに、2010年には「山田錦」ではこれまで発生が少なかった背白米や乳白米が多発し、品質が大幅に低下しました。この原因は、近年、水稲をはじめ農作物全般で認められている気候変動による高温障害と考えられています。

コメには発酵に必須のブドウ糖が含まれません。そのため、コメから日本酒を造るためには、コメのデンプンをブドウ糖に変える「糖化」と、さらにそのブドウ糖をアルコールに変えるという工程が必要です。コメを蒸すとデンプンの結晶が融解されます。この変化が「糊化」です。糊化したコメに麹を加えると、麹の持つアミラーゼという酵素がデンプンを分解し、ブドウ糖に変えてくれます。ブドウ糖は酵母の餌となり酵母そのものを増殖させるとともに、アルコールの一種であるエタノールを生成する、という流れで日本酒は造られます。近年、イネの登熟する夏場の気温が高いため糖化しにくいコメが増えており、清酒の品質を保つことが難しいだけではなく、生産量を維持するためにより多くの酒米が必要となる年が多くなってきたといわれています。気候変動は日本酒造りのさまざまな場面に影響を及ぼしているのです。

適応策 これらの影響を回避するための適応策には、コメ作りの段階で行うものと、酒造りの段階で行うものに大別できます。

コメ作りの現場でまず行えるのは、登熟期における高温障害回避のための田植え時期の調整です。出穂期を遅らせるのが最も簡易な方法ですが、ただ田植えを遅らせるのではなく科学的な根拠を示すことが重要です。一方、より長期的な試みとして、高温に強い酒米の新品種の育成も進められています。近年はDNAを解析し、好ましい性質を持つDNAをマーカーにすることで作業を効率化できる「DNAマーカー」という技術も導入され始めています。たとえば、兵庫県農林水産技術総合センターでは、2016年から白未熟粒のできにくい品種を開発中です。通常14年程度かかるところ、DNAマーカーを使うための設備を整えて9年間で行う計画で事業が進められています。

酒造りの段階では、近年の気温上昇を考慮し、各工程での温度管理を工夫することが適応策となります。たとえば、糖化は夏に暑くなりすぎると進まなくなるため、糖化する力の強い麹菌を用い、数種を混ぜたり加える量

を増やしたりして糖化の調整を行う方法があります。また、気温が高いと発酵が早く進みすぎるため、発酵タンクの部屋を冷房で冷やして発酵スピードを管理することも行われています。長崎県では、精緻な温度管理ができる冷却機能付きのサーマルタンクを導入するケースもあります。さらに、製造現場だけではなく、貯蔵や輸送の際にも冷房を使うことで日本酒の品質が向上することがわかってきました。しかし、より電力を使うようになってしまったため、使用電力を抑制したり、自然エネルギーを活用したりする取り組みが同時に進められています。こうした対策でも対応しきれなかった際、酒造りの移転も視野に入れる必要があるかもしれませんが、これは最終手段といえるでしょう。

国内事例　兵庫県農林水産技術総合センターは、宮崎大学農学部、農研機構・近畿中国四国農業研究センター、みのり農協と共同で、山田錦の品質や、酒造適正と気象の関係解明に取り組む「酒米の高温障害抑制共同研究機関」を設立し、2013年に圃場ごとの移植日（田植え日）を表示する「山田錦最適作期決定支援システム」を開発しました。5年をかけて収集した約40カ所の温度と生育データ、近年10カ年の「気象感応調査」のデータから割り出した山田錦の最適登熟条件（穂が出てから11～20日の平均気温が23℃以下であること）を50m格子（メッシュ）単位の気温情報とともにシステムに組み入れてあり、圃場の位置情報を入力することで最適移植日が表示されます。このシステムは、営農指導に役立てる目的で農協や農業改良普及センターに配布していましたが、現在は田植え日を一覧できる「移植日マップ」を作成し、生産者も利用できるよう、ウェブ上で無料公

開しています。

兵庫県農林水産技術総合センターは、温暖化傾向のもとで「山田錦」の高品質・安定生産を保つさらなる支援として「穂肥診断」と「刈り取り適期診断」を行うふたつのスマートフォンアプリを展開しています。「穂肥診断」は稲穂の分化・発達期に行う診断で、圃場での生育診断により穂の発育を促す穂肥の施用適期と必要施用量を判断します。従来かかっていた時間と労力を減らすため、スマートフォンで撮影した画像から生育量を判断し、最適な穂肥量を診断するアプリ「Rice Cam Y」を京都大学と共同で開発しました。穂肥診断に基づいて慣行栽培の約2倍量を追肥した結果、籾数・品質の目標値はほぼ達成し、慣行栽培と比較して籾数は向上、品質は同程度という結果を得ることができました。「刈り取り適期診断」は籾の黄化率を算出して刈り取り適期日を特定するもので、黄色に熟した黄化籾と未熟な緑籾の割合を目視で調査していました。これでは労力がかかるうえ判定には個人差も生じます。開発したアプリ「Grains Cam」は、専用トレーに籾をのせて撮影するだけで、黄化率およびそこから判断した「おすすめの刈り取り適期」を表示します。現在はAndroid端末のみに対応しており、推定可能な品種は「山田錦」に限定されています。

糊化しやすいコメは「溶けるコメ」、糊化しにくいコメは「溶けないコメ」とも呼ばれますが、近年の気候変動の影響か、手の施しようがないほど極端に溶けないコメも出てきており、日本酒造りの大きな障害となっていました。そこで三重県工業研究所は、事前に溶けるコメか溶けないコメかを判別する「コメの溶解性予測技術」の開発に着手しました。この開発の過程で、「溶けない」といわれて

北海道東川町の水田風景。平成の名水百選にも選ばれた、大雪山連峰の雪解け水が長い年月をかけて濾過された「大雪旭岳源水」を擁する。米作地帯で、広い田んぼが町内全域にあるにもかかわらず、水争いもなく水を張れるのは凄いことだと岐阜から移転した三千櫻酒造の山田代表は語る。今後も東川町を拠点に、百年先を見据えた酒造りを続けていく

いたコメは、実は最初は溶けやすく途中から溶けにくくなるといった詳細がわかりました。こうした発見を踏まえ、新しい溶解性予測技術では、コメの溶けやすさの判定だけでなく、はじめの段階でどう反応し、中盤でどう変化し、後半どうなるかという、酒の発酵を順調に進めるために必要なことが予測できるようになりました。今後、気候変動により気温上昇が続き、コメのデンプンの質に変化があれば酒造りにも影響があるはずです。しかし溶解性予測技術が、それらの変化に合わせた酒造りを大きくサポートしてくれるでしょう。また高温耐性のある新品種の開発が必要になった場合、掛け合わせる苗のスクリーニングにもこの技術が生かされるかもしれません。

北海道旭川市で1890年に創業した高砂酒造では、1990年から北海道の雪や寒さを利用した醸造方法で酒造りを行ってきました。そのひとつが「氷雪囲い」という熟成方法で、

土の中のタンクに瓶詰めの酒を貯蔵して、タンクの下に水を流して氷を張り、その上から雪をかけて4～5カ月熟成させます。この方法で2月下旬に貯蔵を始めて8月上旬に掘り出していましたが、氷や雪の解け方が早くなり、最終的に7月上旬に掘り出しを繰り上げたものの、その後、品質保持が難しいと判断されたことから2016年に販売を終了しました。氷のドームの中で搾りの作業を行った商品「雪氷室 一夜雫」も、気候変動の影響で温度が下がりきらず、ドーム破損の危険性などを考慮したうえで同じく2016年の秋に販売休止となりました。これらに代わる新たな取り組みとして、高砂酒造は2016年から北海道天然記念物である当麻町の「当麻鍾乳洞」を利用した日本酒「龍乃泉」の販売を開始しています。これは、瓶詰めした搾りたての新酒を2月に鍾乳洞に運搬し、45日間熟成したあと搬出するものです。また「雪氷室 一夜雫」に変わる大吟醸酒のラインナップとして、

2017年には「旭神威」が誕生しました。搾りたての生酒を氷温で貯蔵し、出荷時に火入れをするため、生貯蔵酒特有の華やかな香りと芳醇な味が楽しめる酒になりました。

　北海道東川町で、全国でも珍しい公設民営型の酒蔵が誕生したのは2020年のことです。米どころではあったものの、酒造りのノウハウはなかった東川町が建物を用意して酒蔵を誘致する計画を始めたのがきっかけで、名乗りを挙げたのは、岐阜県中津川市で1877年に創業した三千櫻酒造でした。近年の気温上昇により、蒸したコメを冷却するには外気温が高すぎるようになり、氷を用意するなどその手間とコストに悩まされていた三千櫻酒造は、蔵が老朽化していたことも手伝って移転を決意しました。東川に移転後は、悩みの種だった冷却作業については、外気温だけで十分になったといいます。また、原料となる酒米として、北海道の酒米である「彗星」と「きたしずく」をJAひがしかわと新たに作付け

しており、試行錯誤を重ねて新たな酒造りに挑戦しています。現在は、本州の酒米である山田錦を北海道で生産しようというプロジェクトも始動しており、これまでは耐冷性の高い新品種の研究が行われて北海道で、今後は本州の酒米の作付けが進むかもしれません。日照時間などの問題はありますが、新品種の誕生も含め、北海道という土地に適した酒米の育成も期待されています。

展望　日本酒やウイスキーなどの日本産酒類は国外でも人気が高く、その輸出額は2021年に初めて1000憶円を超えました。200年、300年と地域に根付いた酒造りをしている酒蔵は周りとのつながりもあり、場所を移すのは簡単なことではありません。さまざまな適応策を導入し日本酒造りを守っていきたいものです。●

ビール
Beer

世界で最も消費量の多いアルコール飲料、ビール。この大衆酒が将来、気候変動の影響で価格が高騰する可能性が示されています。最も条件の厳しい将来の気候シナリオの場合、世界の大麦の平均収量損失は17%と予測されています。収量の減少は、ビールの製造に使用できる大麦の量の減少を意味しており、たとえばアイルランドでは、ビールの価格は193%も上昇する可能性があることがわかりました。これは、ビールの主な原料である麦、ホップ、水のそれぞれが、極端な干ばつや猛暑、気温の上昇、渇水、豪雨といった気候変動の影響を大きく受けることが原因と考えられます。

大麦を例にとると、暖冬により茎が伸び始めた状態で冬の寒さの戻りを経験し、茎の中に隠れている幼穂の凍死や子実が実らない不稔粒が発生する「凍霜害」が起きています。また、春が暖かすぎることも問題で、穂が出るころに気温が25℃以上になると穂が実らない高温不稔が発生したり、麦が登熟するころに30℃以上となった後に冷たい雨に降られると収穫前に穂から芽が出る「穂発芽」が発生するリスクが高まります。穂発芽した大麦は製麦工程で正常な発芽ができないため、デンプンやタンパク質を分解する「溶け」が進まず、麦芽の品質が低下してしまいます。ホップは特徴的な泡や風味、苦味を作りビールをより長く新鮮に保つ主原料ですが、干ばつの影響を受けやすく、取水制限のあるような水資源の乏しい地域では栽培できなくなる可能性が示唆されています。たとえば、チェコは1000年以上にわたるホップ栽培の長い伝統があり、世界の収穫量のほぼ10分の1を占める世界第3位のアロマホップ生産国ですが、近年は頻発化する干ばつと気候変動の影響を受けています。2015年の干ばつでは、ホップの生産量が34%減少しました。2018年も同様に、夏の干ばつでホップ収量が平均より30%も減少しています。そして、ビールの90%以上を占める水も、干ばつが起きると水の利用量や質が落ちることが懸念されています。ビールの製造には、飲料としてだけではなく設備の洗浄や殺菌に大量の水が必要となります。アメリカではより水の豊かな土地へ移転したビール醸造所の例もあります。

適応策 適応策として、原料となる麦やホップの新品種の開発、水源の確保・節水のふたつが挙げられます。新品種の開発に関して、麦では前述の凍霜害リスクが下がる秋播性や、穂発芽への耐性や高温不稔性に対応する品種の研究が進められています。また、気候変動によりその発生が懸念されている渇水は、水資源が欠かせないビールの製造においては重大なリスクとなります。こうしたことを背景に、大麦、ホップのそれぞれについて、乾燥に強い品種の育種が世界各地で進められています。

水源の確保・節水には、灌漑施設の導入や麦やホップの生産での節水、ビール製造過程での節水が考えられます。それぞれの分野において、ICTなど最先端の技術を活用した効率的な手法も考え出されています。

海外事例　オーストラリアのアデレード大学を含む国際研究チームは、高温下でも高い収量を達成する可能性のある大麦のメカニズムを特定しました。一般的に穀物は環境の変化に敏感で、気温の上昇は植物1本当たりにできる種子の数を減少させることが知られています。大麦の場合、穂につく花の数を制限しているのは「HvMADS1」と呼ばれるタンパク質であることが、研究で明らかになりました。高性能のゲノム編集技術を用い「HvMADS1」を持たない品種を作った結果、多くの花をつけさせることに成功しました。これにより、大麦1本当たりの収量増加が期待されています。

　アウトドア用品メーカーのパタゴニアは、アパレル部門で行ってきた環境保護活動の延長として、多年草のため地中に長い根を張り、エネルギーやCO_2の排出量を削減できる「カーンザ」という穀物を使って、世界で初めてのビール「ロング・ルート」を開発しました。最大3.6mにも及ぶカーンザの根は、土壌中の微生物に栄養を与えて傷んだ土壌を修復するとともに、水生生物には悪影響となる窒素などを吸収し、地下水を保護することにもつながるとして期待が寄せられています。

　農業部門でのICT技術活用を推進するアグリテクチャーとアサヒビールが協働し、マイクロソフトのイニシアティブ「AI for Earth」の資金援助を受けました。このプロジェクトでは、精密農業、人工知能、機械学習ソリューションを用いて、ホップ栽培の持続可能性を向上させています。農家はリアルタイムで作物の状態を把握でき、灌漑やそのほかの管理方法に対する作物の反応を見ることも可能です。またこのプロジェクトでは、今後の天候の変化をミクロ領域で予測し、いつ、どこに灌水すれば、水を節約しながら収穫量を最大化できるかを事前に伝えることができるツールをホップ生産者に提供することを目指しています。

　比較的水の豊かな日本と、非常に大きな水ストレスを抱えるオーストラリアの両方で事業を行ってきたのがキリンホールディングスです。2014年からは定量的に水リスク・水ストレス（渇水のリスクや水需給に関する逼迫度）を調査し各事業所で水ストレスに応じた節水を行っています。特にオーストラリアにあるグループ会社・ライオンでは、高度な節水を実施しています。これまで大規模な渇水を経験してきたクイーンズランド州にあるビール工場では水を徹底的に再利用するため、水以外の不純物を透過しない「逆浸透膜」の技術を用い、回収した排水を処理しています。処理された水は洗浄、冷却、低温殺菌など、製品に関連しないプロセスに使用されます。この設備により、製造工程で使用する水は、ビール1kL当たり2.8 kLという世界トップクラスに迫るレベルに達しており、今後もさらなる削減を目指しています。

国内事例　サッポロビールは、大麦の穂発芽に対して有効な遺伝資源を世界で初めて発見しました。穂発芽に対する耐性の強い大麦はそれまでにも存在していましたが、それらは「溶け」が進みにくく麦芽の品質確保が難しいといった課題があったのです。サッポロビールの発見した遺伝資源は「穂発芽しにくい性質」と「溶けが進みやすい性質」を併せ持っています。麦芽の製造期間の短縮につながる可能性もあるため、気候変動に適応する大麦として品種開発を進め、2030年までに新品種の登録出願を目指しています。

　100年以上ビール用大麦の生産量日本一を誇るのが栃木県です。小麦なども含めた麦類

多年草のため地中に長い根を張り、大気中の炭素を取り込んで固定する「カーンザ」という穀物を使って、世界で初めて開発されたパタゴニアオリジナルのビール

霜害を回避できるものがあることが判明しました。

キリンホールディングスは2022年6月、ホップを大量増殖する技術の開発に成功したと発表しました。キリンが持っていた独自の「植物大量増殖技術」を活用したアプローチで、ホップの苗を50倍以上に大量増殖させることが可能になりました。新品種の特性評価の際の試験用苗の増殖にも応用が期待されており、持続可能な原料生産に向け、今後の動向に注目です。

展望 アメリカを代表するビールであるFat Tireは、気候変動に積極的に取り組んできたことでも知られており、ついに2020年、アメリカで初めてカーボンニュートラルの認証を受けたビールを販売しました。2021年4月には「Torched Earth Ale（燃やされた地球のビール）」も発表しました。こちらは積極的な気候変動対策をとらなかったために荒廃した未来で手に入ると考えられる、山火事を想起させる煙で汚染された水、苦み成分としてどこにでも生えるタンポポ、乾燥に強い穀物、常温保存された香りのないホップなど、あまり理想的とはいえない材料で造られたビールです。世界のビール愛好家に対し、気候変動対策の必要性を訴えるものとして両者のインパクトは大きかったことでしょう。今後も美味しいビールを飲み続けていくために、ビール製造に携わる各企業の努力に感謝しつつ、いち消費者として気候行動を応援し、自らも推進していくこともまた、巡り巡って適応策となるのかもしれません。●

の生産量も全国4位と全国でも有数の麦作県といえます。栃木県の農業試験場では、凍霜害や穂発芽、高温不稔に対して有効な品種の育成を行っています。たとえば凍霜害に対しては、一定期間低温に当たらないと穂ができず、出穂しない秋播性の品種を育成中です。秋播性は低温をまったく要求しないⅠから、長期の低温期が必要なⅦまで7階級に分類されるのですが、秋播性程度がⅢ〜Ⅳの数品種で、早播きしても茎の成長が早まらず、凍

コーヒー
Coffee

　日本でも多くの人に親しまれているコーヒーですが、気候変動の影響で栽培適地の減少が懸念されているため、「コーヒーの2050年問題」と呼ばれ注目されています。現在世界で生産されているコーヒーは、大きく2種類です。ひとつはアラビカ種で、世界生産の約55％を占めています。もうひとつはロブスタ種（カネフォラ種）で、世界生産の約45％で、主にインスタントコーヒーの原料となります。コーヒーの生産は、北緯25度から南緯25度のコーヒーベルトと呼ばれる低緯度地帯で栽培されます。アラビカ種が育つのは、標高が高く昼夜の寒暖差が激しい場所です。この寒暖差により実が締まり、味が凝縮されたコーヒーの実ができるのです。しかし、このアラビカ種の栽培適地が、気候変動により2050年には50％まで減少してしまうと危惧されています。

　その主な要因は降雨の変化、寒暖差の縮小、湿度の上昇の3つです。降雨の変化に関しては、降雨量の減少や時期の変化が挙げられます。コーヒーは降雨後に花を咲かせ、花が落ちた後に実がなりますが、雨季と乾季の境目がなくなったり、花が咲いた後も雨が降り続き花や実が落ちてしまったりすることも考えられます。さらに寒暖差の縮小も、アラビカ種が生育するためには適さない条件です。そして湿度の上昇は、病害虫の発生を招きやすくします。特にさび病という病気は、その年の収穫量がすべてなくなってしまう農園も出るほど取り返しのつかない病気です。この病気にかかると、葉の裏にオレンジ色の斑点ができ光合成ができなくなるのです。また、気温の上昇によりコーヒーの実を食べる「コーヒーベリーボーラー」という害虫が大量発生することも問題となっています。

　2012年に米国で設立された、コーヒーの未来を考え生産者を支援する団体、ワールド・コーヒー・リサーチ（WCR：World Coffee Research）によると、気候変動の影響はすべてのコーヒー栽培地で等しく出るわけではありません。2050年ごろまでに最も大きな被害を受けるのは、ブラジル、インド、中央アメリカの一部など、高温で乾季の長い地域の生産者であることが判明しました。そこでは、現在のコーヒー産地の80％近くが栽培適地ではなくなるとされています。

適応策　適応策として、適切な気候地域への移転、コーヒー栽培方法の工夫、新しい品種の開発、の3つが挙げられます。まず、適切な気候地域への移転については、近年、コー

さび病にかかったコーヒーの葉。葉の裏にオレンジ色の斑点ができ光合成ができなくなる。その年の収穫量がすべてなくなってしまう農園も出るほど深刻な病気だ

ヒーベルトより高緯度地でのコーヒーの栽培に挑戦する例が増えてきています。気候モデルを用い、将来的な栽培適地の抽出をする研究も進んでいます。しかし、移転には莫大な費用がかかるため、政府からの補助などがないと現実的な対応策とはなりえないという課題もあります。

コーヒーの栽培方法については、剪定や除草、農薬利用、病虫害対策の見直しなどにより、生産量の回復を図る試みが進められています。また、気候変動下でも技術や政策、投資の発展により持続可能な農業を目指す「気候スマート農業」の技術導入も進んでいます。

3つの適応策のうち、新しい品種の開発は最も混乱が少なく費用対効果に優れ、おそらく最も成功する可能性が高いと考えられています。なかでも注目が高まっている種のひとつが、リベリカ種の近縁種である「エクセルサ種」です。エクセルサ種の紹介をする前に、まずリベリカ種について触れておきましょう。

リベリカ種はアラビカ種と比較して温暖で標高の低い場所で生育可能であり、ロブスタ種と比較して気候への高い耐性を持っている可能性のある品種として知られています。現在世界で生産されている主な品種はアラビカ種とロブスタ種ですが、リベリカ種は一時期、害虫や病気に強く、収量の多い品種として世界的に知られていました。1870年代後半以降、南アジアや東南アジアでアラビカ種のさび病が拡大していた折に、その代替品として脚光を浴びた品種です。そのため1880年から1900年にかけて、リベリカ種はアラビカ種と並んで世界的なコーヒーの主要品種となっていました。しかし、その特徴的な風味がコーヒー商や消費者に受け入れられず、1900年以降急速に衰退し、その後はアフリカやアジアの一部で小規模な栽培が続けられ

ていました。特徴的な風味の理由は、収穫後の加工処理の難しさにありました。リベリカ種のコーヒーの実の表皮は厚く丈夫で果肉も厚みがあるため、果肉除去や乾燥に苦戦していたとされています。

当時のリベリカ種の急速な拡大を受け、その後多くの近縁種が記録されていますが、そのうちのひとつが「エクセルサ種」でした。エクセルサ種は果肉が薄く柔らかく、リベリカ種と比較して優れていることがわかっています。エクセルサ種の風味やカフェイン含有量はアラビカ種に近く、商品化するのに好ましい値です。ウガンダと南スーダンの農家や生産者によると、エクセルサ種のコーヒー果実病に対する感受性はほぼゼロで、ロブスタ種と比較して乾燥耐性が高く、低温や霜にも耐えうるという報告もあります。現在ウガンダでは、少なくとも200軒の生産者がエクセルサ種を栽培しており、その数は年々増加傾向です。南スーダンでは最近、エクセルサ種のみを栽培する大規模な農園が建設されました。エクセルサ種の生産者向けの大規模なプログラムが開始され、数百の小規模農園により総面積で200haが栽培されています。ここ数年でエクセルサ種のコーヒーは、「キサンサコーヒー」という名称でイタリアなどへ向けて輸出が始まりました。近年の気候変動が、エクセルサ種が拡大する主要因となるかもしれません。エクセルサ種の気候変動に対する中長期的な適応力やメリット、デメリットの理解のために、今後さらなる試験が重要とされています。

海外事例　エチオピアのオロミア州と南部諸民族州はコーヒー生産が盛んですが、気候変動による豪雨や干ばつといった異常気象がその産業を脅かしています。コーヒー農家を対

象に行った調査では、地域固有な状況に対応して便益性が高い技術を組み合わせてこのような気候変動影響に適応し始めていることがわかりました。その主なものには、家畜の糞を肥料とする施肥、土壌攪乱を防ぐために最小限に抑えた耕耘（こううん）、間作、土壌の肥沃度を保ったり侵食を防いだりするための飼料作物の栽培、土堰堤（どえんてい）などを用いた土壌・水資源の保全が挙げられます。しかし、その導入はまだ十分とはいえず、さらなる普及のためには政府による支援や情報共有の素地となる教育を充実させることが重要です。

お茶の文化が根強い中国ですが、近年はコーヒーの消費量が増え、生産量も徐々に伸びています。その生産の中心となっているのがコーヒーベルトに位置する雲南省です。主流となっているのはアラビカ種とロブスタ種から作られたカチモール種であり、病害虫に強いという特徴があります。また、将来的な気候予測も踏まえた適地などの研究も行われており、より高地あるいは高緯度地域への展開が示唆されています。

スターバックスも、コスタリカにある自社農園ハシエンダアルサシア農園で品種の開発に取り組んでいます。研究開発施設も備えている「ハシエンダアルサシア」では、アグロノミスト（農学者）を中心に、気候変動に適応できる品種やさび病耐性の高い品種などの開発を実施しました。ここで開発されたコーヒーの木を、病原菌の影響で生産が困難となった農家向けに提供するプロジェクトも行っています。対象はメキシコ、グアテマラ、エルサルバドルで、2025年までに1億本を目標に提供していく予定です。さらにスターバックスは、生産者を支援するファーマーサポートセンターを世界に10カ所設置しています。そこには各国の文化やコーヒー栽培に

熟知したアグロノミストが所属しており、農園で生産者にアドバイスをしています。代表例として、多くの産地で、気温の上昇や激しい雷雨から木を守るシェードツリーを植えて、コーヒーの木を影で覆う「シェードマネジメント」を実施しています。シェードツリーには、副収入になるバナナやマンゴーの木、コーヒー栽培に必要な窒素を土に固定できるマメ科の植物を植えている地域もあります。またアフリカでは、干ばつに対して土や草木、藁などでカバーをする「マルチング」も行っています。

国内事例　日本企業も気候変動に適応した新品種の開発に取り組んでいます。キーコーヒーは、2016年4月からWCRと協業して品種開発に着手しました。世界各地からコーヒーの優良品種を選抜し、各国の生産地で栽培試験を実施するこのプロジェクトは、IMLVT（International Multi-Location Variety Trial）と呼ばれています。各生産地において、気候変動や病害虫への耐性と豊かな味わいを兼ね備えた最適な品種を発掘するのが目的です。発掘した品種をその生産地で流通させることが、気候変動による収量減少に対するひとつの解決策になると期待されています。キーコーヒーは、インドネシアのスラウェシ島で運営する直営農園の一部を研究場所として提供し、試験活動を実施しています。試験に基づいた情報や技術を地域と共有することで、収量の増加や品質の向上、生産者の経済的向上にも貢献することが期待されています。

伊藤忠商事は、2019年からFarmer Connect社とコーヒー・トレーサビリティ情報を閲覧できるITプラットフォーム「FARMER CONNECT」の構築を目指す取

り組みを開始しました。ブロックチェーン技術が用いられており、コーヒーの産地から製造・流通過程といった情報がユーザーの手元のアプリから確認できるようになります。また、コーヒーは生産の大部分を発展途上国に依存していることを考慮して、国際相場や気候変動の影響を受けやすい農家をユーザーが直接支援できる仕組みも取り入れました。ルワンダで女性が経営するNova Coffeeで試験的に取り組んでもらったところ、80の農家からのデータを記録して有効化し、このデータをブロックチェーンに取り組むことで、そのコーヒーが主に女性農家によって作られていることやコーヒー農家が適正な賃金を得ているかといったことを、コーヒーを購入した消費者が直接知ることができるようになりました。Nova Coffeeの市場対応力や競争力、取引に参加する能力の向上、地域や海外の市場へアクセスする能力の強化、女性の社会的地位の向上を支援する活動強化への尽力が認められています。

味の素AGFでは、コーヒーの供給不足への懸念から、うま味調味料「味の素」の生産過程でできた肥料「AJIFOL」をコーヒー豆農家に販売しています。ブラジル東部セラード地区の農園で「AJIFOL」を使用したコーヒー豆の生産性や品質への影響を調べ始め、農園が長年の経験に基づき使用している既存肥料と同等の効果を確認しています。2年間の試験を終了し、支援する農家を増やすほか、支援先のコーヒー豆の製品化や、収穫物の単収率や完熟度への影響（糖度、赤実率、サイズ）の検証に取り組んでいます。マンデリンやトラジャといった優れた豆の産出国であるインドネシアでも、2017年9月以降「AJIFOL」を試験的に提供しました。同時に除草機、ビニールテント、害虫トラップ、長袖のTシャツ、長靴、軍手といった農業資材も配布し、農家を支援しています。またベトナムでは、2017年にクロンナン、エアレオ地区の10農家を対象に、コーヒーの苗木25万本と共にベトナム味の素社の肥料を配布しました。それぞれの地区の公民館にて、地域の農業従事者3000人以上を集め、水やりの方法やコーヒーの木を直射日光から守るためのシェードツリーの植え方など技術指導も実施しました。

一方で、AGFは国内でのコーヒー生産にも尽力しています。日本でも数少ないコーヒー豆の産地として注目される鹿児島県徳之島において、次世代につながる事業への発展を視野に、2017年から伊仙町役場、徳之島コーヒー生産者会、丸紅の飲料原料部と共同で「徳之島コーヒー生産支援プロジェクト」を展開しています。台風への耐性を念頭に鉄骨を使用したビニールハウスを導入したり、低木に育つアラビカ種を植えたり、より深い地中への根張りを促進する肥料を活用するなどの取り組みをしています。2018年に台風24号の被害を受けてからは、防風ネットに加え、コーヒー苗木の周りにはドラセナ、作業道路や農場の周りにはカポックを植えて防風林を整備しています。

沖縄でも国産コーヒーの生産が本格化しています。ネスレ日本と沖縄SVは共同で、名護市と琉球大学と連携して国産コーヒー豆の栽培に取り組む「沖縄コーヒープロジェクト」を立ち上げました。これまで個人などが小規模に生産していたコーヒーを沖縄県の新たな特産品にすることを目標に、2022年4月末までに累計約6500本の苗木を植樹しました。持続可能性という観点から、県内の耕作放棄地の活用、そして2021年からは未来の担い手となる可能性のある高校と共同でのコーヒー豆生産に取り組んでいます。

農民が手に持っているのはコーヒーの果実。主に手作業で収穫していることもあり、小規模農家が世界のコーヒー生産の大半を担っている

展望　世界のコーヒーに対する需要は着実に高まっており、2050年までに25%の増加が必要とされています。さまざまな機関・企業によって気候変動に適応した品種改良や開発が進められていますが、今後研究のさらなる加速化が求められます。

　コーヒーは熱帯地方を中心に、世界70カ国以上で生産され、約2500万人もの生産者の生計を支えている巨大産業です。アフリカや中南米など貧困問題にあえぐ発展途上国の小規模農家が主な生産者となっています。日本は世界第4位のコーヒー消費大国であり、コーヒー産業にもたらす社会的責任は大きいと言わざるを得ません。1杯のコーヒーを飲むときに、気候変動による生産地への影響や生産者の貧困問題など、コーヒーの抱える問題に思いをめぐらせ、サステナブルな取り組みを行う企業を選ぶことも重要です。●

観光
Sightseeing

新型コロナウイルス感染症によって一時その勢いを失いましたが、「観光」産業は今、世界で最も急速に成長している経済部門のひとつです。観光客は非日常的な体験を通して、癒やしや刺激を得ることができます。観光地では雇用や富が創出され、環境保護、文化の保全、貧困の削減にも貢献しうるという認識が高まっています。

しかし気候変動という文脈で観光を捉えたとき、多くのネガティブな側面があることも事実です。スキー場の積雪量の減少、サンゴの白化、オホーツク海の流氷減少や諏訪湖の御神渡り発生頻度の減少など、産業に損失をもたらすさまざまな影響が出始めています。茨城県・水戸偕楽園では、梅の開花時期が変わりお祭りと時期が合わなくなる可能性や、氷瀑で有名な茨城県の袋田の滝では、凍結しなくなることで観光客の満足度が下がることなども指摘されています。海外では、スイスのアルプスやネパールのヒマラヤなどで、スキー産業の衰退だけでなく、氷河など山岳景観の喪失や永久凍土の融解に起因する洪水や土砂災害などが懸念され、登山道が寸断された事例もあります。気候変動によって生態系が大きく変化し、自然景観の毀損、希少な動植物種の生育環境の悪化や衰退、水産業における水揚量や魚種変化などが起こり、観光資源そのものの価値が損なわれる恐れもあるのです。

アメリカのインディアナ州では観光への気候変動影響の調査が行われ、夏日や猛暑日の日数の増加、快適な日の日数の減少、降雨増加、降雪減少などの直接的な影響に加えて、健康被害、新しいインフラ整備の必要性、森林等保養地の変化、顧客の志向の変遷などの間接的な影響もあることを明らかにしました。島嶼国であるバハマ国のニュー・プロビデンス島と、隣接するパラダイス島においては、多くの観光施設が高潮の影響を受ける範囲にあること、海岸侵食が懸念されることなどが気候変動影響調査によって判明しています。収入のほとんどを海岸資源に頼るバハマにとっては、広範囲な社会経済的被害となるため、観光戦略を適応策に組み合わせる包括的な沿岸域管理が求められています。

このように気候変動による影響は国内外の観光地ですでに生じているため、適応策への取り組みが模索されています。

適応策 気候変動による観光への影響には、マイナス面とプラス面があります。海水温の上昇によるサンゴの白化現象や、雪不足に伴うスキー場の閉鎖、流氷や樹氷の消滅などがマイナス面として挙げられる一方で、積雪により冬季閉鎖を強いられていたゴルフ場やキャンプ場が通年営業ができるようになったり、海水温の上昇に伴い海開きの期間が長くなり、年間を通してみると観光客が増える可能性もあります。観光業は「そこにあるものを資源として活用する」ため、観光資源を移設することが難しく、気候変動の影響は場所ごとにプラスに働く場合もあれば、マイナスに働く場合もあります。そのため、観光地に対する適応策は、地域ごとに細かく考える必

要があり、個々の地域ごとの自然の変化に合わせてアクティビティを充実させるなど、観光資源のあり方を戦略的に変化させ続けることが重要となります。

　希少な生態系や貴重な文化財を観光資源としている場合には、自然の保全活動や文化財の保護活動が適応策となります。高山植物は気候変動の影響により生存の危機にさらされており、踏み荒らしなどの心無い観光活動によって破壊されることを防ぎ、状況によっては種の保存を目的に移設して希少種を保護するなどの活動も必要となるでしょう。気候変動の状況に合わせ、持続可能性を考慮したアクティビティや保全活動の導入が観光業の主な適応策となるのです。

海外事例　ヨーロッパの最高峰、モンブランの麓にあるシャモニー・モンブラン市は、夏は登山、冬はスキーが盛んで、年間150万人の観光客が訪れる町です。近年の気候変動による氷河の減退や観光客によるゴミ問題など、重要な環境資源である地域の景観が失われつつあることを受けて、「エスパス・モンブラン・プロジェクト」という取り組みが始まりました。このプロジェクトでは、温室効果ガス削減や気候変動への適応を目的に、パーク＆ライド方式（最寄り駅や停留所まで車を使い、そこから公共交通機関に乗り換えて目的地まで行く方法）を取り入れた地域交通の制限、ゴミの分別処理、建物の建築制限、住民理解を深めるための環境教育の推進などが行われています。

　同じく冬の観光が重要なドイツ西部のシュペサートも、冬に重点を置いていた観光から通年型の観光へ転換を図るため、ハイキングやマウンテンバイクに親しむ人のためのコースを新設するなど新しい取り組みを始めてい

ます。協力機関や関係者の連携のもと、戦略的な観光開発計画を策定するためのワークショップが開催され、計画の柱となる観光客ターゲットを明確にしたうえで観光政策が構築されているところも注目すべき点です。

　世界最大のサンゴ礁地帯グレートバリアリーフで有名なオーストラリア北東部のクイーンズランド州では、2018年、クイーンズランド観光産業協議会によって「観光気候変動対応計画」が策定されました。これは企業が気候変動に事前に取り組み、環境の管理人および地域社会の福祉の貢献者となる道を開くためのロードマップを示すもので、場所やセクターにより異なる気候ハザードを整理し、各種の取り組み事例、適応ツールなどが紹介されています。また、訪問者は環境管理税を払わなければならず、そのお金は日々の管理や保護に役立てられています。旅行客がグレートバリアリーフのサンゴの健康状態チェックのお手伝いをする「REEF Search」や「Eye on the Reef」などのプロジェクトもあります。グレートバリアリーフの保護のため、クラウドファンディングによって基金を募るプロジェクトも進んでおり、観光客を巻き込んだ環境保全の取り組みが進んでいます。

国内事例　数多くの史跡を残し、コロナ禍の数年を除いて毎年5000万人もの観光客が訪れている京都は、気候変動への適応策を府市協調で推進しているのが特徴的です。適応策の検討プロセスにおいては、理念や視点をステークホルダー間で議論したうえで、取り組みを策定・実施。生活・情報弱者、観光客など幅広い主体への影響を想定し生活や事業活動の質を維持向上させること、伝統や文化をはじめとする"京都らしさ"を持続・発展させ

京都・清水寺の色鮮やかな紅葉。多くの史跡を残し、毎年5,000万人もの観光客が訪れている京都。気候変動への適応策を府市協調で推進しているのが特徴的だ

ること、京都が培ってきた関連する知恵を発信することなど、国内有数の観光地である京都ならではの適応策といえるでしょう。

摩周湖、屈斜路湖など阿寒摩周国立公園の豊かな自然を抱える北海道の弟子屈町は、自然環境やそれらを生かしたアクティビティ、温泉などを目的に、国内外から多くの観光客が訪れる地域です。観光と農業が主な産業となっており、平成20年に設立された町民主体の「てしかがえこまち推進協議会」を中心に、エコツーリズムを基軸としたまちづくりを進めています。経済と資源の持続可能な地域を目指し、自然環境の適正な保全、健全な活用ができる仕組みが検討されており、トレッキングや登山、カヌーやホーストレッキング、スノーシューツアーや星空観察など一年を通して提供されるアクティビティは、ツアーガイドが案内や体験の指導をすることを基本とし、ルールの徹底が図られています。硫黄山では、認定ガイドだけが催行できるガイドツアーを展開し、売上げの一部が硫黄山や国立公園の保全に還元される新たな仕組みも導入されています。

展望　観光は、自然や景観、歴史・文化といった観光資源なしでは成立し得ない資源依存型産業です。そのため、気候変動の影響を受けた観光資源に対する適応策・緩和策の推進は、事業の発展には不可欠です。そうした取り組みを通じて、地域全体を先導しうる力も持ち合わせています。コロナ禍のあと観光業界では、サステナブルトラベルが進化した「リジェネラティブトラベル」「回復と再生、未来を築く地域還元型の旅行」というキーワードが議論されるようになりました。気候変動問題を契機に、フードマイレージや食料自給率、移動中心の周遊観光商品などが見直され、地産地消型の観光地や湯治のような拠点滞在型の観光スタイルが注目されていることも考慮すると、適応策や緩和策を融合した観光産業を構築することは、地域の新しい価値創造につながる可能性を秘めているといえるでしょう。●

雪上レジャー
Winter Sports with Snow

1980年代、バブル経済の隆盛とともに巻き起こったスキーブームによって、日本国内に数多くのスキー場が誕生しました。1998年に長野県で開催された冬季五輪をピークに国内のブームは収束しましたが、日本の雪山の恵まれた雪質が"JAPOW"（Japan Powder）という言葉とともに海外のスキーヤー・スノーボーダーに知れ渡り、北海道のスノーリゾート、ニセコをはじめとするインバウンド需要に合致したスキー場を中心にふたたび活況を呈し始めています。

その一方で、国内だけでなく世界各地のスキー場が、気候変動による積雪量の減少や雪質の変化に頭を悩ませています。2031年以降、ほとんどのスキー場で積雪深が大きく減少すると予測するデータもあり、スキー場の運営に暗い影を落とす事態を前に各スキー場は対策を迫られています。

積雪量の減少の影響を受けているのはスキー場だけではありません。秋田県横手市には、80基の雪室が立ち並ぶイベント「横手のかまくら」がありますが、年によっては山から雪を運び込まなければ雪室を完成させられない状況です。国内外から毎年200万人以上が訪れる北海道札幌市のイベント「さっぽろ雪まつり」でも、雪不足は深刻な問題です。最も温暖化が進む場合、21世紀末の札幌市近郊における積雪深は30cm以上となる地域が大幅に減少し、現在の規模で雪まつりを行うためには採雪に2.2倍のコストが必要と予測されています。

当たり前に存在してきた冬の風物詩をどのように維持するのか、それとも別の形に変えていくのか、気候変動を前にその判断を求められています。

適応策　気候変動による積雪量の減少が事業の存続に関わる国内外のスキー場では、事業者・国や地方自治体・そして事業者と地域が一体となって取り組みを行う形で、それぞれ適応策の検討や実施が急ピッチで進められています。

各事業者が取り入れている主な適応策は、降雪量の補填、事業内容の検討、そして経営体制の改革や投資の喚起などです。降雪量の補填においては、主に人工降雪機と人工造雪機を利用するという手段がありますが、より広く利用されているのは水を噴霧し空中で水滴を凍結させる人工降雪機です。大量の造雪が可能なファンタイプ、高温域や急斜面などでも造雪できるガンタイプの2種類があります。スカンディナビア半島に位置するスウェーデンでは、スキー場やリゾートが政策決定者や企業を招いて人工降雪機導入などの適応策を検討し始めました。長野県北部の志賀高原では、2020年にスキー場の大規模改修を実施。自然降雪が減少する未来を見据え、最新鋭の降雪設備を導入して積雪を安定させ、ゲレンデを確実にオープンできるように努めています。

事業内容の検討として具体的に挙げられるのは、設備規模の適正化、集客力の強化、グリーンシーズンの活用などです。イタリアでは全土のスキーリゾートが"雪のないモデ

雪不足はスキーリゾートの死活問題だ。スノーマシンを使うことは、今や世界中のスキー場で見慣れた光景だ

ル"へ転向しつつあることが報告されています。クロアチアでは、雪の観光以外に狩りや釣りなどのアクティビティも盛んであることから、気候変動によって暖かい冬が来ることはむしろ利点と捉えられている側面もあるようです。グリーンシーズンの活用事例としては、長野県の富士見パノラマリゾートをはじめ多くのスキー場が、夏季のアクティビティとしてマウンテンバイクに着目し、ゲレンデ内にマウンテンバイク用のコースを設置する動きが見られます。ドイツのシュペサートは、冬季のスキーに依存せず年間を通して観光客に来てもらえる観光地づくりを開始し、サイクリングやハイキングのための新しいコースの建設や、夏期のスキーリフト活用を実施しています。この適応策により観光客数は冬季から年間を通したものへと推移しています。

　経営体制の改革や投資の喚起においては、広域連携や索道会社の統合、所有と運営の分離などが具体的な適応策となります。ア

メリカでは、スキーの大手企業3社が連携し「Climate Collaborative Charter（気候協働憲章）」を発表しました。同憲章では可能なかぎりのエネルギー利用削減と再生可能エネルギーの導入、気候行動と再生可能エネルギーへの移行を促進する公共政策の擁護などを掲げています。国内の事例としては、2018年に再生可能エネルギー事業を手がけるブルーキャピタルマネジメントが、スキー場運営会社であるマックアースから4カ所のスキー場事業会社の譲渡を受けたことが発表され、話題になりました。太陽光および風力発電設備をホテルやロッジの屋根や駐車場に設置し、それらのエネルギーを利用してゴンドラやリフトの稼働、各施設の電力、レストランで提供する野菜などの水耕栽培を計画しています。また、スキー場運営の負担になっていた降雪機などの稼働にも再生可能エネルギーを使用することで、運営面での経営改善にも取り組んでいます。

DMO　スキー場は地域にとってはもちろん、インバウンドの視点では国にとっても重

要な観光資源です。そのため、気候変動への適応は事業者の努力だけでなく、官民一体となって取り組まなければなりません。国や地方自治体においては、事業者への支援、観光地としての魅力向上、観光地域づくり法人（DMO）の活用などが適応策として行われています。

地方自治体による事業者への支援としては、借地料の低減やリフト券転売対策の支援を行うことなどが挙げられるでしょう。新潟県の胎内スキー場においては、胎内市が主導となってクラウドファンディングを実施し、継続的な事業運営のための基金を設けた例もあります。ゴンドラや山頂からの眺望といった景観づくりや、滞在先としても楽しめる町並みづくりに力を注ぐことも適応策のひとつです。

事業者と地域が一体となって取り組みを行うために、スノーリゾート形成を目的とするDMOを設立することも有効な手段です。カナダの一大スノーリゾート、ウィスラーブラッコムは、1975年に設立された「ウィスラーリゾート自治体（RMOW）」によって適応の取り組みが進められているのが特徴です。2016年に、緩和策と適応策に関する130以上のアクションプランをリストアップした「Community Energy and Climate Action Plan（CECAP）」を策定しました。2020年にCECAPのアクションに優先順位をつけた「The Climate Action Big Moves Strategy」を策定し、大幅な排出削減を達成するためのフレームワークを設定するまでに至っています。

観光が基幹産業のひとつであり、なかでも冬の観光が重要な位置付けを占める北海道では、気候変動適応北海道広域協議会において、積雪量および雪質の変化によるスノーリゾートへの影響に着目した適応策の指針となる広域アクションプランを策定しました。特に人気の高いニセコやトマムなどのスノーリゾートに対して、雪が不足する場合には人工降雪機の導入やほかの地域から雪を運んでくるなど適応策に加えて、ワーケーションの有用性などが盛り込まれています。

北海道に並び、毎年多くの海外客が訪れている長野県の白馬エリアにあるのは、大町市・白馬村・小谷村の3自治体と大北地区索道事業者協議会、各市村の観光団体によって組織された広域DMO「HAKUBA VALLEY TOURISM」です。「世界から選ばれる山岳観光地域の構築」をコンセプトに掲げ、通年でアクティビティを楽しめる施設を展開したり、施設内の電力を再生可能エネルギーへ転換したりと、気候変動に対する緩和策や適応策が行われています。

展望　気候変動がスキー場・スノーリゾートを持つ地域や国へ与える影響は、悪いものだけではありません。たとえばスウェーデンでは、雪不足に悩むスキー場がある一方で、北極圏などより高緯度で標高が高い場所においては、気候変動によって新たなスキー場を展開する余地が生まれる可能性もあると考えられ、研究が進められています。そのため、地域特性を踏まえて適応策を検討していくこと、また地域ごとに気候変動の影響について科学的な知見を集めることが不可欠です。

積雪量が不足する場合は、事業の継続策と併せて長期的な経営体制の改革や事業の転換を見据えた対策や計画が必要です。さらに、昨今のコロナ禍や顧客の志向の変化など、気候変動以外の動向にも注視しながら適切な判断をしていくことが、冬の観光に携わる事業者や地域、国には求められています。●

補助金
Subsidies

2024年2月現在、全国43の都道府県で62件の地域気候変動適応センターが設立され、地域における気候変動の影響や適応に関する情報の収集、整理、分析を行い、その提供や技術的助言を行っています。設立の背景にあるのは、2018年に開始した気候変動適応法の施行です。その13条に、都道府県及び市町村は、その体制を確保するよう努めることと記載されています。

地域の気候変動に関する知見を埋没させないためにも、都道府県や市町村は、積極的にセンターを確保することが期待されています。しかし、現行の気候変動適応法の下では、地方公共団体に適応に関する予算措置はなされていません。そのため、センターの運営に係る予算はそれぞれの自治体で工面しなければならず、経済的な難しさに直面しているケースがほとんどです。そこで期待できるのが、補助金の存在です。日本でも気候変動や適応に関連するさまざまな補助金制度があります。たとえば、栃木県の気候変動適応センターでは、「気候変動対策ビジネス等創出支援補助金事業」を行っています。上限額は100万円。これは県内で活動する中小企業者等向けに、気候変動適応・緩和策に資する取り組みや製品開発を支援するためのものです。対象事業の例としては、設置が簡単なシート型の止水装置の開発や、除湿冷房機器の耐環境性能の高度化、熱中症情報提供サービスの開発などが挙げられています。

海外事例　気候変動は人々の健康にも大きな影響を及ぼしています。たとえば、山火事や洪水の後には大気環境の悪化によって呼吸器系の疾患が増加する可能性もあります。また気候変動によって動植物や菌類を利用した文化的な医薬品の損失や、伝統的な領土へのアクセス制限による人々のメンタルヘルスへの影響なども考えられます。

カナダの先住民サービス省は、「北緯60度以南の先住民のための気候変動健康適応プログラム（CCHAP）」を実施しています。これは、対象地域の先住民コミュニティが気候変動によって影響を受ける健康問題を特定、評価、対応できるよう支援するものです。CCHAPでは、コミュニティまたは地域を基盤とした気候および健康に関する研究やプロジェクトに、1プロジェクト当たり最高10万ドルを提供。気候変動が人間の健康に及ぼす影響を最小限に抑えて適応していくために、先住民のコミュニティをサポートします。

屋上緑化には、温室効果ガスの吸収といった緩和だけでなく、屋内の温度上昇の抑制やそれによる省エネなど、適応の効果も期待されます。また近年は、生物多様性の保全への貢献についても評価が進んでいます。英国マンチェスターで行われたモデル研究では、建物が密集している地域の適切な屋根をすべて緑化することで、雨水の流出を17〜20%削減できることも示されました。

スイスでは、補助金の活用により屋上緑化に成功した事例もあります。スイスのバーゼル市は、1990年代から屋上緑化を推進し、2019年時点の1人当たりの屋上緑化面

積が世界最大となっています。屋上緑化のプログラムには、1996年から1997年にかけては20スイスフラン/㎡、2005年から2007年にかけては既存建築物の改修の際に30〜40スイスフラン/㎡を上限に補助金が支給されました。この資金は、バーゼル市民の電気代5%からなる省エネ基金から調達されています。この取り組みは成功し、その後は補助金の必要がないと判断されました。そして2010年に施行された新築・改築の建物の平屋根をすべて屋上緑化する義務に関する規制は、屋上緑化のさらなる拡大に貢献しています。このように、バーゼル市では補助金による屋上緑化プログラム奨励措置から法的規制まで、一連の包括的な仕組みにより、屋上緑化の広い普及に成功しました。

　オランダでもいくつかの自治体で、屋上緑化のための補助金制度を設けています。オランダには補助金の支給といった従来の形にとらわれない、さまざまな形の補助制度が存在します。たとえば「ストーンブレイク作戦」は、市民が自宅の庭の舗装を取り除き、自治体から無料でもらった植物を植えることで都市の緑化を促すという取り組みです。ほかにも、市民が自分の土地に雨水をためるための対策を講じるよう促すために、水道税の差別化を試みています。長期的に支給するのが難しいという補助金の特性を踏まえて、補助金に依存しないさまざまな形を模索しているのです。

国内事例　日本の自治体では、足立区が気候変動に関するさまざまな補助金制度を実施中です。たとえば、居住する住宅にエアコンがない住民を対象にした「気候変動適応対策エアコン購入費補助金」や防災や省資源につながる「雨水タンク設置費補助金」などがあります。

日本においても、住民や事業者の適応を支援するさまざまな補助金があります。たとえば、住民を対象とした補助金として、暑熱対策の要となるエアコンの導入があります。また、事業者を対象としてCO_2排出削減や従業員の健康に配慮した業務用空調設備への補助金などもあります。

　気候変動緩和・適応のどちらにも資する緑化に関する補助制度も各地で展開されています。愛知県では、市街地の多くの部分を占める民有地の緑の減少により緑の全体量が減少していることを受け、「あいち森と緑づくり都市緑化推進事業」を実施しています。財源とする「あいち森と緑づくり税」を活用して、各市町が質・量ともに優れた民有地の緑化工事に対して助成事業を行っています。兵庫県も、2006年度から導入された県民緑税の一部を財源として、都市環境の改善や防災性の向上を目的に、住民団体などにより実施される植樹や芝生化などの緑化活動に対して支援を行う「県民まちなみ緑化事業」に取り組んでいます。緑化事業の完了後5年間は維持管理報告書の提出が義務付けられていますが、植栽後の維持管理に役立つガイドブックや兵庫県園芸・公園協会が配置する緑のパトロール隊など、バックアップ体制も整えています。また、公益財団法人による補助金もあります。たとえば、福岡県福岡市では、緑あふれる街並みの形成を目的として、道路から見える緑化の施工費用の一部を福岡市緑のまちづくり協会が助成する事業を展開しています。

　地域での気候変動を踏まえた防災の取り組みは、コミュニティの強化や地域の活性化にもつながる重要な活動であり、各自治体が助成制度を設けています。住民を対象としたものは、家庭用の防災用品購入の補助が多く、

東京ミッドタウン日比谷の屋上緑化。建築物の保護、空調負荷の低減など省エネ効果、ヒートアイランド現象の緩和や、雨水貯留と雨水流出の抑制、景観向上に役立っている

石川県白山市や静岡県御前崎市、長野県安曇野市などの例があります。事業者に対しても同様の補助があり、たとえば東京都千代田区では、区内の事業者が災害時に必要となる物資の備蓄や資材の確保のため、購入費用の一部を助成しています。一方、非常時のエネルギー源の確保を切り口とした補助金もあります。徳島県では、災害発生時に自立・分散型エネルギーとして活用可能な脱炭素型設備の導入を促進するため、県内においてネット・ゼロ・エネルギー・ハウス（ZEH）の新築などの費用およびネット・ゼロ・エネルギー・ビル（ZEB）の建築費用の一部を補助しています。近年、事業者に対し、緊急事態でも事業資産の損害を最小限にとどめ、中核となる事業の継続・早期復旧を可能とするための事業継続計画（BCP）の策定が求められていることを受け、これを補助する動きもあります。たとえば、新潟県長岡市では、BCP・事業承継補助金を設け、企業の事業継続力強化を促進しています。

展望　適応策に取り組むにあたり、補助金の活用は有効な資金調達の手段となります。しかし、オランダの事例で触れたように補助金の長期的な支給は難しく、補助金に依存しすぎないための留意が必要です。補助金の効果的な活用としては、先述したスイスの事例が参考になるでしょう。スイス・バーゼル市の屋上緑化では、当初補助金を活用していたものの、取り組みが成功してからは補助金に頼らず対策が拡大しています。この事例では補助金単体ではなく、法的な規制と組み合わせた包括的な取り組みが実施されていました。このような効果的な補助金活用により、適応策を促進していくことが今後期待されます。
●

北極海航路
Arctic Trade Routes

気候変動の影響が最も顕著に表れている
といわれる地域は、北極圏です。北
極圏では地球平均の2〜3倍の速度で温暖化
が進んでおり、この先も地球平均の1.5〜2
倍の速さで進むと考えられています。最も
寒い日の気温は3倍の速さで上昇するという
予測もあります。北極圏の海氷面積は1979
年以降長期的に見て減少しています。現在
は1850年以降で最も小さい海氷面積です。
2010年から2019年の10年間の晩夏の平均
海氷面積は、1979年から1988年の10年間
と比較して247万km²減少しました。これは
日本の国土面積約38万km²の6.5倍にあたり、
このまま温暖化が進行した場合、今世紀末に

は9月の北極海は実質的に海氷のない状態に
なる可能性が高いと予測されています。

北極圏の海氷面積が減少するなか、注目さ
れているのが「北極海航路」の活用です。北
極海航路はその名のとおり、北極海を通って
大西洋と太平洋の間を船が運航するルートで
す。現在よく使われているルートは、東南ア
ジアのマラッカ海峡、中東とアフリカ間のス
エズ運河を経由する「南回り航路」です。南
回り航路は、横浜港からオランダのロッテ

極圏の海氷面積が減少するなか、北極海航路の活用が検
討されている。南回り航路と比べて約6割の距離で欧州と
東アジアを結べるため、新たな海上輸送ルートとして注
目度が高い

ルダム港まで約2万1000kmあります。一方、北極海航路はロシアと米国国境に位置するベーリング海峡、北極海を経由し欧州に至り、その距離は南回り航路の約6割の約1万3000kmです。最短距離で欧州と東アジアを結べるため、新たな海上輸送ルートとして注目を集めているのです。

経済的メリット　北極海航路の活用には環境面、経済面でさまざまなメリットがあります。燃料削減によるCO_2排出量の削減は、最も大きなポイントです。国際海運からのCO_2排出量は、2018年時点で約9.19億t。これは、世界全体の排出量の約2.51%に相当します。2012年の排出量は8.48億t、2016年の排出量は8.94億tで、長期的には増加傾向です。日本は国際海運において2050年までのカーボンニュートラルを掲げていますが、北極海航路活用による燃料消費削減、それに伴うCO_2排出量の削減は目標の実現に向けて有効な策となり得ます。

　経済面では、燃料コストの削減、資源開発の可能性、地域経済の活性化など、さまざまなメリットがあります。一般的な大型貨物船では、燃料コストは輸送コストの約半分を占めます。日本郵船では、2020年度下期の運航費用1722億円のうち約半分の908億円が燃料費です。また船体の減価償却費が高額になる自動車船やLNG（液化天然ガス）船では、航行日数が短縮されることでコスト削減につながります。

　資源開発の可能性に関して、北極海でのエネルギーや鉱物資源の開発が期待されています。北極圏において確認されている原油埋蔵量は世界全体の3%、未確認分も含めると世界全体の13%に相当すると推定されているのです。天然ガスに関しても同様に、確認さ

れている分で世界全体の17%、未確認分を含めると世界全体の30%に相当すると推定されています。

　地域経済の活性化に関しては、北海道を中心とした地域活性化政策のひとつとして期待されています。欧州と東アジアを結ぶ北極海航路では、北極海を横断した船が遭遇する初めての先進地域が北海道です。そこから東アジアへ向かう船は、宗谷海峡と津軽海峡を通過します。近年は北極圏観光も増加傾向にあり、クルーズ後に客船が寄港する実績もあります。玄関口となる北海道を中心に、北極海航路の拠点となることで地域経済の活性化が期待されます。このように、環境面と経済面両面でさまざまなメリットが見込まれますが、それに伴うデメリットも多く存在します。

リスク　北極海航路活用により生じるデメリットに関しては、気候変動の加速と海洋環境の悪化があります。まず、北極海航路活用の拡大により海氷の消失が進めば、地球の温暖化のスピードがさらに早まる恐れもあるのです。これは、雪が太陽光を10〜20%ほどしか吸収しないのに対して、水は90%も吸収してしまい、太陽熱の反射が弱まってしまうためです。また、北半球の広い範囲における近年の暖冬傾向や記録的寒波、豪雪などの異常気象は、北極圏の海氷面積の変動が関係していることが明らかになってきています。

　海洋環境の悪化に関してもさまざまな懸念があります。仮に北極海を運航中に燃料や積荷が流出した場合、大規模な生態系の破壊につながってしまいます。また船の航行に伴い、排気ガス、ゴミ類や汚水、バラスト水など多様な排気・排出物も発生します。バラスト水とは、大型船舶の積荷が少ないもしくはまったくないときに、航行時のバランスをとるた

めに船内に積み込む海水のことです。到着した港において、積荷が積まれる際に放水されます。このとき外来種が同時に海に放出され、その地域の生態系に悪影響を及ぼすリスクがあるのです。そのほか、船の航行に伴う海中騒音や動物との衝突なども懸念されます。気候変動に伴う水温の上昇や淡水化、酸性化の進行ですでに影響が出始めている北極圏の生態系。北極海は手つかずの自然生態系が残る場所であることからも、北極海航路の活用拡大に関しては慎重な議論が求められます。

　経済的なデメリットとしては、輸送コストの増加と運航季節の限定が挙げられます。なかでも耐氷貨物船の建造コストは、通常船舶の10〜50％高くなります。またロシア沿岸の航行の際には事前許可や砕氷船(さいひょうせん)の先導に対する追加費用、低温環境用燃料や船舶保険の割り増しなども必要になります。燃料価格が高くなるほど、北極海航路活用への期待は高まります。また、北極海航路のほとんどの海域で海氷が減少する夏季に航行が限定されるため、定期運航が前提のコンテナ輸送にとって大きな課題となります。

展望　北極圏の海氷面積の減少に伴い、今後、北極海航路活用の拡大が見込まれています。北極海航路の活用はメリットが多い反面、北極圏の環境や生態系に不可逆なダメージを与えるリスクもあります。今後は、北極圏における環境への影響評価やその基盤となる情報の収集・整備、生物多様性への影響評価等の施策が必要です。また北極海の測量や衛星による海氷観測データの活用など、船舶が安全に航行し事故のリスクを軽減するような海図の整備や海氷速報図の作成等も重要となります。近年では衛星データからAIが氷山などの障害物を抽出し、最適ルートを船舶に伝える

サービスなども誕生しています。将来予測では、1月から6月にかけて北極海航路におけるほとんどの地域で海氷の厚みが減少するため、航行がより容易になると予想されています。今後、各国政府や地方自治体、民間企業、研究機関が協力し、環境保全や安全性を担保したうえでの持続可能な航路活用の探求が求められます。●

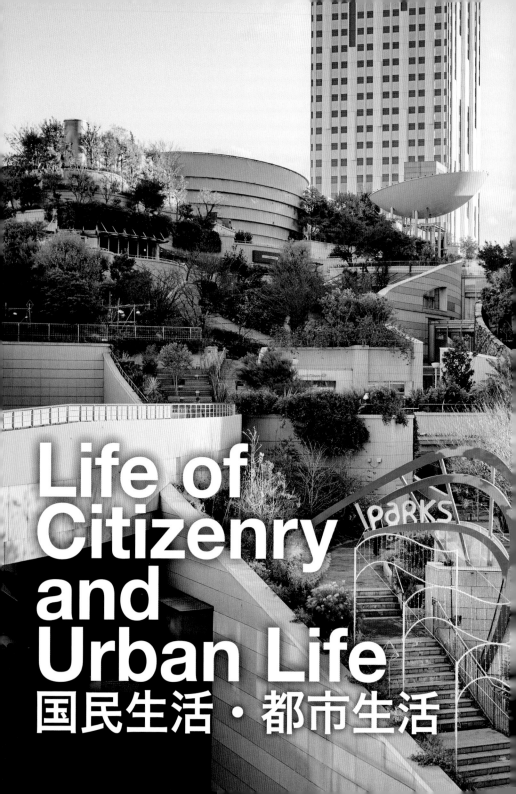

Life of
Citizenry
and
Urban Life
国民生活・都市生活

大型台風やドカ雪、異常気象による被害を防ぐため、鉄道会社が未然に運転休止を計画・公表するようになったのは、2014年の台風14号の接近に伴う計画運休が行われたJR西日本がきっかけといわれています。10年に一度の記録的な豪雨は浸水や洪水を引き起こし、線路周辺や車両基地は冠水し、停電により通信設備も遮断されるなど、気候変動による交通インフラへの影響は、すでに身近なものになりつつあります。電力や水道、通信基盤は私たちの暮らしに欠かせないライフラインです。幸い、IoT技術の進展により、気象情報の精度や予測の信頼度は向上し、気象災害による混乱から人々の生活を守るために、さまざまな適応策が検討されています。

このセクションでは、地下鉄・道路交通・空港・港湾・橋などのインフラや、水道・電力・廃棄物などのライフライン、そしてヒートアイランド現象などの課題を抱える都市生活、教育活動に焦点を当て、国内外のさまざまな最新技術を紹介します。●

なんばパークスは大阪府大阪市浪速区難波中にある商業施設や都市公園などで構成される複合商業施設だ。緑との共存がテーマで、3階から9階まで緑が広がる1期部分の屋上庭園には、約235種類、約4万株の植物が植えられている

水道
Water Supply

水道システムは私たちの暮らしを支える、最も基本的かつ重要な生活インフラです。しかし、豪雨や洪水、渇水の増加、水温上昇、海面水位の上昇など、気候変動による影響はさまざまです。水温上昇によって藻類が増加し、カビ臭などの異臭味の被害も拡大しています。また暖冬による積雪量の減少や降雨（降雪）パターンの変化も、水量、水質、水道施設へ影響を及ぼしています。

　毎年のように見舞われる豪雨や台風によって、河川で土壌の侵食や堆積物の巻き上げが発生すると、原水が濁り、未処理の下水がそのまま溢れて放流され、病原性微生物による原水汚染が生じます。東京オリンピックのトライアスロン会場では、お台場の水質が大きな課題となりました。高潮による、地下水の塩水化被害も想定されます。このような原水の水質悪化に対応するには、浄水処理の強化が必要で、すなわちコストの増加を意味します。今後は土砂崩れなどによる水道施設への被害や、送電線の破断による停電にともなう断水など、より広範囲な水道システムへの影響の拡大と対策費の増加が懸念されています。

適応策　水道システムは、水源系（河川や湖沼・ダム、地下水）、処理系（浄水処理場）、給配水系（浄水を各家庭へ送る配水管や配水池（給水管や貯水槽なども含む）の3つに分類されます。水源系では、渇水による取水制限、洪水による水質悪化、藻類・異臭味の原因となる物質の増加、重金属が溶け出すことによる水質汚染などの影響があり、適応策に

はダムの適正管理と機能向上、水質（特に濁度）・水位などの監視強化が挙げられます。処理系では、原水の水質悪化に伴う処理水質の悪化、処理に必要な薬品量と浄水汚泥（浄水することにより発生する汚泥）の増加、浄水場の冠水による処理停止などの影響があり、浄水処理システムの強化や水質管理強化が適応策として挙げられます。自動監視システムの導入も有効です。給配水系では、ポンプ負荷の増大、塩素不足による病害虫の発生、水管橋（水道管が河川や水路を横断する際に用いられる橋）の破断・水不足・停電に伴うポンプ停止による断水などの影響があり、適応策として操業不能になった場合でもほかの浄水場から配水できるようバックアップ体制を確保するなど、施設整備の強化や復旧体制の整備が求められます。

　水道ハザードマップや渇水タイムラインは、水害や渇水発生時の迅速な対応に役立ちます。水道ハザードマップとは、災害ハザードマップに水道地図と人口や土地利用などの各種統計データを重ね合わせた地図のことです。一方渇水タイムラインとは、渇水の深刻度の進展と影響・被害を想定した「渇水シナリオ」と、渇水による被害の軽減と最小化のための対策などを時系列で整理した「行動計画」で構成されたものです。さらに、水道システムに何らかの問題が発生した場合、システムエリア内で速やかに情報を共有し、原因調査・対応などについて連携がとれるネットワークを事前に構築しておくことも重要です。

我々ができること　水道を利用する私たちにもできる適応策があります。雨水の再利用は従来から行われていた節水対策ですが、近年は緊急時のトイレ洗浄水として、また雨水をためるタンクはゲリラ豪雨時のミニダムとして洪水を緩和する役割も担っています。水道メーターは順次、通信機能を持つ「スマートメーター」に切り替わっており、使用水量はPCやスマートフォンで手軽に確認できるため、こまめに水の使用量を把握して節水意識を高めることも可能です。また、下水道の排水管や下水管が詰まる原因となる異物や油を流さないという意識も大切です。家庭では災害に備え、1人当たり1日3L×3日分の飲料水を備蓄しましょう。1995年の阪神淡路大震災では、病院で医療行為ができなくなった主な原因が断水でした。そこで災害拠点病院では、3日分の診療に必要な容量の受水槽を設置するよう求められています。

国内事例　大分市では、2018年7月の豪雨災害をはじめとする大型の風水害による被害が多発しています。そこで断水の影響を最小限に抑えるため、市内の主要3浄水場の間で水を融通するバックアップシステムを整備する予定です。また、洪水ハザードマップで最大5〜10mの浸水発生が予測されたため、各浄水場の設備などに対して浸水対策が設定されました。さらに断水地域の現場で浄水処理ができる移動式浄水装置の導入も検討されています。

　東京都水道局では、BCP（事業継続計画）の一環として停電対策に乗り出しました。太陽光パネル、リチウムイオン蓄電池、商用電源を組み合わせ、72時間を超える停電にも対応できる新たな電源「複合電源システム」を導入したのです。災害発生時には応援受入本部として重要な役割を担う研修・開発センターに複合電源システムを設置し、長期停電時も水道システムの復旧作業を継続できる環境を整備しました。

展望　浄水場は、高度経済成長期の増え続ける水道需要に対応するため、1970年代半ばまでに集中的に整備が進められたため、今後多くの施設が一斉に更新時期を迎えます。また、水道管の法定耐用年数は40年とされており、耐用年数を超えた水道管の割合は年々上がり、2016年度で14.8％にもなっています。老朽化した水道管は、自然災害にも耐えられるように耐震管への速やかな更新と適切な維持管理が望まれていますが、2004年度をピークに、人口減少に伴って水道料金の収入は減少が見込まれています。本格的な人口減少社会を見据えた推計を基に水道需要を考慮しつつ、気候変動や災害などのリスクを踏まえた長期的な戦略のもと、事業統合や民間技術などを活用し、水道事業の持続的な経営確保が求められます。●

人間活動の最も重要な生活インフラ「水道システム」。短期集中豪雨や暖冬による積雪量の減少、降雨・降雪パターンの変化は水量・水質・水道施設に影響を及ぼしている

廃棄物・リサイクル
Waste and Recycling

気候変動は廃棄物・リサイクル分野に対しても社会・経済的に大きな影響を与えます。大雨や台風によるごみステーションの損傷や大量の災害廃棄物の発生、道路などのライフラインが破損し収集運搬できなくなる、廃棄物処理施設の損傷などです。福島県富久山クリーンセンターは、令和元年東日本台風により浸水し、ごみ処理施設およびし尿処理施設の稼働が停止しました。家庭ごみ1日当たり約80tと、し尿および浄化槽汚泥全240kLの処理ができない事態になりました。また、平成30年7月に岡山、広島、愛媛を襲った豪雨では甚大な浸水被害が発生し、片付けごみが路上に堆積したほか、令和元年の東日本台風でも大量の片付けごみが指定場所以外に堆積するなどの問題が起きました。

適応策 廃棄物・リサイクル分野における気候変動の影響は地域特性によって異なります。地域特性には、気温や降雨・降雪、風などの気象条件と、河川・海岸・山地などの地理的条件、人口規模や産業などの社会的条件の3つの要素があります。これらの地域特性を踏まえ、ごみの排出、収集・運搬、中間処理、最終処分という廃棄物・リサイクルの処理プロセスに対する気候変動の影響を把握し、優先度の高い適応策を検討していくことが重要です。

環境省が作成した「地域気候変動適応計画策定マニュアル」を参考に、廃棄物・リサイクル分野での適応策に関して実務的な手引きとして作成されたのが「廃棄物・リサイクル分野の気候変動適応策ガイドライン」です。担当部局が地域の気候変動影響を把握するとともに、廃棄物・リサイクルの一連の処理工程のなかで優先度が高い適応策を検討することを目的としています。

海外事例 洪水時に発生する電子機器廃棄物は、災害廃棄物全体からすると量的にはわずかですが、適切に管理・処理されない場合、健康被害や経済悪化、環境問題などの影響が大きくなります。ドイツのボンを対象に、洪水発生シナリオの空間分析を行い、住宅から発生する電子機器廃棄物の量を推定するとともに、適切に回収・リサイクルすることによって実現できる温室効果ガスの削減や省エネルギー化、経済効果などを推計するモデリングを行った研究が発表されました。環境や従業員などの人体への影響を緩和し、レアメタルなどの貴重な物質の流通を維持できるようにするのに重要なのは、洪水発生に先だった効果的な政策の確立であると結論付けられています。

オーストラリアの首都キャンベラがあるオーストラリア首都特別地域では、既存の植物性廃棄物の回収施設の性能向上のために、キャンベラ北部に施設を移設することを検討中です。2022年7月に公開された実現可能性調査では、23地区が選定されうち5地区が最終選考に挙げられました。この5地区に対してさらに詳細に行われた調査のなかには、洪水や山火事、下水道、雨水処理施設といった気候変動の影響を受ける項目が含まれてい

ます。各項目を5段階で採点したものを総合的に評価し、リスクの低い地区が明らかになりました。こうした評価を基に、住民との調整を行いつつ移転先の選定が進んでいます。

アメリカのカリフォルニアで懸念される気候変動影響のひとつは、干ばつの頻発化です。この対応として、これまでの果樹からアーモンドに作物を変更する農家が増えています。作物転換の際に生じる廃棄樹木をバイオマスとしてその場でリサイクルする「Whole orchard recycling（WOR）」は、古い樹木を細かく粉砕して農園内の表土に混ぜ込むことにより、廃棄樹木の運搬や処理コストを削減するだけでなく、土壌の有機物や水分の含有量の増加、土中の微生物の活性化による栄養素の分解促進、土壌改良による生産性向上など、果樹園の持続可能性を高めることに成功しています。

国内事例　広域の相互支援によって廃棄物処理能力を確保することは、激甚化する気象災害に対処する方法として期待されています。2016年に発生した熊本地震で甚大な被害が出ていたところへ、翌年の大雨による被害が重なった九州北部豪雨の教訓を踏まえ、2017年に「九州・山口9県における災害廃棄物処理等に係る相互支援協定」が締結されました。協定では、被災県への職員派遣、災害廃棄物処理の受け入れなど、広域で災害廃棄物の処理を相互支援することが記され、平常時から各県が持つ廃棄物処理施設や廃棄物処理関係事業者などのリソースに関する情報を共有し、関係性を強化していくことなどが定められています。2019年8月の大雨では、被災した佐賀県から協定に基づき支援要請が発せられ、福岡県、長崎県が災害廃棄物を受け入れました。

災害廃棄物処理計画に適応策を組み込んだ自治体の例のひとつが香川県です。令和3年3月の改定版では、大規模水害における災害廃棄物の処理において、気候変動の影響によって発生が想定される災害と廃棄物・リサイクル分野との関係性を追加しています。さらに、災害廃棄物の対策として、処理プロセスごとに気候変動の影響と適応策を整理しています。たとえば、ごみの排出では集積場の浸水が懸念されますが、地域によるステーション管理や集積場所の再検討が適応策として挙げられています。収集運搬に関しては豪雨・豪雪・土砂崩れなどによる収集運搬ルートの断絶が問題で、気象情報に基づいた運搬車両の事前避難や駐車場の嵩上げ、収集運搬ルートの強靭化、迂回ルートの選定が考えられます。仮置場では、強風によるごみや粉塵の対応として散水・防塵ネットの設置、気温上昇などによる火災への対応として通気性を確保した配置、気温上昇に伴う腐敗由来の悪臭さらに蚊、ハエ、ダニ、ネズミなどの衛生動物や害虫の発生には該当する廃棄物の優先撤去や消毒の徹底を提案しています。浸水が懸念される最終処分場に対しては調整池の整備、浸出水処理施設の能力改良などが考えられています。また、焼却残渣の増加や大量の災害廃棄物の埋め立てによる残余容量の逼迫には、再利用やリサイクルの推進による最終処分量の削減が挙げられています。リサイクルに関しては、分別や選別の徹底が適応策になり得ます。

近年の気象災害で活躍しているのが、災害廃棄物処理支援ネットワーク（D.Waste-Net）です。これは環境省を事務局に研究機関や専門機関、自治体、廃棄物処理・建設・輸送に係る各団体で構成され、平時は自治体による計画策定や人材育成、防災訓練等への

香川県三豊市詫間町のリサイクル場。国内の廃棄物のリサイクル率は高いとされるが、自治体により差があることは次の課題だ

支援、メンバー間での交流・情報交換など、さまざまな準備を行っています。発災時は、まず初期対応として研究・専門機関が被災自治体に専門家・技術者を派遣し、処理体制の構築、生活ごみなどや片付けごみの排出・分別方法の周知、片付けごみなどの初期推計量に応じた一次仮置場の確保・管理運営、悪臭・害虫対策、処理困難物対応などに関する現地支援を行います。同時に、一般廃棄物関係団体は被災自治体にごみ収集車などや作業員を派遣し、生活ごみやし尿、避難所ごみ、片付けごみの収集・運搬、処理に関する現地支援にあたります。

　復旧・復興対応には中長期対応も必要です。具体的には、研究・専門機関が被災状況などの情報および災害廃棄物量の推計、災害廃棄物処理実行計画の策定、被災自治体による二次仮置場および中間処理・最終処分先の確保に対する技術支援を行います。廃棄物処理、建設業、輸送に関わる関係団体は、災害廃棄物処理の管理・運営体制を構築し、災害廃棄物の広域処理の実施スキームを築き、処理施設での受け入れ調整を進めていきます。2015年関東・東北豪雨から現地支援チームを派遣し、仮置場の確保や分別、廃棄物から

の悪臭・害虫発生の防止対策、火災発生防止対策などについての技術支援実施といった活動が始まり、最近では2020年7月豪雨、2021年8月豪雨などでも災害廃棄物処理に係る技術的支援を行っています。

展望　廃棄物・リサイクル分野における適応策を進めるには、地域特性を踏まえつつ、関連する分野の既存の計画や方針、地域全体の環境や防災の施策との整合をとって展開を図る必要があります。特に、災害廃棄物処理が対象としている範囲と平常時の廃棄物・リサイクル分野の進める範囲は重複する点が多いことを理解することが大切です。さらに、廃棄物・リサイクル分野関連計画のなかに適応策を組み込んだり、地域気候変動適応計画などの一部に廃棄物処理・リサイクルを組み入れるなど、地域で進められている各種適応策の検討状況を踏まえながら最適な取り組み方法を進めていくことが求められます。重複する施策を行うことで生じるコスト削減につながるだけでなく、ほかの分野の取り組みも相乗効果が見込めるなどコベネフィット（共通便益）も期待できます。●

道路交通
Road Transportation

移動や物流など、私たちの生活に欠かせない道路も、気候変動による脅威に直面しています。大雪でトラックや乗用車が道路で立ち往生したり、短期間に降った大雨で道路が冠水して交通が麻痺したりする光景をニュースなどで目にしたことがあるでしょう。

気候変動がもたらす短期間強雨や強い台風、竜巻の増加などは、道路インフラに被害を及ぼす可能性が極めて高いという事実があります。実際に、豪雨などによる道路への土砂流入や道路の崩壊、倒木や流木による道路の通行障害、大雨による交通網の寸断やそれに伴う孤立集落の発生、高速道路の盛土斜面や切土斜面の崩壊の発生などが報告されています。また、異常気象の増加に伴い、道路のメンテナンスや改修、復旧に必要な費用が増加することも予想されるでしょう。道路交通インフラへの被害やコストを最小限にとどめるためには、災害に強い道路づくりや仕組みづくりが求められます。

適応策 道路交通インフラに必要な適応策には、安全性や信頼性を維持するためのハード面の対策と、平時から応急・復旧に即応できる体制づくりといったソフト面のアプローチがあります。

ハード面の適応策として、具体的には沿道の災害リスクへの対応や道路構造の強靭化、災害時の代替道路の確保などが挙げられます。沿道リスクへの対応は、道路の寸断などの交通障害を予防・軽減するために欠かせないものです。道路の法面（のりめん）の固定や落石の防止策を

講じるほか、沿道の斜面が崩壊する恐れのある場所では、樹木を伐採し撤去します。法面は水の浸透によって地盤が弱くなるため、侵食や安定性の低下を防ぐために、斜面の排水施設の改良も有効です。また道路構造の強靭化については、土砂災害が生じても最低限の交通を確保できるよう路肩を拡張するなど、新たな道路構造仕様を設定することが望ましいです。既存の道路舗装の点検と、その結果を踏まえた修繕を進めるなかで、より耐久性・耐水性の高い舗装を導入すれば、気象条件の厳しい環境下でも道路の健全性を保つことができます。

災害が頻発する区間では、道路ネットワークの代替性確保も重要です。たとえば高波の影響を受けやすい道路の場合は、土砂災害への対策を施したうえで山側に別の道路を整備するなどの対策が役立ちます。山間地などでは、公道や農道、林道、電力会社の民間道などさまざまな主体が道を管理していますが、これを一元的に把握・共有し統合地図を作成しておくことで、避難路や代替輸送路を適切に活用することができるでしょう。

ソフト面の適応策として、道路管理者や交通管理者などは災害時に備えた対応を平時から協議しておくことが望ましいです。たとえば、状況に応じた道路網の情報提供や運用方法（緊急車両のみ通行可能、一般道も通行可能とするなど）を決めておくことで、警察や消防が迅速に活動し、災害時に早急に被害状況を把握したり、人命救助や緊急物資輸送をスムーズに行うことができるようになりま

す。応急・復旧に対応できる体制を構築することで、災害発生時に速やかに実施体制に移行することができます。災害時の円滑な行動に関しては、道路交通情報の効果的な発信もカギとなります。救助や避難行動に必要となる道路交通情報を伝達するため、プローブ情報（車両のリアルタイム走行情報）を活用し、通行可能な道路や道路灌水、土砂災害などのハザード情報を提供することにより、道路交通の混乱を最小限に抑え、円滑な避難や移動を支援することができます。

海外事例　豪雨による道路や市街地の洪水、下水道の破損が問題となっていたデンマークのヘーデンステット市では、新しいタイプの道路として、透水性アスファルトで作られた「Climate Road」が導入されました。雨水はすぐに道路に染み込み、貯水池に送られるため、洪水を防ぐことができると期待されています。さらに、このClimate Roadには800mにわたって雨水から熱を集める加熱管が埋め込まれており、付随する地熱発電所から地域の保育所に電力が提供されています。その量は年間7万5000kwにも相当すると試算されており、Climate Roadは気候変動緩和策としても注目されています。

国内事例　日本では道の駅を防災拠点として活用する取り組みが行われています。国土交通省は2021年、広域的な防災拠点としての条件を満たした39の道の駅を「防災道の駅」として選定しました。防災機能の整備や強化、BCPの策定や避難訓練に関するノウハウの提供など、防災拠点としての役割を果たすための重点的な支援を行っています。
　災害時の道の駅の活用事例としては、令和2年7月豪雨の際に道路復旧活動の拠点と

なった「飛騨街道なぎさ」などがあります。この豪雨では、岐阜県下呂市門坂地区の国道41号が約500mにわたって崩壊しました。道路の復旧にあたって、崩壊現場付近での作業場が確保できるまでの2日間、道の駅「飛騨街道なぎさ」を活用しました。駐車場は、道路復旧活動の資機材保管場所として機能しています。
　日本気象協会は、全国の高速道路を対象に、気象状況が道路に与える輸送影響リスクについて、悪天候の72時間前から地図や表で確認できるWebサービス「GoStopマネジメントシステム」の運用を2020年より開始しています。雨、風、雪、吹雪、越波*の5つの気象要素による1時間ごとの輸送影響リスクについて、各路線のIC（インターチェンジ）や区間ごとに分析結果を提供し、悪天候を起因とする配送計画の変更や輸送可否の判断、ドライバーの安全確保につなげています。台風や大雪など極端な気象に対しては、詳細な情報を最大1週間前から提供し、関係機関の調整を支援しています。2021年1月に日本海側を中心に襲った強い寒気の影響で北陸自動車道に立ち往生が発生した際は、「GoStopマネジメントシステム」で1日半前から雪による輸送影響リスクが特に高いことを示しており、リスクのあるエリアや時間帯を避ける迂回ルートの検討、出庫時間の調整などに役立てられました。
　豪雨災害と気温上昇の課題を解決するための舗装材の開発も国内で進んでいます。大林組と大林道路は、透水性舗装と湿潤舗装（歩道）を組み合わせた「ハイドロペイブライト」舗装を開発しました。一般的な透水性舗装に比べ、約2倍の雨をためることができ、雨水流出を抑制します。また、降雨後6日間雨水を貯水し、暑熱を緩和することで、一般的な

台風の影響で冠水、水没して通行禁止になったアンダー
パス道路

アスファルトに比べて夏場の路面温度を透水
性舗装で最大12℃、湿潤舗装で最大23℃低
下させることができます。

展望 気候変動による道路交通インフラ・ラ
イフラインへの影響が生じると、社会・経済
への影響が大きく、道路の強靭化や代替路の
確保といったハード対策の実装には時間と費
用を要します。そのため、大規模災害発生に
備えた道路整備のあり方、災害発生時におけ
る統括的な交通マネジメント、迅速な応急復
旧などに関して、計画的な準備が重要です。
●

地下鉄
Subways

1927年、日本初の地下鉄が東京・上野～浅草間で運行を始めました。100年近く経った今、都市部を中心に網の目のように地下鉄が走り、私たちの生活を支えています。地下鉄の発達とともに、駅とつながる地下街も発展してきました。

一方で、記録的な豪雨や台風により地下鉄で浸水被害が生じた場合、甚大な人的被害の発生や公共交通機関の運休に伴う経済・社会への影響が懸念されます。2013年9月の台風18号では、京都市内を流れる安祥寺川の氾濫水が京阪電鉄の地下トンネルを経由して京都市営地下鉄に流入し、4日間運休するという被害が発生しました。

適応策　地下鉄の安全性を確保するための適応策には、主に「地下への浸水防止および遅延対策」と「避難行動の円滑・迅速化」があります。地下鉄構内への浸水防止と遅延対策は、浸水リスクに基づいた設備の整備が行われており、洪水や内水、高潮ハザードマップなどを基に想定される浸水の深さを把握し、具体的な対応策が検討されています。たとえば駅の出入り口の浸水対策は、止水板や防水扉の設置、嵩上げ（かさ）などです。運行の遅延を招く停電対策は、電気設備の浸水防止策や停電時に備えた非常灯の整備などが行われています。このほか、浸水した場合に備えて、地上に水を汲み上げる排水ポンプを設置します。

避難行動を円滑かつ迅速に行うために、平時から従業員への研修や訓練（情報収集・伝達、避難誘導、浸水対策）も定期的に実施さ

れています。訓練の際は、接続する地下街などと連携して実施することが効果的です。また地下鉄の利用者に対して、日頃から水害発生時の行動を意識してもらうため、海抜の表示や避難場所、避難経路の掲示が行われています。地下鉄が地下街と接続する場合は、地上への出入り口が複数あり水の流入経路も複雑なため、水が侵入しない避難経路を確保しておくことが重要です。水害が懸念される場合は、災害時の防災行動を時系列にまとめた「タイムライン」に沿って行動します。数日前から予報が発表される大型台風などの場合は、計画運休を実施することで利用者や従業員の安全を確保します。一方、予報や降雨から浸水までの時間が非常に短い場合は、止水と避難誘導を連携して行います。

一体的な対策　地下街や地下鉄の駅、これらに直結または地下道で接続するビルによって形成される大規模な地下空間は、地上出入り口や地下への接続口が複数存在するため、想定していない経路から浸水が発生するなど、

福岡市内地下鉄の止水板格納箱。浸水リスクがある場所には止水板や防水扉、坑口防水壁などの設置が進められている

各施設管理者間で十分に情報を共有できない可能性があります。このため、関係する複数の施設管理者の緊密な連携が必要です。浸水防止が必要な出入り口や浸水経路の把握、効果的な情報伝達や避難誘導の方策を関係者間で検討し、一体的な対策を促進することが大切です。この際、地下空間を対象とした浸水シミュレーションの活用や、地震や火災に関する避難計画の検討が先行的に進められている場合は、それらを参考にすることができます。

海外事例　1863年に運行を開始し、世界で最も長い歴史を持つイギリス・ロンドンの交通局は、気候変動への適応を地下鉄の重要課題と位置付け、洪水対策を進めています。2021年のサステナビリティレポートでは、当局の施設により高いレベルの洪水対策を課し、採用している重力式排水の規格を見直しています。また、短期集中豪雨などの悪天候が土構造物に及ぼす影響を解明する研究が拡充され、地下鉄各線への雨量計と監視カメラの設置が進んでいます。これにより降水データがリアルタイムで収集され、指定の危険レベルを超えるとメールで通知されます。

　2019年に第1期が開通したオーストラリアのシドニーメトロでは、気候モデルを用いて設計段階から短期（〜2030年）、中期（〜2070年）、長期（〜2100年）の3段階で気候リスクを検討しました。洪水と熱波、そのほかの異常気象を3つの重大リスクと位置付け、たとえば重要な設備は異常な熱波にも耐えうる温度管理された部屋に格納し、猛暑日でも乗客の快適さを確保できるようトンネルや駅の換気システムを管理しています。また洪水リスクを減らすため、透水性の素材を駅周辺の地表面や道路に用いたまちづくりに取り組んでいます。

国内事例　東京都区部を中心に9路線180駅を運営する東京メトロは、駅の出入り口を歩道より高い位置に設置しているほか、止水板や出入り口全体を閉鎖する防水扉を設置することで駅出入り口からの浸水を防止しています。また、路上にある換気口には感知器を備えた浸水防止機を整備しています。こうした従来の対策に加え、浸水シミュレーションを踏まえた追加的な対策も推進し、想定される浸水の深さに応じて一部の箇所では水深6mの水圧に対応できる浸水防止機（従来は2m対応）への更新を進めているほか、駅出入り口では既存構造を利用して止水板の嵩上げや完全防水化を行っています。既存の構造で水圧に耐えられない場合は、建て替えを行うなどの対策を実施しています。さらに、トンネル内への大量浸水に備えて要所に防水ゲートを設置しており、トンネルの断面を閉鎖することも可能です。万が一、浸水した場合は、ポンプでトンネル外に排水できるようになっています。

展望　7つの駅が集まり、日本一複雑といわれる大阪府の梅田地区の地下空間では、豪雨時の浸水対策として、最新のICTを活用した防災システムが導入されました。梅田地区エリアマネジメント実践連絡会が「梅田防災スクラム」を展開し、地下街からの避難経路や浸水リスクなどを周知し、利用者の防災意識を高める活動を継続的に行っています。地下鉄や地下街の施設管理者がハード・ソフトの双方から地下鉄の安全性を確保に尽力するなか、いざというときにパニックに陥らないよう、利用者にも正しい防災情報を身につけることが求められています。●

港湾
Harbors

海に囲まれた日本は、港湾で貿易量の実に99％以上を扱っています。さらにその周辺には人口と資産の約5割が集中しており、港湾はまさに社会経済を支える重要なインフラです。特に、三大湾と呼ばれる東京湾、大阪湾、伊勢湾の港湾は、その多数が堤外地にあるため高潮による浸水被害を受けやすい場所です。浸水によりひとたび港湾機能が麻痺すると、サプライチェーンを通じて国内外の産業活動や生活に甚大な影響を及ぼします。IPCCは、2100年までの平均海面水位の上昇を、温室効果ガスの排出量が最も少ないシナリオで0.29〜0.59m、最も多いシナリオで0.61〜1.10mと予測しており、海面水位の上昇や、強い台風の増加による高潮・波浪の増大などから港を守るために、気候変動への対応が求められています。

適応策　港湾を構成する施設や設備は多岐にわたります。防波堤や防潮堤などの「外郭施設」、埠頭や荷さばき地、産業用地といった「堤外地」のほか、その港湾で取り扱う貨物の大部分の発生源、到着地となっている地域の「背後地」や橋桁の下側の空間の「桁下空間」があり、それぞれに応じた適応策を講じることが重要です。軽減すべきリスクの優先度に応じて、ハードとソフトの適応策を最適な組み合わせで実行することで、リスクの増大を抑えるとともに、港湾活動の維持を図ります。港湾の適応策でまず求められるのは、気象や海象のモニタリングを行い、高潮・高波浸水予測のシミュレーションにより気候変動の影響を評価し、関係機関に情報提供することです。また、強い台風や海面水位の上昇による災害リスクの高まりを、ハザードマップや荷役効率の低下の影響に関する情報を用いて港湾の利用者に周知します。さらに、堤外地の企業や背後地の住民に対して、避難計画の作成や訓練の実施も行います。

港湾を波から守る防波堤は、荷役の円滑化や船舶の航行・停泊の安全、港内施設の保全に欠かせない存在ですが、海面水位の上昇によって設置水深が増加したり、波高が増大すると、安全性が低下します。防波堤などの外郭施設や港湾機能の適応策は、モニタリングの結果を踏まえ、それに対応した構造の見直しにより機能を維持する方法があります。想定を超える規模の外力に対しても減災効果を発揮できるように、破壊もしくは倒壊するまでの時間を少しでも長くなるような構造の整備を推進することも求められます。

また、災害発生後も港湾の重要機能を維持するため、港湾の事業継続計画（港湾BCP）の策定に関係者が協働して取り組むことが有効です。

埠頭や荷さばき地、産業用地が位置する堤外地では、海岸保全施設や港湾施設の機能を把握・評価し、リスクの高い箇所の洗い出しを行います。適切な避難判断を行うため、観測潮位や波浪に係る情報を地域と共有するほか、企業による自衛防災投資の促進などを図り、将来の海面水位の上昇が有意に認められる場合には地盤高の確保などを実施し、浸水リスクの軽減に努めます。また、気候変動に

よる風況の変化に備え、クレーンの逸走対策も必須です。コンテナの流出対策としては、台風接近などの際にコンテナの段数を減らしたり、重量の重いコンテナを軽いコンテナの上に移動したりするなどして対応します。

　背後地においても、海岸保全施設や港湾施設の機能を把握・評価したうえで、対策の必要がある場合は、大幅な追加コストがかからない段階的な手段を検討します。また、民有施設（胸壁、上屋、倉庫、緑地帯など）を避難や海水侵入防止・軽減のための施設として活用の検討、中長期的には臨海部における土地利用の再編等の機会に防護ラインを再構築したり、高潮など災害リスクが低くなるような土地利用の推進といった対応が求められます。

　船舶が航行する際、橋の下を通ることがあります。海面水位が上昇すると桁下空間が減少し、コンテナ船や大型クルーズ客船、水上バスの航行に影響を与えることもあります。将来的な桁下空間の減少が懸念される場合は、海面水位の上昇量を適切に把握するとともに、通行禁止区間・時間を明示し、船舶が橋梁や水門などと衝突するのを防ぐ必要があります。

海外事例　アメリカのメリーランド港湾管理局は、2010年にボルチモア港における気候変動の脆弱性評価を実施し、極端な温度や強風、雪や氷、雹などの気象現象、地盤沈下や海面上昇、洪水といった気候変動リスクに港湾は脆弱であると評価しました。これらの影響の対策として、3段階のアプローチを検討しています。まず、可能であればターミナル機能を氾濫原から「移動」させ、新しい港湾施設は100年に一度といわれる洪水の高さより2フィート「高さを上げる」、天候や洪水による被害に備えて施設を補強・強化する

「被害の緩和策」をとる方針です。 助成金を使用して、極端な降雨時に大量の水を保持するコンクリートの雨水管理システムを設置し、港の重要な施設の一部については嵩上げを行い、海面上昇に対する適応力を向上させました。また、ボルチモア港で最も大きいターミナルには、雨水暗渠、雨水ポンプ、60cmを超える縁石などを追加し、高潮のオーバーフローを防ぐことでレジリエンスを向上させています。

　洪水や海面上昇から港湾を守るためにはインフラが必要となりますが、防潮堤や護岸などコンクリートによる人工構造物から構成された「グレーインフラ」と、自然や生態系の働きかけをインフラに活用する「グリーンインフラ」による適応策も進んでいます。サンディエゴ港では、アメリカ地質調査所による沿岸暴風雨モデリングシステムにより、海面上昇および100年に一度の大規模な嵐が発生した場合の洪水被害地域や被害額を算出。浸水公園や雨水をためるために作られた人工的な湿地帯、レインガーデンなどのグリーンインフラが整備され、動植物の生息地を提供し

レインボーブリッジから撮影した品川付近の港湾施設。海水面上昇、防風対策、コンテナ流出対策など、リスク管理のためのさまざまな施策が求められている

ながら、異常気象時に港湾の建物への洪水被害を防ぐことが期待されています。また2021年より生態系に配慮した環境配慮コンクリート「ECOncrete」を護岸などの海岸整備に使用し、人と自然との共存を図る取り組みも開始しています。

国内事例 日本では、それぞれの港湾管理者が10〜15年後を目標年次とした港湾計画を定めていますが、気候変動への対応については、50〜100年などより長期的かつ持続的なアプローチが求められます。老朽化による緊急的な対応が求められるケースもあります。広島県呉市の呉港では桟橋が1m沈下し、通常の大潮高潮時に岸壁上まで冠水しました。荷役作業が困難なことから、自治体が既存の車止めを撤去して新たに壁上に最大60cmの車止めを整備し、暫定的な高潮対策として備えました。

展望 平均海面水位の上昇については、現在さまざまな予測が行われています。そのため、今後建設や改良を行う港湾施設について

は、予測に基づいたシミュレーションなどを用いて将来の影響を考慮した設計を行うことができます。一方で、最大風速の増加や、潮位・波浪に関する将来予測は、現時点では平均海面水位の上昇量に比べて不確実性が高いことから、設計に反映するには技術的な知見のさらなる蓄積が必要な状況にあります。不確実性が高い現状で適応策を講じるには、将来的に追加の対策ができるような構造にしておくなど、順応的な対策が求められます。

天端高と潮位の差が大きい瀬戸内海の港湾や漁港では、小型船舶の係留に浮桟橋を用いたり、フェリー岸壁では、フェリー側に加えて係留施設側にも可動橋を設置して潮位差に対応している場合もあります。九州では、古くに整備された岸壁は、潮位差に対応するため、階段形状にしている事例も多く見られます。不確実な未来を見据えた先人の知恵を参考に、これからの港湾のあり方を考えていかなくてはなりません。●

空港
Airports

　グローバル化した社会に生きる私たちにとって、航空は欠かせないインフラです。空港には日々、世界のビジネスマンや旅行客、留学生たちが往来し、精密機器や食品など暮らしを支えるモノが集まります。空港が気温上昇や海面上昇、強い台風の増加などによる影響を受けることは、空港施設や利用者が不利益を被るだけでなく経済活動への大きなダメージにつながります。

　気候変動が空港にもたらす影響として、「熱」や「水」が挙げられます。気温の上昇や熱波は、滑走路やエプロン*の損傷や、空港ビルの加熱などを引き起こすことが懸念されます。実際、イギリスのロンドン・ルートン空港では2022年7月、高温によって滑走路の一部が隆起し、修繕のために運行が一時停止される事態が発生しました。

　海面上昇や強い台風の増加などによる浸水や洪水も滑走路や空港施設に甚大な被害をもたらす恐れがあります。2018年9月に日本を襲った台風21号では、関西国際空港の滑走路や旅客ターミナルビルに大規模な浸水被害が発生しました。強風により空港周辺の波の高さは過去の観測（最大3.4m）を大きく上回る5m超となり、護岸を越えて空港施設に浸水した結果、滑走路や駐機場の浸水のほか、第1ターミナルビルでは電気設備や空調設備、旅客・貨物取扱設備、防災設備などが損傷し、チェックインなど旅客扱いシステムの一部も利用できない状態になったのです。

適応策　空港に関する適応策としては、空港のインフラや運用に影響を及ぼす気候の変化を予測することから始め、リスク評価と軽減策の実施、危機的状況におけるBCPを確保するための措置の実施、洪水やシステム障害など重大な被害が発生した際の迅速な回復メカニズムの確保が考えられます。気温上昇への適応策としては、直射日光をカットしたり熱軽減効果のある素材をターミナルビルのガラスなどに導入したり、屋上緑化や壁面緑化によって断熱しながらヒートアイランド化を防ぐことなどがあります。

　洪水対策としては、浸水を防ぐための護岸の嵩上げや、止水板の設置、排水システムの拡充、重要な電気設備を地下から地上に移動するなどの対策があります。また、人命保護の観点から、高潮などに関する浸水想定を基にハザードマップを作成するとともに、災害リスクに関する情報が容易に入手できる仕組みを検討し、空港利用者への周知を促すことも大切です。

　危機に直面した場合を想定して、空港の機能保持と早期復旧に向けた目標時間や関係機関の役割分担を明確化したBCPの策定が急務です。この際、空港の関係機関が個別に策定するBCPだけでなく、空港全体が一体となって利用者の安全・安心の確保、背後圏の支援、航空ネットワークの維持に対応するための計画づくりが求められます。

海外事例　イギリスで2番目に大きいガトウィック空港では、空港の運営に関する既存のリスク評価の仕組みのなかに、気候変動影

　＊乗員・乗客の乗降や貨物の積み下ろしなどのために航空機が駐機する施設

響に関するリスク評価を取り入れた結果、雪・氷および、洪水に関わる影響を重大な気候変動リスクとして特定しました。雪・氷については空港の運営が不可能となるリスク、洪水については大雨で雨水排水溝や雨水貯水池の容量を超えて空港が浸水するリスクや、空港周辺の河川が増水して空港が浸水するリスクが挙げられました。対応策として、空港や周辺の水害シミュレーションによって特に被害が大きいと考えられるエリアを特定し、雨水貯水池の増設や河川工事の実施、地下排水溝の強化などを実施しました。雪・氷対策については、過去に発生した豪雪により生じた影響を教訓に、除雪・除氷設備への新たな投資や除雪車の台数の増加、ほかの空港会社と協力した緊急時対応計画の策定などを行っています。

カナダのヌナブト準州にあるイカルイト空港では、気温上昇に伴う対策を実施しています。1942年の建設当時は下層の永久凍土になにも問題はありませんでした。しかし近年、永久凍土が溶け始め滑走路の安定性に問題が出てきました。そこでヌナブト政府は2013年、イカルイト空港整備計画を開始しました。地中探知レーダーやボーリング調査、地表のマッピング、リモートセンシングなどの技術を用いた多数の研究事業が実施され、その情報を基にインフラの整備を中心に、永久凍土への被害が少ない場所への誘導路の移設や永久凍土に表面水が浸入しないよう排水管の改良を行いました。

国内事例　2018年の台風21号で大きな浸水被害を受けた関西国際空港では、同クラスの巨大台風にでも浸水量を大幅に減らし、空港機能が維持できるよう、約3年かけて対策工事が実施されてきました。越波を防ぐために、護岸の嵩上げや波消しブロックの設置を行ったほか、浸水対策として、電源設備などの地上化、止水板の設置、水密扉の設置などを実施しました。また、万が一浸水しても空港機能が早期復旧できるよう排水ポンプ施設のシェルター化を行ったほか、移動電源車や大型排水ポンプ車も新たに導入しました。

気温上昇による熱への対策として、羽田空港のターミナルビルでは、高い温度上昇抑制効果を持つ素材を導入しました。太陽光の反射と放射冷却力を高める効果を併せ持つこの素材を使用したところ、旅客搭乗橋では室内気温が13％低下、第4駐車場の連絡橋では17％低下しました。

展望　イギリス・ニューカッスル大学工学部の研究グループの論文によると、空港は実用性を考えて低い土地に作られることが多く、1200を超える空港が沿岸部の標高の低い場所に存在することが明らかになりました。現在、すでに世界の269の空港が海面上昇による洪水リスクにさらされており、温室効果ガスの排出量が最も多いシナリオでは、2100年にこの数が572まで増えるとされているのです。海面上昇に加えて、高潮、台風、熱波など、考慮すべきリスクはさまざまです。空港の立地や周辺環境を踏まえ、課題と適応策を見つけ出し、計画的に対策を講じることが求められます。●

新千歳空港で搭乗を待つ機体。空港は、人はもちろん、貨物輸送も支える重要なインフラだが、浸水や高温による被害が懸念され、対策は急務だ

橋
Bridge

豪雨により河川が洪水を起こし、道路や橋梁などが被災して交通ネットワークに影響を及ぼすリスクが高まっています。山間部や沿岸部に点在する集落をつなぐ生命線となっている橋が損傷したり流出すると、救助に向かう車両が入れず、生活物資の流通が止まってしまうため、集落が孤立してしまいます。橋に併設された給水管やケーブルが破損して、ライフラインに大きなダメージを与える可能性もあります。橋に特有の被害として、水中部の基礎周辺の地盤が流れによる渦によって掘り取られる「洗掘」があります。橋が押し流される原因のひとつですが、これが気候変動に伴う降水量や融雪水の増加により深刻化する可能性があります。橋梁の復旧には人的・物的に巨大なリソースを必要とし、復旧が完了するまでに1年以上を必要とする場合や、状況によっては復旧させることが困難になることもあります。直近20年のJR河川橋梁の被害を見ると、豪雨災害による橋梁流失、橋脚傾斜、基礎洗掘など47橋梁の被害が全国各地で発生しています。

高度経済成長期に整備された橋梁施設は老朽化が加速しています。建設後50年以上経過する道路橋の割合が、2018年では約25％ですが、2033年には約63％と増加します。現在すでに、約72万ある道路橋のうち、早急に修繕対策が必要な橋が約1割の7万と緊急の対応が迫られています。気候変動に起因した想定を超える温度上昇による熱ストレスなどにより、橋梁のジョイント部分の劣化が予想を超えて進行してしまう可能性もありま

す。通常でもジョイント部分は、橋を通過する自動車の重量による負荷がかかり、振動や自然の影響でごみや汚れが蓄積しています。加えて、想定以上の温度上昇とその後の急激な冷却の繰り返しにより、想定以上に劣化が早まり、橋梁全体の寿命を縮めてしまうリスクが生じているのです。

適応策 洪水や洗掘、建築材料の劣化などの被害に対し、新たな建築材料や技術の開発、柔軟な設計の選択、および基準・規格の定期

上田市千曲川の別所線千曲川橋梁。2019年台風19号の被害を受け落橋したが、地域住民等の強い要望により2021年に復旧した

的な見直しを行うことが重要な適応策となります。たとえば、豪雨災害の場合、地震のような振幅運動ではなく、橋桁が洪水で浸水したその流体力が橋軸直角方向の流下方向に作用します。既存の橋は、巨大な水平力を想定した設計になっておらず、流出崩壊の危険があります。計画設計時の想定を大きく超える洪水が実際に生じていることから、新規で橋脚を建設する場合は地震の震度のみならず洪水のリスクも考慮に入れ、橋桁まで水位が増水しても崩壊しにくい橋梁を設計するとともに、既存の中小橋梁に対する耐流水構造と耐流失対策の補強が急がれます。また、安定性が高いとみなされる重力式橋脚であっても、大規模洪水時の流体力に抵抗できる力学的に適切なフーチング*などの部材が採用されているかを確認し、補強する対策が望まれます。

1時間に50mmから80mm以上の降水が続く危険な集中豪雨により、これまで以上に越水の危険性が高まっている中小橋梁については、流水に対する橋脚と橋桁の安定性・安全性を確認しておく必要があります。予防的措置として流水荷重を正しく想定してシミュレーションしたうえで、耐流水性と抗力係数を低減する技術、流出しにくい橋桁と流水に対して転倒しにくい橋脚による崩落防止の技術、崩壊した後にできるだけ早く復旧できる対策が望まれます。

劣化対策には被防食体を陰極にして電流によって金属の溶解反応を抑える陰極防食法、より耐久性のあるコンクリートの使用、亜鉛メッキによる補強などがあります。高温化による橋の舗装などの損壊に対しては、通常のアスファルトにゴムや樹脂などを加えて性能を向上させたポリマー改質アスファルトや熱耐性のある素材の活用、より頻繁なメンテナンス、走行速度制限の導入などがあり、それぞれの気候変動影響に対し多様な適応策が選択可能です。

重要なのは、どの対策を選びいつ行うのかという点です。これを明らかにするため、費用便益分析、リスクベース分析およびライフサイクルアセスメントの実施が推奨されています。

海外事例　オーストラリアの美術館Bundanonに架かる橋は、19世紀から20世紀にかけ、オーストラリアの農村や地方都市で谷を渡る橋としてよく建設されていたトレッスル橋から着想を得たもので、現代の建築技術により高い精度で建設されました。橋脚の縦材が短い間隔で無数の末広がりの形に組まれ、橋桁を支える構造で、峡谷から峡谷へと架けられた橋の下を地表水が通り抜けていきます。自然環境と調和しつつ、洪水などにも耐える頑強な構造で、さらには歴史を感じさせる文化的なデザイン要素も取り入れた橋としても高く評価されています。

南太平洋のソロモン諸島では、山岳やジャングルといった地形や3000〜5000mmにもなる年間降水量など、過酷な自然環境のなかで橋を建設する必要があり、プレハブ・モジュール式の建設が採用されています。これは、構造体の強度や安定性を確保するため、ユニット式で作られた鋼材を現地で組み立てていく方法で、橋の長さや高さ、幅などを柔軟に調整できます。さまざまな地形や環境に対応できるうえ、条件の悪い現場でも最小限の土木工事や重機などによる建設が可能となり、工期も比較的短期間で済み、作業員の安全リスクや周辺環境への影響も軽減できるメリットがあります。2019年に世界銀行が承認したソロモン諸島道路空港事業のなかでも、プレハブ・モジュール式の橋が承認されまし

　＊地盤の支持力を増すために基礎の底面を幅広くした部材

た。

ベトナムでは、気候変動による深刻な影響として、モンスーンの洪水で橋が流失し、仮設した橋が崩落する事故などが頻出しています。ベトナム政府は、世界銀行防災グローバルファシリティと協働で、大規模な超高性能コンクリート（UHPC）の架橋のプロジェクトを進めています。UHPCは従来のものより強度が高く、耐久性にも優れており、気象など自然現象に対する劣化に強い特性を持っています。

アメリカでは、1928年に完成したアイバーチェーン式の吊り橋シルバーブリッジが1967年に老朽化により崩落し、31台の車両がオハイオ川に落下して46名が死亡する事故がありました。アイバーのピン孔の2カ所の応力腐食により発生した亀裂からの破壊と推測されています。この事故の後、1971年に全国橋梁点検基準が制定され、2年に1回の点検が法定化するなど、メンテナンスの仕組みが整備されていきました。

国内事例　国土交通省では、橋梁をはじめとした施設について、インフラ長寿命化基本計画を体系化し、戦略的な維持管理・更新を推進しています。人口縮小など維持管理にかかるコストを踏まえ、施設の損傷が拡大した段階で行う大規模な修繕で機能回復を図る「事後保全」から、施設の損傷が軽微な段階で予防的に修繕を行って機能保持を図る「予防保全」へと方針を転換し、「点検」「診断」「措置」「記録」のメンテナンスサイクルを構築し、長寿命化やトータルコストの縮減を目指すとしています。

この考え方を支えるものとして、長寿命化計画の軸となるメンテナンスの高度化や効率化を進めるため、2013年以降、5年に一度の橋梁の点検を実施し、現在は2巡目に入っています。3次元地中レーダや全方位カメラ、点検診断ロボットやドローンなどの新技術を導入し、損傷や構造特性に応じた点検対象を絞り込んで効率的・効果的な点検の合理化を図っています。緊急性に応じたメンテナンスが進むなか、気候変動の影響も加味することができれば、国土の強靭化が一層進むことが期待されます。

展望　橋梁の老朽化に伴う修繕の必要性はすでに喫緊の課題であり、気候変動影響によってさらに劣化が早まる可能性も指摘されていることから、早期の対策とメンテナンス体制の構築は一刻を争う問題です。そのため、産学官の連携のもと本格的なメンテナンスサイクルをいち早く始動させ、新技術を積極的に活用した効率的かつ効果的な予防保全を進める必要があります。また、日本における橋梁の約9割が地方公共団体の管理下にあるものの、国や民間に比べると修繕などの措置が遅れている現状があります。そのため、国による地方公共団体への財政的支援や技術的支援が求められており、地方公共団体の職員向けの講習会や新技術の紹介なども重要な取り組みのひとつとなっています。今後の橋梁建築においても、地域の実態に即した質の高い設計が求められ、気候変動に耐えうる十分に強靭な形状と構造を考える必要があります。耐洪水の新しい橋梁設計ガイドラインの作成や、災害後の復旧計画の強化も重要です。万が一橋梁が被災した場合に備え、これまでの被災橋梁に関する多くのデータを基にしたAI技術の認知機能などを活用した、最適な復旧に役立つシステムの開発などの活用も検討していかなくてはなりません。●

電力・エネルギー
Power and Energy

生活や経済活動に不可欠なインフラのなかでも、活動の動力源となる電力・エネルギーの確保は、特にその重要性が認識されています。近年、気候変動による豪雨や台風など気象災害の激甚化に伴い、大規模停電が発生し長期化するなど、過酷な環境下での安定供給が課題です。日降水量200mm以上となる大雨と時間降水量50mmを超える短時間強雨ともに、発生回数が全国平均で2倍以上に増加しており、将来的にも増加傾向が予測されています。

　豪雨による電力・エネルギーへの影響では、水没・冠水・土砂災害による発電・変電・配電・送電など各施設の損傷が挙げられます。暴風を伴う台風や竜巻では、飛来物や倒木などによる配電施設の損傷、電柱倒壊などが発生し、大規模停電が長期間続く恐れがあります。近年の激甚化により広域に災害が広がった場合、電力会社が管轄する範囲の全域で停電となる「ブラックアウト」が発生し、被災地対応に甚大な影響を与える恐れもあります。そのほかにも、頻度は少ないものの、寒波・着雪により燃料供給施設や送電設備が凍結・故障したり、除雪作業の遅延による道路閉鎖・渋滞などで燃料の配送に大幅な遅延が発生し、除雪車用の軽油、暖房用の灯油、車両用のガソリンを給油するサービスステーションの在庫が不足することなどが考えられます。また、熱波による電力需要増で送電設備に負荷がかかりすぎて停電や故障を生じる被害も発生しています。

適応策　気候変動により激甚化する自然災害のなかでも安定した電力・エネルギーの供給機能を維持できるよう、政府は2018年に「重要インフラの緊急点検に関する関係閣僚会議」を開催し、全国で132項目の点検を行いました。このうち電力・エネルギー分野に関する項目は経済産業省が電力・ガス・燃料の各インフラについて総点検を行いました。併せて、電力インフラのレジリエンスを強化し停電時の早期復旧に向け、対策パッケージをとりまとめました。

　インフラの強靭化対策において、電力確保については、ブラックアウトなどの大規模停電を最大限回避するための対応力・供給力確保に向け、供給信頼度基準の考え方の検討、調整力の必要量の見直し、取引される供給力の範囲拡大などの取り組みを政府と関係機関で行います。また、災害時に電源が脱落した地域を支援するため、各種の地域間連携強化対策を踏まえつつ、地域間連系線などの増強・活用範囲拡大を検討します。さらに、大規模停電が発生した際に、蓄電池などを組み合わせ、災害に強い再生可能エネルギーの利活用を図ります。

　エネルギー確保については、災害が発生しても平常時と同じように出荷できるよう、製油所・油槽所の非常用発電機の整備・増強を行うとともに、自家発電機を持つ住民拠点サービスステーションの整備、燃料輸送路のために優先的に緊急路を確保するよう都道府県へ働きかけることが必要です。同時に、タンクローリーの緊急通行車両の届け出の促進、

緊急配送用タンクローリーの整備、災害時専用の臨時の移動式給油設備の全国的な運用体制の構築を図り、各社の系列BCPへの反映、格付け審査などのフォローアップを行います。また、病院や避難所などの燃料タンク・自家発電機の整備支援を拡充します。

　再生可能エネルギーも非常電源としての活用も期待されます。水力、バイオマス、地熱発電の発電量は変動が比較的安定しているため、災害時にも接続が可能になったものから一定の割合で発電して供給します。家庭用太陽光発電が自立運転機能を発揮し、停電時に電力利用ができた家庭もありました。

国内事例　東芝エネルギーシステムは、横浜市・東京電力エネルギーパートナーズと共に、地域防災拠点に置かれた多数の蓄電池を制御し、平常時は電力需要の調整（デマンドレスポンス）施設として、災害発生時には防災用電源施設として活用する実証実験を行っています。この取り組みは、10kWh程度の蓄電池を多数設置し制御する仮想の発電所「バーチャルパワープラント（VPP）」として運用することにより、平常時は電力卸売市場価格の変動にリアルタイムで追従した充放電を行って太陽光発電などのエネルギーを効率的に活用するものです。昼間は余った電力を蓄え、夕方・夜間に売電することで利益を出すという仕組みです。災害発生の非常時には防災用電源として活用し、通信設備を数日間維持することができます。

　群馬県上野村は山間部にある自治体で、災害発生時に倒木や土砂崩れなどにより孤立集落が発生し停電復旧が長期化する恐れがあります。このため、再生可能エネルギーを活用して地域が発電・蓄電・分配を自給自足する地域マイクログリッドの構築を図りました。

具体的には、災害時の防災拠点となる上野村役場、小学校、給食センター、道の駅、ガソリンスタンド、総合福祉センターなどの主要施設に対し、再生可能エネルギーの発電設備、蓄電システム、監視制御システムのEMS、電力会社の地域配電線を設置し、電力を安定供給させる地域マイクログリッドを構築しました。上野村役場は災害対策本部として集中制御サーバを設置し、各施設の電力を監視し、小学校、道の駅、総合福祉センターは主な避難施設として配電線を利用し、電力を融通しています。

　岩手県では、災害時に対応可能な自立分散型エネルギーの供給源として、長期間の安定した保存や運搬が可能な水素の利活用を促すため、県内の水素ステーションの整備を促し、燃料電池自動車などに関する情報提供を行う取り組みを進めています。平常時に太陽光発電で水素を作り貯めておけば、災害発生時に水素から電気や熱を取り出すことができます。停電に対応した家庭用燃料電池（エネファーム）の場合、ガスや水道の供給があれば停電時でも水素を生成して発電することができます。ほかにも、水素を燃料とする燃料電池自動車（FCV）や燃料電池バス（FCバス）を分散型の外部給電施設として用いることで、地域内の各地で非常用電源として活用でき、地域企業のBCP対策としても有効です。

　大阪府富田林市は、少ない水量で発電することができる「マイクロ水力発電」事業を実施しています。これは、身近な場所にある水道施設や管水路などから発電できるシステムで、発電量は小さいものの、電力の使用地域の近くで発電できるため、自立分散型エネルギーとして災害時の活用も期待されています。同市はこれまで利用されていなかった自然エネルギーを有効活用して売電収入を得られる

ほか、既存の水道施設に設置するだけなので整備時の環境負荷が小さく、発電の過程においてもCO_2が発生しないため、環境にやさしい発電システムとしてSDGsの観点からも評価されています。

千葉県木更津市にある「KURKKU FIELDS（クルックフィールズ）」は30haに及ぶ広大な敷地を持ち、自然や食、芸術など「サステナブル＆パーク」を掲げ、さまざまな楽しみ方を提案するテーマパークです。2019年に千葉県を襲った台風15号では11日間もの長期停電を経験し、牛舎などへ安定した電力供給を自力で継続させる必要性に直面しました。そこで、太陽光発電システムと産業用蓄電池3台、さらにEMSを組み合わせたマイクログリッドを施設内に導入しました。敷地内には約1kmにわたる自営線を敷設し、複数の施設と既設・新設の太陽光発電システム・蓄電池をつないで制御することにより、天候のよい日であれば施設内の使用電力を自給自足できます。災害時も蓄電池を自立運転させることで約1〜2日間の電力供給が可能で、地域住民には施設の一部を避難所として開放し、電力提供などを行う予定です。

千葉県睦沢町にある道の駅「むつざわ つどいの郷」は町の中央部にあり、停電が発生すると、ガスコジェネ発電機＊が起動して道の駅の施設や隣接する町営住宅への電気供給を行います。道の駅周辺はすべて電線が地中に埋設されており、台風が通過しても電柱や鉄塔の倒壊による影響はありません。2019年の台風15号では、町内のほぼ全域が停電するなか、施設の点検を終えた約5時間後から発電機を起動させ、睦沢町の停電が解消するまで約50時間、町営住宅と道の駅の重要施設へ送電しました。また、携帯電話の無料充電や道の駅併設の温浴施設でシャワーを無

料開放するなど、地域の防災拠点として活躍したのです。無料開放の温水シャワーとトイレには、当時、延べ800人以上の周辺住民が訪れました。

展望 気候変動による災害発生リスクが高まるなかで電力を確保するには、レジリエンス強化と再生可能エネルギーの大量導入を両立させる仕組みが必要です。

電力各社が自発的に応援派遣できるよう連

　＊ガスによる発電と廃熱利用を組み合わせたシステム

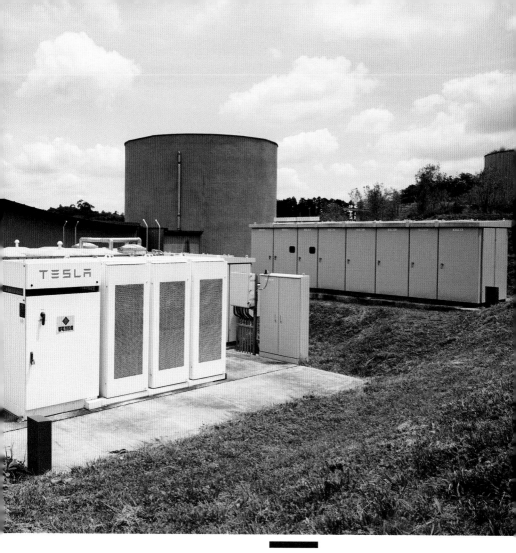

木更津市のサステナブルファーム＆パーク「KURKKU FIELDS」。太陽光発電設備等による防災・減災を目的としたマイクログリッドを導入している

携体制を強化するほか、電力会社と行政やほかのライフラインなどの関係機関との連携も重要です。現地の被災状況や被災地の需要、被災地までのルート確保などを円滑に進め、停電の早期復旧を図るため、各機関の連携強化を図り、一体となった災害復旧体制を構築することが求められます。

　再生可能エネルギーの活用については、再エネの効率的運用に向けたネットワークのIoT化を進め、蓄電などによる大規模停電時の利活用のモデル構築を進める必要があります。また、家庭用太陽光発電を災害時に活用できるよう、家庭向け自立運転機能の周知徹底や情報提供を行うとともに、メーカーにより異なる仕様の統一など利用の容易化も今後の課題です。●

ヒートアイランド
Heat-Island Effects

直訳すると"熱の島"という意味を持つヒートアイランド現象。これは、都市の平均気温が郊外に比べてより高くなることを指す言葉です。気候変動による気温上昇が起こっているなか、都市部においてはこのヒートアイランド現象による昇温も加わり熱ストレスが増大しています。今後はさらに都市生活を送る人々に大きな影響を及ぼすことが懸念されています。

　ヒートアイランド現象の主な原因は、エアコンなどの人工排熱、アスファルトなど地表面の被覆、ビルなど都市密度の高度化が挙げられます。自動車や冷暖房などからの排熱は、ヒートアイランド現象が激化し気温が上がれば、冷房が使われる時間も増えて排熱量がさらに増えるという悪循環につながります。地表面をアスファルトやコンクリートなどが覆うことは熱を蓄えやすく、水分を含まないので気化熱が生じにくく、さらに気温の上昇を招きます。建築物の密集や高層化は風速を弱め、夜間の放射冷却を低下させることで、熱帯夜が増えてしまいます。

適応策　ヒートアイランド現象は都市特有の複合的な要因によって起こります。そのため適応の取り組みは、都市計画や街区設計などの段階から組み込む必要があります。また既存の街に適応策を導入する際は、日中の暑熱対策を主体にするのか、夜間も重視するのかといった、求める効果やコストに応じて進めることが重要です。

　ヒートアイランド現象に対する適応策は、都市〜地区レベル・街区レベル・建物レベル・地点レベルと、スケールごとに考える必要があります。都市〜地区レベルにおいては、都市を流れる風を活用して気温低減を図る都市づくりが求められます。

　具体的な適応策としては、都市形態の改善、地表面被覆の改善、人工排熱の低減の3つ。都市形態の改善に関しては、都市スケールにおいては"風の道"となる河川や緑地などをネットワークで結んだり、大規模な緑地などの保全を図ることが有効です。地区スケールでは、都市空間に取り込んだ冷涼な風を阻害しないように建物配置の工夫をすること、地区内の隙間空間を確保することなどに配慮します。地表面被覆の改善に関しては、風の道となる街路などの緑化の充実を図り風の温度上昇をできるだけ抑えること、その周辺において建物の敷地・屋上・壁面の緑化や高反射化、舗装の改善、水面（水辺環境）の確保を図るなどの配慮が有効です。人工排熱の低減については、風の道から流れる冷涼な風を人工排熱により暖められることなく都市空間内へ導くために、風の道の周辺で地中熱ヒートポンプや下水熱を利用すること、地域冷暖房の導入などにより大気への顕熱放出の抑制を図ること、被覆対策により室内への熱の侵入を緩和することなどに配慮します。

　街区レベルの適応策については、街の緑化、遮熱化、保水化の3つが有効です。街の緑化は、街路樹の整備や公開空地の植樹などで、緑陰によって地表面温度の上昇を抑え、体感温度を下げ、植物の蒸発散による気化熱で気

温上昇を緩和する効果が期待されます。遮熱化とは、路面に当たる日射を反射させて路面の温度上昇を抑えることです。日当たりのよい車道などへの施工が効果的であると考えられ、遮熱性舗装や遮熱性ブロックが実用化されています。気化熱を利用する取り組みとして、保水性舗装や保水性建材などの活用も有効です。濡れた状態に保つことで、気化熱により路面などの温度を下げることができます。遮熱化や保水化は2℃以下の低減効果が期待できます。

建物レベルで行える適応策は、建物そのものの緑化、窓面などの「再帰反射化」などです。建物で緑化できるのは屋上面や壁面、地表面で、壁面にはつる性植物や緑化パネルなどが、地表面には芝生や草本類などが用いられています。これらには、灌水などの維持管理が必要であることは念頭に置かなければなりません。再帰反射化とは、オフィスビルや商業施設の建物の窓・壁面に当たる日射の一部を反射させ、歩行者への反射日射を抑制する仕組みで、窓面に貼る透明なフィルムや外壁用タイルなどが開発されています。建物の緑化や再帰反射化を行った場合も2℃以下の低減効果が見込まれます。

地点レベルでは、日射の遮蔽、風の活用、水の活用が有効です。人の熱ストレスを減らすために最も効果的なのは日射を遮ることです。そのため、街なかの休憩スペースやバス停、商業施設などに樹木やつる性植物などを使った緑陰など日よけ対策が行われています。送風ファンで体に風を当て、皮膚の放熱を促すことも効果的です。熱だまりを解消し、気温上昇を抑える効果も期待できます。水の活用では、微細ミストや冷却ベンチなどがすでに実用化されています。微細ミストは、大気中へミストを噴霧し、蒸発する気化熱で気温を低下させます。ミスト粒子は微細で短時間で気化するため、人が濡れを感じることなく暑さを和らげることができます。その効果は明確で、緑陰が4℃以上、人工日よけが3〜4℃以上、送風ファンや冷風ベンチが3℃以上、微細ミストが2℃以下の低減効果があります。

矛盾なき適応策　ヒートアイランド現象への対策は都市生活者を守るための適応策のひとつですが、それが気候変動の根本的な原因とされる温室効果ガスの排出抑制と矛盾する内容であってはなりません。たとえば、ヒートアイランド現象は冬季の高温化も含んでいるため、これらの対策が気温を低下させて冬季の暖房需要を増大させることにもつながると、CO_2排出量を増大させかねないのです。こうしたさまざまなことに配慮しながら、ヒートアイランド現象を緩和するための対策を継続的に進めていく必要があります。この際、短期的に効果が表れやすい対策も併せて実施していくこと、また効果が出るまで長期間を要することを踏まえ、ヒートアイランド現象の実態監視やヒートアイランド対策の技術調査研究を行うことも求められます。

実態監視において参考になるのが、2018年11月にギリシャのテッサロキニとイタリアのローマで発足した「LIFE ASTI」事業です。この事業では、ヒートアイランド現象と人間の健康に焦点を当てて、両都市における短期予測と将来予測につながる数値モデルシステムの開発と評価が行われています。このシステムが提供するのは、気候と生物の関係指標や建築物のエネルギー需要を評価するための冷暖房日数などです。さらに両市では、暑熱による健康被害警告システムの指針にもなっています。2020年7月には、ギリシャ

のイラクリオンを加えた3市で、このシステムが提供する情報に簡単にアクセスできるスマホアプリケーションが公開されました。また、アメリカの首都ワシントンでは、科学者や市民ボランティアらが作成した地域の詳細な気温分布地図に年齢や収入などの人口統計データを重ね合わせ、暑さに弱い住民が多い地域を特定する取り組みが実施されています。細かい気温分布図を用いて猛暑の影響を受け

やすい地域を特定することで、その情報をまちづくりや植樹事業、住民への注意喚起などに生かすことができ、的を絞った対策が可能になります。

日本国内の自治体のなかでも先進的な気候変動の取り組みを続け、ヒートアイランド対策にも力を入れているのが埼玉県です。2018年7月28日に全国最高気温41.1℃を観測した熊谷市が県内にあることも、この取り

真夏のオフィス街。並木路と街路樹に設置されたドライミストは、都心で働く人々の涼感を保つ貴重な空間を作り出している

木道が真夏にどのような状態になるかを予測し、暑熱環境のシミュレーションを実施。シミュレーションの結果に基づいて樹木の植栽などさまざまなヒートアイランド対策が実施され、ワールドカップ開催直前の2019年7〜8月には、対策の効果を確かめるための集中気象観測も行われました。その結果、対策した箇所は未対策箇所と比べて、WBGTや表面温度に大きな低減効果が見られました。埼玉県はそのほか、暑熱の緩和性能を施された住宅街の開発を支援する補助金事業を展開するなど、民間事業者がヒートアイランド対策へ踏み込むきっかけとなる施策も積極的に打ち出しています。

　福岡県・佐賀県・沖縄県など南方の自治体でも、都市部のヒートアイランド現象に対して、緑化や水を使った地表面被覆の改善を中心に適応策が進められています。沖縄県では、都市公園の整備、街路樹などの道路緑化、沖縄の風土に適した植栽、公共施設や住宅などの屋上・壁面緑化や緑のカーテンの設置などを進め、さらに、それぞれを効率的につなぐ「緑のネットワーク」形成に取り組んでいます。

組みを推し進めている背景にあります。埼玉県には政策を科学的に支援する埼玉県環境科学国際センターがあり、海洋研究開発機構と共同で熊谷スポーツ文化公園の暑熱対策が行われました。これは熊谷スポーツ文化公園が会場となった2019年のラグビーワールドカップ開催を見据えて行われた取り組みです。まず2016年度にスーパーコンピューターを用いて多くの人が競技場の間を行き来する並

展望　国連によると、現在75億人の世界人口の半数以上が都市に住んでおり、2030年までには6割の人口が都市住民となるとの予想もあります。都市に人が集中し、都市化が進んだことによりヒートアイランド化は進み、影響を受ける弱者が増加していることを考えると、適応策を進めると同時に、人口が都市に集中しすぎる状況を見直すことも重要です。
●

屋上ファーミング
Rooftop Farming

屋上で野菜や果物などを栽培する「屋上ファーミング」は、都市の気温上昇を抑える方法として大きなポテンシャルを秘めています。夏季には緑地として機能し、環境負荷の削減、食料の増産、菜園の賃貸収入や野菜などの販売収入、農業体験を通した教育、園芸療法など、実に多くの効果があります。屋上ファーミングは野菜の収穫などがあるため人々の関心を集めやすく、野菜を育てることを通じて適切な管理が維持されやすい傾向もあるのです。

屋上ファーミングの導入で建物所有者が気をつけなければならないのは、新設・既設に限らず積載荷重を超えないよう配慮することです。耐用年数の長い防水層を選択して保護すること、コンクリート亀裂への侵入を防ぐための防根層を設置することも重要で、地上部のように地下に水が浸透しないため、水を速やかに排水できるシステムを導入したり、排水口に土や落ち葉が詰まらないようにしたりするなどの工夫も重要です。

海外事例 カナダ・モントリオール市の「Lufa farms」は、2011年に世界で初めてとなる商用屋上温室農園を既存のビルに展開しました。その後も規模を拡大し、1万5000㎡の面積を誇る世界最大の屋上温室を含む4つの温室を運営しています。アメリカのニューヨーク州ブロンクス区では、Sky Vegetables社が環境性能評価システム「LEED（Leadership in Energy and Environmental Design）」で最上級のプラチ

ナ認証を受けたビルの屋上に、約750㎡の水耕の農園を開発しました。農園では地域住民を雇い、収穫した野菜を多くのスーパーマーケットに卸しています。また「FOOD from the SKY」は、イギリスのロンドン北部にあるスーパーマーケット「Thornton's Budgens」と持続型農業コミュニティガーデン「Azul-Valerie Thome」が提携する事業で、スーパーの屋上で野菜を栽培し、その階下で採れたてを販売しています。フランスのAGRIPOLIS社は、都市の気候変動と食糧問題という課題へのアプローチとして、パリのエキシビジョンセンターにある1万4000㎡に及ぶ広大な屋上菜園をはじめ、国内11カ所で屋上菜園を運営しています。通常の10％の水と栄養素で生産可能な「Closed-circuit cultivation system」を採用したり、卸し先を1～2km以内に限定してフードマイレージを極力小さくするなど、環境負荷の低い形で生産・流通を行うことにこだわっています。

アジア諸国でも注目が高まっています。マレーシアでは病院やマンション、商業ビルで屋上ファーミングが展開されています。中国・広州において、屋上温室栽培の調査が行われました。外部からの害虫飛来を防げる施設栽培により殺虫剤の利用は最小限で済むため、野菜には鉛やヒ素など有害物質の最大残留限界を超えたものがひとつもなく、コストと質において店頭の高品質な野菜に引けを取らないことが明らかにされています。そのほかインドやバングラデシュにおいても屋上ファー

ミングに関する調査が行われ、普及のために国としてどのような政策支援が必要か検討されています。

シンガポールにあるホテル、フェアモント シンガポールとスイスホテル ザ スタンフォードの屋上には、水産養殖と水耕栽培をかけあわせた「アクアポニックス」の庭園があります。アクアポニックスとは、魚の排泄物を硝酸塩に変えて植物の肥料とし、その植物は魚のために水をろ過してきれいにするという循環を生かして魚と野菜を一緒に育てるシステムです。従来の手法よりも持続性があり、殺虫剤を必要とせず、収穫量が多いといった利点のほか、水やスペース、労力が少なくすむという強みもあります。2022年、フェアモント シンガポールでは、1320kgもの野菜とハーブ、および936kgの魚が取れており、ホテルで毎月必要となる野菜の30％と魚介類の10％がアクアポニックスの庭園で賄われていると試算されています。

プワイ・ウンパーゴン百周年記念会館・公園は、タイのタマサート大学にある、広大な丘状のスロープを持つH字型のユニークな建物で、環境に配慮して設計され、数々の省エネ革新技術が備えられています。なかでもホール屋上に展開される2万4000㎡に及ぶアジア最大の都市型農園「Green Roof Urban Farm」では、雨水を永久的に再利用する持続可能な水管理システムを導入しており、ここで処理された水は学生食堂で提供される有機野菜の栽培に使われています。また、農園のうち7000㎡の区画は学生や学部、職員、民間に開放されており、自ら食べたり学生食堂へ販売するために有機野菜を栽培することができます。これは、タイの持続可能な農業への転換に貢献するねらいがあり、持続可能で有機栽培の都市型農業に関する教育の

場として、各種イベントにも活用されています。

国内事例　所有地菜園としての活用事例が多い欧米諸国と比較すると、日本では貸菜園としての活用が多いのですが、国内の都市でも屋上ファーミングが着実に広がりつつあります。2007年に小田急線成城学園前駅の西口正面にできた東京都世田谷区の「アグリス成城」は、5000㎡もの規模を誇る貸菜園です。常駐スタッフによるお手入れ代行や道具の無料レンタルなどのサービスが充実し、屋上ファーミングを無理なく続けられる仕組みが整っています。2009年に「ソラドファーム」から始まった貸菜園「まちなか菜園」も、駅に近い商業ビルの屋上などを活用して、関東と関西に8カ所の菜園を展開。年会費にはスタッフのサポートや道具の貸し出し、50種から選べる野菜の種苗が含まれます。2021年には、兵庫県神戸市のプロジェクトのモデル農園第一号であるオーガニック貸農園「シェラトンファーム」が、神戸ベイシェラトン ホテル＆タワーズの屋上にオープン。麦の栽培からビールやパン作りまで行うイベントなど、会員同士の交流を深める企画がいくつも用意されています。

単なるスペース貸しではない屋上ファーミングのおもしろい事例のひとつが、三菱地所が東京都の大手町ビルの屋上「Sky LAB」内にオープンしたIoTコミュニティファーム「The Edible Park OTEMACHI by grow」です。「grow」と呼ばれる野菜栽培のナビゲーションシステムが採用され、農園に設置された独自開発のIoTセンサー「grow CONNECT」が、タイムリーに野菜栽培をナビゲートしてくれます。同様の事例として、武蔵野大学の「U.P.Lab（アーバンパーマカルチャーラボ）」は有明キャンパス3号館屋

上に約600㎡のコミュニティガーデンを展開
しています。無農薬・無化学肥料の自然循環
型の菜園、果樹園、コンポスト、養蜂などを
実施し、収穫した蜂蜜はイベントなどで販売
されています。

　新宿区立柏木小学校では、屋上農園「野菜
の森」プロジェクトが展開されています。事
前に登録者から回答を得たアンケート結果を
元に人気の高かった、キュウリ・トウモロコ
シ・トマト・ナスなどの夏野菜のほか、新
宿由来の伝統野菜・内藤とうがらしなど約
15種類を栽培しています。同校に通う児童
と保護者の参加により、3カ月目で畑作業
の参加者数は延べ1000人、総面積は1000
㎡に及び、夏の収穫最盛期には目標だった
1日100kgを超える収穫をしました。また、
都会と畑を結ぶマルシェ「LUMINE AGRI
MARCHE」に出店し、柏木小学校の屋上農
園で育てた野菜を小学4年生が販売しました。

　鹿島建設はグリーンインフラを活用したま
ちづくりのため、都市部のビル屋上を利用し
た緑化として、「屋上農園」「屋上水田」「屋
上はらっぱ」を、現地調査から運用まで総合
的に運営しています。屋上農園は、ビル屋上
に農的空間を整備するもので、地産地消の安
全な食料の確保や、自然とのふれあい機会を
つくります。野菜を中心に食関連の専門店が
入る京都八百一本館の3階屋上では、京都丹
波の畑土を使った本格的な農場を整備。直射
日光を遮ることで建物の高温化抑制や劣化低
減といった効果が望めるほか、同階のレスト
ランの目前に位置していることから、来館者
が季節の旬な野菜がどのように育てられてい
るかを見ることができる里山のような空間と
もなり、集客や農業振興といった付加価値を
創出した先進的な事例です。屋上水田は、水
田環境を屋上に設けるもので、ビル内の温熱

環境改善、雨水の有効利用などが可能な一方、
通常の緑化とは異なる技術や維持管理ノウハ
ウが必要です。鹿島建設はNPO法人雨読晴
耕村舎と連携し、代かきなどの耕耘を必要と
せず、また刈り株などの廃棄物が発生しない
不耕起稲作と呼ばれる栽培手法を採用しまし
た。冬期は緑肥としてレンゲを播種し、水田
からの土の飛散を防止するとともに、昔懐か
しい農村景観を再現しています。屋上はらっ
ぱは、近年減少している都市部の空き地など
の草地を、近隣植生と日用の廃材を用いて市
民参加型で整備する新しい屋上緑化デザイン
です。従来の屋上緑化が自動灌水装置を設置
して高木や灌木を維持していたのと比べて、
低コストで軽量です。新武蔵野クリーンセン
ターは、清掃工場の整備にあたって、武蔵野

横浜市戸塚区役所の屋上農園。ビル内の温熱環境の改善と、雨水の有効利用をしている。屋上の利用していなかった空間を用いて地域交流や教育、健康、収益改善などの付加価値を創出している

市の生物相を保全しつつ、低炭素社会の実現、ごみの減量、資源リサイクルを市民が学べる環境学習の場として屋上はらっぱを設置しました。設計段階でワークショップを行い、参加者から出されたアイデアを反映したり、整備段階では地域で採取した表土やクリーンセンターに集められた伐採材や廃材などの有効利用を図ったり、併用開始後は環境学習の場としても利用したりと、周辺の自然環境に配慮した施設づくりを目指しています。

展望　気候変動への適応策や緩和策として、その有用性が認知されている屋上ファーミング。屋上ファーミングの普及によって、ヒートアイランド現象の軽減や雨水対策などが期待されるとともに、食料の輸送距離が縮まることでCO_2削減など環境負荷の軽減も期待できます。また、IoTシステムや水耕栽培などの技術開発が進むことでより効果的な栽培が可能となったり、現時点では屋上での栽培が難しい作物でも生産が可能になることも期待されます。屋上ファーミングは学生や地域住民が食料生産について学べる場所にもなるほか、コミュニティの形成や交流の場としての機能や、食料供給の一部を地産地消で担う役割など、都市部のニーズに応える手段としても有意義な取り組みです。●

暑さに強い住宅
Heat-Tolerant Houses

気候変動による気温上昇に伴い、熱中症のリスクは今後も増大することが予想されています。熱中症は屋外で発生するイメージが強いかもしれませんが、室内での発生も十分にあり得ます。その要因には、室温や湿度の高さ、風通しの悪さといった「環境」、乳幼児や高齢者、体調不良といった「身体」に関するもの、長時間の作業や水分補給できない状況などの「行動」が挙げられます。そのため、室内で過ごしている間に室温や湿度が上昇して起こる場合のほか、屋外での活動後に室内で適切に体を冷やせず熱中症になる場合、夜間に冷房を使用しないことで寝ている間に発症する場合もあるのです。

適応策　暑さが続く夏に快適な住環境を維持するには、断熱性を高めつつ日射を遮ることがポイントになります。また、空気の移動を防ぐ気密性や換気による排熱や、冷房未使用時は通風によって涼をとることも重要です。

断熱とは、壁、床、屋根、窓などを通した住宅内外の熱移動を少なくすることです。断熱の基本は外気に接する部分（壁・床・天井または屋根）を断熱材で隙間なく覆うことですが、特に重要なポイントとなるのは窓などの開口部の断熱性能です。夏の冷房時に室外から侵入する熱の約7割が開口部からとされ、壁や屋根に比べても大きな割合を占めています。窓の断熱性能はガラスとサッシの組み合わせによって決まり、ガラスを複層ガラスにするだけでも大きな効果がありますが、木や樹脂を使った断熱サッシも組み合わせるのが理想的です。また、既存の窓に新しく内窓を設置し二重窓にすることで、複層ガラス窓と同程度の断熱性能が確保できるため、比較的手軽な方法としてマンションなどのリフォームにも有効です。

夏に室温が上がる最大の要因は、外部からの日射熱です。最近の住宅は断熱化が進んでいるため、一旦室内に熱を入れると逆にそれを室外に排出することが難しいといえます。そこで夏は、窓の遮熱対策をして日射熱を取り入れないことが重要です。具体的には、グリーンカーテンや落葉樹などの植栽を利用する方法や、遮熱複層ガラスを採用するなどの対策があります。ブラインドなどを設置する場合は、窓の内側よりも外側に取り付けるほうが3倍近くの効果を発揮します。庇やオーニング（日よけテント）の取り付けは、太陽高度の高い南側の窓では特に効果的です。一方、冬季は日射熱を取り込めたほうが暖房負荷の抑制につながり、夏季にも昼間の自然光をうまく取り入れたいというニーズもあります。このような、夏季の冷房時には日射熱を遮りつつも冬季の日射熱や昼間の日照を取り入れたいという相反する要求に対応する一例として、庇の設計を工夫する方法があります。太陽高度や窓の高さを踏まえて庇の長さをうまく設計することで、夏の太陽高度が高い日射は遮り、冬の太陽高度が低い日射は取り入れることが可能となります。

住宅に隙間があると、そこから空気が出入りすることで熱が室内外で移動するため、気密対策をして隙間を減らすことが大切です。

ただし、気密性能だけを強化すると室内環境が悪化するため、適度な換気量を確保しつつ、過剰な空気の移動を減らすことが重要となります。断熱性と気密性の高い住宅では常に換気を行うことが重要です。住宅内に少量の空気が絶えず流れる環境をつくることで、室内および部屋間の温度が均一化し、快適性が向上するだけでなくシックハウスや結露対策としても有効です。

新築住宅の省エネルギー性能の確保と太陽光発電設備の設置普及を目指す政府の方針により、ZEH（net Zero Energy House）の普及に向けた取り組みが行われています。ZEHとは、住宅外皮の「断熱」性能などの向上、高効率機器などによる「省エネ」、太陽光発電などの「創エネ」の3つによって、年間のエネルギー消費量の収支がゼロになる、つまり使うエネルギーと創るエネルギーが同じになることを目指した住宅です。ZEHのメリットは、光熱費の抑制や売電収入などによる経済性のほか、高断熱により夏は涼しく冬は暖かい快適な生活が送れることです。冬は効率的に家全体を暖められるため、急激な温度変化がもたらすヒートショックによる心筋梗塞などの事故を防ぐ効果もあるうえ、夏においても熱中症になりにくい環境が維持されます。台風や地震などの災害発生に伴う停電時にも、太陽光発電や蓄電池を活用すれば電気を継続的に使用でき、非常時でも安心して生活できます。夏の停電を想定した早稲田大学の研究によると、ZEHでは夏の停電時でも熱中症リスクの低い温熱環境が維持されることが明らかになり、在宅避難の実現可能性が示されています。

海外事例 イギリス最大の住宅建設業者であるバラット社は、気候変動への適応を目的に、2030年までに新築住宅すべてをゼロカーボンにすることを公表しており、この目標を達成するための第一歩として、ゼロカーボンのコンセプトホーム「ゼッドハウス」を試験導入しています。40以上の業界パートナーとサルフォード大学の協力により建てられたこの住宅では、空気熱源ヒートポンプ、赤外線暖房技術、排水熱回収装置、電気自動車の充電ポイント、太陽光パネルと蓄電池など、数々の最新技術がテストされ、95個のセンサーからなるモニタリングシステムにより、室内の空気品質や熱快適性、再生可能エネルギーの状態などを含む家全体のデータが収集されています。

「採風塔」は屋根に設置され、風圧と浮力によって室内に新鮮な空気を取り込み、汚染された空気を排出する装置です。もともとは「バードギール」と呼ばれる伝統的なペルシャ建築の技術であり、建物内部の自然換気と受動冷却を得るために中東諸国で数世紀にわたって採用されてきた技術です。近年、建築環境におけるエネルギー使用の大幅な増加と良好な室内環境の要求の高まりにより、自然換気が再注目されていることから、新しいデザインの採風塔が世界各地で見られています。イギリスでは公共建築物やショッピングモールなどに多数の採風塔が設置されています。

同じように古代から続く技術として、ペルシャ人やローマ人が住居内で自然換気を実現するために使用してきた「ソーラーチムニー」があります。これは、太陽光による温度上昇と通風を利用した建物の自然換気システムです。建物の上に設置された太陽光を集める工夫がされた集光機能が、太陽熱を吸収して温度を上昇させ、風力を利用する開口を持つ排気筒（チムニー）から熱気を排気する仕組みになっています。開口に自動制御機能を組み

込むことで、時間や風雨や温度、湿度に応じた自然通風性能を実現します。

国内事例　沖縄地方では、年平均気温が100年当たり1.19℃の割合で上昇しており、熱帯夜の日数も10年当たり5.7日の割合で増加しています。また、将来は台風を含む熱帯低気圧の強度や最大風速が増大する可能性が高いと予測されています。これらの問題に対処するため、沖縄県では既存の木造住宅から補強コンクリートブロック造や、鉄筋コンクリート造住宅への移行を進める取り組みを行っており、現在では県内住宅の約8割が鉄筋コンクリート造となっています。さらに

亜熱帯気候の下で独自の家づくりが求められており、そのための施策として1997年に「風土に根ざした家づくり手引書」を策定し、2015年には「これからの省エネルギー住宅と沖縄の風土をどう折り合わせるか」をテーマに新たな制度や環境共生手法などを取り入れた改訂が行われました。この手引書では、沖縄の住宅で特に重要となる暑さ対策で心がけるべきこととして、南風を迎え入れる通風スペースや風の通り道を設けるなどによる自然風の利用、沖縄の伝統的手法であるアマハジ*や、沖縄の特徴的な建築材料である花ブロック（空洞で柄を表現した沖縄生まれのコンクリートブロック）などを用いた日射の遮

＊深く出た軒とその下の空間。雨端

フランスのグランシンテにあるエコハウス。正味エネルギー消費量がゼロで、年間のCO2排出量もゼロの住宅だ

の住宅から排出されるCO_2の削減を図るため、2012年から導入されたものですが、国の新しい省エネ基準を踏まえ、2023年4月から断熱等基準に環境性能に関するサステナブル要件を再編した新基準が運用されています。達成レベルごとに、上からプラチナ、ゴールド、シルバーの等級が定められており、この等級に応じた補助制度を受けることができます。2023年9月に最高レベルであるプラチナ等級の札幌版次世代住宅の認定を受けた事例では、積雪のある冬季でもアスファルトの反射光を活用して発電可能な壁面に設置された太陽電池が評価されています。同時に、高い断熱性によって、35℃を超える猛暑日でもエアコン1台を稼働させるだけで室温が24℃に保たれることがわかっており、幅広い環境に対応するまさに次世代の住宅となっています。

蔽、遮熱塗装や断熱ブロック、屋上緑化や赤瓦*などを利用した外壁・屋根等の遮熱、木製や樹脂製のサッシ、複層ガラスや二重窓を利用した開口部の遮熱・断熱、の4点が挙げられています。これらの手引きにより、郷土の自然を理解し伝統的な住宅で受け継がれてきたさまざまな工夫と知恵を学ぶことで、風土に見合った沖縄らしい住まいを保ち、暮らしを守ることが推進されています。

北海道札幌市では、積雪寒冷地の特性に対応した札幌独自の住宅性能基準を設け、国の省エネ基準を大きく上回る外皮性能と省エネ性能、気密性能を満たす札幌版次世代住宅の普及が進められています。もともとは、市内

展望 既存の住宅でもさまざまな工夫や対策を施すことで、最悪の事態を回避できる可能性を高めることができます。まずは正しい知識を持つことが大切です。国や自治体は住宅の断熱性の向上や、太陽光パネルや高効率給湯器の導入などに対し、住宅の省エネルギー化を支援するための補助制度などを設けています。新築だけでなく既存の住宅においても、熱損失が大きい窓の断熱性能を高める「窓リノベ」に対する補助制度などが設けられています。住宅の省エネルギー対策は、緩和と適応のコベネフィットも期待され、積極的に情報を集め、気候変動に強い家づくりを検討することが重要です。●

＊沖縄の特徴的な屋根材で日射熱の影響を低減する効果がある

風水害に強い住宅
Wind and Flood-Tolerant Houses

国土交通省の調査によると、2020年の水害被害額は全国で約6000億円にのぼり、それまでの10年で4番目に大きい被害額となりました。さらに、山形県、熊本県、山口県におけるこの年の被害額は、1961年の統計開始以来最大の被害額となったこともわかりました。その前年の2019年も、千葉県を中心に大規模停電や通信障害を引き起こした房総半島台風（台風第15号）や東日本台風（台風第19号）の被害が忘れられません。ここ数年、豪雨・台風による被害が全国各地で発生しており、濁流による浸水域が広範囲にわたることにより、自宅で被害に遭うケースも増えています。

適応策 台風や大雨は住宅に大きな被害をもたらしますが、警報などの防災気象情報を利用することや事前の準備で、被害を未然に防いだり軽減することが可能です。また、直前の対策だけでなく、住宅設備そのものへの対策も有効です。住宅敷地内に雨水貯留槽や雨水貯留浸透施設（雨水を地中に浸透させるマスやトレンチなど）を設置することで、河川や下水道施設への急激な雨水流出を抑え、近隣一帯の被害軽減につながります。設置補助制度を設けている自治体もあります。また駐車場など敷地の一部を舗装する場合は、透水性舗装を採用することも有効な対策です。集中豪雨によって汚水管が短時間で満水になると、トイレや洗面の排水が流れにくくなったり、封水＊を跳ね上げてしまうことがあります。それらを抑える方法としては、逆流防止弁や圧力開放蓋の設置が有効です。設置が間に合わない場合は、応急処置として便器の蓋を閉じておいたり、水を入れたビニール袋を便器内に設置しておきましょう。

戸建て住宅だけでなく、マンションなど建築物においても風水害への対策は重要です。洪水などの発生時にも住み続けるためには、浸水被害に備えて建築物の電気設備の浸水対策を進める必要があります。浸水リスクを軽減するための取り組みには、まず浸水リスクの低い場所への電気設備の設置が挙げられます。設定浸水深を踏まえ、電気設備を上階に設置するのが基本対策ですが、敷地条件や建築計画上の制約との慎重な調整が求められます。次に、建築物への浸水を防止することを目標に「水防ライン」を設定し、これに沿って切れ目なく浸水対策を実施することも重要です。出入り口や換気口への止水板の設置、排水・貯留設備における逆流・溢水対策といった備えがあります。これらの対策と併せて水防ライン内において電気設備への浸水防止策を検討することもポイントです。

浸水被害に遭ってしまった場合は、即日の応急処置が求められます。水害で被災した住宅ではカビ類が爆発的に増加するため、浸水後48時間以内に清掃する必要があります。対応が遅れるとおよそ2週間で室内壁面にカビ類が表面化してしまいます。必要な対応は、まず濡れたものを早急に外に出して室内空間を洗浄し、床下を送風で乾燥させつつ、浸水した壁を切り出し内部を清掃します。壁を切り出すのは難しい印象がありますが、次のよ

　＊においや虫の侵入を防ぐ栓の役割を果たしている水

うな手順でスムーズに進められます。

①浸水ラインから30cm上に水平線を引き、線に沿って壁表面の石膏ボードや板を、ノコギリやカッターで切断。
②線より下の石膏ボードや板をハンマーやバールなどで剥がし、断熱材も濡れた部分だけをうまく剥がす。
③非浸水部位やコンセントなどに注意しながら水とスポンジで解体部を洗浄し、消毒液を濡れる程度に吹き付けて完了。

　床下に関しては、床の解体や床下清掃には多くの人員が必要で生活の不便さも強いられるため、送風による対応が推奨されます。床下点検口の直下に工業用ファンを置いて室内から床下へ送風し、床下の泥が乾いたら、必要に応じて業務用掃除機で吸い取りましょう。

海外事例　イギリスのストラトフォード・アポン・エイヴォン地区には、河川の氾濫の危険性が高い土地があり、数々の業者が開発に挑戦しては断念してきました。そこで、水害に強い建築に関して技術とノウハウを持つ建築設計事務所Baca Architectsの協力を得て、洪水リスクの高い氾濫原に11棟の洪水対策住宅が建設されました。その設計には洪水に耐えるための数々の工夫が施されています。たとえば、この区域の中心から各戸への道路は、なだらかな上り坂となっています。また、歩道および自転車道も高く作られており、洪水時に避難所への通行を確保します。さらに、家屋は水をあえて通すよう杭状の基礎の上に建てられていますが、流されてきた瓦礫などは通さないよう格子状のスクリーンで保護されています。周辺の緑地も、洪水時には水の流出を調整する雨庭や貯水池として機能しま

す。このような住宅はイギリスでも例を見ないものであり、ほかの洪水に悩まされている地域でも活用されていくことが期待されます。
　コスタリカ南東の沿岸に、カリブで活躍するFUSTER + Architectsが建築した家があります。この家が数々の賞を獲得し評価された点のひとつが、ハリケーンへの対策です。この地区は2017年に超大型台風ハリケーン・マリアが上陸した近隣にあるため、今後このような災害があった場合にも耐えられるように帆布のような素材でカーテンのように使えるシャッターが、窓の内側およびテラスの一部に設置されています。従来のハリケーン用シャッターはどの建物でもあまり歓迎される装備ではなかったため、格納が容易で、採光も可能なこの素材の開発は画期的といえます。

国内事例　風水害の増加に備えるべく、住宅業界も災害に強い家の開発に取り組んでいます。大和ハウス工業は、風水害による破損や水没といった一次災害だけでなく、停電などの二次災害にも備えるため、防災配慮住宅「災害に備える家」を販売しています。この住宅では太陽光発電システム、エネファーム（ガスを用いて給湯・発電するシステム）、家庭用リチウムイオン蓄電池の3点を、新たに開発した「切換盤」で連携しています。停電時にエネファームの発電電力を家庭用リチウムイオン蓄電池に蓄えて家庭内で使える仕様で、雨天でも約10日分の電力と暖房・給湯を確保できます。また暴風時の飛来物の衝撃を吸収して破損を防ぐ「高耐久軽量屋根材」、強度の高い「防災防犯ガラス」を採用して飛来物の貫通を防ぎます。また、夜間の停電時に備えたリビングなどへの電力・暖房の供給や、テレビで災害情報を得ながら家族で就寝できるコーナーなどを提案しています。

福岡大学の渡邉亮一教授が流域治水研究のために建てた雨水ハウス。家の基礎部分に3つのタンクを作って合計41.8tの雨水を貯留し、水害抑制に貢献する個人住宅になっている

大手ハウスメーカーの一条工務店は、防災科学技術研究所と共同で実験を行い、世界初の「耐水害住宅」を開発しました。一般住宅に潜む水害の危険ポイントを「浸水」「逆流」「水没」「浮力」に分類し、それぞれに対策を施しています。「浸水」では、床下に外気を取り込む換気口の内側に、フロート式の弁を設置しました。水が侵入すると弁が浮いて蓋をすることで床下への浸水を防ぎます。ほかにも外壁への透湿防水処理、玄関ドア枠と壁の一体化による隙間の排除や高水密性パッキンの採用、窓には高水圧に耐える強化ガラスを採用しています。「逆流」に関しては、床下の排水管に逆流防止弁を設置し、汚水が逆流した際は自動で弁が閉じて汚水が屋内に溢れるのを防ぎます。「水没」に対しては、電気給湯器の電気動力部品や基板を本体上部に配置したほか、専門メーカーと共同開発し、

本体の一部が水没してもタンク内の水を使用できるようにしています。またエアコンの室外機や太陽光発電のパワーコンディショナー、蓄電池なども水没しにくい高さに取り付けています。「浮力」については、居住地域や顧客のニーズに合わせてふたつのタイプを開発しました。ひとつは、建物が浮上する水位に達する前に水を床下に引き込み、その重量で浮力に対抗する「スタンダードタイプ」。もうひとつは、家を敷地内の四隅に設置したポールとつなぎ、あえて家を安全に浮上させることで水没や流出を防ぐ「浮上タイプ」です。

2020年10月、防災科学技術研究所の大型実験施設で約3000tの水を使った豪雨・洪水被害の再現実験を行ったところ、一般的な住宅は次々と浸水を許した一方、「耐水害住宅（浮上タイプ）」は床下、室内ともに被害を受けませんでした。「耐水害住宅」の普及は、災害復旧活動の円滑化や、避難所から自宅避難へ早く移行することが期待されます。住宅の被災に伴う年間1600億円を超える家屋被

害額の抑制や、年間5万tともいわれる水害廃棄物の削減にもつながります。

　長野県にあるミツヤジーホームは、地下室施工と高気密高断熱住宅に多数の実績があり、創業当初から耐震・断熱性能を重視してきた会社です。2019年の台風19号により千曲川が氾濫し、甚大な住宅被害が発生したことを機に、自社独自の地下室工法技術を基本に据えた「災害に強く避難所生活を回避できる家」の研究・開発を、2020年3月より信州大学と共同で開始しました。実物大実験建物による耐水圧実験などを経て、2021年10月に完成したのが、氾濫水位3mにも対応可能な「耐水圧型」耐水害住宅です。この耐水害住宅は、水圧に耐える壁式鉄筋コンクリート造であり、水圧に耐え水の侵入を防ぐ玄関扉と窓、排水管の逆流防止装置を持ち、さらに家の流出を防ぐために浮力に対応した重量を保つという特徴があります。これに加え、インフラが使用不能となっても避難所生活を回避できるように、生活水として使える中間貯水タンクや太陽光発電システム、蓄電池などを設置しているほか、万が一1階が浸水した場合に備え、生活機能を確保する設備機器を2階以上に設置する間取りになっています。

展望　気候変動影響に適応した住宅の開発は、住宅業界と教育・研究機関などが協力しながら力を入れて取り組まれています。災害に強い住宅が普及すれば、人的・物的な被害が低減するだけでなく、避難所運営経費の削減や被災地復旧の迅速化、災害ごみによる環境への悪影響の軽減などが期待できます。将来的には災害に強い家が新築住宅の基本になるかもしれません。●

岐阜県海津市にある木曽三川公園センターの輪中の農家。さまざまな水害対策のひとつに「水屋」がある（写真奥）。石垣の高さは4.35mあり、住居と倉庫の機能を兼ね備えている

水資源の有効活用
Effective Use of Water Resources

地球の表面は3分の2が水に覆われています。水の惑星と呼ばれていますが、そのほとんどは海水で、人類の生命維持や生活に不可欠な淡水は2.5％ほどにすぎません。さらにその大部分は南極や北極の氷で、利用しやすい状態の「水」はわずか0.01％程度です。しかも、世界全体で見るとすべての人に行き渡る量のはずですが、国により水の分配には大きな差があります。気候変動により雨の強度や頻度が変化したり、降雪の量が減ったりすると、水資源を安定して得られなくなる地域がさらに増えることが懸念されています。節水や再利用、海水の淡水化により水資源を有効活用し、新たに資源開発することで、水の供給にかかるエネルギーを減らし、水資源の持続可能性を高めることができます。

適応策　水資源の有効利用方法には、水資源の無駄遣いを抑えることで資源保護を図る「節水」、代替水資源および低炭素・循環型資源として「雨水・再生水」の利用、新たな水資源の活用として「海水淡水化」があります。

節水　水を節約して利用することにより、地下水や河川、貯水池にある水資源を保護することができ、持続可能性が高まります。また、雨水利用や再生水利用の際の浄化処理や汲み上げ、配水など、供給にかかるエネルギーの消費量を減らすことができ、低炭素・温暖化の抑制にも貢献します。生活用水のうち、家庭用水の使用内訳は、風呂40％、トイレ21％、炊事18％、洗濯15％と、洗浄目的が大半です。たとえば、風呂の浴槽には約200Lの水が入るとすると、毎日入れ替えて使うと年間に各家庭で約73tにもなる量です。汚れが目立たなければ沸かし直す、洗濯や洗車、庭木への水やりなどに再利用するなどが節水になります。シャワーは1分間に約12Lの水を使うため、15分ほど出せば浴槽いっぱいになるでしょう。食器洗いでも流しっぱなしだと平均110L使うといわれます。あらかじめ油脂分を紙などで拭き取り、洗剤を減らして下水処理の負荷を軽減し、「ため洗い」にすると節水効果が高まります。

雨水利用　雨水をためて生活用水に使うことも、水資源の有効利用になります。普段から水洗トイレ、散水、洗車・洗浄、消防、冷却・冷房用水など、上水道ほどには高い水質を要求されないものに活用することで節水できるほか、災害による断水など緊急時には煮沸や濾過を行い、代替水源として活用できます。また、雨水の貯留は都市型洪水の軽減対策にもなります。雨水を貯留タンクにため込むことで、短時間の集中豪雨で雨水が下水道へ一挙に流れ込むのを防ぐことができるのです。

　生活分野での雨水利用は、1994年の列島渇水を教訓に雨水利用の必要性が再認識され、2014年に施工された「雨水の利用の推進に関する法律（雨水法）」により、導入事例が増えています。たとえば、埼玉県さいたま市では、浸水対策としてさいたま新都心地区の東西にそれぞれ貯水池を設けており、集めた雨水の一部は塩素消毒をした後、近隣の広場

や通りの修景用水として再利用されています。大阪府吹田市では、防火水槽の容量不足が問題となっていた一方で、同地区内で浸水も発生していました。浸水対策と消防用水の確保を同時にかなえるため、谷上池公園に雨水貯留浸透施設を設置し、雨水を活用しています。

　雨水をためる場所は、地表と比べ汚れが入りにくい屋根面など高いところに設置するのが一般的です。日光を遮断し藻の発生を防ぎ、蓋で密閉してボウフラの発生やごみ、ホコリ、虫などの混入を防ぎます。また、タンクの底にたまる泥などの沈殿物を除去できる形にしておく、定期的に水の色や濁り、においなど水質をチェックし、ごみ受けのフィルターは定期的に清掃することも効果的です。

再生水利用　再生水は、下水処理された水をさらに高度な処理を行って循環利用しています。再生水利用にあたっては、衛生学的安全確保のほか、美観・快適性の確保、施設機能が障害を起こすことを防止するために、水質基準や施設基準、下水処理水の再利用の際に考慮すべき事項が定められています。水質基準については、大腸菌、濁度、pH、外観、色度、臭気、残留塩素、施設基準の指標が設けられ、水洗用水、散水用水、噴水などの修景用水、水遊び用の親水用水の利用目的別に決められています。

　再生水の修景・親水利用は、高度に処理された水が市民の憩いの場となる水辺に導水されるなど、節水や用水にとどまらず都市環境の保全やアメニティ向上にも役立てられています。再生利用するのは水だけではありません。下水処理の際に生じる下水汚泥の約8割は有機物のため、バイオガス化・固形燃料化・自動車燃料化することにより、エネルギーとしての利用も可能です。また、下水熱を地域の冷暖房などに利用することもできるのです。

海水淡水化　限りある淡水を作り出す水資源開発技術として、海水を処理して利用可能な淡水にする技術も進展しています。海水の淡水化処理方法には、蒸発法、逆浸透法、電気透析法のほか、LNG冷熱利用法、透過気化法があります。近年は、エネルギー消費量が比較的少ない逆浸透法を用いるプラントが多くなってきました。逆浸透法は、前処理として藻や泥、病原菌など大きな径のものを取り除いた後、逆浸透膜で浸透圧をかけ、海水中のイオンや塩類と真水の浸透水を分離する処理方法です。海水の淡水化は、降水量が少なく渇水問題が生じやすい中東やアフリカで大規模なプラントが建設されています。日本では、ダムによる水資源開発が困難な離島などの地域での活用が進められてきました。

海外事例　降水量が少なく渇水問題が生じやすい地域では、海水の淡水化のプロジェクトが大規模に進んでいます。アメリカのカリフォルニア州では、2022年8月に公開された水供給戦略のひとつに淡水化施設の強化が明記され、現在稼働中の海水淡水化施設14施設、汽水地下水淡水化施設23施設に加え、新たに海岸線沿いに4基の建設を計画しています。

　イスラエルでは、水不足問題を踏まえて2000年代初頭に大規模な淡水化施設のプラント建設を展開してきました。2005年に南部のアシュケロン、2009年に北部のヘデラ、2013年に商業都市テルアビブ南方のソレクと、国内各地に大規模なプラントを建設しています。追加されるソレク第2プラントと西ガリラヤ地域のプラントを合わせると、計7基で年間の都市および工業用水の消費の約9

割を供給できる能力に達するとされています。

　サウジアラビアでは、政府機関が主力となり、淡水化プロジェクトを進めています。サウジアラビアは生活用水の多くを海水淡水化に依存しており、淡水生産量は世界最大規模である一方、エネルギーの消費が大きいことが課題となっています。多くの海水淡水化プラントが老朽化に伴う更新時期となっていることもあり、長期政策方針として、石油依存から脱却し持続可能な発展を目指す「サウジアラビア・ビジョン2030」に基づいて、淡水化の省エネルギー化を進めているところです。2021年には、海水淡水化公団が建設した新プラントが、最もエネルギー消費の少ない淡水化施設としてギネス登録もされました。

　オーストラリアのメルボルンでは、2000年代の大干ばつを受けてビクトリア淡水化事業が進められ、2012年に1億5000万m³/年の造水能力を持つ淡水化施設が完成しました。環境に配慮した省エネルギー型プラントで、必要な電力はすべて再生可能エネルギーである風力発電で賄われ、プラント内部にも動力回収装置が多用されています。

国内事例　熊本市では地下水の保全に向け、2019年度から2024年度までの6年間で「節水210運動」を展開し、市民1人1日当たりの生活水利用を210Lにすることを目標に、節水対策に取り組んでいます。節水への環境整備として、簡単に取り付けて使える節水器具を節水器具普及協力店で紹介するとともに、市政だよりや市ホームページで毎月の水使用量を掲載して目標を示し啓発を進めています。

　街全体で取り組んでいる例としては、東京都町田市の南町田グランベリーパーク駅周辺エリアの総合開発が挙げられます。鉄道駅、商業施設、都市公園、都市型住宅、都市

基盤など官民連携で一体的に再整備したプロジェクトです。駅舎や商業施設での雨水利用設備のほか、雨水の急激な流出を防ぐ地下調整池や雨水貯水槽、さらに雨水を一時的にためて時間をかけて浸透させるレインガーデン（雨庭）やバイオスウェル（雨の道）などをエリア全体で設置し、循環させる仕組みで、環境保全、雨水流出抑制、水道使用量削減の効果が期待できます。国際的な環境認証制度LEED（Leadership in Energy and Environmental Design）の新築部門・まちづくり部門でゴールド認証を取得しています。

　大阪府では、1996年より高度な下水処理水を都市の貴重な水資源とし、渇水・断水などの非常時に強いまちづくりに貢献するほか、平常時には樹木への水撒きや道路・工事現場への散水などに誰でも簡単に活用できるよう、処理水供給施設「Q水くん」を府内13カ所に設置しています。給水方法はメダルの投入で定量の再生水を得るメダル方式と、押しボタンで任意の量を得るボタン方式があり、いずれも申し込めば無料で利用できる仕組みです。

　東京の南140kmに位置する利島では、高額な給水原価*に伴う水道事業の財政圧迫や、河川がないことによる渇水リスクなどの問題の解決に向けて、水や電気の自立供給ができる住環境の検証が進められています。民間企業が開発中の「小規模分散型水循環システム」という世界最小規模の水再生システムを搭載したコンテナ型の居住施設を設置しました。オフグリッド化することで水道インフラの整備費用を抑え、高額な給水原価や不安定な水供給、離島における住環境整備の難しさなどの課題の解決を目指し、同様の課題を抱える地域のモデルケースになることが期待されています。

　　＊水道水を1㎥作るのに必要な経費

サウジアラビア・ジッダの海水淡水化プラント。中東やシンガポールなど淡水資源に乏しい国では、巨大淡水化プラントが国の発展の基盤を支えている

展望 節水の促進については、普及啓発に関する情報発信が不可欠です。各家庭や事業者が節水器具や節水設備を導入できるよう支援も必要です。一方で、節水のための設備や施策が、エネルギー消費量の増大や別の資源消費を伴い環境負荷が発生する可能性もあるため、総合的な観点からの促進が望まれます。

　雨水や再生水の利用については、関東臨海で取り組みが進んでおり、2021年度末現在で全国の雨水利用施設の約4割を占めています。雨水・再生水の利用は全国の生活用水使用量の全体から見るとわずか0.3％程度にすぎず、計画的に利用促進を進めていく必要があります。一方で、このような処理水は、システム導入や維持管理にかかるコストの高さと水質・水量の安定性が課題になってきます。コストメリットを出すにはある程度の施設規模が必要になるでしょう。雨水のみを利用する場合、モンスーン地帯である日本では、季節によって降水量が変動し、利用できる水量が大きく変わってしまうことも課題です。

　海水の淡水化については、処理にかかるコストの高さと、処理後に排水される海水の塩分濃度が高くなり、環境に負荷をかける点が課題となります。これに対しては、下水を逆浸透膜で処理する際に発生する排水を、海水の逆浸透処理時に混入することで、送り込む水の圧力を減らして動力コストを抑えるとともに、海水の塩分濃度を薄めて排水時のレベルを海水程度にすることが可能になる技術も進んできました。●

生物季節モニタリング
Phenological Monitoring

植物は毎年決まった季節に花を咲かせ、実をつけます。動物の繁殖や産卵も季節と連動しています。ほとんどの生物は気温や日照時間などの季節変化を感知する仕組みを持っており、季節に応答することを生物季節やフェノロジー（Phenology）といいます。この生物季節に関する情報は、気候変動が環境に与える影響の評価に有効です。長期的な生物季節のモニタリングに基づく未来の予測モデル構築は、気候変動が生物および周辺環境にどのように影響を与えるか評価を行う際に強力なツールとなるため、生物季節の情報収集・蓄積に世界が注目しています。

生物季節は自然生態系や農業だけでなく、観光業や文化的サービスなど広い分野に関わっており、気候変動の影響はそれらにも大きく関与すると推測されます。すでに開花時期の早期化や紅葉の遅延などが見られており、そこから派生した観光業への影響も無視できません。生物季節を理解することは、気候変動が経済活動に及ぼすマクロの影響を理解するうえでも大変重要です。

日本では、1953年から2020年まで65種目の生物に関する季節現象の記録が気象庁によって取られてきました。これは生物季節観測と呼ばれ、季節の進み具合や気候変動が生物に及ぼす影響など総合的な気象状況の移り変わりを把握することを目的としたものです。全国の気象台では観測対象の木（標本木）を定めて、サクラの開花日やカエデの紅葉日などの観測を実施。毎年春になるとサクラの開花ニュースが流れますが、それにも生物季節観測のデータが使われています。しかし次第に生態環境が変化し、標本木や観測対象の動物を見つけることが困難になったため、2021年1月より観測対象が6種目9現象に絞られ、ほかの種目は廃止されることになりました。この観測記録は70年にわたる貴重な基礎データであると同時に、報道などを通して季節感を伝える文化的に重要な役割もあります。そのため、気象予報士や自然保護団体を中心に観測の存続を求める声が上がりました。

NIES生物季節モニタリング　観測存続の声を受け、観測を引き継ぐ「NIES生物季節モニタリング」が立ち上がりました。国立環境研究所（NIES）が気象庁・環境省と連携・協力して、植物の開花や鳥の初鳴きなど生物の季節的な反応（生物気象現象）を長期にわたって観測する取り組みです。モニタリングは66種目を対象に行われるため、日本全国から市民調査員を募集しています。すでにアメリカやヨーロッパでは何千人というボランティア調査員が連携して観測しており、日本でも実現を目標に将来にわたって続けられる観測ネットワークの構築が進められています。

このプロジェクトに協力している調査員は現在、420人ほど。タンポポ、ノダフジ、サルスベリ、モンシロチョウ、ニイニイゼミ、シオカラトンボなど観測対象66種目のうち可能な項目だけを、毎日、あるいは週に1〜4度調査しています。普段の登下校や通勤、散歩のついでに行えて、一人ひとりの観測が

貴重な生物季節モニタリングのデータに反映されます。

国内事例　京都のソフトウェア企業バイオームは、撮影された画像からAIが名前を判定しゲーム感覚で図鑑にコレクションできるスマホアプリ「Biome（バイオーム）」を開発しました。環境省と共同で「気候変動いきもの大調査（冬編）」を実施し、気候変動の影響を明らかにするとともに、気候変動対策アクションを「クエスト」を通して呼びかけました。得られた生物データは分析され、ユーザーに発信することで、気候変動の影響を身近に感じ、地球温暖化対策の実践を促すことが期待されています。

　麻布大学では、生物季節観測の継続・データ活用の仕組みづくりに向けた共同研究を国立環境研究所と開始しました。観測モニタリング事業と連携した取り組みを教育に生かす試みは、麻生大学が初の教育機関です。大学構内で生育している木のなかで、人工物や局所的な環境の影響を受けにくい場所にあるものを標準木として選定し、2021年9月より生物季節観測を開始しました。学生が観測に参加することで、キャンパスの身近な環境から気候変動について学ぶ機会を広げています。2022年以降は野鳥研究部の協力を得てウグイスやモズ、さらには構内の牧草地も調査域に追加して昆虫などの観測方法も構築する予定です。さまざまな気候変動の要素が生き物に与える影響や、相互作用の解析など、データサイエンス教育への活用も期待されています。

展望　簡易な録音・画像取得技術や、AIを使用した信頼性の高い同定技術などの新たなモニタリング技術の開発、さらにはSNSを活用したモニタリングも検討されています。こうした技術を組み合わせ、効果的・効率的な生物季節観測に関する研究を進めること、得られたデータを誰もが活用できるよう公開することで、気候変動影響の予測や適応策の検討などに役立てられることが期待されます。●

生物の季節的な観察記録は、季節の進み具合や気候変動が及ぼす影響や気象状況の移り変わりを把握するための重要な指標となる。左上から時計回りでサクラ、フジ、キアゲハ、ホタル、モズ、モミジ、ヤマツツジ、ツバメ

適応教育
Climate Change Adaptation Education

気候変動による影響が今後さらに増加することが懸念されるなか、気候変動適応に関する教育や普及啓発の重要性は高まっています。しかし、これらについて学ぶ機会はまだ十分とはいえません。聖心女子大学の永田佳之教授らが「気候非常事態宣言」を行った44自治体を対象に実施した調査では、気候変動教育の内容について、40.0%の自治体が「温暖化を緩和するためのスキル」を重視していると答えた一方、「温暖化に適応す

るためのスキル」を重視していると答えた自治体は28.6％にとどまりました。気候変動教育における課題としては、詳しい教師や講師がいないことや、時間の確保が難しいこと、適切な教材がないことなどが挙げられています。

学びの機会が少ない一方で、子どもたちの気候変動への関心は決して低いとはいえません。セーブ・ザ・チルドレン・ジャパンが日本に住む15 〜 18歳の子どもを対象に実施

柏の葉キャンパス東大大学院での講義の様子

した「気候変動と経済的不平等に関する子どもアンケート調査」では、有効回答を得た1085人の子どものうち約4人に3人が、気候変動と経済的不平等の両方、もしくはどちらかが自分の周りや日本に影響を与えていると答えています。子どもたちが不安を感じることなく安心安全に暮らすためには、気候変動適応について知り、考え、行動する力を身につけることが大切です。

海外事例　理想的な適応教育を模索する取り組みは、さまざまな国や地域で行われています。北チロル（オーストリア）と南チロル（イタリア）では、16〜18歳の高校生173人を対象に、2年にわたり適応の教育プログラム「Generation F3–Fit for Future」が実施されました。このプログラムは、校内でのワークショップと専門家によるワークショップを組み合わせて適応への理解を深め、最終回では発表と対話を行います。定量的なアンケート調査ではリスク認識や適応評価に変化は見られませんでしたが、教育後にどの程度の知識と思考能力を得たかについて定性的な調査を行ったところ、知識と批判的または先進的思考の向上が認められました。

　タイにあるマハーサーラカーム大学は、マハーサーラカーム県ムアン地区の高校生に対して、気候変動に関する4つの学習要素（基礎知識、現状、影響、適応）を含む「気候変動適応マニュアル」を実施し、その前後における気候変動適応への「知識」「態度」「意識」の変化を調査しました。その結果、実験開始段階のプレテストでは生徒の知識レベルは低かったものの、マニュアル実施後では中程度レベルまで上昇したことがわかりました。また、気候変動適応への態度については「賛同」レベルだったものが「非常に賛同」とな

り、態度の改善が見られたほか、意識についても高まりが確認されました。

　カナダのウォータールー大学の気候研究所とゲーム研究所は、気候変動影響への解決策を探求する教育シミュレーションゲーム「Illuminate」を開発しました。このゲームでは、プレイヤーはふたつのミッションについて、与えられた予算内でインパクトのある戦略に投資することが求められます。ひとつ目のミッションは温室効果ガス削減のための政策を選択するもので、これにより将来の排出シナリオが決定されます。ふたつ目のミッションでは、カナダの3つの地域における気候変動影響、すなわち沿岸部では海面上昇、農村部では干ばつと洪水、都市部ではヒートアイランド現象から住民を守るための適応策を、残った予算を考慮しながら選びます。ゲームを通じてプレイヤーの気候変動対策への知識を深めると同時に、将来への希望を持ってもらい、効果的な解決策を模索して行動に移す意欲を高めることが期待されています。

　ニュージーランドの国立大気水圏研究所では、海面上昇にどのように対応するかを考えるためのオンラインゲーム「My Coastal Futures」を提供しています。このゲームは海面上昇に備え、「何もしない」「海から離れた家に引っ越す」「防潮堤を建設する」など、プレイヤーが手持ちの資金を使いながら、沿岸部での暮らしに関する決断を下すという内容になっています。

国内事例　北海道千歳市立千歳中学校では、2年生向けにクイズやゲームを通して気候変動の緩和や適応について意識させることを目指した授業を行いました。授業は「すごろく」「未来の天気予報」「カード合わせゲーム」の3つの構成で進められ、最後に「SDGsとの

関係性」について紹介されます。すごろくは地球温暖化がゴールに設定されており、節制によってコマが戻る仕組みです。ゴールを目指したくないにもかかわらず、私たちが普段の生活様式を続けることにより、地球温暖化を促進しているという現実を体験的に理解するように構成されています。すごろくの途中には地球温暖化に関連するクイズが設けられており、気候変動に関する知識をゲーム感覚で身につけられる仕組みです。また、気候変動がもたらす将来を生徒に実感させることを目的に、環境省が作成した動画「2100年 未来の天気予報」を見せたほか、北海道における気候変動影響と適応の事例が記載されたカード合わせゲームも行われました。このようなゲームや映像を通して、気候変動がすでに始まっていることや、適応が必要なことを理解できる仕組みになっています。実施後の感想文からは、生徒が授業を通して気候変動やSDGsについての興味、意識、理解を深めたことが確認されました。またゲームやクイズを通して学ぶことで、生徒が楽しみながら想像力を働かせ、授業に臨んでいる姿も見られたことに加え、教員自身も授業づくりを通して、気候変動に関する考察を深めることができたという感想が聞かれています。

　気候変動問題を理解するには、問題に関わる複雑な要因の把握と相互の関係性を理解する力が重要となります。これらの力を伸ばしながらゲーム感覚で楽しく学べるものとして、学び手同士が協力して物事の複雑な事実関係を把握し、その構造化を行う「謎解き」の手法を取り入れた適応教育も行われています。国立環境研究所 気候変動適応センターは、「気候変動適応のミステリー」というプログラムを提唱しています。このプログラムでは、たとえば「日本国内でのデング熱の流行」「食卓の献立の変化」「イギリスのテムズ川で進む高潮対策」などといった異なる3つの現象を提示し、複雑に絡み合う背景をグループで解明しながら気候変動について学び、考えます。「謎解き」を通して、世界や日本の事例を学びながら、地域に合った緩和策や適応策の理解と実践につながることが期待されています。

展望　気候変動に関する教育を重視する考えは世界的に高まっており、ユネスコは、環境教育が2025年までにあらゆる教育システムの中核的要素とされるべきだと呼びかけています。気候変動に関する教育の重要性が増すなか、適応教育についても教材の開発や人材の育成などを進めることが喫緊の課題です。また、自らのことと捉え、解決策を導き出す力が重要になる適応教育においては、学校教育だけにとどまらず、地域や民間企業などがアイデアを出し合うことが求められています。●

あとがき　Afterword

根本 緑　Midori NEMOTO

本書『アダプテーション［適応］』で紹介した100の戦略をご覧になり、あなたはこの現実をどう受け止め、どのような感情を抱きましたか？　何かひとつでも、取り組みたいと思っていただける適応策はあったでしょうか。

　悲観的なイメージをもたれやすい気候変動ですが、CO_2を減らす「緩和策」と、本書で扱った「適応策」というふたつの主な対策により、将来のリスクに備える準備が着々と進んでいることについては前述のとおりです。しかし、これら気候変動対策への市民の認知度は、国や地域、世代によって実はばらつきがあるようです。欧州の調査によると、気候変動への備えは日々の暮らしを豊かにするという、ポジティブな回答を得られた一方で、日本では対策のために我慢を強いられるのではないか、便利な暮らしを諦めなければならないといった、ネガティブな回答が目立ちました。国内でこのような回答が生じた背景として、日頃から科学的な情報に触れる機会が少ないことや、漠然とした将来に対する不安、SNSを含む一部過激な情報に対する不信感の存在も少なからずあるでしょう。前者については、決してメディア関係者だけの責任ではなく、科学を扱う研究機関や、人材にも課題があるのではと考えています。

　適応分野に限らず、国や研究機関による報告書には専門用語が多く、それを一方的に国民に公表するだけでは、本来の情報提供にはなりません。私たちが所属する国立環境研究所気候変動適応センターは、国の適応推進を担う中枢機関として、我が国の適応研究をリードする柱と、それら科学的知見に基づき多様なステークホルダーの適応行動を支援する柱の二軸に取り組んでいます。しかし、科学的な情報をいかに分かりやすく編集し、市民のみなさんに我が事化してもらうための発信手段に関しては、いまだ試行錯誤の段階です。昨年、2023年12月に当センターは設立5周年を迎えましたが、その歩みはまだ始まったばかりです。

　新型コロナウイルスによるパンデミックを経て、地球沸騰化と称される現代社会において、本書を世に送り出す意義を何度も考えてきました。山と溪谷社と当センターがタッグを組むことで、世の中に気候変動適応の概念をどう伝えることができるのか、どんな新しい発想で「適応」を切り取ることができるのか、どうやって社会に新しい仲間をつくっていけるのか。その意義と好奇心で、2年という制作期間を費やしてきました。本書を通じて、皆様が気候変動に備える安心安全な暮らしの選択肢を持つということ、そして、少しでも科学的知見に関心を持ち、自ら考え、行動を起こすきっかけとなれば嬉しいです。

　最後に、私の家族の話を少しだけ。息子が年中になる頃、「ママのおしごとはなぁに？」と問われたことがあります。私は少し考えた末に、「気候変動にそなえるためのお仕事だよ」と伝えました。それから半年ほどが過ぎ、ある大型の台風が近づいている夜に、家族で備蓄品などを確認していると、その様子を見ていた息子が、「これはきこうへんどうなの？」と呟いたのです。私と夫はとても驚いて、「そう、これが気候変動にそなえるということなんだよ！」

と答えました。この出来事は、今後も適応業務を担う過程において、とても大切な、愛おしい動機であることは間違いありません。もしあなたも、本書を通して得られた知見や気付き、感情を言葉にできるのであれば、ぜひ身近な家族や友人と共有してみてください。あなたのその言葉によって「適応」の小さな輪が広がり、やがて日本の適応推進のために大きな後押しとなるはずです。私たちと共に、気候変動に備える豊かな未来を築いていきましょう。

千年以上前から放牧地として利用される阿蘇の大草原。その美しい景観と循環のための人々の活動が評価され、「世界農業遺産」に認定された。次の千年に向けて新たな取り組みが模索されている

謝辞　Acknowledgments

　最後に、本書制作に多大なるご協力を賜りました blue and tech株式会社渡邊学氏、松浦沙和氏、カメラマン藤啓介氏、カメラマン大鶴剛志氏、霜越彩美氏、ライター仲野聡子氏、合同会社コープラス鶴巻英里子氏、安藤鞠氏、清水しおり氏、南部優子氏、松元麻希氏、フォーアイディールジャパン株式会社中山佐和子氏、国立環境研究所気候変動適応センターの関係者の皆様には深く感謝の意を表します。早いもので、適応推進に係る業務をご支援いただき6年以上のお付き合いになる方もいます。その間、各メンバーのさまざまなライフステージを経て、『アダプテーション［適応］』のために主体的に関わっていただきましたこと、そして皆様の人生の一部に本書を含めていただいていることを、心から誇りに感じております。今後も更なる日本の適応推進のために、かけがえのない私たちの仲間の一員として、是非お力添えをお願いします。

　そして、A-PLAT地域インタビューでお世話になった全国の取材先の皆様におかれましては、当センターの活動に快くご協力いただいたことを深謝申し上げます。現場で学んだ内容は、私たち気候変動適応センターのみならず、適応に取り組まなくてはならないすべての人々にとって、かけがえのない、また、今後も語り継がれるべき貴重な財産です。地場産業の存続をかけて、地域発展のために活動されてる皆様の熱意に触れ、心が揺さぶられる瞬間にも立ち会いました。今後もフォローアップを目的として、突然電話することもあると思います。末長くお付き合いの程お願いいたします。

　適応の仕事の魅力は、幅広い分野の専門家や行政、民間、個人と繋がり、所属やエリアを問わず有益な情報を共有し合えることであり、その基盤として当センターは情報プラットフォーム「A-PLAT」を運営しています。現場の課題ニーズを研究シーズに繋げることもそのひとつです。P63で紹介した凍霜害のように、現場ニーズから研究に取り組みつつある例もあります。今まさに、さまざまな分野で課題となる気候変動による影響に対して、研究者や行政、企業も一丸となって取り組むべき重要な時期だと考えています。本書を通して、現状の影響や将来のリスク、そして適応策を網羅的に理解し、少しでも新たな適応行動に繋がる後押しができれば幸いです。また、気候変動影響や適応に関する質問やコメントがあれば、ぜひA-PLATにお問い合わせください。

　最後に、出版にあたり企画段階から完成に至るまでさまざまなご助言・ご協力をいただきました山と溪谷社の岡山泰史氏に深く御礼申し上げます。

主な参考書籍

『ドローダウン 地球温暖化を逆転させる100の方法』ポール・ホーケン・著、江守正多・監訳、東出顕子・訳　山と溪谷社
『リジェネレーション［再生］気候危機を今の世代で終わらせる』ポール・ホーケン・著、江守正多・監訳、五頭美知・訳　山と溪谷社
『気候変動への「適応」を考える　不確実な未来への備え』肱岡靖明・著　丸善出版

参考文献は全て「A-PLAT」（https://adaptation-platform.nies.go.jp/ccca/publication/adaptation/index.html）で紹介しています。

さくいん　INDEX

391

写真クレジット　**Photography Credits**

ADAPTATION
アダプテーション[適応]──気候危機をサバイバルするための100の戦略

2024年5月5日　初版第1刷発行

編　著　肱岡靖明
　著　　根本 緑
発行人　川崎深雪
発行所　株式会社山と溪谷社
　　　　〒101-0051東京都千代田区神田神保町1丁目105番地
　　　　https://www.yamakei.co.jp/

◉乱丁・落丁、及び内容に関するお問合せ先
　山と溪谷社自動応答サービスTEL.03-6744-1900
　受付時間／11:00〜16:00（土日、祝日を除く）
　メールもご利用ください。
　【乱丁・落丁】service@yamakei.co.jp
　【内容】info@yamakei.co.jp
◉書店・取次様からのご注文先　山と溪谷社受注センター
　Tel.048-458-3455　Fax.048-421-0513
◉書店・取次様からのご注文以外のお問合せ先
　eigyo@yamakei.co.jp

印刷・製本　株式会社光邦

ISBN978-4-635-31048-2

編　　集　岡山泰史
編集協力　山田智子・戸羽一郎・宗像 練
デザイン　美柑和俊（MIKAN-DESIGN）
本文DTP　松澤政昭
協　　力　国立環境研究所 気候変動適応センター